2018年度国家社科基金重大项目
《广州十三行中外档案文献整理与研究》（8ZDA195）成果之一
广州市十三行重点研究基地学术成果之一

海山仙馆丛论

杨宏烈　著

中国建筑工业出版社

图书在版编目（CIP）数据

海山仙馆丛论 / 杨宏烈著. —北京：中国建筑工业出版社，2023.12
ISBN 978-7-112-29225-7

Ⅰ.①海… Ⅱ.①杨… Ⅲ.①古典园林—园林艺术—研究—广州 Ⅳ.①TU986.626.51

中国国家版本馆CIP数据核字（2023）第184420号

广州海山仙馆是晚清建立在"天朝"国门口的一座大型行商园林。虽然从着手修建到最后毁灭不过40多年，但其"一口通商"的海上世界贸易经济基础、中国千年未有之大变局的鸦片战争背景以及园林主人独具风骚的文化素养，致使斯园真山真水好景自然包藏，建筑中西合璧修饰别有风韵，花木、石刻、出版、收藏及游园活动方式独具特色，建构了岭南园林的经典；借助江海湖涌的水文化景观资源，充分渲染了粤港澳大湾区的地理风光，并在中外（园林）关系交流史上占有重要地位。本书对此试加探讨，以求证方家。

责任编辑：吴宇江　陈夕涛　刘颖超
责任校对：王　烨

海山仙馆丛论

杨宏烈　著

*

中国建筑工业出版社出版、发行（北京海淀三里河路9号）
各地新华书店、建筑书店经销
北京锋尚制版有限公司制版
建工社（河北）印刷有限公司印刷

*

开本：787毫米×1092毫米　1/16　印张：28¾　字数：661千字
2024年3月第一版　　2024年3月第一次印刷
定价：98.00元
ISBN 978-7-112-29225-7
（41780）

贊海山仙館叢論付梓

修綆汲深泉

孟兆楨

序

修绠汲深泉
——赞《海山仙馆丛论》付梓

回忆当学生时到苏州参加教学实习时，对留园的"汲古得绠处"的含意不解。后来知道后，深知"比兴"的文学艺术感染力。20世纪80年代在深圳市政府旁的老荔枝园做改建设计时，遇到一口直径一米八的机井。当时的处理意见是：一是填埋成平地，二是架空改为立体花坛。我却执意要在保留井的实用功能的基础上，缩大为小创作"古荔深泉"的景点，在井墙上镌刻"汲古得绠"。白日新老师很赞同并提出"修绠汲深泉"，并书之刻上。不忘初心研究历史，井绳愈长汲取愈深，在教学中以此与学生共勉，告诫自己学习要"厚积薄发"，寓教于景也。

初读杨宏烈同道《海山仙馆丛论》深感贴切，不用此语难表挚心。作为广东第一园林名胜的海山仙馆，盛时宏大瑰丽的建筑融于自然山水环境中，山光水影、鸟语花香，而今荡然无存，深泉难测。作者综合素质构成了修绠的基础，才能先难而后得地完成巨著。我以中国风景园林学会名誉理事长的名义，向杨宏烈同道及全体致力于本书的同志们表示诚挚的谢意和崇高的敬意。向你们学习，向你们致敬！

立题犹如立志，《海山仙馆丛论》是顺应《海山仙馆丛书》而来的。我出于学习园林的需要购置了丛书，深知其文化内涵之广远非园林能涵盖，博大中出精深。我认为这也是本书最重要的特色，在博大的基础上求精深，遵循中国传统进行学术研究。中医治病在号脉和问诊的实践基础上处方是一张大网，随病情实际便逐渐缩小而对症下药。广搜博引，或直得真情，或触类旁通，终得历史真

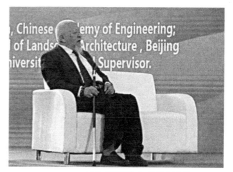

中国工程院院士孟兆祯教授
（这是一幅珍贵的纪念性图片，敬摘自中国园林网）

实。为行商服务的园林哪里去找？作者从社会时代背景、对外文化艺术交流、行商园林生活特色和涉外活动功能等多方面广搜博览历史文献，最后从中汲取其精华。首先从大处着眼，之后基于"大事成于细"的哲理去集中资料，然后深挖出理论来，提纲挈领、有骨有肉，从史出论，令人信服。

一所美丽动人的古园林荡然无存，人们不仅要追索她的意境，更渴望得到她的形象。"百闻不如一见"，茫然大海，何处追寻。作者打开眼界，从荔枝湾园林发展史探索起，详尽园主人生平事绩、海山仙馆沧桑纪实、该园文化地理学，从时空界定相地、园林叠山理水艺术发微以及园林诗文等多方面收集历史文献和照片绘画来捕捉仙馆形象。本园照片有限，便找同时代的岭南园林作参考。找到《海山仙馆图卷》还要从古人观景诗中去找，可以说是想到不可再深之处，但都为研究者提供了真情实意的神韵，把"贮韵"之意境与现实联系起来，让学界共享历史资料而各显其能。本书资料丰富虽未及详介，但贮韵丰满。

利在当代，功在千秋。美丽中国、中国梦可以借鉴历史经验而创新，实现中华文化复兴。似海山仙馆这样中华古代园林瑰宝级的深泉，一旦挖掘出来，非但我辈受益匪浅，还必将滋润后代，余荫广袤，长宜子孙。

孟兆祯

2020.11.5

前言

　　本书尝试对一个戴有许多桂冠、颇有影响力的行商园林——
"海山仙馆"加以研究。

　　岭南园林发展到清代，它的使用和建设主体不再仅限于文
人、士大夫、退休官员等传统社会精英。十三行行商群体凭借巨
额财富和文化素养、国际活动关系和社会地位而成为当时岭南园
林的建设者和主导者。他们的生活需求和审美观念营造出了岭南
园林的特殊阶段模式——行商园林，既承接了南粤本土文化、借
鉴了中原及江南园林的优秀传统，又吸纳了不少西方园林要素。
行商园林的代表之作——"岭南第一名园"海山仙馆的选址有延
绵千年的造园史，造园手法别出心裁、园林景观气势非凡，其使用
功能关联到当时大清国的对外贸易、关联到中英鸦片战争等涉外事
件，园主的生平事迹亦极富传奇色彩，对促进中西文化交流发展卓
有贡献。这一课题的研究，无疑具有一定的拓荒性和挑战性。

一、研究内涵与选题意义

　　明清两代，岭南珠江三角洲地区因海洋文化影响，商品经济
相对发达、文化昌盛，私家造园活动兴起，清中叶日趋兴旺。岭
南私家园林在园林布局、空间组织、水石运用和花木配置方面渐
成地域特色，致使岭南园林异军突起，成为与北方、江南鼎立的
三大地方风格之一。

　　园林作为文化项目是一种在时间流逝中存在的空间文化形
态。正如"中国建筑文化，是人们按一定的使用目的、运用一定

的建筑材料，把握一定的科学与美学规律所进行的空间安排，是对空间秩序的人工'梳理'与'经纬'。建筑是在时间流逝中存在的，建筑文化是空间的'人化'，是空间化的社会人生。"[①]中国古典园林的外在表现形式受到中国古代社会形态的基本特质和历史进程的严格制约，无论是叠山理水技巧，还是一件小小的盆景、一曲短短的栏杆……它们都与政治、哲学、艺术的众多领域相关联，都可以在整个社会文化体系的发展和命运中找到必然的因果逻辑。

自清乾隆二十二年（1757年）至鸦片战争结束，广州"一口通商"的85年间，是全国唯一对外贸易口岸，"海上丝绸之路"的东方大港。清代十三行行商孕育于农耕文明专制制度的母腹之中，前后存活了156年。在开展"对外贸易"的活动中，行商群体提早接触到世界商品经济的欧风美雨，凭借垄断中西贸易的特权，获得了其他商人群体无法比拟的利润，成为世界贸易舞台上的新团体。与此同时，他们还是有国际视野的文化人，逐渐跻身于传统社会中的文人群体，成为岭南园林的主要建造者和使用者，开创了岭南园林的新局面。

行商园林又称"行商庭园"[②]，此概念最早由中国工程院院士莫伯治先生提出。2003年，他在《艺术史研究》上刊发《广州行商庭园》一文，首次使用了"行商庭园"一词，深刻地阐述了"庭"的园林化内涵。所谓行商园林，特指清代垄断经营中西贸易的广州十三行行商群体，为满足其日常生活、文化交往、商业活动、外交应酬等需求，在广州及周边地区兴建的有一定规模的私家园林。

行商园林无论在数量、质量还是艺术特色上都达到或超越了岭南古典园林的高度。行商园林是中国商品经济和对外贸易日益发达的产物，它继承了中国传统儒商文化经世致用的思想，同时也受到西洋文化的影响，吸收了西方的一些造园理念和设备器材，可谓中国古典园林到现代园林的转型期作品。行商园林作为岭南古典园林一种特定阶段的发展模式，既符合普通园林发展的一般性规律，又有如其"行商"阶层"兴也匆匆、败也匆匆"的生存特殊性现象。

---

① 王振复. 中国建筑艺术论[M]. 太原：山西教育出版社，2001：18.

② 莫伯治. 广州行商庭园[M] // 曾昭奋. 莫伯治文集. 北京：中国建筑工业出版社，2012：332-348.

19世纪中期是中国传统社会从闭关锁国到被迫开放的转型期。"春江水暖鸭先知"——十三行行商就是"世界商品经济潮"潜流中的"鸭群"。本书通过对海山仙馆的个案研究，明确了清代广州外贸经济水平的提升和对外文化交流的发展，是行商园林得以形成气候的国际背景。行商园林在中国古典园林的基础上，也营造出了独特的文化景观，不同于一般园林重在隐居，其受命于当朝，开展了时政涉外活动。海山仙馆的沧桑沉浮，反映了中国近代化道路的曲折坎坷以及中国古典私家园林多灾多难的命运。

园林是文化的载体，所以对海山仙馆的研究不能局限在某一个具体的领域，要对它进行全景式的分析。海山仙馆与岭南诗词、绘画、民间戏剧音乐、碑刻等艺术紧密联系，也促进了藏书、科技出版业的发展。通过对海山仙馆造园艺术的研究，对继承和发扬多种相关文化艺术也有着积极的作用。

海山仙馆建设在自然条件良好、环境优美的珠江出海口处。园主潘仕成靠家族财富逐步扩建，把海山仙馆建成了岭南园林的"大哥大"，成为他协助地方大员开展涉外活动的外交场地，聚一方文士饮酒赋诗、绘画赏戏的社会舞台。

园主与海山仙馆命运多舛、荣辱与共。海山仙馆的衰落与园主经营成败得失直接相关，更与园主社会政治地位的升降宠辱存在隐形关系。研究海山仙馆衰落的过程可解读众多历史名园及其园主悲惨的共同命运。海山仙馆的沉浮，折射出清代广州社会、经济、文化、对外交往等方面的进展和变化，也是国家命运的一种写照。

二、研究基础与现实成果

海山仙馆是行商园林中的佼佼者，目前学术界对它的研究成果很多，但相对零散。海山仙馆的问世与谢幕，是一部悲金悼玉的《红楼梦》。整个行商园林伴随着中国古代专制闭关抑商政策的失败，刚进入近代史，还没走多远就深陷"不善集体反思"的泥潭之中而遭致灭顶之灾，几乎没留下任何物质文化遗产。可喜的是岭南几代建筑园林大家和同仁，从"点"和"面"的结合上，以"类型学"的归纳方法，依其"惯性理论"的逻辑分析，据其"异质同构"的通识旁证，从多方面开展了对海山仙馆园林艺术的研究，获得了令人欣喜的丰富成果。

莫伯治院士像

莫伯治院士对岭南园林的各种造园艺术与手法进行了分析，具有开创性。夏昌世、莫伯治所著的《岭南庭园》是关于岭南庭园的最早、最全面的学术著作，内容涉及园林历史、造园理论、庭园营造诸方面。其中关于庭园建筑和掇山叠石的论述更为详尽精彩。陆琦教授的《岭南造园艺术研究》对岭南造园历史进程、岭南园林审美特性、岭南园林建筑艺术展开了全面探索，该书构建了岭南园林理论的完整体系。李向真的《海山仙馆，名园拾萃》对发生在该园内重要活动的文字记录进行了发掘整理，为了解园主与同时代的官吏、文人交往提供了线索。拙著《广州泛十三行商埠文化遗址开发研究》肯定了海山仙馆的历史文化地位，并对历史名园遗址的保护开发进行了探讨。

行商园林是岭南园林中的特殊一类，与一般的文人、士大夫的私家园林相比有其独特的地方。说是私家园林，却有很大程度的公共性，具有国宾馆、招待所、出版社、民间学会等特质。学术界针对行商园林的专题研究不多。彭伟卿的《潘氏宅院——清代广州行商园林个案研究》、陈哲舜的《伍家园林》等均属于行商园林研究的代表作。这些研究侧重在造园布局和艺术特色方面，对行商园林的修复，以及再现其私家生活与社会活动具有一定的参考价值。

学术论文方面，卢文聪所著的《海山仙馆初探》[①]较早地从园林规划选址、空间艺术、历史地位诸方面开展了研究，很有影响力。陈泽泓的《南国名园，海山仙馆》考证了海山仙馆存亡的时间，又根据清代同治年间的《广州府志》推测了它的空间范围，为海山仙馆的后续研究，确定了时空坐标。何司彦、李敏发表的《广州古代名园海山仙馆造园艺术探析》一文，通过历史文献研究和实地考察，分析了海山仙馆的造园艺术和构景要素。德国学者高刘涛的许多论文对有关潘园古诗古文的研究卓有建树。高伟在《广州园林》中撰文探索了海山仙馆的园林建筑特色。刘志刚先生一直在研究"海山仙馆"园林建筑与空间特色，且从国外采集了

---

① 卢文聪. 海山仙馆初探[J]. 南方建筑，1997（4）：36-44.

潘园大量的图片资料，提出了许多卓绝的论点。

目前，以吴劲章、吴桂昌等人发起的"跨学科海山仙馆研究"团队，正准备开展综合性的研究和晚清园林博物馆筹建工作。中国工程院院士孟兆祯先生对此给予了热情指导。孟老不仅早期对海山仙馆情有独钟，多次大会报告论述该园的艺术特色：这是一个"选址海滩""以水为院"的特例。近年来，孟老不顾年迈还带领博士研究生立专项进行系统研究。这是对学界莫大的鼓舞。

三、研究现状与基本方法

多年来，有关海山仙馆的文史研究开展得较好。广东省、广州市各文史部门、有关高校，从对外通商史、中外关系史、战争史、工艺美术、宗教社会、行商家族等方面，围绕海山仙馆进行了旷日持久地研究，成果丰厚。近年来，关于海山仙馆藏书、拓本、碑刻、文物等的研究，已成为"广州学""十三行"的重要科目和内容。陈以沛、倪俊明、黄汉纲、曾昭璇、郑振泓、潘刚儿、陈泽弘、王元林、胡文中、罗雨林、潘广庆、刘志刚、高刘涛、高伟等学人，以及广州日报报业集团的多位同仁，老少接力、深耕不辍。

记得莫老在莫伯母住院期间，见过本人的习作，当着我爱人的面鼓励我大胆坚持去做。本书将在前人文史研究的基础上，主要就园林营造技术与其他类型艺术的关系及文物保护、古园欣赏与修复等问题，对"海山仙馆"开展体验式的研究。坚守园林基本理论、立足该园历史地理特质、对照参考同类行商园林的遗存及其资料，探索海山仙馆的艺术真谛以及当年景观设计的依据和效果，希冀为今后"海山仙馆"的文化复兴提供稍有价值的参考线索。

爱因斯坦说过，发现问题比解决问题更有意义。本课题拟采取学科交叉法、比较分析法、综合分析法、归纳分类法等研究方法，研讨海山仙馆的园林特色和至今尚未获得共识的问题。学科交叉法是在园林本体论基础上，融入历史学、建筑学、植物学、社会学等学科知识和理念，力求较全面地认知和探索问题。比较分析法是比较中国与西方造园艺术及思想的互动、比较行商园林与其他商帮园林之间的异同点或差异性。综合分析法是对珠三角地区的社会生态环境、人文商贸市场进行综合背景分析，研究地域文化对海山仙馆造园的影响。归纳分类法是对海山仙馆不同建筑、装饰风格进行归纳分类,找出贯穿其中的营造动机和意图。本书还尝试运用诠释学的方法,释读海山仙馆遗留的珍贵图文信息(《海山仙馆丛书》、尺素遗芬、《海山仙馆图卷》等),探索其工程实践问题。由于史料的局限性,对海山仙馆的始兴和终结只能进行大胆推测和小心分析,并企图利用外国人的史料透视海山仙馆的历史经验。

孟兆祯院士常以海山仙馆为例,教导我们:"山水以形媚道,山水清音,景面文心。""从来多古意,可以赋新诗。"[①] 呼唤海山仙馆魂兮归来,实有必要。海山仙馆是岭南古典造园艺术的集大成者,也是清代广州社会经济对外有限开放的结果。岭南园林能在清代跻身中国古典园林三大流派,不仅因有广州"一口通商"机会性发展的大背景,更还因有岭南古典园林长期的技术积累和吸纳海洋文化的进步性。潘园在动工前曾对江南园林进行了系统地调研和学习。海山仙馆的成就反过来对地方文化的促进不容小视,如潘园特色长廊效应对不久之后的岭南骑楼文化的发展不无影响。行商园林与岭南工艺美术、诗词歌赋、南曲粤剧、装潢雕刻、出版印刷也存在着密切的联系,中西合璧式的室内装修文化,通过中西商品贸易得到了沟通,并产生了国际性的影响。

本书不妥之处,热诚欢迎大家批评指正。

---

① 孟兆祯. 浅论中国园林的特色[EB/OL].[2014-11-19].

目录

序   IV

前言   VI

第1章 行商园林经济社会文化背景   001

    1.1 海上贸易"一口通商"近百年   003

    1.2 民间手工业生产空前发达   004

    1.3 商品性农业得到普遍发展   006

    1.4 学堂文化气息具半开放性   007

    1.5 士大夫生活颇富悠闲情调   009

第2章 行商园林文化艺术对外交流   011

    2.1 "中国园亭"艺术景观集成块   012

    2.2 东园西传英伦刮起"中国风"   013

    2.3 行商园林对洋人"例行开放"   015

    2.4 欧洲各地模仿"中国园林热"   016

    2.5 "美国花园"最早现身十三行   018

    2.6 "植物猎人"采集广州花木种   021

    2.7 技艺交流"中西合璧"结硕果   023

第3章 用比较法探讨行商园林特色   025

    3.1 清代三大商帮园林特色的比较   026

    3.2 扬州盐商园林与广州行商园林   034

第 **4** 章　行商园林海山仙馆涉外活动　045

4.1　外国公使人员的礼仪地　046

4.2　西洋商人的例假游赏地　048

4.3　中外贸易来客的造访地　049

4.4　签订国际公约的接交地　049

4.5　外国摄影师首选拍摄地　052

4.6　中西文化接触、碰撞、交融地　054

第 **5** 章　五大行商园林历史概况汇录　055

5.1　广州河南潘家园林　056

5.2　海幢寺南陈氏花园　062

5.3　河南的伍家万松园　063

5.4　西关的潘长耀花园　067

5.5　荔枝湾的海山仙馆　069

5.6　五处园林特色比较　070

第 **6** 章　荔枝湾园林发展史话　073

6.1　秦汉荔枝湾大地景观开发肇始　077

6.2　隋唐五代荔枝湾园林兴造成熟　080

6.3　宋明时期荔枝湾的园林经营　083

6.4　清代行商园林荟萃名动海内外　086

6.5　民国私家园林最后的辉煌岁月　101

6.6　"荔枝文化景观"的遗址遗存专利　105

第 **7** 章　海山仙馆园林主人的生平事迹　111

7.1　潘仕成的家族谱系　112

7.2　园主身份的认定　114

7.3　园主对社会的贡献　116

7.4　主持研制西洋武器　118

7.5　协助从事外交活动　120

7.6　商人造就经典园林　122

7.7　引进 刊书 刻石 藏珍　123

7.8　盐务亏空家业被抄　125

7.9　另外几桩讼事公案　126

第 **8** 章　海山仙馆传奇悲哀的沧桑史　129

8.1　喜从新构得陈迹　社诗千首题园门　130

8.2　应借荔湾留韵事　合从翥部补传奇　132

8.3　海山仙馆聚新风　家国世界庶相称　134

8.4　弹指须臾千载后，几人起灭好楼台　140

8.5　幸有诗书遗泽在，至今尤系后人思　146

第 **9** 章　海山仙馆文化景观地理学初识　149

9.1　海山仙馆地理学的文化景观构成机理　150

9.2　海山仙馆珠三角的地理文化景观特色　155

9.3　海山仙馆粤港澳大湾区地理文化景观　158

第 **10** 章　时空意象景观特质与相地分析　163

10.1　海山仙馆的时空坐标　164

10.2　海山仙馆的相地分析　170

10.3　海山仙馆的总体布局　174

10.4　海山仙馆的景观生成　180

第 **11** 章　海山仙馆叠山理水艺术特色　185

11.1　"真山真水"的总体架构　186

11.2　"一池三山"的仙人境界　190

11.3　"河海湖涌"的水系网络　193

11.4　垒土叠山点石的工匠精神　195

第 **12** 章　海山仙馆园林艺术边界效应　205

12.1　园林边界的概念及类型特征　206

12.2　海山仙馆历史边界的模糊美　208

12.3　名园遗址边界效应美的创造　216

第 **13** 章　海山仙馆园林建筑艺术成就　225

13.1　入口大门：内外景观逻辑链接　226

13.2　以湖分区：水上院落琼宇瑶台　229

13.3　园中之园：水上组团追求三界　234

13.4 宅园分明：三间两廊连房广厦 240

13.5 园林建筑：功能美学情理交融 243

13.6 室内装修：中西合璧藻饰工致 251

第 **14** 章 潘园中的戏台、书楼、船舫、雪阁 257

14.1 戏台 258

14.2 书楼 263

14.3 雪阁 269

14.4 石舫 271

14.5 亭桥 278

第 **15** 章 海山仙馆塔的造景艺术欣赏 281

15.1 山脚水际 三塔竞秀 282

15.2 外形生动 内韵丰富 284

15.3 潘园建塔 情有独钟 286

15.4 美化生活 振兴文运 291

第 **16** 章 海山仙馆水上长廊美的探赏 293

16.1 海山仙馆廊的空间动态韵律 295

16.2 海山仙馆廊的多元构造艺术 298

16.3 海山仙馆廊的工艺美学特征 305

第 **17** 章 海山仙馆"书条石"艺术景观 311

17.1 借鉴他山书条石的园林展陈景观艺术 312

17.2 海山仙馆书条石创作成就与历史命运 314

17.3 海山仙馆书条石的历史人文美学价值 315

17.4 海山仙馆书条石景观的再借鉴再规划 316

第 **18** 章 海山仙馆文物遗存的梳理释读 319

18.1 园林画卷 320

18.2 书条石刻 322

18.3 经典丛书 323

18.4 天蚕古琴 325

18.5　园林清供　327

18.6　潘壶嫁妆　328

18.7　彩瓷花钵　329

18.8　印章珍品　330

18.9　潘氏端砚　332

第 **19** 章　海山仙馆植物景观美的赏析　335

19.1　台池嘉木锦簇　园亭奇葩香艳　336

19.2　"一湾清水绿　两岸荔枝红"　338

19.3　四面荷花开世界　几湾杨柳拥楼台　339

19.4　国色天绿是芭蕉　月影团圆暮复朝　340

19.5　密叶隐歌鸟　香风留美人　341

19.6　西人喜游潘园　引来物种交流　345

19.7　"蓬底哦诗相棹讴""松边幽韵入哦诗"　347

19.8　"观今宜鉴古，无古不成今"　348

第 **20** 章　海山仙馆动物景观的园林特色　351

20.1　古典园林动物景观历史发展论　352

20.2　热爱动物景观是人类的普世情怀　353

20.3　海山仙馆动物景观的营造艺术　354

20.4　海山仙馆动物景观的艺术传承　358

第 **21** 章　诗词匾联与园林景观美的交融　361

21.1　园林匾联诗词言语素材美学基本要则浅识　362

21.2　潘园匾额功能指向与园林景观艺术美的互动　364

21.3　匾联诗词界定园林空间建筑文化主题之美　368

21.4　诗词匾联刻画园林文化景观生态意境之美　371

21.5　诗词匾联咏叹凄凉晚景家破园衰悲剧之美　373

21.6　诗词匾联作为非物质文化遗产具永恒之美　375

第 **22** 章　历史画卷图片与园林美的释读　389

22.1　历代画卷——记载园林发展脉络　390

22.2　唐荔园图——大唐气概审美情结　391

22.3　长卷全图——展拓潘家至大观园　392

22.4　外销画品——行商园林誉满全球　　396

22.5　荔园环翠——龙船楼靓影成遗照　　397

22.6　摄影图片——外国人的珍贵作品　　398

第23章　行商园林海山仙馆的复兴构想　　403

23.1　复兴历史名园的文物价值及其实例　　404

23.2　海山仙馆原生遗址的历史文化定位　　408

23.3　海山仙馆遗址旅游价值的定格标志　　409

23.4　海山仙馆文化复兴的逻辑思维定律　　411

23.5　渴望走进海山仙馆的园林艺术境界　　414

23.6　海山仙馆魂兮归来并非虚幻的梦想　　418

第24章　潘氏府邸"宅—园"区位关系的处理　　421

24.1　一般古典园林的"宅—园"区位关系　　422

24.2　海山仙馆凸显城市园林集群性质　　423

24.3　潘氏"宅—园"基业的区位网络结构　　425

24.4　海山仙馆用地特色的景观效应　　427

第25章　海山仙馆历史地位的现实意义　　429

25.1　海山仙馆在中国园林史上特色地位的现实意义　　430

25.2　海山仙馆在商帮园林中特色地位的现实意义　　432

25.3　海山仙馆在中西贸易中特色地位的现实意义　　434

25.4　海山仙馆在园林景观史上特色地位的现实意义　　435

25.5　海山仙馆历史文化复兴传承具有划时代意义　　437

跋　　439

1

第 1 章

行商园林经济社会文化背景

北宋李格非的《洛阳名园记》载："天下之治乱，候于洛阳之盛衰而知，洛阳之盛衰，候于园圃之废兴而得。"言下之意：天下盛衰看洛阳，洛阳盛衰看园林。有人指出，李格非在借洛阳园林不及盛唐反讽北宋末年乱政飘摇，并忧虑这恰是北宋皇家造园（艮岳）最热闹的时候。[1]

事实证明，大兴土木，常引来亡国之痛。但兴造园林，并非盛世。郭明友认为，古代园林多为私人属性，造园活动具有很浓厚的个人因素，与天下盛世之间并非密切对应关系。中国古代私家园林多为文人们生产、生活的空间，其中包含大量生产性的景观，同时也是主人们自由思想、独立精神之体现和寄托逸情雅趣、修养心性的潇洒之地，集耕读田园与精神家园于一体，不会因有战乱而概不为之。

园林并非全在盛世而兴，也不会全因乱世而废，"盛世造园"并非必须遵循的逻辑。"盛世造园"论仅仅聚焦于物质基础层面，采用感性化的描述、加以简单化的解读，既不符合史实，也模糊了建造（私家）园林的本质所在，以致还会误导现实与未来园林事业的发展。

海山仙馆集中兴造时间大致为1830—1846年。这段时间正是中英鸦片战争爆发前后期间，此时期不是"盛世"，然而造园活动却比僵化呆板、思想禁锢的所谓"盛世"更加精彩、更具活力。如果说园林主人独特的学识修养、兴趣爱好及人格魅力，是形成各行商园林不同个性特色的内在人文主观因素，那么十三行时期，广州地区商品性的农业、发达的手工业、不排外的西关文化、海上对外贸易等所构成的半商品化经济社会，以及西风东渐所形成的环境氛围，则为岭南孕育出史上数千年以来最为出色的行商园林，提供了机会性的外在客观条件。这就是说海山仙馆不但具有得天独厚的自然环境，还有一个前商品经济社会的时代背景。

陈恭尹（1631—1700），字元孝；《送吴制军至三水因纪昔游作百韵赠别》[2]诗，很早就反映了海上贸易促进社会进步的情况：

> 海滨弛苛禁，万艘衔舻舳。[3]
> 贵贱通有无，梯航极倭竺。[4]
> 珍奇溢都市，技巧眩心目。[5]
> 南溟潮汐地，岛屿浮如鹜。

该诗节录的最后一句，形象刻画了广州西关海外贸易之地的地理景观环境——受到海潮影响的珠江河湾"岛屿浮如鹜"（沙丘）。行商园林海山仙馆就出现在这里。

---

① 郭明友．"盛世造园"说考论[J]．广东园林，2016，38（6）：13-16.
② 陈恭尹《独漉堂集·小禺初集》。吴制军，指吴兴祚。原诗长达千字，今节录有关海上贸易之句。
③ 苛禁，指清初的海禁。康熙元年（1662年）二月，广东执行迁海之令。《广东新语》卷二载："令滨海民悉徙内地五十里……死亡载道者以数十万计。直至康熙二十三年始解禁。"吴氏在解禁前后均做过具体的工作。此句写解禁后外国船只纷至广东。
④ "梯航"句：倭竺，日本与印度。此句写从广州出发的船只所到达的东西二洋之处。
⑤ "珍奇"二句：写海舶的货品。技巧，所谓奇技淫巧，指制作精美、工艺复杂的物品，如千里镜、自鸣钟之类。

1.1 海上贸易"一口通商"近百年

18世纪是中国海洋社会经济经历重大变化的历史时期。因西方国家正由商业资本主义向工业资本主义过渡，其对外扩张已从17世纪的沿海岸殖民扩张，过渡到全球性商品贸易网络。西方主要国家在完成了对美洲、非洲、中西亚的殖民统治与商务扩张后，先后在18世纪叩开了中国商贸大门。而迅猛发展的中西贸易也使中国产品第一次成为全球性商品，大规模、全方位的中西交往与附加的一些冲突尚处初始阶段。

西方对中国的商务扩张常受到清政府的有力抵制。清廷一方面防范沿海人民出海与海外势力接触，一方面加强对来华的外国商船、商人的监控，推行广州"一口贸易"管理体制，即西方学者所称的"广州制度"。"广州制度"由粤海关和十三行执行，并受广东督抚的节制。粤海关、十三行、黄埔港和澳门，构成了"一口通商"的四个"环节"。"广州制度"体现了清政府要把中国的农耕经济与西方的海洋商品经济之互动控制在一个狭小范围内，将管制、防夷、抑商结合起来。

1757年，乾隆下江南逛了一圈，回京后就封闭了漳州、宁波、云台山三个对外开放口岸，仅余广州一口通商。可以说，自此至"五口通商"期间，广州垄断了进出口西方国家的商品，成为国内外的商贸中心和商品集散地，是中国最大的商埠城市（图1-1）。从商品结构看，中国主要出口茶叶、生丝及丝织品、土布、瓷器等商品；进口商品除少量西方的毛织品、工业制成品以及北美的皮货、人参外，主要是东方其他殖民地的转口商品，如印度的棉花、胡椒及东南亚的特产，还有大量的白银。所谓"夷商来粤交易，向系以货易货，其贩来呢羽、哔叽、棉花、皮张、钟表等物，换内地之绸缎、布匹、湖丝、茶叶、磁（瓷）器，彼此准定贸易。"[1]

十三行行商的交易对象是西方发达国家，主要有英国、荷兰、美国，还有西班牙、法

图1-1　广州十三行一隅（Scene of the Waterfront at Canton）
（图片来源：大英图书馆网站）

---

[1]　中国第一历史档案馆. 鸦片战争档案史料 第1册[M]. 上海：上海人民出版社，1987：10.

国、瑞典、丹麦等国。在20世纪以前西方人所购买的中国商品中，只有茶叶在中西贸易中长期居于支配地位。茶叶为中西方商人创造了巨额利润（图1-2）。

图1-2　茶叶称重和购买（Tea culture: weighing and purchasing tea）

清朝在中西贸易中一直处于出超地位，白银成为西方公司和商人购买中国产品的主要支付手段。据庄国土先生研究，1760—1823年间英国东印度公司对华白银输出总计达33121032两。[①] 这些财富，除一部分被清政府以关税、商税形式征收外，大部分通过十三行进入市场。

潘氏家族在行商群体中曾处于首领地位，而潘仕成是潘氏家族中的一支。据清末粤人张锡麟记载："同邑潘公梅亭，为德畲（按：即潘仕成）廉访父，设同孚茶行。"[②] 还有其母证实，潘仕成的父亲曾与外国人有商业来往。[③] 潘仕成继承父业，经营洋行，获取了大量的财富。他向清政府捐输了大量的金钱。《两广盐法志》提道："其捐输三万两之副榜贡生刑部额外郎中潘仕成，著照例由部议叙。"[④] 他还独资捐修"省闱号社竝修学署考棚"[⑤]，在第一次鸦片战争期间捐造新式战船、试制炸药、研制水雷。在同治元年（1862年）八月，上谕也提道："前任浙江盐运司潘仕成之子分发湖北试用通判潘国荣，于咸丰十年冬间，呈请回粤捐办洋炮二十尊、炮子五千斤；炸炮十尊、炮子一百枚；力木炮架三十座。"[⑥]

从潘氏历次捐输的钱款和实物，可知其家族之富有。这些财富除一部分以税收、"捐献"形式流向政府外，大部分用在了消费领域，购地建园及日常生活。当时投资基本建设和扩大再生产的概念尚没有深入人心的政策支持。但兴盛的对外贸易，为海山仙馆的建设与维持奠定了物质基础。

1.2　民间手工业生产空前发达

清代广东的手工业在明代的基础上不断扩大，行业分工更细致，呈现出新的局面。民营冶铁业、制陶业、制糖业、棉纺织业、丝织业继续发展，造纸业、制盐业的发展势头也很强劲。许多手工业形成了鲜明的广东特色，如广州的象牙雕刻、玉雕、广绣、红木家具、自

① 庄国土. 茶叶、白银和鸦片：1750—1840年中西贸易结构[J]. 中国经济史研究，1995（3）：66-78.

② 张锡麟. 先祖通守公事略[M]// 梁嘉彬. 广东十三行考. 广州：广东人民出版社，2009：268.

③ 亨特. 广州番鬼录[M]. 广州：广东人民出版社，2008：49.

④ 两广盐法志[M]// 梁嘉彬. 广东十三行. 广州：广东人民出版社，2009：391.

⑤ 谭莹. 乐志堂文集：续集卷2[M]// 续修四库全书·集部·别集类：第1528册. 上海：上海古籍出版社，2002：388.

⑥ 中国第一历史档案馆，北京书同文数字化技术有限公司. 大清历朝实录[EB/OL]. 大清穆宗毅皇帝实录/卷之三十八/同治元年八月下. http://data.unihan.com.cn/QSLDoc/#096478.

鸣钟，潮州的金木雕刻，高州的角雕，阳江的漆器等，成为蜚声海内外的精品。佛山冶铁业凭借产量多、质量优著称于世，获得"盖天下产铁之区，莫良于粤；而冶铁之工，莫良于佛山"[1]的美誉。清代，广东的陶瓷业也有了很大的发展，特别是佛山石湾"居民以陶为业，聚族皆然。陶成则运于四方，易粟以糊其口"，有赶超景德镇陶瓷业的趋势。其产品种类繁多，包括煮器、饮食器、灯盏、容器、烛台等日用品，花瓶、花盆、金鱼缸、玩具等工艺

图1-3　烧制陶器（外销画）
(Firing of porcelain in China at the end of the 18th century, from "La Chine en Miniature" 1811)

品，琉璃瓦、造型瓦脊、色釉栏杆、华表、柱筒等园林建筑用品（图1-3）。总之，有清一代的广东成为全国陶瓷手工业发达的地区之一。

　　清代广东的制糖业空前发达，居全国首位，畅销海内，"双白者曰白砂糖……最白者以日曝之，细若粉雪，售于东西二洋，曰洋糖。次白者售于天下"。鸦片战争前夕，平均每年出口各种糖7万担[2]。在鸦片战争后的19世纪50年代，糖是广州出口商品中最大宗的本省产品。粤商还把蔗糖运到江浙一带，换取棉花，"粤人于二三月载糖来卖，秋则不买布，而只买'花衣'以归。楼船千百，皆装布囊累累，盖彼中自能纺织业。"[3]

　　此记载不仅揭示了糖成为广东向外输出的重要产品，也指出了广东购回棉纺织原材料"花衣"。广州"一口通商"时期，棉纺织品是三大出口产品之一。广州利用苏杭地区的棉花，织成的"南京布"畅销欧美。至于生丝和丝织品的生产，更因对外贸易的需求而发展迅速，是鸦片战争前广州出口商品仅次于茶叶的第二位商品。"南海土丝绉纱，出绿潭堡大岸新村大崎等各乡……，尽以贩于番商耳。"[4]

　　除此之外，广东的造纸、酿酒、果品加工、织席、葵扇、制香、剪纸、木屐、象牙雕等精致小手工业，在清代也得到普遍发展。广东手工业的发展，既为行商园林的建设和装饰提供了材料，也提供了具备各种技艺的工匠。法国使团的医生伊凡记载："我们安顿下来后，就去参观了为招待拉萼尼准备的寓所。它由同层的7间房屋组成。卧室和客厅由屏风隔开，屏风由象牙和檀木组成，象牙以一种难以名状的奇异风格镶嵌在硬木上。卧室由系在雕花围

① 张心泰. 粤游小识：卷4[M]// 黄启臣，庞新平. 明清广东商人. 广州：广东经济出版社，2001：19.
② 姚贤镐. 中国近代对外贸易史资料（1840—1895）：第1册[M]. 北京：中华书局，1962：258.
③ 褚华. 木棉谱[M]// 黄启臣，庞新平. 明清广东商人. 广州：广东经济出版社，2001：28.
④ 黄启臣，庞新平. 明清广东商人[M]. 广州：广东经济出版社，2001：28.

墙上的丝帐遮住，隐蔽性很好。"[1] "那些雕刻的椅子，精美绝伦，使人想起了教堂的座椅或学校里的长椅。"[2]广东手工业高超的技艺，极大地丰富了海山仙馆等行商园林的内部装饰。

1.3　商品性农业得到普遍发展

清中期，广东的农业得到了较大的发展，特别是商品性农业的异军突起，更为世瞩目。其中尤具特色的是珠江三角洲地区"桑基果塘"和"桑基鱼塘"等生产方式的出现。隋唐以前，广东地广人稀，经济发展水平远比中原地区落后。但从两宋开始，随着中国第二次人口大迁移，大量人口从黄河流域迁往广东珠江流域，经济重心南移。人们在珠江、韩江三角洲地区修筑沿海堤围，逐步开发沿海低地，使广东的农业生产获得较大的发展。随着技术的提升，稻谷的单产量得到提高，有的亩产量达到7~8石。特别是嘉靖年间（1522—1566年）及以后，农作物的商品化程度不断提高，从而逐步地改变了农业生产的内部结构。经济作物种植面积不断扩大，种植业也成为最发达的商品性农业部门。其中蚕桑、养鱼、甘蔗、水果、花卉和蔬菜等，都先后形成了专业化的商品生产和专门的乡镇、码头、街道市场。

广东商品性农业最典型的方式是"基塘"生产。明清时期的桑基鱼塘，种桑养蚕，一地多用，是土地利用的一种立体循环经营模式。道光年间（1821—1850年），南海九江乡境内已没有稻田，粮食完全仰察于外地而成为专门种桑的生产基地。顺德大良、陈村一带也达到了一半农民种桑养蚕的程度。这说明清代珠江三角洲的蚕桑业已成为商品性农业，而与种桑养蚕紧密结合的池塘养鱼业也在明代的基础上进入了商品性生产（图1-4）。

广东地处亚热带，雨量充沛，气候温暖，以盛产热带水果著称于世，特别是荔枝更为著名。苏东坡在惠州写下"日啖荔枝三百颗，不辞长作岭南人"的诗句。明嘉靖以后，水果种

图1-4　十三行时期的珠三角农业浸入商品经济

① 伊凡. 广州城内——法国公使随员1840年代广州见闻录[M]. 张小贵，杨向艳，译. 广州：广东人民出版社，2008：20.
② 伊凡. 广州城内——法国公使随员1840年代广州见闻录[M]. 张小贵，杨向艳，译. 广州：广东人民出版社，2008：21.

植作为商品性农业的主要项目之一，进入了大发展时期。荔枝、龙眼、柑橙、香蕉四大名果和桃、李、梅、梨、菠萝、杨梅、杨桃、柚子、金橘、柠檬、橄榄、西瓜、番石榴等数十种岭南佳果已形成区域化的专业种植。

大小不等的农业商品性生产区域，出现了从事某一经济作物的专业户，如"鱼花户""种香户""素馨花""荔枝花"等。如甘蔗本来就是一种商品性农作物，清代广东各地广为种植，使蔗糖成了"天下所资"的商品，具有全国性甚至是有国际贸易意义的商品。全方位的农业商品化发展，既引起农产品之间的互相交换，也引起农产品和手工业品的互相交换，从而促进了粤商的崛起和商业资本的活跃，为十三行的外贸经营奠定了坚实的物质基础。

商贸业的发展也为行商园林的建设提供了发展机遇。园林艺术源于生活、高于生活。桑基鱼塘的园林化成了世人的"诗意和远方"。程恩泽给潘仕成的书信中写道："承赐新会橙极鲜美，感激无似，当勉赋拙句奉酬也。连日皆冗适归此谢，并颂升祺。"[1]味道上乘的果品成了人际交往的媒介。海山仙馆"当其盛也，凡四方知名人士，投刺游园者，咸相款接。以故，丝竹文酒之会，殆无虚日"[2]。

1.4　学堂文化气息具半开放性

清代是中国古典文学高度成熟的时代。在文学领域，出现了古典长篇小说顶峰的《红楼梦》，古典文言小说顶峰的《聊斋志异》，古典笔记小说顶峰的《阅微草堂笔记》。另外，图书事业也极其繁盛。官修图书有大型类书《古今图书集成》与大型丛书《四库全书》。[3]图书事业的丰盛，形成了清代学者嗜书、藏书的风气。私人购书、抄书、校书、刻书、编书蔚为成风的现象也就不足为奇了。再次，清代朴学兴起，专注于校勘、辨伪、史料搜补、文字训诂，对中国古代书籍进行了空前的总结。

大凡藏书楼和书斋总是园林中不可或缺的一个组成部分，融建筑、园艺、雕刻、绘画、诗文、工艺美术于一体。书楼园林化，有时名为园林，实是园主们挥毫泼墨、吟诗作文的"俱乐部"，在此逍遥最有趣味的卷中岁月。[4]因此，广州文人园林对读书环境与书斋的构置极为讲究。

园主们大多出身于书香世家，有较高的文化修养，藏书和著述成了他们晚年精神生活的全部，由此也成为广东历史上著名的藏书家。园林里的这些书楼不仅在历史的侵袭中为我们保存了先人的精神遗产，而大量文化典籍的积淀又增加了园林的文化底蕴，提升了园林的文化意境（图1-5）。

作为清代通商口岸的广东不免会兴起文化事业的高潮。"国盛则修史，清明则修志。"以

① 陈玉兰. 尺素遗芬史考[M]. 广州：花城出版社，2003：146.

② 俞洵庆. 荷廊笔记：卷2[M]. 羊城内西湖街富文斋承刊印本，1885（清光绪十一年）：5.

③ 冯天瑜，何晓明，周积明. 中国文化史[M]. 上海：上海人民出版社，2005：574.

④ 马杰. 藏书楼与苏州园林文化[J]. 钟山风雨. 2008（5）：61-63.

图1-5 广州藏书楼分布图
（图片来源：广州地图网）

广州地区地方志的修撰为例，见于史书的府（州、郡、路）志、县志合计51种，其中明清两代所修39种，占总数的76.21%。清代朴学大师阮元于嘉庆二十二年（1817年）八月任两广总督，至道光六年（1826年）六月调任云贵总督，主政两广近十年，不仅内政外交备受赞誉，且不遗余力地推动广东文化的发展。他创办学海堂，着力于广东人才的培养与选拔，成为岭南学术中心；他修《广东通志》、辑《皇清经解》，促进了广东校刻典籍的兴起。

梁启超曾评："阮芸台督粤，创学海堂，辑刻《皇清经解》，于是其学风大播于吾粤。道咸以降，江浙衰而粤转盛。"学海堂培养了一批批优秀的弟子。从《学海堂集》上的人名来看，除了55名学长和专课肄业生外，还有327名优秀生徒的作品被记录在册。清代后期广东著名的学者、文人、藏书家、刻书家、教育家，几乎都与学海堂有直接或间接的关系。其中像曾钊、张维屏、侯康、谭莹、梁廷相、陈澧、朱次琦、李文田（图1-6）、廖廷相等人都堪称全国一流学者，梁启超少年时也曾就学于学海堂。

学海堂的学子多为振兴广东文化的主力军，在很大程度上改变了广东的地方文化风气。他们多是活跃在文化教育界、政界、商界的人士。有参与地方事务的机会和能力，从而在很大程度上影响着广州政界的各个方面，有学者甚至将学海堂称为广州的"政治中心"。学海堂的文风很大程度上也促进了人们的审美观和生活价值观。

图1-6 李文田荔湾书斋近况
（图片来源：作者自摄）

广州行商看重文化，与学海堂的师生存在各种交集。例如，伍崇曜辑刻《粤十三家集》182卷、《岭南遗书》343卷、《粤雅堂丛书》千余卷等，均由学海堂学长谭莹总其成。此"书百八十种，校雠精审，中多秘本……每书卷尾必有题跋，皆南海谭玉生舍人莹手笔，间亦嫁名伍氏崇曜。"[1]此外，潘仕成所辑刻的487卷《海山仙馆丛书》，谭莹也有参与。不仅在《乐志堂文集》中有"拟海山仙馆丛书序[代]"[2]一文，在《海山仙馆丛书》中也有他的题跋。行商的家塾也争相延聘学海堂诸生。如潘同文行"南墅者潘园也，园在漱珠桥之南，有亭台水木之胜。主人容谷都转，延先君训课伯临兄弟，余年十二待先君读书南墅者九年。主人又延金艺围兵部得课其诸姪，课业之瑕与艺围伯临诸君游息期间，中午花辰每多觞咏。"[3]

身为著名行商成员的潘仕成日常活动与广州的官、绅相连紧密。他说："读古人书，当审所学，侈博雅，肆讥弹，固宜深戒。若仅曰富贵功名，尤其后矣。友天下士，要识可宗，滥交游，矜势力，凉不屑为。倘专论文章意气，恐或失之。"[4]可见他为人、为学颇具高度原则性。

1.5　士大夫生活颇富悠闲情调

清代中期广东经济发达，人文荟萃，官、绅们保持着颇富悠闲情调的生活方式。追求"天人合一"是中国传统文化特有精神，士大夫们对山水情有独钟，以游历大山名川为乐。五岭之南的广州山川秀美，郁郁葱葱，山有白云、越秀，水有南海、珠江。《海山仙馆丛书》的总校人谭莹记载："西关汛直接北门之卡，遥通南岸之村，白鹅潭水迤于前，黄麖路趋其右。河同玉带，坊署绣衣。荔枝洲仍节度芳园，丛桂里尽如故宅，驿名怀远。十三行则蛮货骈罗；闸溯汇源，第八桥则蛋船呕轧。半塘菱芡，初地香花，珠海涛粗，石门山远，闾阎殷富，我朝特设千户所焉。"[5]

西关不仅是当时广州的商业中心，也是游览胜地。两广总督阮元有诗描写荔枝湾风景："海珠台外珠江湾，夹岸万树荔子丹。偶然小艇拨荷去，绿杉野屋围阑干。红云低压白莲水，论园买夏邀人看。"[6]

他描写游湖的情景："赤霞绛雪何斓斑，就树颇有游人餐。柴门草阁见青山，雨余五月江深寒。野塘荷气清如兰，白菡萏摇翡翠盘。亭林静寂泉幽潺，况有黑叶垂晶丸。夏游得隐

① 史澄. 广州府志·卷129·列传18. 清光绪五年刊本（1879）.

② 谭莹. 乐志堂文集. 卷4[M]// 续修四库全书·集部·别集类. 上海：上海古籍出版社，2002：1528册：133.

③ 张维屏. 艺谈录. 卷1. 粤东富文斋刻本.

④ 潘仕成诗. 见：广州市荔湾区文化局，广州美术馆. 海山仙馆名园拾萃[M]. 广州：花城出版社，1999：37.

⑤ 黄佛颐，钟文. 广州城坊志[M]. 广州：暨南大学出版社，1994：319.

⑥ "广州城西荔枝湾，荔林夹岸，白藕满塘即南汉昌华旧苑；诸儿游此，折荔湾图一首。"阮元. 揅经室集：下册. 全国图书馆文献缩微中心，2009：1083.

荔树间，春游竹里吟檀栾。"①

他的诗集中，关于游览粤东山水的诗歌还有很多。作为在广东"诸君说我多桃李"②的朴学大儒，他的喜好作风，被广东士绅争相仿效。张维屏在《松心诗录》中有很多他与朋友一起醉饮花埭、登高粤秀、约游白云的诗词。③从中可以看出广州当时生活氛围的悠闲（图1-7）。

积极的悠闲多是一种群体文娱活动。悠闲的生活跟悠闲的园林是相配套的。中国园林是缩小版的自然，是满足人们山水林泉之乐的一方天地。潘仕成建造海山仙馆就是追求闲逸生活的一种表现。他曾写道："池馆偶陶情，看此日碧水栏边，那个可人，胜似莲花颜色；乡园重涉趣，悔从前红尘骑外，几番过客，虚抛荔子光阴。"④表明海山仙馆是他回归乡园、暂避世事，向往清闲生活情调和气息的处所，如失之交臂多有伤感。

图1-7 广州悠闲的生活氛围
（图片来源：刘志刚提供历史图片）

① "五月廿七日内子生辰复避客独游攀荔亭归示福佑孔厚即用前寒韵加删韵（按：此时此本有唐荔园之名）"。阮元. 揅经室续集：卷6[A]. 全国图书馆文献缩微中心，2009：1084.

② "道光癸未状元为广东吴川林召棠报至粤越华粤秀书院院长同称喜复用诗韵一首"。阮元. 揅经室续集：卷6[A]. 全国图书馆文献缩微中心，2009：1084.

③ 如"上元后三日，刘朴石编修彬华招同谢澧浦庶常兰生，吕子羽上舍翔、漆龙渊璘、高酉山士钊两孝廉、叶云谷农部梦龙载酒花埭饮于翠林园，席上醉歌"；"九日粤秀山登高"；"喜康候至，约游白云，并简月亭、香石、苍厓、纫秋、炽庭诸君等"。

④ 潘仕成词。见：广州市荔湾区文化局，广州美术馆. 海山仙馆名园拾萃[M]. 广州：花城出版社，1999：37.

2

行商园林文化艺术对外交流

我国造园技术自唐宋始就已传入日本、朝鲜、越南等国。早在公元13世纪，意大利旅行家马可·波罗就十分称誉杭州西湖园林。岭南园林源远流长，通过海上丝绸之路也与国外早有交流。五代南汉国时期，海山仙馆遗址所在地的皇家园林就有波斯女在其中活动。在十三行前后的一个较长历史时期，西方园林通过外贸、传教、考察、租借商馆土地等形式传入广东，出现在中国大地上。与此同时，中国园林也西传出现在西欧多国，实现了广泛的中西文化交流，且形成了一个高潮。

2.1 "中国园亭"艺术景观集成块

16世纪初期葡人占据澳门，约在1557年间，由卡莫克内斯（Camocns）在一个名叫"Drdrum"的花园中以大块卵石在小丘上砌石窟，并筑亭于其顶。石窟（洞）上筑亭，颇具"中国园亭"趣味，这是外国人最早在中国学习所筑的中式园景。[①] 17世纪，传教士在中西园林文化交互史上发挥了很大作用。意大利传教士卫匡国神父（Martino Martini，1641—1661）所著有关中国景观工程的《中华新图》一书，对克察（Athanasius Kircher）所著《中华文物图志》（Chinamonumentis qtra profanisillustrata）影响很大。[②]

1655年荷兰人纽浩夫（Joham Nieuhof，又译"尼霍夫"，1618—1672）由广州前往北京途中，在广东境内的一个村庄[③]（广州从化坡下），见到一座叠石假山，"进村之前很远，就见到一起悬岩，它们被艺术式劳作，雕塑和叠落得如此精彩，以致远远地见到它们就使我充满了钦美之忱，可惜新近的战争破坏了它们的美，现在只有从留下的残迹去判断它们曾经是多么富有创造性的装饰品……为了对这座人造的悬崖峭壁异乎寻常的奇妙表示敬意，我测量了一下其中的一个破坏得比较轻的，它至少还有四十英尺（12.2米）高"。[④]岭南莫伯治大师对此也作了拓荒性研究。

另据荷兰学者包乐史（L. Blusse）和中国学者庄国土的研究，认为纽浩夫所经过的地方，为江西万安县之彭家凹（Peckinson）。[⑤]

美国人威廉·亨特讲过这件事：随荷使访华的尼霍夫于次年（1655年）4月18日经过江西万安县彭家凹。"在该地的入口处有几座人工造成的式样古朴的假山，但是非常可惜，大部分都毁于战争了。其中最大的一座约有40多英尺高，上下二层，各有4米宽，人可沿圆梯登上。这些假山都是用黏土和类似黏土的材料堆积而成，其形状自然逼真，体现的艺术性和创造性令人惊叹不已。"[⑥]莫伯治先生曾希望考证到实在的地点，从假山造型的玲珑通透、飞

① 莫伯治. 岭南庭园概说[M]// 张复合. 建筑史，2003年第2辑. 北京：机械工业出版社，2003：1-21.
② 纪宗安. 明清之际入华耶稣会士与中国造园艺术在欧洲的影响[J]. 基督教研究，2012：96-106.
③ 梁明捷. 岭南庭园叠山的美学表现[J]. 华南理工大学学报（社会科学版），2013（4）：78-83.
④ 窦武. 中国造园艺术在欧洲的影响[M]// 清华大学建筑工程系. 建筑史论文集第三辑，1979：113.
⑤ 色乐史，庄国土. 约翰·尼霍夫原著《荷凌初访问中国记》研究[M]. 厦门：厦门大学出版社，1989.
⑥ 威廉·亨特. 旧中国杂记[M]. 沈正邦，译. 广州：广东人民出版社，1992.

岩悬壁、洞穴生奇，证明有可能运用了"包镶"的筑山方法，才形成这样挥洒自如的制作效果。

其实，"中国园亭"可谓中国园林一个典型的基本景观单元。18世纪的印花棉布假山棱阁即盛行西方的中式园"中国风"（图2-1）。它最早就作为中国园林的代表符号或象征漂洋过海，完成了早期中西文化交流的历史使命。

图2-1 《伦敦新闻画报》：伍秉鉴在花园

道理是："中国园亭"已含山、水、建筑、植物四大园林要素，人们对山水亭阁动植物进行了巧妙的位置关系配比，多元变化浑然一体，能够满足人们"可居、可游、可观、可望"的多种审美观照，实现了从物境、画境到意境的升华。可以说，一个高水平"园亭"工程项目的成功，就意味着一个高水平完整园林个体的成功。

18世纪初，英国人受中国外销画、外销瓷器上叠石假山绘画的影响，在斯杜海林园、斯道维花园、派歇尔花园等园林规划中，出现了有"中国园亭"假山的作品。18世纪下半叶，英国在风致园基础上，乐于添加中式假山，并影响到法、德等国，这些国家于枫丹白露园、歌德魏马公园、阿尔登斯坛园等也添筑有岩洞小亭的假山。[①] 事实说明，早期的西方来客受到"中国园亭"景观的吸引，表现出对整个中国园林的认同赞赏和相互推介。

2.2 东园西传英伦刮起"中国风"

十三行时期，正是中西方园林艺术密切交往的时期。清初，一些西方商人和传教士将他们在华居留期间所得到的有关中国园林艺术的知识介绍到了欧洲。最早是法国传教士的宣传，但最早在英国产生影响。如英国传教士李明所著的《中国现势新志》对中国园林作了深刻的分析。传播中国园林艺术的媒介不仅仅是书籍，还有十三行经营的各种外贸商品。如瓷器、漆器、绘画美术品、家具及其他工艺品所表现的中国园林景象，使西方人耳目一新，引起欧洲文化界人士，特别是诗人、散文家、画家和雕塑家的关注。17～18世纪，欧洲出现了一股中国园林热。英国17世纪的"风景园"（Landscape Garden）、18世纪的"图画式花园"（Picturesque Garden）都是吸收中国园林艺术的结果，学术史上被称"英中式园林"（English-Chinese garden）。

在1742—1744年间，英国建筑师钱伯斯爵士（Sir William Chambers，1723—1796）两次来到广州。由于他具备建筑和园林的专业知识，无疑对岭南庭园——主要是行商园林艺术风

---

① 梁明捷. 岭南庭园叠山的美学表现[J]. 华南理工大学学报（社会科学版），2013（4）：78-83.

图2-2 钱伯斯爵士及其笔下的中国建筑

格，有较为深刻的认识（图2-2）。他在1757年出版了《中国建筑、服饰、机械、家具和器皿图案》《中国寺庙、住宅和园林》两本专业性书籍；1772年又出版了《东方园林论述》一书，均采用行商园林的图画作插图，讲述了他在广州所见的规模大小不等的园林及其庭院（水庭）布局的情况。另外，他曾多次向当地著名画家"李瓜"（当时商场用名，具有"李官"的意思）请教有关中国园林技艺问题，所以他自信对这一行业有充分的认识。他曾于1750年帮助肯德公爵（Duke of Kent）在伦敦附近主持修丘园（Kew Gandens）[1]，即"皇家植物园"。他在园内一角建了一个"中国园"，并筑了一幢中国式砖塔（图2-3）。丘园中的中国园林建筑要素及其自然风格很受西洋民众喜爱。钱伯斯在中国的经历直接促成了图案式风景园林向图画式园林的转变。

这一事件说明：明清之际入华耶稣会士将中国造园艺术带到了英国，对整个欧洲产生了很大影响。钱伯斯首先认定中国的园林艺术以追求大自然为榜样，其目的是模仿自然的美。他体会到园林布局首先要考察园址的地形和环境，选择那些与自然地貌相协调的布局。一般

图2-3 丘园中的中国园林要素

---

① 纪宗安. 明清之际入华耶稣会士与中国造园艺术在欧洲的影响[J]. 基督教研究，1981：96-106.

在园址内布设几个不同的景区，沿着迂回曲径到每个赏景点；中国园林完善之处，就在于这些景之多之美和千变万化而又协调统一。他主张从大自然中收集赏心悦目的景物，致力于最佳的组景方式。即不仅表现各种组景的本身，同时还要形成一个宜人而完美的园林风景线的整体。本来这些理论在明代计成《园冶》中早已论述得十分深刻和系统，不过在18世纪中期，一个外国人对中国园林的艺术风格理论有这样鲜活的体会，实在很不容易。

2.3 行商园林对洋人"例行开放"

中国古典私家园林，"私"的属性无可指责地规范了其特定的营造艺术和使用方式。家族性、私密性、隐逸性、女性化、静态化是其主要特征。本为私家园林的行商园林却因对洋人"例行开放"，不能不发生某些有趣的变化，而肇始于中国园林史册。

行商园林是中西文化交流的重要场所和基地。自清乾隆二十二年（1757年）至鸦片战争后五口通商之间的85年中，广州是清政府唯一对外的贸易口岸。中外闻名的广州行商，就活跃在这一时期，他们垄断了当时中国的对外贸易，掌握了巨大财富，并于广州河南、芳村、西关荔枝湾建设了规模宏大的居所和庭园。当时来广州贸易的外商，只能按官方规定，在十三行开办的商馆中居住活动。约在康雍期间，按清政府的命令，外商们可在每月的初八、十八、二十八的三个假日中，被准许到河南海幢寺及其附近的一家陈姓行商园林中去游玩、休息。当时行商在城郊筑园设馆、盛极一时（图2-4）。广州的洋人经常光临行商在河南岛上的庭院，有些是正式拜访，有些是借散步的理由而来。这些来访者"无论何时都会被当差的仆人很有礼貌地请进园中"。

图2-4 几个英军人员游览芳村馥荫园船厅（克里兹 摄）

当时，广州十三行行商之一的潘启官（Puan Khequa），即潘启（1714—1788），他的花园建在河南的龙溪乡内，中有秋江池馆、清华池馆等。伍浩官（Woo Howqua），即伍秉鉴（1765—1843），乳名阿浩，时为广州十三行行商之首，其建在河南的万松园内有清晖池馆诸胜。潘仕成（1804—1873），是官僚兼富商，于清道光十年（1830年）以后逐步修建的海山仙馆则在西关泮塘。此前，潘长耀（？—1823），乾隆五十九年（1794年）始在广州经商，商号丽泉行，亦为十三行行商之一，也在西关建有花园别墅。

美国人威廉·亨特（William C. Hunter，1812—1891）在中国生活了40多年，是鸦片战争以前广州仅有的几个懂中文的外国侨民之一，他常去行商园林。19世纪中期之后，亨特在其所著的《旧中国杂记》（*Bits of Old China*，1885年）中，用中外园林比较的视角，介绍了潘启官的园林："这是一个引人入胜的地方……到处分布着美丽的树木，有各种各样的花卉果树。像柑桔、荔枝以及其他的一些在欧洲看不到的果树，如金桔、黄皮、龙眼，还有一株蟠桃。花卉当中有白的、红的和杂色的茶花、菊花、吊钟、紫菀和夹竹桃。跟西方世界不同，这里的花种在花盆里，花盆被很有情调地放在一圈一圈的架子上……碎石铺就的道路。大块的石头砌成的岩洞上边立着亭子，花岗石砌成的小桥跨过一个个小湖和一道道流水。其间还有鹿、孔雀、鹳鸟，还有很美丽的鸳鸯，这些都使园林更添魅力"[①]。

显然亨特描绘的是潘仕成的海山仙馆。外商们经常到潘启官、伍浩官、潘长耀诸家庭院休息聚首，免不了要受到行商园林潜移默化的艺术熏陶和感染。中外画家对这些园林的精心描绘，向全世界发行行商园林风景的"外销画"，让人们对南粤园林艺术的认识更加形象化，在国外造成的影响也就更加深远。历史事实证明，这一期间因中西商品贸易发达，相伴随的也是中国园林向欧洲传播的兴盛时期。

2.4　欧洲各地模仿"中国园林热"

"行商园林"不愧是岭南园林的巅峰之作，引发了当时欧洲各国模仿"中国式"园林的热潮。这段时间，外商们经常到行商庭园聚首，中外画家对园林精心描绘，并向全世界发行"外销画"，让行商园林漂洋过海，声名远播。欧洲模仿中国风格情调的时尚持续了近百年，这一时期正是十三行时期。

1685年，威廉·坦普尔爵士在其著作《论伊壁鸠鲁的花园——或关于造园的艺术》中盛赞中国花园，认为具有"Sharawadgi（自然随意）"[②]的美感。如果英国人的花园强调对称、比例与规整，那么中国人则推崇错落起伏与自然而然。18世纪，中国自然式山水园林由英国著名造园家威廉带到了伦敦。

当年，十三行同文馆英文班毕业生张德彝出访瑞典，敏锐观察到华风西渐的迹象。在瑞典国太后所居"太坤宫"发现有中国式园林建筑群，"恍如归帆故里"。"正房三间，屋内槅扇屏装修，悉如华式：四壁悬草书楹帖，以及山水、花卉条幅；更有许多中国器皿，如案上置珊瑚顶戴、鱼皮小刀、蓝瓷酒杯等物，询之皆运自广东。房名'吉那'即瑞言'中华'也。"这组中国式房舍及其陈设，至今仍保存在斯德哥尔摩郊区的皇家公园内[③]。它是清代中瑞文化交流的物证，也是一度风靡欧洲宫廷的"中国热"的缩影。现在瑞典太后宫苑中的"中国宫"（图2-5）常年对外旅游开放，中式厅堂、亭阁建筑，室内的中式屏风、中式绘画，还有建筑山花柱头部位的行商头像装饰等颇受游人喜欢。

① 威廉·亨特. 旧中国杂记[M]. 沈正邦，译. 广州：广东人民出版社，1992：91.
② 英国坦普尔爵士在1685年所写的《论伊壁鸠鲁的花园——或关于造园的艺术》一文中首次提到中国造园艺术中的"Sharawadgi"美学原则。进入20世纪，中外学者分别考证了该词的中文和日文渊源。在全面检阅前辈学者研究基础之上，本文认为，"Sharawadgi"一词可能是来自中文的"洒落"与"位置"的合成。对该词的词源学考证不应该流于为考证而考证，而应该把目光聚焦在"Sharawadgi"美学所蕴含的重大文化学意义上，即欧洲浪漫主义运动兴起背后的东方艺术思想的影响（张旭春释）。
③ 朱小丹. 中国广州——中瑞海上贸易的门户[M]. 广州：广州出版社，2002：106.

图2-5　瑞典"太后宫"中的中国式花园建筑及室内画屏

　　西方人认为，中国园林以山水构成园林骨架，错落有致的山体，蜿蜒曲折的水体，迂回盘绕的小径，随意栽植的树木花草，似无规律而又有规律。还有灵活典雅的建筑物，傍叠石假山、岸线曲折的湖泊。湖中布有小岛或石矶，水上架有拱形石桥。中国式的楼、台、亭、阁、塔、榭等巧妙点缀其中。自然风景式园林之美就是中国园林的思想基础（图2-6）。

　　德国艺术评论家汉什菲尔特在《造园理论》中（参见《世界宗教研究》，1998年第1期纪宗安文）讲道："外国所有的花园里，近来没有别的花园像中国花园或者被称为中国式的花园那样受到重视的了。它不仅成了爱慕的对象，而且成了模仿的对象。"

　　17世纪中叶始，中国园林热在法国形成。1680年路易十四在凡尔赛的特里阿农建造了一个中国茶亭，是一所用瓷片装饰的小房子，四角有四个凉亭，备受法国人青睐，被誉为"中国巧艺"。法国人先行一步向英国间接学建中国园林，后来直接向中国学习造园艺术。17世纪70年代后，图画式园林骤然增多。仅18世纪的法国巴黎一区，就建有20多处中国式风景园林，其普遍特点是：有中国式的塔、桥、亭等小型园林建筑，形成图画式的景观；有形状不规则的水面和蜿蜒的小溪，有叠石假山和岩洞。特别具有反差的是，1774年凡尔赛宫建的小特里阿农（Petite Trianon）园最具中国式。此种情形随着法国伤感主义园林的流行而多起来。[1] 悲剧艺术之美在中国也是很感动人的。中国园林常为美的悲剧。

---

[1]　针之谷钟吉. 西洋著名园林[M]. 章敬三，译. 上海：上海文化出版社，1991.

图2-6　17世纪末至18世纪中国园林熏风影响西欧[1]
上左：德国波茨坦长乐宫（Sanssouci Potsdan）中式茶亭；上中：德国园林建筑施工图；上右：英国别得尔夫·格兰其（Biddulph Gheshige Cheshire）庄园中的中式元素；下左：俄罗斯圣彼得堡夏宫中式克里克亭；下中：英国阿尔东·陶沃峪花园喷泉塔（Pagoda Fountain）；下右：法国卡桑（Cassan）中式亭

中国园林在欧洲的影响，还表现在德、意、奥、俄和北欧等地也出现了一批中国式自然花园。1760年，第一个"中英结合"式庭院在荷兰建成。由一座小山、一个山洞、一座中国庙宇和凉亭、一架吊桥组成。此后荷兰东印度公司的商务馆员斯赫伦堡（R. Scherenberg）亦多有参加。1790年在巴伦（Baarn）所建的"中国园林"有假山，池塘中的中式楼阁——北京阁和广州阁。这两座楼阁是在广州预先订制的，再用东印度的商船拆分运到荷兰。[2]

2.5　"美国花园"最早现身十三行

建筑史学者彭长歆指出，过去一般认为，清同治七年（1868年）落成的、位于上海外滩北端、英美公共租界南侧的"公家花园"被认为是中国出现的第一个外国公园。但在第一、二次鸦片战争期间，广州十三行美国商馆和英国商馆前的珠江河滩上，早已出现过两处相连的、由在粤西方商人共同修建和使用的园林，即"美国花园（American Garden）"和"英国花园（English Garden）"，这才应该是中国近代最早出现的、具有现代意义的西式公园（图2-7、图2-8）。他还特别强调："十三行美国花园、英国花园的创建是19世纪中期全球性公园建造活动的一部分，与后来的香港兵头花园（现为香港动植物公园）、上海外滩花园一样，是世界公园建造史无法罔顾的重要环节。"[3]

①　图片来源：南越王宫博物馆，中国园林博物馆. 瓷上园林——从外销瓷看中国园林对欧洲的影响[M]. 广州：岭南美术出版社，2019.

②　蔡鸿生，包乐史，等. 航向珠江[M]. 广州：广州出版社，2004：8.

③　彭长歆. 中国近代公园之始——广州十三行美国花园和英国花园[J]. 中国园林，2009（4）：108-114.

图2-7　十三行商馆区建设初期的“美国花园”

图2-8　从西往东眺望“英国花园”

十三行商馆的前广场最初为滩涂。随着常年淤积及商人们有意识地拓展，十三行前广场逐渐成形，其功能主要用于临时堆放货物，后来沿珠江河岸种了几株供遮荫的大树。由于来华西人渐多，而十三行沿江居住地带狭窄，使他们想方设法改善自己的居住环境、丰富自己的闲暇生活。比如以西洋式风格建房，举办西式宴会、音乐会、划船比赛等社交活动，不时造访中国行商的花园等。1822年十三行大火，商馆区域遭到巨大破坏。在清理了火灾垃圾后，英国人在商馆前建造了一个面积约0.63公顷的花园。

第一次鸦片战争后，十三行街区开始由纯粹商馆区向西式社区过渡。其结构、规划和功能都与前大不相同。1842年前后，美国花园开始建造，其范围北以十三行前的道路为界，西至靖远街，东至新豆栏街，南临珠江，面积为1.2公顷。美国人讷伊和沃伦·德兰诺最早动手在这一区域内整治了道路，并种上了树。当时十三行最大的美资贸易公司老板伊萨克·布尔，则担任了花园的规划设计和督建。他布置了8组大型圆形花坛，其他大小不等的长方形及扇形花坛分布在圆形花坛之间及广场的四角，条形石凳则散布在花园各处。花园四边采用了不同形式的围墙，向西侧靖远街和东侧新豆栏街为实体封闭围墙，面向珠江和商馆则采用了通透的栅栏，并设有门扇可供进出，还设有埠头。1843年英国商人与十三行的怡和、广利、同孚等行商签订租地草案，并租借了西面的新豆栏街，废除了长期分隔十三行前广场的公共通道，英国馆前广场得以与美国花园连成一片。经过系统整治和建设后，由美国花园和新改造的英国花园共同组成的“广州公共花园”正式成型（图2-9）。

1844年2月，英国植物学家罗伯特·福琼造访十三行，参观了英国行的花园，对其中的植物品类做了一番点评，罗列了棕榈树、车前草、木兰、大山朴、荔枝等植物。福琼此行的目的便是受伦敦园艺学会所托到中国采集植物。七年后将茶树种子、茶树苗等引渡成功。①1849年罗伯特·福琼在给妻子信中说道十三行商馆区的西式花园：“每天晚上8点到10点，在花园里散步都非常舒心……花园里种植了差不多1000棵树和灌木，排列优雅，花园里贝壳铺就的小径有20英尺宽，透水性很好，下雨后半小时就干了。每年有10 个月时间树木都枝繁叶茂，大多有20到30 英尺高。”

① 孙红卫．英国花园与植物采集的谎言[Z]．关于成都博物馆“清代外销艺术品”展论文，2019.

图2-9　十三行商馆前的美国花园远景

西式空间布局和岭南本土植物的交融，可谓中西园林艺术交接合璧的先例。十三行美国花园、英国花园的植物配置体现了19世纪西方人对华南地区植物的高度熟悉。从布尔设计的美国花园可以看到，各种乔木、灌木被有序地搭配，以确保花坛中植物景观的层次、形态和色彩以及良好生长所需要的空间。

得益于长期对华南植物的研究，并在本地花匠的帮助下，十三行美国花园和英国花园大量采用本地植物。从有关该时期的外销画中，可以辨认出的植物有樟树、荔枝、扁桃、秋枫、含笑等常绿植物，木棉、紫薇、柳树、玉兰、鱼木、菩提榕、枫香等落叶植物，以及竹类、杨桃、大红花、月季、灰莉、芭蕉等本地常用的观赏性植物。西方式的公共空间布局和华南本土植物栽培的配合，使公园有了别样的美丽。①

学者江滢河指出，根据现有的文字和图像资料，我们可以看到逐步建造和扩展出来的广州公共花园，以草地、绿树、花卉为其主要景观，辅以规整的小径，给人以视野开阔、舒适明朗的感觉，迥异于狭小、精巧的中国私家园林，具有西式公园的公共性、开放性等重要属性。这些特征是与西方工业化后空间的发展及人们在被制约后寻求放松、休闲等观念相联系的。

"19世纪休闲观念在欧美社会尚属新潮，广州口岸出现的西式花园则体现了这种时尚，尽管并没有全面影响到中国人的生活，但不能不说广州在这方面早先与世界同步了。"②时人记载："到了晚上，美国花园里到处是欧洲人在聚集，他们来这里主要是想吹吹风……年轻的商人戴着黄色手套，公司职员们戴着白色围巾。他们冷静而拘谨的举止跟环境很相称。"③1856年10月，第二次鸦片战争爆发。同年12月15日，广州部分民众放火焚毁了十三行商馆区，中国最早的公共花园也消失在大火中，连同公园中后来修建的一座教堂，仅仅存活了十几年。

① 彭长歆. 中国近代公园之始——广州十三行美国花园和英国花园[J]. 中国园林，2009（4）：108-114.

② 江滢河. 鸦片战争后广州十三行商馆区的西式花园[J]. 海交史研究，2011（1）：111-115.

③ 卜松竹. 中国近代首个公园源于一场大火 英国人借此造了私家花园[N]. 广州日报，2017-12-11（E）.

珠江河滩上租界出现的广州公共花园即使放在世界范围内，也属于早期的公共公园之列。彭长歆指出，英国直到1833年公共步道特别委员会成立后，才开始研究建立完全对公众开放的公园。美国直到1856年才拥有北美第一个专门修建的公共花园——纽约中央公园。这样看来，这些英国、美国商人在遥远的广州一处人造小岛上的"业余"造园举动，无意中具有了书写历史的价值。

2.6 "植物猎人"采集广州花木种

18世纪末至19世纪初，广州出现了"植物猎人"群的活动。尤其是来华的英国人，无论园艺师兼采集员还是商人兼博物学家，无论驻商馆的工作人员还是船长水手等，都大力收（采）集植物新品种、各类珍奇，将其送回英国去。这些人由于背景不同，在这项事业中扮演的角色也不同，而且因为个人能力、专业各异，每个人都依自己的情况行事。他们的动机也不尽相同，有人纯粹是嗜好，有人以此为业。但是总的来说，他们采集的标本和科学资料的来源却相同——广州的田野工作场所、当地的花园和市场。

行商园林中常种有一般商业苗圃中少有的奇花异木，比如特别优良的牡丹品种。牡丹是英国人最渴望的花木之一，除了花朵鲜艳夺目外，也因为牡丹本来生长在温带地区，因而他们希望这种花在英国也能够生长得很好。

在18世纪末期，邓肯兄弟由于受约瑟夫·班克斯之托，一直热切地搜寻各种牡丹。他们不仅受惠于中国行商，甚至从洋人普遍不喜欢的海关监督（Hoppo）那里也得到过牡丹。其他植物爱好者也在中国行商的花园中搜寻"猎物"。詹姆斯·梅因就曾通过东印度公司的人介绍得以造访文官（蔡世文）和石鲸官二世（石中和）的花园。在华人行商之中，威廉·克尔主要受益于潘有度。事实上潘有度还通过广州分行与约翰·班克斯交换过信件与礼物，也向他赠送过珍稀植物，包括一株树龄极老的盆栽矮树和许多品质优秀的牡丹。1812年，里夫斯到广州上任，在短短几个月内就已经在潘有为的家中吃过两三次饭，并在主人花园里的两三千盆上好菊花中寻宝。1821年，约翰·波茨在到达广州的第二天就被里夫斯带去潘有为的花园，在接下去的几天里，他们又造访了一些其他中国行商的花园。

植物的流动是双向的。[①] 托马斯·比尔曾把好几种玉兰分赠给广州的中国商人。那些前往中国采集植物的人，包括远洋船长和植物采集员，从英国出发的时候一般也都随船带着一些植物，以便用来交换中国品种。由于受到启蒙时期科学公益思想的影响，班克斯曾建议克拉克·埃布尔去中国时带上一些柠檬树，因为他听说"中国的庭院里没有柠檬"。从欧洲被带到中国的植物，起初多半被栽种在当地洋人的花园中，但如果有中国人因其美丽、新奇或实际用途而喜欢这些品种时，它们就会被移植到中国园林中生长、绽放。

1844年，在中西植物交流史上极为重要的英国"植物猎人"福琼被伦敦皇家园艺学会派

---

① 范发迪. 18世纪惊艳英国的广州花棣和行商花园——清代在华的英国博物学家[M]. 袁剑，译. 北京：中国人民大学出版社，2018.

到广州，收集研究中国植物。他对行商们的花园非常推崇，总想里面种植着很多中国南部土生土长的灌木和树。

广州是珠三角地区花卉、苗木种植与贸易的集散地。"花地""花都"都是因种花而出名的名乡名县。十三行对岸的花地在中西园艺交流方面扮演了十分重要的角色。作为广州观赏植物的传统培育场地，花地的苗圃定期为商馆提供花卉，并周期性地举办花市。广州行商的花园为西方植物学家采集中国植物样本提供了方便。

花棣只是广州几个花市之一，其他花市都位于洋人活动区之外。明朝时，中国中上层社会广泛流行一种莳花弄草、热衷园艺的文化。花迷们培育新种、雕琢盆栽、著书立论、评品花卉、建造园林，十分火热。苗圃也在主要城市的近郊大量涌现。根据散文家张岱（1597—1679）记载，在华北的兖州，当地人成亩成亩地种植各式各样的牡丹，就像种庄稼一样。与此类似，广州以西几英里有一个小村，叫花田，种的则全都是茉莉花。一部分茉莉用来熏制茶叶，一部分送花市，同大量茉莉花和其他鲜花一起直接出售。花棣的特别之处在于，那儿有很多苗圃，栽培花卉的品种很多（图2-10），正是植物学家喜爱的去处。

花棣的精彩内容使18世纪的欧洲游客既羡慕又惊奇，于是来广州的洋人"照例"要到那儿逛一逛。花棣的苗圃不仅出售剪枝花卉，也出租盆花供节日庆典时使用，同时还贩卖各种各样的种子和活株植物。菊花、兰花、牡丹、盆栽灌木、山茶、玫瑰、杜鹃、柑橘及其他果树和许许多多其他观赏植物竞相争妍，恭候买主。这些花木有些是热带植物，也有些是中国本土花木的南方品种。18世纪晚期，《浮生六记》的作者沈复曾从苏州到广州做生意。沈复

图2-10　花地花卉历史悠久，具有国际品牌

图2-11　花棣水乡景色①

是个爱花之人，但他到了花棣，却吃惊地发现那里的花木十有三四他都未曾见过。

春节期间，广州花市更是兴旺。一名英国园艺师采集员曾叹道："中国对花卉的狂热更甚于欧洲"，"当地人为了喜欢的优秀品种植物，花上100银元也不在乎"，比如墨兰，"而其实墨兰根本算不得最稀罕植物"。

图2-11这幅清代外销画描绘的是花棣水乡的景色。西方驻广州的洋人喜欢造访花棣，一方面是可以到此透透气，看看风景，另一方面是为了那些美丽的植物。而清政府也只准许他们游历花棣。

洋人于是兴高采烈地在花棣野餐，歌声美酒相伴，让许多旁观的中国人感到很有意思。花棣的苗圃主人对接待外国顾客一点也不陌生。"老外"讲道：有些苗圃主人，如18世纪晚期的OldSamay和19世纪20年代及30年代的Aching，还定期为洋行提供花木。

花棣本来是一个当地花市，后来因为洋顾客越来越多，苗圃也做了调整。例如，Aching曾打出一块广告招牌，上面用英文写着："Aching出售各种果树、开花植物和种子"。在花棣，洋人买了很多"种子，整整齐齐地包在抢眼的黄纸中"。詹姆斯·梅因是一名训练有素的园艺师，他查看那些种子，觉得它们正是西方顾客对中国植物所渴求的对象。当时完全是卖方市场。来广州的英国人还买了大量的活株植物，试图将其运回英国。②

2.7　技艺交流"中西合璧"结硕果

文化的交流是互动的，交流可以得到"双赢"。西方文化随着外国商船的来到给行商园林带来新鲜活力。中国园林"中西合璧"主要体现在："总体中式，细部西化"。"海山仙馆"

① 李国荣，林伟森．清代广州十三行纪略[M]．广州：广东人民出版社，2006：94．

② 托马斯·阿罗姆绘画，李天纲编著．大清帝国城市印象：19世纪英国铜版画[M]．上海：上海古籍出版社，2002：225．

中大面积的采光玻璃、大型西式吊灯、自鸣钟、明瓦天窗、大理石柱、石地板、日本涂料、西亚壁毯等设施材料的运用、家具的摆设，均表明西方文化已从多方面渗入中国传统园林。同时期的广州余荫山房几何图形、方整格局的庭院规划，扬州瘦西湖怡性堂园林中的"连房广厦"等设计手法，如出一辙受西方园林风格的影响已是不争的事实。北京圆明园中的西洋楼景区更是"老外"直接参与修建的精品，在中国北方皇家园林中增添了另类风光。还有不少王公大臣的王府花园也多少受到西来文化的影响。十三行商馆的西洋建筑均为西人规划、中国人施工兴造的。出现在海山仙馆遗址地带附近的逢源大街84号后花园"风云际会"石景西式亭阁，澳门水石园"春草堂"的西洋山花柱式……均为西方建筑艺术对中国早期的影响。

西方教堂很早就用上了"彩色玻璃"。传到中国，却让行商园林最早加以利用。比如海山仙馆中潘仕成50位妻妾所住房间，均装设了玻璃门窗，便于对其行为加以监督。还有其他一些建筑材料和设备，如进行大理石柱磨制、厅堂地面铺装、大型吊灯的展示、提水设备的运行，行商园林"近水楼台先得月"，先行派上了用场。不过，海山仙馆园主潘仕成也是一个很有追求的人，除了物质上的西化，他还专门收集包括了古希腊和欧洲文艺复兴后的学术巨著：欧几里得的《几何原本》《测量法义》，利玛窦的《同文指算》《圜容较义》，英国医生合信所著、开广州西医治疗之先的《全体新论》等，出版印刷"开风气之先"，在全国无出其右。①

大清帝制对思想的禁锢，是开放局限性不言而喻的根源。文化技术交流总是微妙的事，人为的阻挡是愚蠢的。②

---

① 倪俊明.《海山仙馆丛书》的特色和价值评析[J]. 广东社会科学，2008（4）：121-127.
② 高旭东. 论中西文化合璧的新文学传统——兼评亨廷顿的"文明冲突论"[J]. 中国文化研究，2002（2）：143-146.

3

用比较法探讨行商园林特色

用比较法探讨行商园林的文化特色是个有效方法。本章分两大节。第一大节比较清代三大商帮（晋商、徽商、行商）园林的基本特征，呼唤各派古典园林，尤其是具有代表性、划时代性的海山仙馆的文化复兴。第二大节，着重从城市发展状况比较扬州盐商园林与广州行商园林的分布规律及命运演化结果。这不仅具有积极的现实功能价值，而且可以弥补断代园林研究、继往开来，实现园林事业可持续发展的战略性意义。

3.1　清代三大商帮园林特色的比较

历史学中严谨的商帮概念，是指具有一定共性特征但个体资本独立的帮派体系，并不是一种具备严密组织和团队向心力的经济集团，只是基于某种地缘、业缘与族缘关系上的松散结合的商人群体。

清代，由于商品经济的相对发展，经营行业和数量的增多，传统观念的逐渐改变，商人队伍不断壮大，在各地出现了具有帮派性质的商人团队，即商帮体系。商帮的发展受到地域经济、宗族社会、人文地理特点等方面的影响，导致每个商帮的经营风格、管理模式、营业理念、行为规范各有差异，具有一定范围或层次上的垄断性。清代商帮以晋商、徽商、粤商最为著名，三者在交易对象、活动方式、商品种类上都有所侧重，各帮所经营的私家园林亦各有特色。

3.1.1　三大商帮园林的基本状况

明清前期的晋商，主要经营边贸的盐、茶，后期经营票号形式的金融业，经营范围主要在中国北方；徽商则垄断了两淮盐业，经营范围主要以中国南方为主；粤商则主要经营茶、丝绸、瓷器等进出口商品，主要以对外贸易为主。

尽管三者有很多不同的经营特点，但在中国传统文化观念、政治体制、"重农抑商"等大环境、大背景下，它们都有着相同的爱好——盈利后买田置地造园（表3-1）。至于原因，叶显恩先生认为："由于官府的庇护和享有豁免税收等特权而取得优惠利润的徽商，是一般商人所不能与之竞争的。他们并没有感到有改善经营商品生产的必要…… 所以，当商业资本超过经营商业所需要的数量之后，超过部分……则耗费在'肥家润身上'……"[1]此段话也适用于清代粤商中垄断十三行的商人群体。黄启臣先生认为："纵观明清广东商人的商业资本的主要流向趋势，则是相当多数商人，把积累起来的相当多的一部分商业资本用于购买土地宅屋，与土地相结合，转化为土地资本。"[2]建设豪华宅院、楼台池馆，是明清商人使用商业资本的重要选择。他们暂时还看不到工业资本、金融资本发展的大好势头，无法找到这

---

① 叶显恩. 明清徽州农村社会与佃仆制度[M]// 张海鹏，王廷元. 徽商研究. 北京：人民出版社，2010：509.

② 黄启臣，庞新平. 明清广东商人[M]. 广州：广东经济出版社，2001：392.

一开拓资本的道路，仅个别行商后期，仅此一次转移资金到国外开发铁路[①]（图3-1），目的还是实行商务周转。

清代三大商帮经营状况比较 表3-1

商帮	交易对象	经营活动范围	经营商品种类	园林特征
晋商	边塞驻军、蒙古、俄罗斯等地商人	北方地区为主	盐、茶、马、金融业等	大院城堡式家族园林，有遗存
徽商	长江流域的商人	长江流域为主	盐、茶、木、粮、棉等	徽派庭院风格，有遗存
粤商	以英国东印度公司为代表的外国商人及内地商人	人员以闽、粤、琼为主，货物融于世界商品经济	茶、丝、陶瓷、盐等	中西元素混合风格、建筑围合园林，无遗存

建筑与园林是一种在时间流逝中存在于空间的文化形态。比如，"中国建筑文化，是按一定的建筑目的、运用一定的建筑材料、把握一定的科学与美学规律所进行的空间安排，是对空间秩序的人为'梳理'与'经纬'。建筑是在时间流逝中存在的，建筑文化是空间的'人化'，是空间化的社会人生。"[②]中国古典园林的外在表现形式受到中国古代社会形态的基本特点和历史进程的严格制约，无论是叠山理水技巧，还是一件小小的盆景、一曲短短的栏杆……它们都与政治、哲学、艺术的众多领域相关，都可以在整个社会文化体系的发展和命运中看到必然的缘由。

图3-1 美国中央太平洋铁路（历史图片）

3.1.2 晋商园林的营造特色

地域文化与审美情感的差异，使得三大商帮的居住宅院表现出不同的形制。晋商宅邸以晋中"大院"为代表（图3-2），它们是北方地域性民居建筑的典型代表。晋商大院深邃富丽，规模宏大，以四合院为基本结构，每个院子自成一体又相互连通。大院的整体结构以防御居安和传统尊

图3-2 晋商大院园林鸟瞰

---

① 卜松竹，钟鸣. 200年前广州行商投资美国铁路[N]. 广州日报，2006-02-28（5）.

② 王振复. 中国建筑艺术论[M]. 太原：山西教育出版社，2001：18.

卑有序的礼制为规划准则。

明末清初，山西商人以晋中一带的乔家、渠家、曹家、常家等为代表，资产雄厚，称雄商界。尤以金融汇兑为主要业务的票号构成了海内外四通八达的金融汇兑网络，执掌中国金融界之牛耳达百余年。于是，大量明、清时期的晋商大院及其所配置的晋商私家古典园林，成为山西人文景观中独树一帜的重要组成部分，于全国也有影响。[①]

同行商园林一样，清朝中期是晋商大宅院园林发展的黄金阶段。在建设宅院的同时，对院中园及后花园必须配套兴建。宅院建筑即便是一些砖石建筑物，大多仿照木结构建筑进行构造。与秀丽山水中的南方私家园林相比较，晋商大宅院园林特点是具有一种雄浑壮阔、敦厚朴实的美。建筑基地布局立体化，宅院环境讲究风水学说，总体中轴对称、两翼均衡、依山就势、高下叠置、曲径通幽。

晋商园林高大城堡式砖墙景观特别突出，堡墙外侧形成高大的堡门，堡门内侧街道排列，按照堂号的不同再设各堂大门，形成院中有院，院外有园，中路有门的层次格局。这种高大的城堡式设计，完全适应了晋商男子外出经商、女眷老小在家、安居乐业而无后顾之忧的务实求真的需要。

晋商宅院的文化底蕴主要体现在：对儒家入世的崇尚、对道家超世的理解，追求的是儒家治世与道家脱俗的和谐统一。这一点与广州行商经世致用的思想似乎大不一致，但"天人合一、崇尚自然""以商贾兴、以官宦显"的心态出发点却有惊人的一致性。

晋商非常重视宅园的植物配置，往往辟有花园或后花园。如常家的静园、杏园，乔家的后园等，这些名噪一时的宅院大多以植物配置、山水取胜。但是，由于山西是个缺水的地方，在独家宅院中央摆上一只或数只大型鱼缸以代水面，与行商园林"水广园阔"大不一样。国槐和枣树是晋商人家常见的乔木，且因树型过于高大而庭院面积有限，大多种在外庭或大门之外。俗谚曰："有老槐树，必有宅院"，充分反映了晋商园林这一植物配置特色。行商园林则大势摆放盆栽植物（图3-3）。

图3-3　晋商常家庄园植物景观（左：有道网）与海山仙馆的盆栽摆布（右：清代外销画）

① 张树民，肖斌. 晋商宅院古典园林的文化底蕴[J]. 中国林业，2017（5）：5.

3.1.3 徽商园林的经营特色

徽商园林的定义："由徽商出资，建造在徽州地区，与徽州文化密切相关，其造园思想受新安理学的影响，徽州建造、新安画派、徽州三雕为其主要造园话语元素的园林及园林化建筑群。"[①]徽派古园林始于南宋。此时中国的政治、经济、文化中心已经南迁至临安（即今杭州），徽州成了南宋的大后方。随着徽州与当时京城交往的日渐频繁，园林意识也渐渐由东而入。所以，徽派古园林在开始时有着较为明显的杭州园林的痕迹。

徽商园林是徽商文化的一种空间形态。徽商把自己的审美理想和价值取向通过与徽派园林的结构组合、运用三雕装饰、匾额楹联显现出来。"中和""仁义"的思想就是徽商审美情感的集中表现。徽商"和气生财"的经商之道也贯穿在经营管理中，形成了以诚信作为经商业贾的道德核心。徽商是把儒家的仁、义、诚、信等道德信条，努力运用到经商实践中去的文人群体，乃为徽商园林的主要建造者和使用者。

徽商园林集徽州山川风景之灵气，融民俗文化之精华于一身。不论是景区规划还是建筑处理，雕刻艺术的综合运用都具有鲜明的地方特色。尤以民居、牌坊最为典型，融石雕、木雕、砖雕为一体，被誉为"徽州古建三绝"，其雕刻内容多为人物、山水、花草、鸟兽、八宝及博古等。题材包括传统戏曲、民间故事、神话传说和渔、樵、耕、读、宴饮、品茗、出行、乐舞等生活场景。手法多样，有线刻、浅浮雕、高浮雕、透雕、圆雕和镂空雕等，均质朴高雅，浑厚潇洒（图3-4）。

图3-4 徽商园林弘扬了经典的徽派建筑文化

---

① 赵峰. 晋商大院与徽州园林的审美文化阐释[D]. 济南：山东师范大学，2007：5.

徽商园林与苏州文人园林同属江南私家园林范畴，两者在造园要素等方面具有一定的相似性。但是由于地域环境、造园习俗，尤其是园主人身份的不同，徽商园林与苏州文人园林又存在某些性质上的区别。即便是同属于徽商的原籍地园林和寓居地园林，也由于造园用途和造园心态的不同，而存在一定的差异性。商人园林着重于满足园主人的社会活动和应酬，希冀能达到提高身份、显耀财富或光耀门楣、颐养天年的"世俗"愿望；而苏州的文人园林则着重于满足园林主人的精神需求，追求雅逸和书卷气，寄托主人不满现状、不合流俗，充满"隐逸"的生活情调。①

两相对比，可识徽商园林与行商园林的一些异同点，表现有以下几个方面：

（1）以"天人合一"为主导思想。因受程朱理学精神影响，徽商园林讲究人与自然的和谐，人与环境的统一。类似于此，行商园林应对岭南气候、山川地理环境也是十分贴切的。

（2）以区位文化为造园基本内容。徽商园林的建筑文化含有徽学特色，从园林结构到园名构思，从景点名称到景物布置，无不体现徽州文化的底蕴。相比而言，行商园林应对涉外活动、海外贸易，却有一定实用优势。

（3）以各自地理山水为美学背景。徽州山水迤逦，丘陵起伏，地少形狭，山高水长，由此限定着徽州园林的范围、格局、体式。因此，靠山采形，傍水取势，顺其自然、师法自然而成特色。类此，行商园林密切联系珠江文化、海洋文化具有开放通透的美学特色。

（4）以本土建材和动植物为主。徽派园林虽有不少外来饰物作点缀，但绝大部分以本地有机物与矿物质为基本材料，尤其常以徽州的梅、竹、松、石等为艺术创作原料，更与园外大环境和谐统一。类此，行商园林基于亚热带植物，引入外来植物、器物（工业品）普遍自由。

（5）以区域建筑意为造园基调。有的徽派园林坐落在庭院之中，与粉墙黛瓦的徽派建筑浑然一体，有的园林虽然建筑不多，但点睛之处无不彰显着徽派建筑的风韵。行商园林基于传统庭院，但以单体建筑围合规则水体空间较多，海山仙馆在改造围垦水网地貌情况下直接利用真山真水的构园，建筑在借鉴外来法式与传承本土模式基础上改动较多较大。

（6）以幽静怡人园境为主要目的。徽商园林虽然具有游玩、观赏、修身、养性、聚会等多种功能，但幽静是第一要义，因主要是供达官巨贾们退隐后享用的，或者是为退隐而做准备的。相对于此，行商园林的公共性、开放性、涉外性较为突出。

徽州园林可以按其所处的环境和权属而划分为不同种类，一般都与个体徽商的规模大小有关。这些园林远离市场、市井，几乎都回归到了老家原籍宗族文化圈内，故其地方传统民间风味浓郁，家族性显著。故常有如下几种模式：一类是显赫家族自建自用的私家园林，一类是小中见大的私家庭院园林，一类是商人捐资修建的衙署附加园林、寺观园林，另有一类为古老村落的水口园林。

总括之，徽派古园林之所以量大恢宏，极尽精雕细刻、曲径通幽之妙，原因主要有三：

① 陈一. 承徽派文化 筑商家园林——明清时期徽商园林与江南文人园林的对比[D]. 南京：南京林业大学，2007.

一是徽州山水美，就近师法自然；二是徽学深厚，使徽商园林文化内涵丰富；三是徽商长期兴盛，使造园有了强大的经济基础。[1]国人今天还能享有如此高雅的园林物质文化遗产，而且有些还是世界级的项目，值得庆幸。与此相比，行商园林则命运悲惨，其兴也勃，其衰也速。

3.1.4　行商园林的经营特色

岭南私家园林大约出现在汉代，从广东出土的西汉明器陶屋中，能看到庭院的形象。清中期，岭南珠江三角洲地区，因商品经济比较发达，商埠文化繁荣起来，私家造园活动开始兴盛。至清代中叶以后，行商园林的规划布局、空间组织、水石运用和花木配置等方面逐渐形成浓郁的地域特色，遂使岭南园林终于异军突起而成为与北方、江南鼎立的三大地方园林风格之一。

行商园林的特殊性还表现在使用功能上。无论是北方皇家园林、私家园林，抑或江南园林，园主们主要追求回归自然，修身养性，同商务是隔离的。皇家园林中的"办公朝廷"是有意配置兼顾性的。广州十三行行商群体因负有管理对外贸易的职能，但他们却没有类似衙、署的政府机构办公场所，很多事务的处理都只能在他们的住宅区内进行。行商园林作为行商们的日常生活地、家族礼拜地、经营决策地的同时，也经常开展一些涉外活动，承担政府办公、印刷出版、国宾招待等职能，具有徽商园林、晋商园林不曾有过的功能特质，因而有着独特的历史价值（图3-5）。

行商园林又称"行商庭园"，[2]此概念最早由莫伯治院士提出。他在《艺术史研究》上刊发的《广州行商庭园》一文，首次使用了这一概念。而所谓"行商园林"，特指清代经营中外贸易的广州十三行行商群体，为满足其日常生活、商业活动、外交应酬等需要，在广州及周边地区兴建的私宅园林。行商园林无论在数量、规模，还是艺术水平上都达到了岭南古典园林的巅峰。行商园林是中国商品经济和对外贸易日益发达的产物，继承了中国传统文化经世致用的思想。同时，行商园林又受西洋文化的影响，吸收了西方园林的一些造园理念和建

图3-5　商务会谈是行商园林的重要功能
（陈铿作）

---

① 陈建勤. 清代扬州盐商园林及其风格[J]. 同济大学学报：社会科学版，2001（5）：15-20，47.

② 莫伯治. 广州行商庭园（18世纪中期至19世纪中期）[M]// 曾昭奋. 莫伯治文集. 广州：广东科技出版社，2003：32.

筑器材，可谓中国古典园林过渡到现代园林的转型期作品。行商园林作为岭南古典园林中的"大手笔"，既符合一般性规律，又有其特殊的刺激因素。

岭南园林的布局形式是"建筑包围着园林，即以建筑围合水体空间为主，宅居和园林融为一体。园主人追求日常生活中实用的庭园，不在乎大与全，而在于实用性"[①]。岭南文化的"非正统性"和"远儒性"，使得岭南园林不太重视儒家文化中的礼制规范，而彰显园林的世俗性。从园林意境上看，北方园林，尤其是皇家园林强调的是宏大、壮阔、威严；徽商园林受江南文人园林的影响，"隐"的思想占重要地位，意在构筑独立个体的理想天地。岭南园林则不同，它采用内敛型和扩散型相结合的空间模式，务实成为构园的主导思想。可以说岭南行商园林更利于大家族聚集生活、举族共营生意的趣味，充满商埠文化气息，应对市井贸易需求。

3.1.5 三帮园林遗产的文化复兴

当中国正对"康乾盛世"山呼万岁的时候，西方各国相续完成了工业革命的历史使命；当中国正陶醉在"天子之国、万邦朝贡"之自娱中时，世界已进入了全球商品经济时代。在不思进取的专制王朝统治与腐朽思想禁锢之下的清朝，三大商帮或迟或早都不可避免地走向衰落。然而相伴而兴、相伴而亡的商帮园林的艺术价值却是永存的，会在后来的商品经济时代复兴。

从徽商园林活动方式、活动场所、活动目的、接触对象、心理趋向、影响因素六个方面研究，可探识徽商女性于园林中呈现出宗祠化、单一化、实用化、悲情化的四大活动特点。女性是清代徽商团体的重要成员，重新认识徽商女性在园林活动中的地位，[②]有利于今后的发展。徽商在扬州修建大批园林，频繁举办诗会雅集活动，"士""商"交错并行，使徽商园林的社会影响日增。如程梦星的筱园、郑氏的休园、江春的康山草堂等徽商园林对戏曲文化的发展发挥了积极影响作用。[③]

历史上有过不少修复、复兴名胜古迹的事迹。中国著名古建专家罗哲文先生指出，严格按原地址、原形制、原材料、原工艺（四原则）复制的历史建筑（园林）仍然具有艺术价值、文物价值、纪念性价值。晋商园林多在山西大院之内，20世纪几乎破坏殆尽。现有乔家大院、常家庄园等晋商园林得到了恢复修理，展现出当年的晋商文化特色。同样属于徽商园林代表的"红顶商人"胡雪岩的住宅园林也在原址上复原（图3-6），早已收到了理想的效果。

随着科学、经济的发展，我国在园林设计领域也在逐步提升。自21世纪以来，为加强文化的建设，越来越多的古典园林得到兴建、修缮。山西省各个地区将其独有的晋商文化融入新型园林之中形成了独具匠心的佳作。如太原市的晋商公园、榆次市（现为晋中市榆次区）

---

① 陆琦. 岭南传统园林造园特色[J]. 华中建筑，1999（4）：119.

② 倪好郎，王敏，严军. 清朝徽商女性园林活动研究[J]. 汉字文化，2019（6）.

③ 张丽丽. 清代前中期扬州徽商园林与文学[D]. 合肥：安徽大学，2014.

图3-6 复兴修造的胡雪岩等商家园林对外开放

图3-7 晋商公园的落成让晋商文化大放光彩

的晋商公园，总体上都实现了对晋商历史文化遗产的传承与展拓（图3-7）。因为晋商文化的丰富积淀及其遗址园林的成功复原，能让我们以先辈们所创造的文化瑰宝作为高水平的出发点，为今后的园林发展打下技能基础，为在园林的规划设计做好技术传承和思想准备。[1]否则空对一块苍白的土地高喊提高是毫无意义的。

　　从园林文化史的角度出发，采用学科交叉法、比较分析法、综合分析法、归纳分类法加以研究是很有效益的事。将十三行时期的国际交往、中西文化碰撞、全球海上贸易等历史事件，结合建筑文化造园技术进行综合分析，可厘清海山仙馆的疑惑点。归纳分类法可对海山仙馆不同建筑、装饰风格加以分析，找出贯穿其中的时代特色和人文精神。尝试运用诠释学的方法，并参考其他商帮园林，可为十三行历史名园的复兴提供依据，于原址或异地还原海山仙馆的部分或全部园林艺术，更是一种积极的物质行为，并非不可思议。

① 李颖异. 晋商文化寓于园林之中[J]. 建筑与文化，2018（1）：137-139.

与海山仙馆相关联的印刷学、动物学、园艺学、地理学、建筑学、治河（湖）工程、炮舰火器、外交谈判等的学术研究，不仅对继承传统中国园林艺术有着积极的作用，对当代广义的城市环境建设也有积极的促进作用。狭义地讲，商帮园林的衰落与园主经济实力的下降有着直接的联系，但更与国家经济体制大变迁具有内在的联系。研究三帮园林衰落的历史，不仅对如何有效地保护管理当代尚存的历史文化名园有促进作用，而且对社会制度模式的改革进步也有积极的影响。

3.2 扬州盐商园林与广州行商园林

"扬州盐商园林与广州行商园林的比较研究"包括三个层次：扬州与广州两者的城市发展特点之比较，扬州盐商与广州行商特质之比较，扬州盐商园林与广州行商园林特色之比较，并以18～19世纪为时间区段。从比较中可获知共同的规律、把握各自的特色，为推动扬、穗两座历史文化名城的保护与建设，发挥积极的作用。

3.2.1 园林兴造对城市格局的影响

城市的生机是促进园林建设发展的活力。不同城市的发展机理会牵带着不同分布特色的园林艺术。扬州与广州都是千年商业城市，各自都有自己最为辉煌的历史时期。扬州地兼漕、盐、河三者之利，仅全国每年承运漕粮的南北运船六七千只，可带运126万石的免税货物。广州"通海夷道"，利尽南海、沟通二洋，每年有近百艘海舶进出口大量东西方商品。风帆时代水上交通的发达带来扬州和广州的繁荣及园林建设的发展。宋代扬州与广州都出现过"宋三城"的现象，三城周围的园林景观可想而知一定是很有趣味的，不同的只是扬州三城南北纵向排列，广州三城东西横向分布。

扬州是一处屡毁屡兴的神奇之地，在多次改朝换代之中沦为废城，但不久之后，"扬州繁华以盐盛"[①]。从"吴城邗"至清末，其间有三度大复兴。第一次在西汉初年，吴王刘濞召集流亡人口，恢复农耕生产，东煮海水为盐，西开铜山铸钱，并开挖运盐河沟通东西往来，街道"车毂相击、人肩相摩"[②]，住宅密集、乐声不绝。第二次繁荣在中晚唐时期，扬州号称"盐筴要区"，"维扬天下一大都会也，舟车之辐辏，高贾之萃居"[③]。谚称"扬（扬州）一益（成都）二"。夜市灯火，"扬州富秸甲天下"[④]。

清康雍乾时期是扬州古代社会第三个发展高潮。广陵一城之地，鬻海为盐，"百货通，利尽四海"[⑤]。康熙、乾隆六次"南巡"，刺激了扬州政治、经济和文化地位的上升，使之成

---

① 黄钧宰. 金壶浪墨·卷一·盐商。

② 鲍照《芜城赋》。

③ 两淮盐法志·卷五十五·杂记四·碑刻下。

④ 江都县续志·卷十一。

⑤ 李斗. 扬州画舫录·卷六·城北录[M]. 北京：中华书局，1996.

为世界上的八大都会城市之一。200多座连绵不断的园林沿瘦西湖将古城与蜀岗风景区融为一体（图3-8），拓展了城市良好的生活空间。

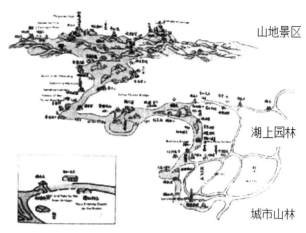

图3-8 瘦西湖水系网络扬州盐商园林三大块分布
（图片来源：赵之璧《平山堂图志》1765年所绘，《扬州旅游指南》1980年改写）

广州在朝代更换的历史沧桑中也多次遭受严重破坏，从南越国的覆没到南汉国的毁灭，从宋元交替到明清屠城，都对古城造成极大的损害。但只要形势稍安、海洋开放，则又奇迹般地得到恢复和发展。汉代司马迁《史记·货殖列传》记载："九嶷、苍梧以南至儋耳者，与江南大同俗，而杨越多焉。番禺亦其一都会也，珠玑、犀、玳瑁、果、布之凑。"《水经注》记载广州"斯诚海岛膏腴之地，宜为都邑"。《隋书·食货志》称广州为六朝一大都会，"工贾竞臻，米盐商，盈衢满肆"。《全唐书》记载广州"雄藩夷之宝货，冠吴越之繁华"。隋唐兴盛的南海神庙可为物证。宋代广州设市舶司，黄埔港已开发，西洋船只日增。"宋三城"横列的发展形态，同扬州一横一竖遥相呼应。明清对外贸易虽时开时闭，但总体上还是属上升时期，并促进了中西园林艺术的交流发展。类似扬州瘦西湖盐商园林群，行商在珠江以北荔枝湾的河网一带及珠江以南的漱珠涌、芳村等地构筑风景园林，使城区得到了延伸发展。从更宏观的角度看，行商园林是围绕白鹅潭大商圈分布的（图3-9），联系海洋，对外更显开放性。

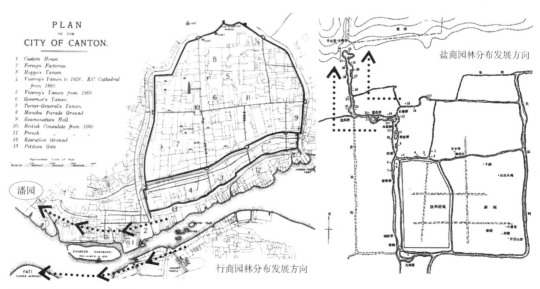

图3-9 两种园林分布发展方向

历史证明，凡是经济繁荣、商业发达的时候，就是园林事业处于发展的阶段。只要具备造园的条件——起码具备造园的土地空间政策及正常人性化的园林美学价值观，我国园林事业必将以各地的个性特色喜获一个划时代的进步。

3.2.2 园林兴造中的商业发展动力

造园多为两种人，一是文人，二是商人。本书所涉盐商、行商均为垄断性的商贸集团。扬州盐商形成因明万历四十五年（1617年）实现疏销积引的"纲盐制"政策①，将原来分散的盐运商组成商纲，结纲行运，赋予盐商垄断特权和资格世袭化，从而形成了中国专制社会晚期集权政府的特许商人、大型商业资本集团——"盐商"或曰"淮商"。清初沿袭明制，这种政策延续至清末，"四方豪商大贾，鳞集麇至，侨寄户居者不下数十万"②。很多扬州盐商，并非当地人，分别来自晋陕、鲁豫、徽州、湘鄂、闽赣、江浙等地，尤以徽州为多。他们竞相兴建商务会馆，显示了颇具特色的会馆文化和商帮文化。

《扬州画舫录》一书记载了明中叶至清乾隆中期徽商在扬州的造园活动，忠实反映了鼎盛时期扬州的古典园林境况。徽商建园大体可分成城市山林（第宅园林）与湖上园林。第宅园林是徽商为愉悦身心、回归自然、追求文人士大夫生活方式的目的而建造的私家园林，也是徽商结纳官府和交游文士的重要场所；湖上园林是在小秦淮、瘦西湖、南湖两岸，为供邀宸赏而建造的园林。它们在扬州造园史和维扬文化史上占有重要地位。③

广州行商承接与提升了明代"朝贡贸易"体制中具有官方外事部门性质的"牙人"角色，进入清代，为应对中西国际贸易活动，由国家特许、以半官半民经营模式，形成了有一套约束市场、帮收外税、监督外商、限制人事的"行商制度"的垄断商业团体。"沿明之习，命曰十三行"④。

从康熙二十四年（1685年）起至道光二十二年（1842年），广州十三行存活了158年。十三行"一口通商"，垄断中国对外贸易85年，上承唐宋市舶、下启五口开放，在中国的历史舞台上扮演了某种特别的角色。"十三行"已经成为一个具有时间概念、空间概念、经济社会学内涵的综合性学术名词。它涉及从广州、广东上至全国，乃至国际社会方方面面的事件。同盐商一样，广州行商成员很大一部分来自外省。行商同时受到来自官府、洋人两个方面的制约。行商发家之后，只有少量资金投向再生产，大量资金被迫捐"公"和进行居住园林建设。

扬州盐商腰缠万贯，其多者挟资千万，少者也有百万，百万以下者谓之小商⑤。当盐商在有了雄厚的经济基础后，多追求居所住宅的舒服和气派。建造园林会集宾朋，炫耀财富，一

---

① 袁世振著《纲册凡例》（明经世文编），其卷四七七《两淮盐政编》记：遵照盐院口字簿，挨资顺序刊定纲册。
② 淮安府志·卷十三，乾隆本。
③ 关传友. 从《扬州画舫录》看徽商在扬州的造园活动[J]. 黄山学院学报，2003（4）：61-64.
④ 梁廷枏. 粤海关志·卷二十五·行商[M]. 广州：广东人民出版社，2014.
⑤ 清朝野史大观·卷十一·清代述异。

时竞相治园蔚然成风。正如惺庵居士《望江南百调》所云："扬州好，侨寓半官场，购买园亭宾亦主，经营盐典仕而商，富贵不归乡。"如当时有名的影园、嘉树园、休园、王氏园均为郑氏家族所建。18世纪的盐商巨头江春，一人就拥有随月读书楼、秋声馆、水南别墅、东园、江园、康山草堂、深庄等多处园林别业。俗称"四元宝"的黄晟、黄履暹、黄履昊、黄履昂四兄弟，分别筑有易园、四桥烟雨（乾隆赐名）、容园、别圃等园林。布满瘦西湖两岸的园林大多是盐商所筑①。

正如黄启臣先生所言："纵观明清广东商人的商业资本的主要流向趋势，则是相当多数商人，把积累起来的相当多的一部分商业资本用于购买土地宅屋，与土地相结合，转化为土地资本。"②建设豪华宅院，是明清商人使用商业资本的重要选择。他们暂时还看不到工业资本、金融资本发展的大好势头。

1776年，广州行商潘启在河南乌龙岗下，运粮河之西置地，界至海边（即珠江边），背山面水，建祠开基，并于河上架建了漱珠桥、环珠桥、跃龙桥。潘启及其后代在此经营宅园近百年。据记载，潘有为建有六松园、南雪巢、橘绿橙黄山馆、看篆楼等。潘有度建有漱石山房、义松堂、南墅。潘正兴建有万松山房、风月琴樽舫。潘正衡建有晚春阁、黎斋、船屋山庄、菜根园。潘正亨建有海天闲话阁（今留有"海天四望"街名），潘定桂建有三十六草堂，潘飞声建有花语楼，潘正炜（别号"听风楼主人"）建有清华池馆、秋江池馆、望琼仙馆、听帆楼以及其孙辈所建之养志园等。可以想象，当年这里是一个庞大的园林群，其规模关门有河、连街跨桥。③

伍国莹（1731—1800）自闽入粤，定籍南海。乾隆四十七年（1782年）创办怡和行。其"伍家花园"又叫"伍园"或"浩官花园"，用地2000多顷，龙溪水可入园中大湖，名安海乡。园中之院粤雅堂、宝纶楼、听钟楼、揖山楼、听涛楼、延晖楼、枕流室等景点一个比一个美。

行商伍崇曜另在西关建有粤海堂、竹洲花坞、书库琴亭、洞房连阁、傍山带江等园庭之胜，可与潘仕成的海山仙馆相埒。白鹅潭附近另建有"爱远楼"观江景，园中日常生活锦衣玉食、声色犬马、穷奢极欲。④

3.2.3　园林兴造各有景观艺术特色

盐商园林遗产丰富，行商园林几乎全军覆没。"盐商园林"可与"扬州园林"等代；行商园林只存一方水池。丰富的文史资料和实物遗存是研究扬州园林最好的依据，总结其艺术特色有如下几点。

---

① 高文麒. 江苏盐商文化[M]. 北京：经济科学出版社，2014：139.

② 黄启臣，庞新平. 明清广东商人[M]. 广州：广东经济出版社，2001：392.

③ 彭长歆. 清末广州十三行行商伍氏浩官造园史录[J]. 中国园林，2010（5）.

④ 莫伯治. 岭南庭园概说[M]// 张复合. 建筑史，2003年第2辑. 北京：机械工业出版社，2003.

（1）分布集结成群、规模庞大

不同于小而分散的苏州文人园林，扬州盐商巨贾结伙为园、集结成群。如新城花园巷园林群有寄啸山庄、片食山房、小盘谷、棣园秋声馆等，东关街园林群主要有小玲珑山馆、寿芝园、百尺梧桐阁、逸圃。构成完整连续景观最成功的当属瘦西湖园林群，两岸二十四景，别墅园林鳞次栉比，尤其从旧府城北门至西北蜀岗一线，私家园林繁密相接，间杂一些寺庙、祠堂、酒楼，呈"两岸花柳全依水，一路楼台直到山"（图3-10）的"长卷式"盛景。蜀岗的平山堂为扬州的园林分布提供了导标。此种分布模式的缘由：除地形水系特征外，还与满足皇上一路游赏方便、商人相互攀比斗胜有关。

图3-10 盐商园林的盛世景观
（图片来源：赵之壁）

广州行商园林也具有相对集中的特点。有清一代，广州城市主要发展地带是西关和河南。西关为洋商居住区、外贸集中区，行商的业务活动主要在西关。西关荔枝湾具有悠久的造园历史和先天的造园环境条件，故许多行商园林多选择荔枝湾一带造园。河南为行商柱头们集中居住的新型城区，土地宽阔，自然条件优越，当然也是行商园林集中兴建的地带。但诸多行商园林并无统一的景观游览线和空间照应。

（2）色彩艳丽，综合南北风格

盐商园林既擅南方园林灵活多变、水陆互渗的特色，又因瞄准京城格调而有意吸收了皇家园林室内室外之工程则例，追求皇家色彩，反映了商贾内心炫耀多欲，显示财力的心理。为迎奉最高权力、取悦皇帝、好大夸富，采用北方京式大尺度、高格调的标准似乎理所必然。如在室内多陈设古砚玉尺、如意、日圭、嘉量、奇峰异石之类，两岸园林建筑体量均取高大的内务府工程模式，"假山则堆积玲珑、画阁则辉煌金碧"（图3-11）。

图3-11 宫庭般艳丽的扬州园林建筑
（图片来源：赵之壁）

图3-12　丽泉行花园有荷叶亭（梁嘉彬《广东十三行考》）

　　行商园林也注意到南北风格的异同之处。丽泉洋行行商潘长耀于19世纪初在广州西关营造私园，外国人称之为"宫殿式的住宅和花园"。围墙或花墙之内是庭院，仿佛园中之园，外边则是较为开放的水面景观。水面上有景石、珍禽，有雕饰的游艇。花园中有假山，临水凉亭，塑荷叶为盖，至为罕见（图3-12）。"暗舫绿波，月明时候"，正是"六月荔初红，骊珠映水浓。"[①]海山仙馆兴建时，主动广泛吸纳南北众家之长，结合自身特色环境，一下子跨越了岭南乡土建筑自发演变的漫长历史时段。

　　（3）中西合璧，以开风气为荣

　　就在同一个世纪，欧洲出现了中英混合式风格的园林。西学东渐，扬州园林也采用了西洋建筑、水法、绘画等艺术理念。商家受行政体制、意识形态束缚相对较少，而追求新奇时髦，乐于摆设自鸣钟、螺甸器、铜瓷器、玻璃镜、大理石插板、西洋壁画等。如寄啸山庄的玉秀楼采用了中西合璧建筑构造样式。江春净香园怡性堂，"仿效西洋人制法，前设栏楯，构深屋，望之如数十百千层，一旋一折，目炫足惧，惟闻钟声，令人依声而转"。建筑表皮画山河岛屿，对面设影灯；"上开天窗盈尺，令天光云影相摩荡"[②]。看来建筑物理的声学、光学都用上了。

　　广州行商园林是世界商品经济日益发达时代的产物，必然受西洋建筑文化的影响，可谓中国古典园林到现代园林的转型期作品。如海山仙馆就使用了大量的西方装饰元素。据中法《黄埔条约》法方随团医生伊凡（Dr. Yvan）记载："这座迷人的宫殿，就像玻璃屋一样。……所有房间的装饰都体现了欧洲奢华与中国典雅艺术的融合：有华丽的镜子，英式和法式的钟表，以及本地特产的玩具和象牙饰品。"[③]故宫玻璃镜子、钟、表都是通过广州十三行引进

---

① 莫伯治. 岭南庭园概说[M]// 张复合. 建筑史，2003年第2辑. 北京：机械工业出版社，2003.

② 李斗. 扬州画舫录·卷十二·桥东录.

③ 陈泽泓. 南国名园 海山仙馆[M]//广州市荔湾区地方志编纂委员会. 别有深情寄荔湾[M]. 广州：广东省地图出版社，1998：43.

图3-13 岭南古典园林的最后绝作——海山仙馆局部（清·夏銮画）

的。行商们利用自己的优势，率先把西方物品也应用到了行商园林之中。

（4）亲水畅气、建筑配景佳妙

如瘦西湖千园千面，无一雷同。《扬州画舫录》卷十《虹桥录上》载：倚虹园之胜在于水，水之胜在于厅。建筑规整院落层层，三面环水多有造诣。清交素友、往来如织。因亲水临水广设水厅，窗牖洞开，晨餐夕膳，湖光芳气尽入园中。四桥烟雨的锦镜阁夹河而建成悬楼，熙春台临水而设照耀水中，还有许多景点借水而建的水廊、水阁、水馆、水堂更是多不胜数。尤其亭桥白塔，对景相望，充分体现出扬州园林建筑与水配置的景观妙趣。扬州园林水景空间的总体效果既比苏州园林开阔，又比杭城大西湖显得紧凑。

行商园林依靠珠江、河涌、湖池、水塘取景。海山仙馆"一大池，广约百亩，许其水，直通珠江，隆冬不涸。微波渺弥，足以泛舟。面池一堂，极宽敞，左右廊庑回缭，栏楯周匝，雕镂藻饰，无不工徵"。[1]内部"厅堂"紧依"大池"，建筑围绕中心水域分布，曲廊高挑为防咸潮涨落，通过水体形成降温阴凉小气候，获得"曲房媚娟而冬煖兮，高馆爣阆而夏凉"[2]的效果（图3-13）。

（5）植物造景，发挥乡土特色

植物题材在瘦西湖园林景观中的作用十分突出。如平岗艳雪以梅胜，临水红霞以桃胜，卷石洞天以怪石老木胜，万松叠翠以竹胜、石壁流淙则以水石胜。"邗上农桑"，"杏花村舍"等农耕文明景观当然以桑、杏等果木造景为主。明代计成在扬州造影园，"前后夹水、隔水蜀岗，柳万屯，荷千余顷，蕉、苇生之水清而多鱼，渔棹往来不绝"[3]。看来善用植物造景，更有地域动物景观特色。

行商园林因山体势微，多借助岭南佳果树木营造如荫如盖遮阳比较舒适的"山体"空间。庭院外部则通过"一湾清水绿，两岸荔枝红"的线型景观，组织起更大范围的公共游赏空间。喜用果木造庭、喜用盆栽列植，引进海外植物花卉，颇为有趣。

---

① 俞洵庆. 荷廊笔记（卷二）. 清光绪十一年，羊城内西湖街富文斋承刊印版，第4页.

② 黄恩彤赋. 载：广州市荔湾区文化局、广州美术馆编：海山仙馆名园拾萃[M]. 广州：花城出版社，1999：41.

③ 张元勋. 影园自记（中国历代名园记选注）[M]. 合肥：安徽科学技术出版社，1983.

（6）做工精致、体现细腻作风

扬州园林建筑是北方"官式"与南方"民式"的一种中介体。这与交通发达、四商杂处，为恭迎清帝而技艺荟萃有关。徽商建园大量引进徽州工匠，使徽派艺术手法融合到扬州园林之中，如徽雕艺术都是一些经典。因同属下江地区，扬州园林中的苏州技法及其灵秀作风，也是引进吸收的重要成分，且成就非凡。

广州行商园林建筑也个性特色鲜明。潘长耀的整体庭园中，两层楼房占有较大比例。楼上有敞厅、游廊或露台，往来相通，建筑装修雅致精美，有1844年法国人拍的照片存外国博物馆为证。伍园祠道入园，北有土地庙，南侧有荷塘、竹林直至万松园。园北临江可眺望"珠海波光"胜景。关门为湖，有占地约百亩的亭台楼阁、雕梁画栋。今遗留一段红砂岩磨石砌的墙基，据考为伍家祠堂遗存。

3.2.4　商家园林的历史使命与归属

清代盐商分有场商、窝商、运商、总商等不同身份。"园林多是宅，无园不安家。"盐商造园的深层动机是保有皇权特许的盐业垄断权，在盐务中希望权力给予"加价""加耗""帑本"等特殊政策。政府为了税收，在扬州设有巡盐御史、盐运使、盐法道、管盐同知、通判、知事、经历、主簿等官僚。这些官员的薪俸，除了朝廷支付一部分，大量的"养廉银"均由盐商支付。不公开的"程仪""规礼""别敬"等"盈千累万"的贿银，也得出自盐商[1]。权力"视商家为可啖之物，强索硬要，不厌不休"（《李熙奏折》）。盐务"官无论大小，职无论文武。皆视为利薮，照引分肥"（《两淮盐法志》）。捐输不敷、盐课积欠，抬高盐价，更加强盐运垄断而形成恶性循环。其中某些盐商免不了要破产，但园林却要保存下去，不致一代名园废弃。这是较文明的所为。

相对而言，盐商园林保留下来的遗产是中国五大商帮园林中较为丰富的。如今扬州最经典的园林还是这些盐商私家园林（图3-14）。

图3-14　盐商园林在全国占有重要地位

---

① 高文麒. 江苏盐商文化[M]. 北京:经济科学出版社，2014：138.

广州行商看起来为直属中央的"官商""国商""红顶子商",也分总商、行商,福潮行、本地行、琼货行等名目,监督管理"洋商""外商"也是他们推不掉的光荣政治任务。整个通商口岸看起来也很美:"金山珠海、天子南库",园林兴盛、覆压数十里。但经营中的"保商""商欠"等问题,不免要出现被"破产、抄家、下狱、充军、杀头"等悲惨景象。新老常态现象自然是跟盐商差不多:捐赠银两。遇到天灾要捐、遇到城市下水道不通要捐、遇到他人欠洋人的债要捐、遇到镇压农民起义要捐、遇到战争要捐、遇到城市丢失了要捐、遇到皇亲国戚升官上任回朝都要捐……常使作行商的人感到不如做条狗。你想退出不做都还要捐很多银子才获批准。

美国动物学家、作家及博物学家莫士(Edward S. Morse,1838—1925)以伍园为例,研究过中国园林的特色。澳大利亚旅行家费佛尔(lda Pfeiff,1797—1858)女士于1840年讲道:行商园林"建筑本身非常大,有着宽阔精致的平台。透过窗户可看到内部的庭院……"园中之院粤雅堂、宝纶楼、听钟楼、揖山楼、听涛楼、延晖楼、枕流室等景点一个比一个美[①]。然而行商倒霉的时候,就是行商园林倒霉的时候。从当年外销画中,可见伍家花园的部分风貌(图3-15)。水面虽不辽阔,但水道深远,景观丰盈;平台、凉亭、廊桥、榕树、芭蕉、盆花,颇具岭南特色。1903年刊行的"广州地图"中,伍氏花园还是重要的地标。

广州行商园林最为不幸的是海山仙馆——这一岭南地区规模最大、艺术水平最高、文化内涵最为丰富、接待外宾最为频繁、景观最为特别的南国名园,主人一死,园子就被瓜分、

图3-15 建于1803年的行商伍家花园(清·外销画)

---

① 彭长歆. 清末广州十三行行商伍氏浩官造园史录[J]. 中国园林,2010(5):92-95.

拆卖了，潘仕成在此进行了一系列文化活动，所集法帖刻石等只有一部分保留至今。潘仕成逝世之后，园产被官府籍没，分割拍卖一空。

3.2.5 园林遗产的保护与发展展望

扬州盐商园林多是与官府关系密切、垄断两淮流域食盐经营的盐商结群为园的产物。乾隆皇帝下江南直接刺激了盐商园林的发展，客观上对扬州城市景观建设产生了良好的作用。盐商园林的文化遗产已是研究并发扬中国古典园林艺术最好的范本之一。恢复盐商园林文化遗产（图3-16）倍受地方政府重视，可在世界名城的生态环境保护保育中发挥更大作用。

"洋船争出是官商，……银钱堆满十三行。"广州十三行行商是被清政府指定专营对外贸易的半官半商组织。行商们借助垄断地位获得巨额财富，营建了许多大型私家园林，形成了广州最后一波古典园林建设的高潮。在进入世界商品流通时代，行商园林中出现的许许多多涉外活动，具有历史文化纪念性的特质。如潘家祠堂遗存（图3-17）应首先开办为行商居住文化博物馆。因为这是唯一尚存的十三行较为完整的一份历史文化遗产，极富文物价值和艺术价值。人们希望行商园林遗址遗产得到及时抢救、有效利用。

图3-16 古迹变博物馆胜过新建场馆

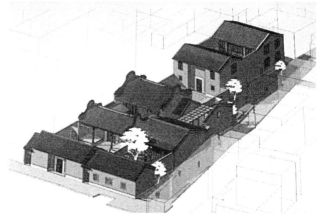

图3-17 行商潘家祠院遗存不知何时能变园林式博物馆

4

行商园林海山仙馆涉外活动

历代私家园林通常具有两大功能：游与赏。如果说水陆穿行其中接近自然是为动态的"游"，那么在园林之中居住、宴饮、攻书、哦诗、抚琴、弈棋、习武、绘画、刺绣、纳凉、避暑、祭祀等则是静态的"赏"了。广州十三行行商私家园林，除了满足其日常生活所需之外，还须开展许多涉外活动，如承担政府的对外交涉管理职能，定期供外商人员进行散心游赏，平时接待应酬外国要员及其家属，西方先进器物优先在此试用或展示，刊刻、编印中外学术著作，等等。于是，行商园林成了中西文化、科技、外交、外贸之间发生交流、协调、碰撞的前沿地，在中国园林史上具有某种拓荒性的特质。

行商园林多表现为庭园形式，又称"行商庭园"——但不是传统意义上的建筑空间庭院、天井或院子之属，是由自然要素和生物要素，再加上园林建筑要素围合而成的、具有相当规模的园林单位。行商园林继承了中国传统文化经世致用的思想，也吸收了西方园林的一些造园理念和建筑器材，是在中国商品经济和对外贸易日益发达背景下的产物，无论在数量、规模还是艺术水平上都达到了岭南传统园林的高峰。行商园林，可谓中国古典园林与近现代园林的转型之作。专制社会的抑商政策，严"华夷之防"，限制官员、民众与外国人直接联系。随着中外贸易额的扩大，在政府官员不得与"夷商"直接接触的情况下，十三行行商不得不承担起由政府指定的贸易、监督、收税、接待、管理在华（广州）西人的"中介重任"。

于是，行商具有了一定程度上管理对外事务的职能，但他们却没有类似官衙、行署、公堂等办公场所，很多事务的处理都只能在他们住宅区内进行。行商园林作为行商们的日常生活地、家族礼拜地、经营策划地，同时也经常举办一些涉外活动，承担了政府办公场所地的功能，使得它有着与北方园林（居园理政、避喧听政）、江南园林（隐逸著文、修身养性）不同的历史价值，与徽商园林、晋商园林等也具有不同的功用特质。

4.1 外国公使人员的礼仪地

当时的清政府尚没有设置西洋各国的"大使馆"，也没有专用的"国宾馆"，只有"朝贡贸易"时的类"怀远驿"站。十三行时期仅仅就是用租赁的、带贬称的"十三行夷馆"供外国人居住办公。即使西洋各国"特使级"的人物来了，也没有下榻之所和谈判厅，更没国家仪仗队夹道欢迎。

乾隆五十九年（1794年）荷兰巴达维亚当局派遣国家顾问——德胜为首的代表团，以恭贺乾隆皇帝1795—1796年之盛大庆典为名访华，其目的是"要求清廷根据欧洲'所有国家的法律'和'所有国王的习惯'能进行平等谈判，以获得他们期望已久的自由贸易"。乾隆批准荷兰使团访华后，10月13日（1794年），两广总督长麟正式接见了德胜。此次相见之礼理应在总督衙门举行，然而竟在河南海幢寺内举行。长麟解释说，是因去年（1793年）十二月，马戛尔尼勋爵（图4-1）由北京返回时，曾在此处招待过，所以故伎重演。荷兰使团秘书德吉涅（De Guignes）日记中记载："在伍氏行商的庭院里举行了两次花下开筵：第一次在10月13日，欢迎Titsingh的到来，第二次在11月20日，在荷兰使团即将赴北京的前夕。"①由此可知，伍氏家园有两次参与接待荷兰使团活动，并且在家中设宴安排两广总督与使团见面。

图4-1 马戛尔尼勋爵

第一次鸦片战争爆发后，行商的宅邸花园作为中外谈判、交涉之地的情况就更加频繁。清政府面临前所未有的冲击，不得不改变传统"朝贡"形式的外交体系，被迫适应现代外交规则，故而出现新旧外交思维过渡的境况。鸦片战争后的条约谈判，使长期闭关锁国、缺乏外交知识的清政府措手不及，在处理对外事务时不得不倚重于当时广东地方各类熟悉"夷务"、精通"洋话"的官绅和行商人员。

在此情况下，行商潘仕成凭借长期与外国人交往的经验，成为清政府处理对外事务的顾问，积极协助本地官员参与多次外交活动。其中一些活动，就发生在他的私家园林——海山仙馆中。"这是一个引人入胜的地方。外国使节与政府高级官员、甚至与钦差大人之间的会晤，也常常假座这里进行。"②1842年奕山、祁贡在此接待了法使真盛意（Adolphe Duboisde Jancigny，1795—1860）。1843年，钦差大臣耆英安排在那里会见拉地蒙东先生（Monsieur Le Comte de Ratti-Menton，1842—1843任法国驻广州领事），接受由他递交的一封法国政府紧急文书。"当时旗昌洋行的主任保罗·福布斯（Paul S. Forbes）在法国驻广州领事馆任有职务，而我则是应邀列席。"③在《中国丛报》（The Chinese repository）中也有类似的报道。

上述文献资料还记载：1843年，两广总督祁贡也在海山仙馆会见过法国公使拉萼尼，④ 1844年又在此宴请顾盛（Caleb Cushing，1800—1879）使团。1846年耆英在此接待美国公使亚历山大·希尔·义华业（Alexander Hill Everett，1780—1847）。十多年后的1858年，潘仕成还是在海山仙馆，按惯例陪同钦差大臣花纱臣会见外国客人。⑤在广州竹岗村墓地，目前所发现的墓葬或碑石中，美国第一任公使的亚历山大·希尔·义华业的高大墓碑引人注目。该墓由三块花岗石雕刻砌筑而成，呈四棱锥形。墓碑有铭文，正面用英文刻着"美利坚合众国奉命始驻中国钦差大臣亚历山大·希尔·义华业之墓"的石碑。义华业于1847年6月28日在广州病逝，终年58岁，死后葬于竹岗村墓地。鸦片战争后首任来华的美国公使就在海山仙馆，向大清朝廷钦差大臣耆英递交了美利坚的国书。

---

① Ellen Xiang-yu Cai. The South China Coast in French and Dutch Literature，第407—422页.

② 威廉·亨特. 旧中国杂记[M]. 冯树铁，沈正邦，译. 章文钦，骆幼玲，校. 广州：广东人民出版社，2008：34.

③ 威廉·亨特. 旧中国杂记[M]. 冯树铁，沈正邦，译. 章文钦，骆幼玲，校. 广州：广东人民出版社，2008：339.

④ 威廉·亨特. 旧中国杂记[M]. 冯树铁，沈正邦，译. 章文钦，骆幼玲，校. 广州：广东人民出版社，2008：9.

⑤ 《清朝野史大观》第三册[M]. 上海：上海书店，1981：110.

4.2　西洋商人的例假游赏地

花地，又称花埭，位于珠江西岸，自古以花木种植闻名，花场云集。花地北端有古迹大通寺。所谓"大通烟雨"，乃明清广州八景之一。因风景秀丽，清中叶后许多行商、士绅多在此购地建园。园林渐成规模，且类型多样，有潘氏东园、伍氏馥荫园、张维屏听松园等。准允洋商游河南花地政策的实施，使花地成为西方商人闲散郊游的最佳去处，并成为西方博物学家采集广东植物花卉样本的主要场所[1]。

道光二十一年（1816年）七月，总督蒋攸铦批示英商人云："从前禀求指一阔野地方闲散，以免生病。曾于每月初三、十八两日令其赴关部报明，派人带赴海幢寺、陈家花园内听其游玩。……兹查今年已无陈家花园，各夷人每有前赴花地游散之事……兹酌定于每月初八、十八、二十八日三次，准其前赴海幢寺、花地游散。"[2]行商们为减少意外事故的发生，尽量安排西方商人在自家园林游玩。

怡和行伍氏家族是商人、官僚和地主三位一体的官商家族。伍家在十三行行商中首屈一指，曾任总商三十余年，位居众商之首，在财力上是行商首富。营建了河南（珠江南岸）的万松园、花地的馥荫园。据《番禺县续志稿》载："万松园在河南，南海伍氏别墅，收藏书法名画极富。嘉道间，谢兰生、观生、张如芝、罗文俊……时相过从。园额为谢兰生书，今存。"[3]19世纪来华的西方人均乐于造访伍家园林，并留下许多详细的文字记录。应西方人的要求，十三行时期的外销画也将伍家在河南和花地的花园作为主要描绘对象之一。在他们看来，画面中浩官花园的奢华和中国情调是他们告慰自己和远方家人的最好回忆。

行商园林最有特色的是海山仙馆，又名"潘园"，位于广州的荔枝湾，占地数百亩，集山水亭台于一体的大型园林被誉为"岭南第一名园"。园主招待外国人是常有之事。亨特大概是对海山仙馆描写最多的外国人（图4-2）。他在他的两部著作中曾记载："外国朋友们认为，得到许可到潘启官在泮塘的美丽住宅区游玩和野餐是一种宠遇……无论我们是划船的时候去休息，还是到那布置美妙的园子去散步，任何时候都有负责管理的仆人彬彬有礼地接待我们。"[4]他的著作对园林各方面都进行了详细介绍。

图4-2　年轻时的威廉·C.亨特

① 彭长歆. 清末广州十三行行商伍氏浩官造园史录[J]. 中国园林，2008：93.
② 梁嘉彬. 广东十三行考[M]. 广州：广东人民出版社，2009：175.
③ 转引自：黄佛颐撰，钟文点校. 广州城坊志 [M]. 广州：广东人民出版社，1998：370.
④ 威廉·亨特. 旧中国杂记[M]. 广州：广东人民出版社，2008：282. 据校注，此处的潘启官是潘仕成。

4.3 中外贸易来客的造访地

行商中同文行潘家财力雄厚，在河南有潘家祠堂大院所在的、较大规模的园林。园林内有秋江池馆、清华池馆等建筑，堪称19世纪广州著名的园林建筑。潘仕成经常在私家园林设宴招待外国人，以增进彼此的了解与友谊。从小就来到中国，并讲得一口流利的"中国话"的美国人小威廉·C.亨特，可是个"中国通"。他受聘于美国旗昌洋行，多次到潘园。他看到"最美丽的潘启官的住宅……他的私人宫殿里有大批的仆役，通常包括侍者、门丁、信差、轿夫和名厨。我们曾有幸领略过这些名厨的技巧，参加过一次无外国菜的'筷子宴'"。[①]亨特对中国美食赞不绝口，记忆犹新。

1839年伯驾医生陪同美国传教士霍华德·马尔科姆（Howard Malcom）参观了潘家园林（海山仙馆），主人Tinqua[②]热情接待了他们。霍华德·马尔科姆记载："伯驾医生告诉Tinqua：我们想参观他的园林的渴望后，我们收到了诚挚的邀请。园林处于拥挤的市郊，从街道上只能看到普通高度的院墙。我们在门房的招待下，穿过了门厅，被迎进一个宽敞的、秀丽的大厅。这位老绅士马上迎接了我们……"[③]我们玩的很开心。由此可见行商园林是西方人到广州必游之地，往往也能得到园主的热情招待。

美国传教士霍华德·马尔科姆对Tinqua的园林给予了很高的评价。他很公平地说："我相信所有人只要不带偏见，就会羡慕和欣赏Tinqua的庭院。"[④]不仅如此，行商园林的特点更让人们对中西方文化不同引发深思。"这里的一切都不是离奇与荒谬的，那些藏书和画卷引起我的思考。尽管这些东西完全是人工的、中国式的，但都包含着品味与美。我们为什么要把各种不同的艺术品味变成同一个呢？"[⑤]

潘家园林让外国人认识到文化多元的重要性，认为人类应保持艺术的多样，而不是完全同一。于是，行商园林就成了中西方文化的交融地。在参观、交流中，西方人体会到以潘氏园林为代表的中国园林的特色之美。

4.4 签订国际公约的接交地

潘仕成凭借长期与外国人交往的经验，已成为清政府处理对外事务的顾问，常以中方代表参与其中。一些外交活动，就发生在海山仙馆。黄恩彤是潘仕成的上级，他在长赋中写道"间且试水雷炮，造火轮舡，而大帅亦每假以宴，觌欧罗巴诸酋长"。[⑥]考诸史料，此

---

① 威廉·亨特. 广州番鬼录[M]. 冯树铁，沈正邦，译. 章文钦，骆幼玲，校. 广州：广东人民出版社，2008：49.

② 威廉·亨特. 旧中国杂记[M]. 冯树铁，沈正邦，译. 章文钦，骆幼玲，校. 广州：广东人民出版社，2008：223. 据校注①可知，此处的Tinqua是同孚行商潘绍光，原名正炜，字榆庭，西人又称之为潘庭官（Puantingqua）。

③ Howard Malcom. *Travels in Hindustan and China*[Z]. 47.

④ Howard Malcom. *Travels in Hindustan and China*[Z]. 48.

⑤ 同④。

⑥ 黄恩彤赋。见：广州市荔湾区文化局，广州美术馆. 海山仙馆名园拾萃[M]. 广州：花城出版社，1999：41.

言不虚。1844年，中美签订《望厦条约》（图4-3），潘仕成跟随钦差大臣耆英参与了条约的签订。[①] 1844年6月，顾盛以美国驻大清国专员身份在海山仙馆向耆英递交国书。据《伊莱沙·肯特·凯恩传记》（*Biography of Elisha Kent Kane*）书中伊莱沙·肯特·凯恩（Elisha Kent Kane）的信件载，中方在海山仙馆招待了美国使团，对宴会的细节描述长达26页之多。[②] 伊莱沙是顾盛使团的成员，"此信写于1844年8月5日至6日，黄埔港。"[③] 他亲历其事，当真实可信。

《中国丛报》（*The Chinese repository*）记录："拉地蒙东在阿尔美尼号的上尉福尼耶·杜普拉（Fornier Dupla）的陪同下，抵达黄埔港。在8月31号，向两广总督递交了一封信，要求见面。在9月6号，领事与舰长福尼耶·杜普拉和其他8位军官，抵达总督在乡间的别墅。在别墅，杨（Yang）迎接了他们，杨是广东的法官。"[④] 据当时清朝的规定，两广总督耆英不可能拥有乡下的别墅，但可判定该别墅是行商潘仕成建在荔湾湖畔的海山仙馆。

潘仕成（Pan-se-chen）在1844年的中法《黄埔条约》后期谈判中，发挥了私园外交活动重要场所的作用。当时潘仕成经营法国行，对法国情况相对熟悉，他参与了清政府与法国谈判的全过程。1844年10月后，谈判从澳门转至广州进行，拉萼尼下榻在潘仕成在广州的府邸。在传统外交理念的支配下，以钦差大臣耆英为代表的官员，欲通过海山仙馆这一广州地区最豪华场所的展示，让法国人知道中国的富庶与强大，达到增加外交谈判底气和筹码的目的。

"官员潘仕成安排了一座他本人在广州的府邸用以接待。"[⑤] 对于该府邸，文章记载："我

图4-3　两广总督耆英（右）和美方特使顾盛（左：Caleb Cushing，1800—1879）、中美《望夏条约》签约处：澳门望夏村（中）

---

① 中国第一历史档案馆，北京书同文数字化技术有限公司联合研制. 大清历朝实录[EB/OL]. 大清宣宗成皇帝实录/卷之四百六/道光二十四年六月. http://data.unihan.com.cn/QSLDoc/#081511.

② William Elder. Biography of Elisha Kent Kane[M]. Toronto: Toronto Public Library, 1858: 65-73.

③ 同②.

④ 国家清史编纂委员会. 中国丛报（1832.5—1851.12）：卷13[M]. 桂林：广西师范大学出版社，2008：270.

⑤ 伊凡. 广州城内——法国公使随员1840年代广州见闻录[M]. 张小贵，杨向艳，译. 广州：广东人民出版社，2008：20.

们安顿下来后，就去参观了为招待拉萼尼准备的寓所。它由同层的7间房屋组成"。"这座迷人的宫殿，就像玻璃屋一样透明，坐落在珠江上，使之更加迷人。所有房间的装饰都体现了欧洲奢华与中国典雅艺术的融合。"①

在广州谈判期间，作为谈判代表之一的潘仕成多次邀请法国重要谈判代表——中文翻译——加略利（Joseph Marie Callery）与随团医生伊凡（Dr. Yvan）游览其住所。"正如先前对我的承诺，以及我跟加略利密切关系，使我有权利自由进入潘仕成的府邸，它坐落于十八甫街。这栋房屋明显属于一个大地主，它是一座由三进内庭组成的院落。"②潘仕成把园邸完全开放，任由他们参观。"从主人的私人房间，到合法妻子（正妻）的内部居所，我看遍了这所府邸的每个角落，参观了每间房屋。"③参观私人府邸可以，但进入内眷的"闺房"细致观察，甚至详细地描写了房间内的床，不是所有人都能获得允许的。此乃对方是法国使团成员，且自己是中方谈判代表的缘故。

费正清先生曾说，外交前线的两广总督耆英希望通过与来华外国使节"个人交情的笼络，通过对外交涉中的个人感情的亲善，从而来影响其背后政府的政策"④。无论是美国使团还是法国使团，都有在广州进行贸易、居停过的成员。这些与行商联系密切的使团成员，成为耆英重点争取的对象。行商园林自然地成为行商们展开外交活动的一个平台。

潘仕成在中法《黄埔条约》的谈判（图4-4）中邀请法国代表，参观了海山仙馆里的印刷作坊，并让印刷工人展示了印刷书籍的流程和环节。

图4-4　中法《黄埔条约》签约地点（珠江黄埔江面）

① 伊凡. 广州城内——法国公使随员1840年代广州见闻录[M]. 张小贵，杨向艳，译. 广州：广东人民出版社，2008：20-21.
② 伊凡. 广州城内——法国公使随员1840年代广州见闻录[M]. 张小贵，杨向艳，译. 广州：广东人民出版社，2008：132.
③ 伊凡. 广州城内——法国公使随员1840年代广州见闻录[M]. 张小贵，杨向艳，译. 广州：广东人民出版社，2008：133.
④ 彭靖. 费正清与中国鸦片战争研究[N]. 中华读书报，2018-02-28（5）；磊东. 两次鸦片战争中的历任两广总督[EB/OL]. http://blog.sina.com.cn/s/blog.

参观海山仙馆的活动是整个中法《黄埔条约》谈判的重要环节。法国使团的加略利、罗德特和伊凡，应邀去游览府邸中藏有科技产品和艺术品的地方——海山仙馆。众外国人员还走进了海山仙馆的化学实验室。潘仕成在此制造用于炸药的氮化酸，并制成攻击外来军舰的"水雷炮"。"人们通常认为，中国人自己不会制造矿物酸的，我们也一直这么认为，很高兴这次亲眼看见澄清了自己的误解。"①

"潘仕成私人房间的窗户面向……一个小庭院而开。院子里柳树优雅的垂姿几乎伸进了这位学者的房间里，栖息在绿色树叶中的鸟儿毫无惧色地轻啄着家具和书架。"②通过参观，法国人评价潘仕成是"一个爱奢侈享乐的天朝上国之人，同时也是个博学和有品位的人"。

为了藏书、刻书，他在海山仙馆中设立印刷作坊，刊刻古籍，编成《海山仙馆丛书》。伊凡在进入海山仙馆后，写道："一个庭院好似我们的香榭丽舍大道，由拱廊包围着，在拱廊下面，有官府雇佣的正在工作的艺术家和工人。"③关于此印刷作坊，伊凡录下了珍贵的镜头：

"潘仕成向我们解释说，这间公子的印书坊被用来拓印古代的铭文和愈来愈稀少的古代箴言，它们的复制品向来受读书人的青睐。三个拓写者显得很熟练，正在用铅笔描画大理石上的古代文字。他们是年轻、有学问的人，学生状打扮，穿着蓝色的长衫，戴着帽子。就像我们那些法学和医学的学生们一样，他们展示着本国的服饰……潘仕成让工人当着我们的面进行印刷。过程非常简单：印刷者用一弯曲的刷子涂上墨汁，然后用右手把一张湿纸在石板上铺展开，再用另一干刷子在上面刷过。拓印品跟我们的印刷成品一样的清晰。当离开印刷作坊时，潘仕成把我们领入制作绘画的工作室，艺术家们正在这里忙着复制古代的绘画，这就是使得潘仕成从珍贵的绘画收藏地入手进行亦儒亦商的产业。"④

在外国人看来，潘氏印刷书籍不仅是为了博取名声，也是他商业经营的一部分。发生在海山仙馆中的印刷业，对海山仙馆的园林建设有着直接的影响。为展览这些珍贵的古籍碑刻，园内建造了专门的建筑物，如"萧斋旧辟惟藏砚"⑤"楼下壁间嵌所摹勒古帖，碧纱笼处留过客诗"⑥。

4.5 外国摄影师首选拍摄地

海山仙馆不仅见证了中法谈判，也是中国内地最早的照相机拍摄地。1844年10月，法国摄影师于勒·埃及尔（Jules Itier）作为财政贸易部代表随同法国使团，乘坐法国军舰"阿基

① 伊凡. 广州城内——法国公使随员1840年代广州见闻录[M]. 张小贵，杨向艳，译. 广州：广东人民出版社，2008：135.
② 伊凡. 广州城内——法国公使随员1840年代广州见闻录[M]. 张小贵，杨向艳，译. 广州：广东人民出版社，2008：136.
③ 伊凡. 广州城内——法国公使随员1840年代广州见闻录[M]. 张小贵，杨向艳，译. 广州：广东人民出版社，2008：132.
④ 伊凡. 广州城内——法国公使随员1840年代广州见闻录[M]. 张小贵，杨向艳，译. 广州：广东人民出版社，2008：134-135.
⑤ 何绍基诗. 见：广州市荔湾区文化局，广州美术馆. 海山仙馆名园拾萃[M]. 广州：花城出版社，1999：39.
⑥ 何绍基诗. 见：广州市荔湾区文化局，广州美术馆. 海山仙馆名园拾萃[M]. 广州：花城出版社，1999：40.

米德号"抵达广州黄埔港。

潘仕成邀请了于勒·埃及尔到访海山仙馆，拍摄了海山仙馆的主楼（图4-5）。照片中临湖而建的海山仙馆主楼（有前后座），具有南低北高的构成方式，适应岭南夏季主导风南风和东南风流通。水榭长廊临湖而建，紧依水面，通过水体形成降温阴凉的小气候，此布局方法和建筑特点也是岭南园林的典范。于勒·埃及尔并为园主人的家人拍照，"我去Paw-sse-tchen[①]家作了一天客，我带去的照相机，使他们全家兴奋不已。Paw-sse-tchen的母亲抢在众人之前，拍了第一张照片。我再为他两个大儿子、保姆拍照，穿裤衩的孩子也在我面前摆好姿势，个个都照得很有神。"（图4-6）[②]

海山仙馆的这些照片在中法两国的摄影史上，留下了重重一笔，也为岭南园林保留了珍贵的图片资料。

图4-5　穿清朝服装的于勒及最早的海山仙馆摄影[③]
(By Itier Jules Alphonse Eugène "overview of the cottage Pan-sse-chen located in [illegible] Canton". October 1844)

图4-6　于勒为潘仕成家属所摄照片（1844年）

① 指潘仕成。因没有固定的外文译名，不同翻译者的翻译会不同。
② 章文钦，管亚东. 一组近代广州的历史照片[Z]. 羊城今古，2000.
③ 图片来自法国摄影博物馆网站：http://collections.photographie.essonne.fr/board.php?PAGE=6。

图4-7　拍卖期海山仙馆室内景观（约翰·汤姆森 摄）

在中国摄影出版社2001年5月出版的《镜头前的旧中国——约翰·汤姆森游记》（杨博仁、陈宪平译）一书中，约翰用相机也摄下潘园楼台亭阁，图4-7是一张室内照片。英国人约翰·汤姆森回忆：一进入花园，我们似乎第一次认识了儿时在图画上看到的中国。在这里，我欣赏了典型的中国园林：垂柳轻拂，林荫小道，镏金装饰的游船在夏日的荷花池中荡漾。在一个亭子边，颇为有名的柳波桥跨立在湖上。枝头盛开着羽毛般的榕花的树木、前景的平台篱笆架、弯弯曲曲的小径、长满青苔的假山石洞及人工湖边的亭台或戏楼。水平如镜的湖水里，金鱼在阳光下游动，遗憾的是没能看到传说中的那对爱之鸟。

当约翰得知潘的房子和他那异乎寻常美丽的花园被卖给广州一个反对教会的机构时，心里很难受，一种衰败的迹象在那古怪的建筑装饰上留下了深深的印痕。

4.6　中西文化接触、碰撞、交融地

行商园林兼供外国人游览，作为中外官员接触、外交谈判的场所，体现了清政府依靠行商开展对外贸易活动的一个侧面。行商园林随着广州十三行的兴起而繁盛，也随着它的消亡而逐渐破落。这是地理大发现后，中国被卷入全球的注脚。行商园林是近代中国初期，重要外交活动的发生地，这是它不同于中国其他园林的独特之处。行商园林也是中西方文化接触、碰撞的交融点，富有独特的历史价值。上述各小节多以实事就此展开了叙述，且证明文化的接触、碰撞、交流总是有好处的。只有认真交流方能取得共同的价值观和方法论。尤其是文明的今天，没有文化的交流就没有世界的富裕和进步。站在社会文明发展的角度看历史，才是应有之事。

5

五大行商园林历史概况汇录

图5-1　十三行行商园林分布区位图

　　自清乾隆二十二年（1757年）至第一次鸦片战争后的85年间，广州是全国唯一的对外贸易口岸。中外闻名的广州行商（The Hong Merchants），几乎垄断了中国的对外贸易。他们有物力财力经营自家园林。具有代表性的行商园林分布在广州五个区位（图5-1）。总的分布趋势偏向城西南，辐射聚焦全城的商品经济"增长极"——十三行商馆区。或者说围绕"白鹅潭大商圈"发展，依托珠江出海口河涌水系布置。与行商命运相仿，行商园林成就了近一个世纪的辉煌，暴起暴落也成了行商园林的历史命运。

　　著名岭南建筑大师莫伯治先生十分钟爱岭南古典园林艺术，在他的建筑作品中常常有卓越的运用。莫老生前的最后几篇遗作，如发表在《艺术史研究》（2003年，第457～470页）上的《广州行商庭园（18世纪中期至19世纪中期）》一文，就对行商园林的特色背景进行了精练地分析和考证（清华大学曾昭奋教授协助莫老将珍贵的文献资料进行了整理）。且因莫老同行商后人有过直接的接触，文中的史料应该具有相当的真实性，可帮助我们澄清一些模糊的历史事实。本节的写作吸收了莫老及其他同仁重要的理念和分析方法，特此致谢。

5.1　广州河南潘家园林

　　广州十三行街区对江的河南南华西路至同福西路以南的一片住宅区，有当年行商潘家、伍家、张家的花园，起源于潘、伍、张三家住区的街名多达数十条。

5.1.1　家族简况

福建泉州龙溪人潘启（1714—1788），名振承，字君玉，号文岩，来广州之初任陈姓洋行司事，陈姓洋行停业后，即自行开设同文行，成为十三行首届行商首领。同文行故址在与今广州十三行路垂直的同文街。其开张时间约在乾隆九年（1744年）至十八年（1753年）。在乾隆二十二年（1757年）以后，广州成为海上丝绸之路唯一的中西贸易口岸，潘启在中西贸易中长时间居于首要地位。《河南龙溪潘氏族谱》载："潘启由闽到粤，往吕宋国贸易，往返三次，夷语深通。遂寄居广东省，开张同文洋行。"潘氏家族聚居河南漱珠涌以西，开基建祠造园（图5-2）。

与外商贸易中，潘启有大量的资金往来。乾隆三十七年（1772年），潘启为支付几个伦敦商人一笔巨款，要公司将是年生丝合约的货款用伦敦汇票支付。这一时期清政府只知鸦片专利，对一般商人的经营资本还未加管制。潘启趁此空隙，将其国内大笔货款汇去伦敦。此事仅做过一次，而且甚为秘密。除去其合法继承人潘有度外，无另一个人知晓。潘启于乾隆五十二年（1787年）十二月去世，归葬福建原籍。[1]

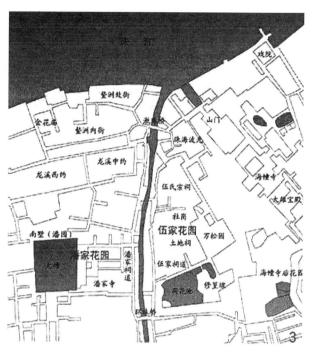

图5-2　河南漱珠涌的行商园林（摘自彭长歆）

5.1.2　家园兴盛

潘启在经营同文行期间，适逢十三行独口通商之鼎盛期而大有所获。他于乾隆四十一年（1776年）在河南乌龙岗下，运粮河之西置地一块，界至海边（即珠江边），背山面水，建祠开基，书匾额曰"能敬堂"，敬潘振承为入粤始祖。潘家祠堂所在小巷——栖栅巷被称为潘家祠道。据罗国雄《龙溪潘氏入粤族人征略》称：南华西街辖区内以"龙"字及"栖栅"命名的里巷共有20条连成一片。其中主要有"龙溪首约""龙溪新街""龙溪南首约""溪栅街""栖栅南街"等。潘氏先世居福建泉州同安县龙溪乡，后迁明盛县白昆阳堡栖栅社。潘氏以"龙溪""栖栅"为家园命名，与以"同文"命行号一样，寓意不忘故土。[2]

为求公共交通便利，潘伍两家于河上架建了漱珠桥、环珠桥、跃龙桥。为了不忘宗数

① 潘广炎. 河阳世系[Z]. 1977.
② 章文钦. 广东十三行与早期中西关系史[M]. 广州：广东经济出版社，2009：206.

典，特将其地定名为（福建老家名）"龙溪乡"，运粮河被称为龙溪涌。从今天的城市地图看，潘家定居龙溪乡的范围为珠江以南，运河以西的一个南北长600多米，东西宽300米的狭长地带，占地约20公顷。潘启及其后代在此营造住宅群落及花园，当在1776年以后陆续完成。据记载，花园建成项目有潘有为的六松园、南雪巢、橘绿橙黄山馆、看篆楼等；有潘有度的漱石山房、乂松堂、南墅；有潘正兴的万松山房、风月琴樽舫；潘正衡的晚春阁、黎斋、船屋山庄、菜根园，潘正亨的海天闲话阁（今留有"海天四望"街名）；潘定桂的三十六草堂，潘飞声的花语楼，潘正炜（别号"听风楼主人"）的清华池馆、秋江池馆、望琼仙馆、听帆楼以及其孙辈所建之养志园等。可以想象，当年这里是一个庞大的园林群（表5-1），关门有河、连街跨桥。

潘家园林一览表（彭伟卿制）　　　　　　　　　　　　　　　表5-1

序号	园名	修建者	出处
1	能敬堂	潘振承	黄佛颐《广州城坊志》《广州市志（卷二）建置志》
2	南墅	潘有度	黄佛颐《广州城坊志》
3	乂松堂		麦汉兴《广州河南名园记》
4	六松园	潘有为	麦汉兴《广州河南名园记》
5	南雪巢		黄佛颐《广州城坊志》《广州市志（卷二）建置志》
6	看篆楼		俞艻《近代广州河南著名第宅名录》
7	万松山房	潘正兴	俞艻《近代广州河南著名第宅名录》
8	风月琴樽舫		黄佛颐《广州城坊志》
9	晚春阁	潘正衡	俞艻《近代广州河南著名第宅名录》、黄佛颐《广州市志（卷二）建置志》
10	菜根园		黄佛颐《广州城坊志》、曾昭璇《岭南史地与民俗》
11	船屋山庄		俞艻《近代广州河南著名第宅名录》
12	黎斋		黄佛颐《广州城坊志》
13	海天闲话阁	潘正亨	麦汉兴《广州河南名园记》
14	清华池馆	潘正炜	黄佛颐《广州城坊志》
15	秋江池馆		黄佛颐《广州城坊志》、曾昭璇《岭南史地与民俗》
16	潘长耀花园	潘长耀	俞艻《近代广州河南著名第宅名录》
17	海山仙馆	潘仕成	黄佛颐《广州城坊志》
18	培春堂	潘仕征	黄佛颐《广州城坊志》《广州市志（卷二）建置志》
19	三十六草堂	潘定桂	黄佛颐《广州城坊志》
20	花语楼	潘飞声	麦汉兴《广州河南名园记》
21	望琼仙馆	潘宝销	黄佛颐《广州城坊志》
22	养志园	潘宝琳	黄佛颐《广州城坊志》
23	丽泽轩	潘正常	俞艻《近代广州河南著名第宅名录》
24	逻圃	潘正锦	麦汉兴《广州河南名园记》、黄佛颐《广州市志（卷二）建置志》
25	双桐圃	潘恕	黄佛颐《广州城坊志》

潘家花园的大规模兴建，应当在潘启之子潘有度（1755—1820）继承掌管同文洋行之后。因潘启的大部分商业资金已成功套汇去伦敦，由伦敦几个合作伙伴商人在伦敦运用，其存在本国的部分资金是留给继承人潘有度按潘启的原定计划进行活动的。潘有度曾经一度退出行商，后在1815年被迫恢复行商，顺便将同文行更名为同孚行。此期潘家可以安心守势，腾出手来经营其花园建设。潘有度在河南的宅园曰"南墅"（近漱珠桥），内有方塘数亩，一桥跨之，水松数十株；有两松交干而生，因名其堂曰"义松"；所居曰"漱石山房"，旁有小室曰"芥舟"。张维屏曾说："南墅在漱珠桥之南，有亭台水木之胜。""容谷丈理洋务数十年，暇日喜观史，尤喜哦诗。"

潘正亨有描写秋江池馆的诗《题画〈木芙蓉〉有赠》："水木清华竞晓妆，采莲歌罢鬓云凉，生涯也在秋江上，不爱凌波爱拒霜。"

潘正衡筑有贮藏黎简书画的"黎斋"，其地花竹秀野。双桐圃为潘恕别墅，有老梧两株，浓阴满庭。《柳常诗友诗录》有句曰："春秋佳日觞咏无虚。三十六村草堂为潘定桂所建，一分水绕二分竹，阶前种花。养志园在珠江侧海幢寺前。花语楼为潘飞声所居，种有松竹菊茂盛著称。"

据美国波斯顿商人布莱恩特·帕罗特·梯尔顿（Bryant Parrott Tilden）日记记载：潘有度南墅要比伍浩官（怡和行伍秉鉴）的宅院来得典雅，且更纯为传统的中国式风格，几乎不夹杂任何外国饰物。南墅的收藏也以图书及古董为主[1]。

5.1.3 园林典例

1. 南雪巢

潘启次子潘有为（1744—1821），乾隆三十七年（1772年）进士，官内阁中书舍人，久居京华校"四库"书。因忤贪官和珅，退归广州后，在潘园范围内居近万松山麓。相传万松山麓为汉议郎杨孚故宅，故颜其书斋曰"南雪巢"，又曰"橘绿橙黄山馆"（图5-3）。山馆门外陂塘数顷，遍种藕花，塘边多杨柳，风景清美。有诗云："半郭半村供卧隐，藕塘三月鹈鸪飞。"

2. 六松园

潘有为的六松园含看篆楼、晚翠亭等小庭园，均于乾隆年间所建。看篆楼藏书画鼎彝其富，自著《看篆楼古铜印谱》。岭南名人陈昙云：《南雪巢诗钞》二卷即为先舅潘毅堂观察撰。

六松亭（图5-4）与南雪巢晚翠亭两座小庭园的外销画作者均为关联昌，暂没统合一道的文字说明来历。但两个小庭园的画法、风格和结构颇为接近。两"亭"屋顶都是歇山单檐，水面呈工整几何形，绕水池筑花基，花基上置类似的盆栽。沿花基布置有草坪，草坪外

---

① 广州历史文化名城研究会，等. 广州十三行沧桑[M]. 广州：广东省地图出版社，2001：34.

图5-3 南雪巢庭院晚翠亭与彭伟卿绘平面复原图

1 橘绿橙黄山馆 2 天井 3 廊 4 榭 5 两层楼
6 亭 7 晚翠亭 8 门 9 水面 10 围墙 11 门洞

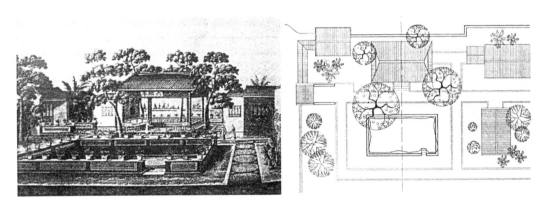

图5-4 六松亭、方池与平面复原（彭伟卿 绘）

的园道，均为小卵石铺砌，其图案为一个接着一个的圆形。两庭院采用相同的道路网。此类手法可能出入因方塘而制宜，追求"水天井""水庭院"的感觉。这一手法在岭南园林的发展过程中被传承了下来。同理，有学者对北海静心斋方形水池的分析似乎在此也用得上。

3. 漱石山房

潘振承四子潘有度的住处漱石山房有芥舟及其庭院，植水松数十株，其中有两株交干而生，而名其建筑为"义松堂"。诗人张维屏童年曾与潘氏子弟读书园中。嘉庆十年（1805年）有几位俄国商人参观了他的家园。三进大宅，头进为花园，园中曲径通幽、花木萧森、怪石嶙峋、高下凉亭、趣味盎然。二进院落为客厅，三进院落为家眷内宅。[1] 其后，潘有度长子潘正亨建万松山房。

---

① 里拍斯基. 涅瓦号环球旅行记[M]. 哈尔滨：黑龙江人民出版社，1983.

图5-5 秋江池馆一景
（图片来源：秋江池馆，水彩画，作者佚名，美国I-st Art Garelly 馆藏）

4. 秋江池馆

潘有度四子潘正炜（1791—1850）继续扩建潘家花园，主要新建秋江池馆（图5-5）、养志园（其孙所建）、听帆楼及附近园景，其地在潘家祠堂迤南。潘正炜女婿陈春荣有记：

"听帆楼，潘季彤观察筑，在河南秋江池馆上。楼下藕塘花架，月榭风廊，曲折重叠；迷目楼上、俯鹅潭，往来帆影，近移树梢。观察读书摹帖于斯，一乐也。"陈春荣另一首诗云："晚听渔歌答，晓听鸟啼遮。倚楼性自娱，听帆何所据，春江带雨来，寒江扑云去。"

从已见到的绘画看（图5-6），听帆楼两层（与当地老人回忆听帆楼为两层建筑的说法相符），置于水滨，并有桥梁相连接。总面积120平方米，楼正中有四方亭。斯楼既是潘氏

图5-6 秋江池馆听帆楼的三幅外销画及一幅外景（局部）

写作、藏书之处，又是文士名流学术聚会之所。莫老于20世纪50年代踏访河南时，仍得见遗留下来的"听帆楼"匾。

5.1.4 龙溪遗梦

当时广州几处行商庭园中，目前尚有些许遗迹可寻的，唯潘家祠堂（图5-7）。在今河南南华西街以南，龙溪首约以西，还居住着潘家后裔。古老建筑高敞的局部，庭院的一角及石柱、门窗装饰等，仍为当年旧物。在1908年广州地图上所见的方塘，面积十亩多，乃潘园中原有水面的

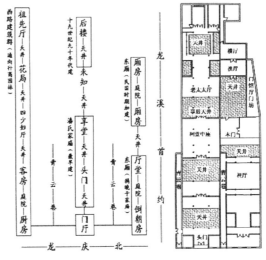

图5-7 潘氏祠堂结构遗存平面（彭伟卿 绘）

一部分；后被填平，现为栖栅南街小学所在。潘启七世孙潘祖尧先生是全国政协委员、著名建筑师，曾任香港建筑师学会会长。莫伯治先生生前曾以潘氏族谱《河阳世系》及所绘潘家祖屋平面图相赠。今街区尚有潘家祠道、栖栅街、龙溪首约、龙溪新街可考。①

5.2 海幢寺南陈氏花园

早在18世纪初期，一个姓陈的增城人在广州开了洋行。他主要在澳洲、新西兰一带进行贸易活动，发了大财。他回到广州向清政府报喜，停止了生意。1740—1760年，在其海幢寺附近的居住地建有私家园林，文史称陈氏花园，建造年代当在潘家花园之前。陈氏虽无"行商"执照，但也是外贸起家发富的，与后来行商及其后裔多走仕商之路相仿佛，其文化本质可纳入泛行商之列。1908年广州地图上海幢寺以南标有陈家厅直街，当代广州市地图亦有陈家直街名，多少会与陈氏家族兴建厅堂庭园有关，其后代捐了进士。陈氏在广州为大姓，可谓一脉相沿。② 在莫老记忆中，这位进士的姓名为陈念典，至20世纪初期仍居西关一带。莫老早年在广州念初中时（约当1928年）曾访问过这位进士老人。

《广州河南名园记》载有做外贸生意的陈俊明花园。③ 屈大均亦有"在河南置宅建园"④之说。彼陈园是否为此陈园，还需进一步考证。彼陈氏花园为住宅加后花园布局模式。门楼石刻"息耕"。入门后，有一清幽石径两旁植有花木，通往正厅。正厅四壁悬挂名人书画，中悬父母遗像，陈设酸枝云石桌椅、花樽几案，颇有大气肃然之感。正厅上筑楼形成全园制高点。厅后广植花卉果木，设有石凳凉亭、小桥流水。再过则为曲幽小径，尽端竹林隐蔽，

① 潘广炎. 河阳世系[Z]. 1977.
② 莫伯治. 广州行商庭园[M]// 莫伯治文集. 北京：中国建筑工业出版社，2003：232.
③ 麦汉兴. 广州河南名园记[Z]. 1984：14.
④ 屈大均. 广东新语[M]. 北京：中华书局，1997：361.

转折则有小厅堂。此种空间手法沿用了江南古园特色,颇有画意。花园平日并不接待外人,故较为清静。仅在良辰佳节,雅集书画名流饮宴,此乃时髦风尚。后园再出,是一园门,门旁立有巨石上刻"牛□"二字,寓意当年拓荒莽皋之地,同时亦与前门"牛耕"呼应。

《南石山房诗钞》言陈氏园林原在溪峡。有行外诗人《游河南陈氏园林》一首:"一径入幽竹,亭台相间重。树间攒怪石,天外接诸峰。地古杨孚宅,鸟闲萧寺钟。主人不须问,吟倚水边松。"

多有文献讲述:约在雍乾年间,按清政府的命令,外商们在每月初八、十八、二十八日,被准许到河南海幢寺和附近的陈家花园中去游览休息。陈氏花园遗址在嘉道年间还可寻访。据谢兰生的《过溪峡陈氏废园》诗,仍然可见"高高下下见亭台,尺寸都从手剪裁。一斧削山成峭壁,万人穿水得浮杯。风花匝地行云黯,野雀巢松暮雨哀。闻道废兴频易主,也曾流涕孟尝来。"[1]

5.3 河南的伍家万松园

伍国莹(1731—1800),福建晋江安海乡人,后迁莆田县溪峡乡。自闽入粤,约在1790年任同文行司事;不久即辞职,创立怡和行,但实际操作者为其子伍秉鉴(1769—1843)及其孙(秉鉴三子)伍崇曜(1819—1863)。嘉庆十二年(1807年),怡和行跃居广州行商第二位(仅次于潘氏之同文行),嘉庆十八年(1813年)成了行商之首。伍家曾投资美国西部铁路建设工程。伍崇曜逝世之后,其商务活动随着十三行制度的取消而逐渐收缩。伍家后人曾有机会参与美洲西部铁路大开发建设,其"投入—产出"资本效应有待深入考证。

伍家之定居河南始于嘉庆八年(1803年),购得花园用地2000多顷,龙溪水可入园中大湖,名安海乡。道光十五年(1835年)于龙溪以东、海幢寺以西建伍氏宗祠(以溪峡为祠道名)崇本堂之后,祠旁小道名伍家祠道,后继而扩建花园万松园,南及庄巷、北至漱珠桥,西与潘家花园隔溪相望(图5-8),正门在溪峡街,占地甚广。因其地在万松山麓,园中多值青松,故名"万松园",其中伍崇曜的粤雅堂为粤省四大著名藏书楼之一[2]。伍家于西关、花地另有私家园林。

图5-8 伍家花园漱珠涌入口码头

① 张维屏辑撰. 国朝诗人征略[M]. 广州:中山大学出版社,2004:708.
② 侯月祥. 潘仕成与广州刻板印刷[J]. 广州研究,1984(4):39.

5.3.1 漱珠涌东万松园

万松园主要由伍秉镛、伍秉鉴和伍元华、伍崇曜两代人所建。伍秉镛字序之，号东坪，官至湖南岳常澧道；辞官后居安海宝纶楼，日与冯鱼山、黎二樵、钟风石等相唱酬。至秉鉴时，万松园更具规模。曾游历其中的美国商人亨特（William C. Hunter）描写道：园内亭台楼阁、雕梁画栋、庭院华丽。[1] 万松园是河南伍园的核心景区，于1835年伍氏宗祠建成后陆续扩建而成。该园为园中园，是接待西方商人和城中名士最主要的场所。园内景色如伍家后人伍绰余在《万松园杂感》诗注所云："……有太湖石屹立门内，云头雨脚，有米元章题名。池广数亩，曲同溪涧，驾以长短石桥，旁倚楼阁，倒影如画。水口有闸，与溪峡相通，昔时池中常泊画舫。有水月宫，上踞山巅。垣外即海幢大雄宝殿。内外古木参天，仿如仙山楼阁倒影池中，别饶佳趣。"[2]

伍家花园全盛时，多植青松，故又称"万松园"，其他奇花异卉、湖石、蜡石、犬马、珍禽不计其数。伍家花园（万松园）有多处胜景。其中有社岗三桥、土地祠、修篁榭、走马路、曲径通幽等各景。伍秉镛的宝纶楼、南溪别墅、清辉池馆；伍元华的延晖楼、听涛楼、翠琅轩馆、浮碧楼、水月宫、魁星楼、漱珠岗；伍元葵的月波楼；伍观澜的枕流室、同音书房；伍长青的拥书楼；伍春口的红棉山馆、滴翠轩；伍长锦的萍花小榭等不胜枚举。兹略记如下：

浮碧亭：在后花园西池中。八面曲槛，连以水榭，雅丽幽邃，为师从居廉的伍懿庄作画之所。从当年外销画家所绘两幅图画中，可见伍家花园的部分风貌（图5-9、图5-10）。水面虽不辽阔，但水道深远，景观丰盈；平台、凉亭、廊桥，榕树、芭蕉、盆花，颇具岭南特色。

图5-9 后花园船舫、大石桥与流杯亭

图5-10 从榕树水榭看桥亭一景[3]

听涛楼：伍秉镛之侄伍元华（字良仪，号春岚）于道光年间在园内建清辉池馆，又在园中万松山山麓、龙溪涌旁建听涛楼，收藏图书、金石、字画甚富。谢退谷绘《听涛山馆

---

① William C. Hunter, Bits of Old China（亨特《旧中国杂记》）. Shanghai, 1911：211.

② 邓辉粦. 伍家花园：19世纪世界首富的私家园林[N]. 羊城晚报，2017-04-20.

③ 水粉画，关联昌作，约1855年。引自：*The Decorative Arts of the China Trade*.

图》，阮元、白镕、吴嵩梁等人皆有题咏。谭莹赠诗，有"水竹园林凤擅名"[①]之句。伍宵庸作《题春岚听涛楼图》诗："层楼枕近万松园，涛声入耳顿愉悦……杰构岩前若招隐，虬枝风际如绘声。"其后，伍崇曜更尽买漱珠岗畔之地，筑高亭其上，号称"龟岗"。后人伍子伟纂《安海伍氏入粤族谱》[②]载："其面积共有二千余井。正坐魁星楼，左便土库一间，天然龟岗一丘。右便藏春深处，直道而行则百株梅轩，曲径通幽有大小二桥，一泓衣带水，几间楼阁。……"

清晖池馆：在万松园东荷花深处，西有白莲塘一口，广阔六余亩，水亭与浮碧亭相对。莲塘荷花盛开，香远溢清，令人欲醉。图5-11背景建筑再后面即为漱珠涌。据说曾经植有芙蓉万柄，皆是十八瓣的优良品种。图面最左边的建筑一角可能是漱珠涌环珠桥附近的恒和大押货楼——类似古代当铺，这一时期因商业货币交流需要，广州出现了大量不完全的金融建筑物。

红棉山馆：在万松园后山上。伍氏曾祖箕山公曾居此读书。滴翠轩：在万松园后山红棉山馆侧，深藏竹林中。当年伍家花园还有一样精品名世，那就是茗壶。壶底署"万松园制"四字。多楷书，间作草书。民国时，不少富商官绅不惜巨资搜罗万松园制紫泥小茶壶，珍同拱璧。

伍家宗祠：宗祠及花园旧址在海幢寺以西，运河以东，占地约百亩。园中亭台楼阁雕梁画栋（图5-12），今仅遗留一小段红砂岩磨实砌的墙基，据考为伍家祠堂遗存。其长子伍元芝的住宅花园位于广州最繁华的街道，原为已故大行商潘长耀的财产。《广州城坊志》卷六记嘉道间事："万松园在河南，南海伍氏别墅，收藏法书名画甚富。嘉道间，谢兰生……辈时相过从，园额为谢兰生书。"[③]

图5-11　伍家园林荷花池（华芳照相馆 摄）

图5-12　伍家祠堂内是园林，门前是行船河涌

南溪别墅：伍秉镛建，万松园内东乃南溪别墅，从甬道步落，回廊曲折，书斋十幢，有凉亭水榭，观音台、水月宫（图5-13）等景观建筑小品。河池中鸳鸯戏水，宝鸭穿莲……别墅乃先祖及伯叔祖春帆公读书房。园中建有大厦四间，为长二三四房居住。嘉庆年间，伍

---

② 1956年油印家谱残本，藏广东省中山图书馆。

③ 黄佛颐. 广州城坊志[M]. 广州：广东人民出版社，1994.

氏邀乾隆壬子（1792年）举人、学者钟启韶在此开馆，伍氏元芳，元芝，元薇等是其弟子。钟启韶有《题画杂诗》咏此别墅"万松风定鸟初栖，石磴初晴滑不泥"。嗣因开辟马路，将园剖作两便。"①族谱所记"经沧桑之变，已无寸土"矣。

图5-13 水月宫（袁汉兴绘，载《广州河南名园记》）

5.3.2 花地伍氏"馥荫园"

该园其前身乃潘有为养老备用园地"东园"。后因产权转让，于1846年归伍氏，改名"馥荫园"，又名福荫园、恒春园。该园位于芳村花地（花埭）东部栅头村，即今花地大策直街、联桂北街一带，醉观公园东南边。该园总体平面最后较为完整的形象：呈"品"字形三个较规整的水面（图5-14）。园中，建筑类型多样，有船舫、曲桥、湖中亭、桥亭、厅堂等，植被丰富，盆花注意配置建筑细部景观（图5-15），这些图片由英人约翰·克里兹摄。

图5-14 伍氏花地馥荫园全景鸟瞰（清代蜀中画家田豫绘）

图5-15 花地伍家馥荫园大湖、小石桥、浮碧亭、船舫
（图片来源：邓辉舞. 伍家花园：19世纪世界首富的私家园林[N]. 羊城晚报，2017-04-20.）

---

① 麦汉兴. 广州河南名园记. 伍家花园条，章文钦补注。见其：广东十三行与早期中西关系史[M]. 广州：广东经济出版社，2009：209.

5.3.3　西关伍家私园

伍崇曜另在西关建有粤海堂、竹洲花坞、书库琴亭、洞房连阁、傍山带红等园庭之胜，可与另一好豪商潘仕成的海山仙馆相埒。白鹅潭附近还有伍氏的"爱远楼"，因苏东坡佳句"远望宜可爱"而得名。著名诗人张维屏有诗赞曰："远势层楼起，珠江一览中。"[①] 花园旧物有旧藏万松园茶具（传聘名工于兴宜，开乌龙岗红土层取泥精制，远胜宜兴泥壶云云）。伍家日常生活锦衣玉食、声色犬马、穷奢极欲。

直至清末，潘飞声仍称伍氏后人懿庄"家富园林，风流自赏"[②]。懿庄为居廉入室弟子，善诗词、工楷篆、精绘画，人称三绝。

5.4　西关的潘长耀花园

潘启在世时，有一位同乡侄辈潘长耀（Conseequa，？—1823），与潘有度同辈，潘正炜辈称其为"三叔"。在18世纪末，潘振承还在世，潘长耀即以个人身份活跃在外贸事务中。嘉庆元年（1796年），潘长耀取得洋行执照，开设丽泉洋行。后由于外商拖欠高额款项，潘长耀写信给当时的美国总统麦迪逊，并在美国联邦最高法院控告纽约和费城的洋商。官司虽然获胜，但执行力欠缺，直到潘长耀去世后，丽泉行没能收回资金，加之其他原因翌年破产。梁嘉彬在《广东十三行考》中称丽泉行初期生意兴隆，致招粤海关嫉妒和勒索，造成后期生意亏损、欠债累累。

潘长耀于道光三年（1823年）去世后一年左右，丽泉行于翌年破产倒闭，由清政府拍卖其遗产。丽泉行行产于1824年为伍秉鉴的大儿子伍元芝投得。而潘长耀宅园为方萼所得，更名为小田园。[③] 丽泉行存在时间只有28年。

荔枝湾自古多名园，清代亦为广州名胜，"富家大族及士大夫宦成而归者，皆于是处冶广园、营别墅"[④]。潘长耀于19世纪初期极短时间内，在西关地区营造了自家园林。园址大抵在今龙津西路以西、逢源大街以北一带，紧靠原有的荔湾涌，荔湾湖荫溶厅附近，占地约1公顷。当年，外国人称之为"宫殿式的住宅和花园"。从国外绘制的两幅画中，可见庭园的部分风貌（图5-16）。

整个园林由较高的围墙围护，园内以较矮的围墙或镂空花墙分隔为若干部分。围墙或花墙之间是庭院，仿佛园中之园，外侧则是较为开放的水庭和园景。水面上有景石假山、珍禽，有雕饰的游艇。花园中有临水凉亭，塑荷叶为盖，至为罕见。入夜"清风习习夜悠悠"，"暗舫绿波，月明时候"，正是"六月荔初红，骊珠映水浓，绿天亭一角，声扬藕花风"。[⑤]

---

① 张维屏. 松心附集·草堂集·卷1.

② 潘飞声. 在山泉诗话·卷四.

③ 梁嘉彬. 广东十三行考[M]. 广州：广东人民出版社，1999：303.

④ 屈大均. 广东新语·卷十七·宦语[M]. 北京：中华书局，1997.

⑤ 潘广庆. 荔湾河桥史与诗[Z]. 羊城今古，2006（2）.

图5-16 西关丽泉行花园景观①
（引自《大清帝国城市印象：19世纪英国城市印象》）

在整个庭园建筑中，两层楼房占有较大比例。楼上有敞厅、游廊或露台，往来相通，建筑装修雅致精美。传有1844年法国人拍的照片存外国博物馆。

美国麻省塞伦商人布莱恩·梯尔顿1815年首次来穗见过潘长耀，实现了一次愉快的旅行。他说潘长耀（Consequa）很健谈，并邀请他们参观他漂亮的房屋和美丽的花园。"我看到一些旧的法国版画大声给阿米顿（Ammidon）先生读版画上的文字时，他居然能用正确流利的法语跟我说话。他说他年轻时跟法国船上的官员们学过法语。……这位亲切的老人亲自带我们参观他豪华的大厅、许多私人的家居卧室和其他一些房间。""大厅贴有中式、欧式的壁画，以及大量古老而现有价值的法国铜版画。一些老式家具、大型的法国镜子，镶嵌在玻璃框和帘子里。""所有这些看起来有点过时，但他非常珍视这些东西。这是早年一些法国船上的官员在国王路易十六30岁生日庆典时，送给他的礼物"。②

潘长耀花园的图像被印在了"中国垦业银行"1931年英国华德路版1元券的钱面上，足以说明丽泉行行商园林在国际上的影响（图5-17）。

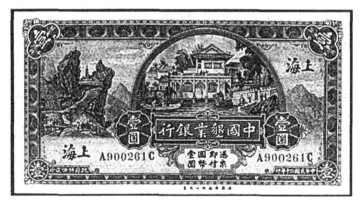

图5-17 中国垦业银行1931年英国华德路版1元券

---

① 梁嘉彬. 广东十三行考[M]. 国立编译馆出版，商务印书馆1937年发行. 绘图：T. Allom 版画制作：左图S. Bradshaw，右图 C. T. Dixon。

② 伊凡. 广州城内——法国公使随员1840年代广州见闻录[M]. 张小贵，杨向艳，译. 广州：广东人民出版社，2008.

清代西关园林荟萃。潘长耀同时代的颜时瑛西关别墅园磊园也是值得关注的著名行商园林。梁嘉彬曾引先祖庆桂遗札补注，其中讲到：卢广利家族曾以宝顺大街与怡和大街之间的普安街为广利行旧址（原公司本部）。西关蓬莱路与恩宁路交界处的颜家巷，为泰和行商颜时瑛的别墅磊园旧址。[1] 同治《南海县志》称："磊园，在会城西。本颜翁别墅，以石胜，故名。"[2]

5.5 荔枝湾的海山仙馆

潘仕成（1804—1873）本人虽无行商"资职"，却也是靠行商起家的。他的父亲潘正威是潘有度的族亲，约于乾隆末年嘉庆初年来粤。因未获行商执照，而经常借用潘长耀的行商执照作掩护，进行可能与鸦片有关（即与英国东印度公司）的贸易活动，也发了财。潘仕成于道光十二年（1832年）获选副榜贡生，因在京捐巨款赈灾，被赐举人，又报捐了郎中，在刑部供职。潘仕成连续捐款，都是在他三十岁左右的时候。通常说来他还未有那么雄厚的经济实力，很有可能是动用了他父亲的财富。[3]

广州城西荔枝湾，系南汉昌华苑故地。道光四年（1824年）南海人邱熙在此建成唐荔园。道光十年（1830年）以后，唐荔园被潘仕成购得。潘仕成辞官之后，倾全力经营海山仙馆（原唐荔园成为海山仙馆的一部分），并在此进行一系列文化活动，所集法帖刻石等有一部分保留至今。潘仕成逝世之后，园产被官府籍没，因范围太大，只能分割拍卖。作为一座大型园林——海山仙馆只存在了四十余年。其遗址在今荔湾公园西南部至珠江东岸一带，占地范围达40公顷。潘仕成的孙辈潘某在20世纪30年代曾与莫老相识，当时他是一位工程师。

《广州城坊志》卷五记海山仙馆："宏观巨构，独擅台榭水石之胜者，咸推潘氏园。园有一山，冈坡峻坦，松桧蓊蔚。石径一道，可以拾级而登。闻此山本一高阜耳，当创建斯园时，相度地势，担土取石，壅而崇之。朝烟暮雨之余，俨然苍岩翠岫矣。一大池，广约百亩许，其水直通珠江，隆冬不涸，微沙渺弥，足以泛舟。面池一堂极宽敞，左右廊庑回缭，栏楯周匝，雕镂藻饰，无下工致。距室数武，一台峙立水中，为管弦歌舞之处。每于台中作乐，则音出水面，清响可听。由堂而西，接以小桥，为凉榭，轩窗四开，一望空碧。三伏时，藕花香发，清风徐来，顿忘燠暑。园多果木，而荔枝树尤繁。其楹联曰：荷花世界，荔子光阴。盖纪实也。东有白塔，高五级，悉用白石堆砌而成。西北一带，高楼层阁，曲房密室，复有十余处，亦皆花承树荫，高卑合宜。然潘国之胜，为其真山真水，不徒以有楼阁华整、花木繁褥称也。"[4]

---

① 梁嘉彬. 广东十三行考[M]. 国立编译馆出版，商务印书馆1937年发行，1937：246.

② 西关颜家巷条引. 见：黄佛颐. 广州城坊志（卷五）[M]. 广州：广东人民出版社，1994.

③ 莫伯治. 广州行商庭园[M]// 莫伯治文集. 广州：广东科技出版社，2003：332.

④ 俞洵庆. 荷廊笔记. 广州：羊城内西湖街富文斋，1885年（清光绪十一年）.

5.6 五处园林特色比较

本章所涉的五家花园，有三家园主属于当年广州十三行行商，两家类行商商人，或可都称之为行商园林。另有行商后代园林也可与当年行商拉上关系，用以探讨行商园林的文脉延续。如福建叶氏家族的叶上林开设义成行，嘉庆初期是十三行四大巨商之一。嘉庆七年（1802年）后，叶氏转营其他行业。后人叶萼在西关建有"小田园"宅园，乃当时广州名园。行商园林的出现，是岭南园林史的一个重要组成部分和重要的历史时期。就已有材料我们可较清晰地看到广州五座著名的行商园林各有特色。按区位分布、兴衰年代及遗存情况列表5-2比较如下。

五处行商园林的比较　　　　　　　　　　　　　　　　　　　　表5-2

园林名称	馥荫园	潘家花园	潘长耀花园	伍家花园	海山仙馆
花园主人	前期为潘家"东园"后为伍崇曜所有	潘启（1714—1788）潘有为（1744—1821）潘有度（1755—1820）潘正炜（1791—1850）	潘长耀（？—1823），后为叶萼所得	伍国莹（1731—1800）伍秉鉴（1769—1843）伍崇曜（1819—1863）	潘仕成（1804—1873）
花园所在地	花地	河南	西关	河南	荔湾
主人经营行商时间	1916年毁	1744—1753年间同文行开张，1815年后改名同孚行。至潘正炜已非全力经营	1796年麓泉行开张，1824年倒闭	1783年怡和行开张，1863年伍崇曜逝世之后逐渐衰落	
花园建设年代	潘家在1846年前始建，1846年后归伍家改建	1776年建潘家祠，庭院建设在此之后历数十年1780—1840年	19世纪初期。1824年易主后元芝之后有所扩建1800—1820年	1835年建伍家祠，之前（1803年）已购地、定居于此，之后扩建花园1820—1860年	1830年以后，潘氏购得唐荔园加以扩建，在他逝世之后被籍没分割拍卖1830—1865年
1908年广州城市地图上标示的情况	园址尚存	标出漱珠桥、环珠桥及栖栅地名；遗存建筑未标明，庭院遗址仅标出一方口塘	无	标出伍氏宗祠	无（地图上标出若干"花园"或与原海山仙馆有关）
遗存建筑	无	潘家大院、祠堂	无	伍家姑娘闺房	无
遗址现状提示	今花地有遗址可考。以花命名地址很多	今南华西路、同福西路以西一带存潘正炜1826年居所。遗址范围约20公顷	今龙津西路，奉源大街一带，小画坊斋及两处假山遗存，或与之有关。遗址范围约1公顷	今南华中路、同福中路一带；遗址范围6~7公顷	今荔湾湖以南；遗址范围达40公顷

要总结性地比较广州各行商园林的特色，不是简易之事。它们的共同特点就是因商而兴，其亡也速，社会行商阶层尚未找到自己真正的发展方向。从规模上讲，作为一个整体性的园林，海山仙馆最大。它不以居住庭院为单元群体汇聚构成大片区域特色，而以真山真水

大景观取胜。从时间上看，海山仙馆开辟时间较晚，大兴土木正是鸦片战争前夕的10年。潘振承同文行造园时间较早，规模较大，持续时间较长，园林风格较为传统，主动传承了部分福佬文化的根脉。与潘家不相上下的是伍家怡和行的庭院集锦式群体，虽开建稍后，但投资丰厚、建筑豪华，风格并不严格遵守中式，带有西式元素较多。潘长耀花园小巧精致颇具国际影响，可惜被毁时间较早，寿命最短。在园林文化造诣方面，海山仙馆艺术成就最有个性特色、文化影响广泛深远。潘、伍两家文化人才辈出，仕途业绩硕果累累。馥荫园作为行商宅院飞地，经营还是较好的。现有园林遗址尚能恢复部分历史原貌的只有海山仙馆；留有遗存可以开辟成遗址博物馆的唯潘家大院、潘家祠堂；仅有少量空间遗址和建筑遗存，可构建为纪念性古典游园者唯伍家花园小姐（丫鬟）楼、后院水井厨房、古围墙等。

行商园林还有许多不为人所知者，有待学界更多考古发掘研究。

第6章／

荔枝湾园林发展史话

广州荔枝湾拥有悠久的园林兴造史，历代园林类别也很丰富。一是因为这里长期作为广州的自然风景区，不需大规模的土石工程改造地形地貌、堆山挖池，具备兴造园林的天然条件。二是因为这里作为城市扩张的发展方向，具备兴造园林雄厚的物质力量。三是因为这里积淀有深厚的广府文化，聚集了众多的中、上层阶级士大夫人群，形成了兴造高格调园林的人文基础。这里曾出现过皇家园林、帝王特供饮料基地、大官富商的大型园林、一般中上等的私家园林，还有城市公共集称景观（羊城八景）园林，以及现代公园。这里承载着祖祖辈辈广州人的集体记忆与美的情愫。

广州"西关"，特指广州古城太平门之西的城区，是在荔枝湾基础上由东向西推进而形成的。历史上西关的版图，就在今荔湾区老城厢的核心部分。西关地区与广州二千多年历史同在，以前叫西郊或西园，这儿河涌交错、土地肥沃，水陆交通十分便利，吸引人们多在此构建风景园林。南汉以来这儿建有不少离宫别宛，如荔枝湾有昌华宛、泮塘有刘王花坞、流花桥附近有芳春园等。清朝不少富豪如行商叶上林在此筑有叶氏别墅花园，潘仕成建有海山仙馆。民国时期陈洪的荔香园也是广州古典园林后期的精品。为方便往来，古西关还建有大观桥等八座景观桥梁，构成八桥公共美景：

> 西园春事剧繁华，春到园林处处花。
> 花事一随春色去，朱门休同旧人家。
> 一围杨柳绿阴浓，红尾旗翻认押冬。
> 映日玻璃光照水，楼头刚报自鸣钟。
>
> 行商　叶上林《西关竹枝词》

园林第宅是城市发展产物。随着城市发展扩大，私家园林的分布是逐步由城内向外扩展、繁衍的。广州私家园林的选址当然也是尽可能地避开闹市，把园林邸宅建在真山真水的大自然环境中，甚至希望融合为大自然的一部分。[1] 建园者们崇尚自然、追求平实，不俏人工制作过分地雕琢藻饰。广州私家园林的总体分布有如下几个阶段：

一、"靠山吃山"的越秀时期——背倚越秀山麓兴建

越秀山林木葱翠，北边城墙雉堞隐现其中，南麓则有城内最大的水面：将军大鱼塘，碧波青莲相映苍松翠竹，建园于此，园林既靠大户却又优雅且多野趣。如较早李时行的"小云林"、史继澄的继园，同治倪鸿的野水闲鸭阁、画家郑绩的梦春园，道光陈巢民的挹秀园以及城北"芳春园"、小北门内的"寄园"等，莫不如此。[2] 城西吴光禄的梅园"田畴"，城

---

① 黄国声. 清代广州的园林第宅[J]. 岭南文史, 1997（4）: 41-45.

② 陈泽泓. 宋明岭南园林简说[J]. 广东园林, 2002（1）: 14.

墙东北一隅倚山为之的"朱氏园"、陈子壮的"洛墅"、陈子履著名的"东皋别业"皆为近城依山的园林。且"东皋别业"及"斐园""南园"为明代所建。今东皋大道乃"东皋别业"旧址无疑。屈大均曾详记该园的规模,有冈有湖、湖中有楼、沿湖榕堤竹坞、步步萦回,有船四艘可供游赏。今东皋大道及其东西两边的街道,应都属于当时园内用地。

清代"继园"(图6-1)原属黎瑶石清泉精宅,后兼有祖祠明德堂、读书处退思轩、藏书经纬楼、儿孙读书处养翎馆及枕锦阁,另有佳仕亭、得月台、香雪亭诸胜。[①] 既有亭台楼阁靠山临水,又有田园风光的荷花塘、"寒菜畦"和"蔬笋堂",颇多野趣。不过历时既久,城市化使遗迹渺不可寻。更早期的园林,除了皇家宫苑(御果园)或少数大家私园远离市区外,大多距离城区不远,三五里地,一日之内来去方便。

二、"靠水吃水"的江浒时期——私园多沿江滨发展

在珠江岸边建别墅,明代已然。明代胡所思《午日同黎惟敬泛舟》诗云:"暑雨初晴夏五辰,买舟沽酒穗城滨。停桡漫泊珠江晓,弹板高歌玉树春。竟日遨游经别墅,凌风摇曳过通津。碧花细柳盈归路,尽属扁舟适意人。"

当时南城墙之外,珠江辽阔、千帆竞渡、洲渚出没、近水植物繁茂,沿岸是一片明亮而富动感的风景。有些新冲积起来的滩地,如增沙、新沙(听其名就知其为近期海洋成陆之地理变迁景象),离开通衢闹市有一定距离,面临浩浩江流,视野开阔、朝晖夕阴、风帆沙鸥、渔歌对答,于大自然的天籁之中,可谓营造"别墅"园林(见明代胡所思《午日同黎惟敬泛舟》诗)的好场所。幽静可能有逊于城北越秀诸园,而耳目所感之情趣则别有滋味。有些园宅直逼水浒,一舟到门,兴来可以凌波踏浪、看山听水。春秋佳日,更可自驾小舟远至

---

① 陆琦. 岭南园林与审美[M]. 北京:中国建筑工业出版社,2005:13.

文人的书斋都追求园林化。园林是文化人的栖居产物。

图6-2 19世纪中后期靠江发展的
人文园林

荔枝湾、花地、河南游览，为园居生活频添更多水上乐趣。

城南珠江北岸一带，当时以中小宅园为多。昔日珠江边有一江心洲，名曰太平沙，明代时陈恭尹题有"太平烟浒"。至清代因看好水上地位，太平沙一带曾建有袖海楼、岳雪楼、柳堂、露波楼、伫月楼、风满楼、烟浒楼、烟竹楼、水明楼、得珠楼、得月台等亭台楼阁和别馆离苑（图6-2）。真可谓张维屏诗"连云第宅太平沙"，满眼风光楼外楼。[1]

如清代诗人许祥光神奇的"袖海楼"傍太平通津街口富商孔昭㮋的"烟浒楼"，皆有"四面帘栊三面水"之胜。今南堤二马路36号即为原址，20世纪五六十年代设为海员俱乐部。"烟浒楼"旁边即为张耀杓的"露波楼"，楼中设有大镜、满壁图书，俯临珠江，"帆樯沙鸟，出没于镜光帘影之间"。

靠西关的珠江北岸，有马芝轩的"得月楼"，濒临白鹅潭，楼高百尺，楼下古木萧森、江波浩渺，赏月最宜。位于今仁济路南端有叶梦龙的"风满楼"，是广东名画家叶梦龙所建，楼中藏有书画碑帖甚多。与之相邻的是叶应旸的"伫月楼"，同样面对珠江，楼里对悬着两面大洋镜，楼外的浩渺江波、天光云影可以坐览无遗。楼上二层亦悬西洋镜，楼外江景更为开阔。往东，位于今海珠南路南端有（清代）退休官员谢有仁的"得珠楼"。

再以东"袖海楼"乃诗人许祥光的"奇楼"，占地仅200平方米，建成三层楼阁，楼房各部分通过楼梯回环变换，以窗格屏风分隔出不同房间，使人全然不觉其浅窄，备见巧思。书法家何绍基曾来游览，形容为"一行人似穿珠蚁，百转梯如媚壑虬"。

与此相似的情况还有清代十三行潘、卢、伍、叶行商等辈在现河南临近江涌修建的私家园林。如今洲头咀公园附近有伍崇曜陈设书画典籍的"远爱楼"，双悬大洋镜，送目江天外，风涛在耳，引来文人雅士常聚。两广总督徐广缙、广东巡抚叶名琛曾联同在此宴请过美国官员。漱珠涌一带，伍、潘二家一涌两岸园林荟萃。潘正炜的"听帆楼"，楼下有藕塘花架，楼上可俯览白鹅潭，往来帆影从楼前树梢飘过。漱珠桥之南有潘有度的"南墅"，楼前

① 黄国声. "与水相依的广州私家名园"（组图）[N]. 羊城晚报, 2015-09-19.

有塘，建桥其上；水松环绕，幽雅宏敞。常闻广州竹枝词：

> 花香如雾酒如潮，近水高楼月可招。
> 买醉击鲜来往熟，一篙撑过漱珠桥。

——（清）倪鸿《广州竹枝词·漱珠桥》

此外，还有伍元华的"延晖楼"、伍元葵的"月波楼"、潘正衡的"黎斋"等等。潘正衡的园林为何也叫"黎斋"，盖因主人酷爱黎二樵的书画，里面满贮黎二樵的书画作品。位于芳村的八大园林的留芳园、醉观园、纫香园、群芳园、新长春园、余香园、翠林园、评红园亦近水靠水而建。

三、"以湖围院"的荔枝湾时期——名园趋聚创作高峰

随着城区朝西外拓推移，城中及城郊的私家园林、皇家园林相继没落消亡，远郊精致的大型湖泊湿地，自然就成为了园林群集的新的一处风景区。荔枝湾自身也在不断地变化，存在新旧之分。古代史上的荔枝湾，在驷马涌南的周门村，与象岗西面的芝兰湖（现广州市流花湖一带）相通，西至西场后注入珠江，"广袤三十余里"[①]，至今仍有荔溪（30年代称荔湾）东、西、南三约这三处地名，包绕成湾状，与《岭海名胜记》"城西七里"的记载相符。古代的荔枝湾故道，实际流域里程漫长。

现代城市化后的荔湾区、荔湾路因之而得名。位于龙津路到多宝路一带，即泮塘周围的（上、下）西关涌以西，从清末起被称之为"新荔枝湾"。如今的"荔枝湾"，多指后者。[②] 于是"富家大族及仕大夫宦成而归者，皆于是处治广囿、营别墅"[③]，如叶梦龙小田园、张维屏听松园、李秉文景苏园、蔡氏环翠园、邓氏杏林庄、潘氏海山仙馆以及彭园、凌园、倚澜堂，还有靠近西关街区的君子矶、荷香别墅、吉祥溪馆、晚景园等等。"园林之美，广州仅次于吴中"[④]。

6.1 秦汉荔枝湾大地景观开发肇始

"五岭北来峰在地，九州南尽水浮天。"清人屈大均是这样站在全国的地理高度来形容广州的山水名胜的。广州坐北向南面临的是一个弱河流、强海湾的地理三角洲，从构造地质的观点来看是个三江珠水九大海门汇集的大海湾地区。河流成型较晚，支流纵横主航道不明

---

① 潘尚楫，等. 道光十五年南海县志：卷七[Z]. 1835：49-50.

② 曾昭璇，曾宪珊. 西关地域变迁史[M]// 罗雨林. 荔湾风采. 广州：广东人民出版社，1996.

③ 屈大均. 广东新语·卷十七·宫语[M]. 北京：中华书局，1997.

④ 翟兑之. 人物制度风俗丛谈[M]. 太原：山西古籍出版社，1997.

显，湿地广袤咸潮影响纵深。广州城西荔枝湾只是其中一个小河湾，河湾演生出的河道称"荔湾涌"而不称"河"。"广州西关城区有五个重要的河涌，即东边的西濠涌（明朝初成广州西城的护城河）、西边的柳波涌、北边的驷马涌，以及上西关涌和下西关涌。今天的荔湾涌专指泮塘口下的上西关涌与珠江连接的水道部分"[1]（吴尚时、曾昭璇，2014年）。被荔枝涌拖连的这块湿地，千百年来伴随着广州地区的风景园林一起发展演进。换言之，荔枝湾有着深厚的园林发展史，长期以来这里就是广州有名的消夏游乐地，素有"小秦淮"之称。市荔湾区就是以荔枝湾而得名。荔枝湾地处广州西隅，旧属南海县恩洲堡泮塘乡，与花地、芳村一水之隔，湾水出口处，可通石门与白鹅潭，江中有大坦沙横亘其中，亦是天然的水上乐游原生地。

据荔湾文史载：荔枝湾的故址就在陆贾城之西，明末清初著名爱国文学家屈大均（翁山，番禺人）所撰的《广东新语》载："陆贾初至南越（粤），筑城于番禺西浒以待（赵）佗，名曰陆贾城，其遗址在西郊十里，地名西场[2]。一曰西侯津亭，出城凡度石质长桥一、短桥二乃至。予之生，实在其地，所居前对龟峰，后枕花田，白鹅潭吞吐其西，白云山盘旋其东、泉曰茂林，有荔枝湾、花坞，藕塘之饶，盖陆贾之所经营也。"据此可知早在汉初，就有荔枝湾，荔枝湾文明是由陆贾驻军最早经营的（图6-3）。

两千多年前，荔枝湾当时有水、有河，河道分叉催生很多小涌，同时亦滋生了很大面积的湖泊，如今皆不见了。荔湾湖公园里的小翠湖、玉翠湖、如意湖、五秀湖等都是在原有湿地基础上挖掘出来的。古代广州城西门之外珠江一带，江、涌、河、湖、塘连绵，田垄、沙堤、滩头、山岛，绿水笼烟、田园翠碧，南国佳果荔枝满坞覆盖，闲闲鸥鸟环绕渔舟飞翔。一条碧青的河涌从龙津桥下向西南流来，经过泮塘后折往北，然后西向出珠江，河湾两岸一派水色风光、浓荫妖媚的景象（图6-4）。因方圆二三十里地遍布荔树，广州人则将此涌称之为荔枝涌，将这个烟波浩渺的湿地称之为荔枝湾。荔枝湾的自然景观泂美，自古就是广州

图6-3　陆贾驻节、赵佗建馆，最早开发荔枝湾（右为汉画像砖）

---

① 曾昭璇. 广州溺谷湾地貌发育[J]. 华南师范大学学报: 自然科学版, 1979（2）: 59-68.
② 西场今仍保留原名。

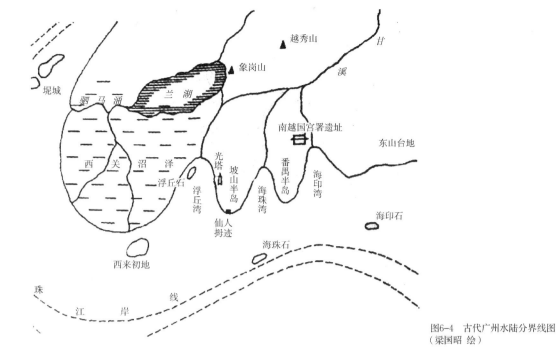

图6-4　古代广州水陆分界线图
（梁国昭　绘）

的一处风景名胜区。多个朝代、各种不同类型的优美园林建于此。弥望荷花万柄、荔枝延绵不尽，荔湾涌蜿蜒其中，动感十足，夹岸园林错列，最饶幽趣。[①]

荔枝湾的勃兴与繁盛可追溯到广州建城之初的2200多年以前。公元前206年，南海郡尉赵佗乘中原楚汉相争之机，派兵兼并了桂林郡和象郡，在岭南地区建立了南越国，自称南越武王。南越国疆土"东西万余里"，包括今两广大部分及今越南北部，是为岭南地区第一次建立的独立政权。司马迁是这样记述的："南越王尉佗者，真定人也，姓赵氏。秦时已并天下。至二世时，南海尉任嚣病且死，召龙川令赵佗。即被佗书，行南海尉事。嚣死，佗因稍以法诛秦所置长吏，以其党为假守。秦已破灭，佗即击并桂林、象郡，自立为南越武王。高帝已定天下，为中国劳苦，故释佗弗诛。汉十一年，遣陆贾因立佗为南越王。"[②]

公元前196年，汉高祖刘邦派遣陆贾来广州向赵佗劝降。当时陆贾以今天的西村为驻地，筑"泥城"以待佗，并极力晓之以理、动之以情，说明利害关系。赵佗对陆贾十分钦佩，即接受了汉高祖赐给的南越王印绶，归附称臣，最后实现汉越一统，传为佳话。

此后，这一带就开始了不断地开发经营。泥城位于广州城郊大荔枝湾的北部。靠近珠江水道岸边的沼泽处（今周门、彩虹桥一带），百姓于此植芋、种藕，堤基上遍栽红荔、围堰造田。南越国时期，赵佗在今西华路彩虹桥附近建越华馆（又称江浒楼）款待和迎送陆贾。陆贾的泥城与赵佗的江浒楼，是为荔枝湾最早的具纪念性的风景建筑（构）物。唐代张九龄

---

① 谢涤湘，常江，朱雪梅，陈鑫. 历史文化街区游客的地方感特征——以广州荔枝湾涌为例[J]. 热带地理，2014，34（4）：482-488.

② 节选自《史记·南越列传》。

图6-5 散失的陆贾纪念碑

有《与王六履震广州津亭晓望》诗，而《送广州周判官》诗有"海郡雄蛮落，津亭壮越台"句，"津亭"即指越华馆。

后来，多有陆姓客家人在此聚集，为纪念陆贾实现"汉越结盟"的历史功绩，于"泥城"遗址竖立纪念牌一尊，上书："开越陆大夫驻节故址"。相传，这里就是西汉时期用和平方式劝服南越王赵佗归汉的陆贾大夫登陆驻节的地方，此碑是为流传至今的唯一的纪念性实物遗存。可惜现作为一块普通砖石被砌筑在热电厂的围墙上（图6-5）。

东汉建和元年（公元147年），中国佛教史上第一个佛经翻译家安世高由海路来广州。东吴以后，外国僧人也络绎不绝地踏浪而来，到广州从事传教和译经。吴孙亮五凤二年（公元255年），将西域人支疆梁接到广州译出《法华三昧经》，这是佛经传入广州的最早记载。与禅宗初祖相关的"西来庵""西来初地""西来井"一并给广州带来佛教景观的信息，从此渗透到岭南以至全国。

东汉年间，陆贾驻节地种植的荔枝已成为上贡皇帝的佳品及朝廷赠送外国使臣的礼物，而这一片风水宝地也被称为"荔枝洲"或"荔枝湾"，一直到今天，依旧是广州令人颇为向往的地方。经过千百年来人工与天工的巧妙结合，这一发轫"荔枝文化"的水乡大湾区，自是广州人著名的消夏休闲旅居游憩地，风景园林的建设延绵不断。

6.2 隋唐五代荔枝湾园林兴造成熟

一千多年前的唐代，今荔枝湾一带多为洼地；河涌纵横，荔枝夹道，品种优良已享盛名。杜牧《过华清宫》绝句诗："一骑红尘妃子笑，无人知是荔枝来。"对此"特供"，中原人心里都是明白的。每逢荔熟之时，"十里红尘、八桥画舫"，风景洵美、游人如织，南国人开辟的"唐荔园"很多，"特贡"荔枝成为特色。

当时，荔枝湾有一座以荔枝驰名的园林——荔园，为广州人游览胜地。晚唐诗人唐光化年间进士曹松称之为"南国名园"。根据文献记载，如果说荔枝湾造园活动发端于汉，那么发祥期就是盛唐。咸通年间（861—874年），唐开成进士岭南节度使郑从谠在荔枝湾上建造荔园，曹松在《南海陪郑司空游荔园》一诗中这样赞赏荔枝湾的景致："荔枝时节出旌旟，南国名园尽兴游；叶中新火欺寒食，树上丹砂胜锦州。"可见唐咸通年间的荔枝湾丰产荔枝、世人常常开展采摘游赏活动，颇多佳果盛宴。"乱结罗纹照襟袖，别含琼露爽咽喉"（曹松诗）的荔枝进贡中原朝廷始于汉，对其文学描述最早见于汉代司马相如的《上林赋》，至唐代张九龄作《荔枝赋》，对荔枝的书写已蔚为大观。[1]于是"荔枝文化"的后续历史则一发不可收拾。

真正对荔枝湾进行大规模开发的，是五代时期南汉国（917—971年）。屈大均《广东新语》记载南汉园林：大部在城西，如"西畴""昌华苑""显德园""花坞""华林园"等，城南有"望春园""芳华苑"，城北只有"芳春园"（又名"甘泉苑"）。

南汉国的几代国主在城里城外大修宫苑，而在荔枝湾一带大建"昌华苑"离宫，遍种荔枝，每到荔枝成熟时大摆"红云宴"。荔枝湾开始了它的第一个繁盛时期。当时的荔枝湾涌故道北至洗马涌，和象岗西面的芝兰湖（现广州市流花湖公园）相通，南至黄沙注入珠江，"广四十里，袤五十里"，已是广州历史悠久的风景游览区。割据岭南的刘氏南汉王朝，时局和社会相对安定，生产力有了一定的发展，国库殷实。然而南汉的几代君主都是贪婪、残暴的暴君。在短短五十余年间，在其狭小的版图上建了数以百计的宫殿林苑。南汉后主刘鋹在游览荔枝湾时，被那里美丽的河湾、茂密的荔枝林景色吸引，遂下令大兴土木，在此兴建御苑以供游猎。

因荔枝湾开发颇具规模，且距兴王府（广州）交通便利，遂变成南汉王刘鋹的"御花园"，后人称为"刘王花坞"。刘鋹所经营的宫苑，范围很广，西起荔枝湾，北至流花桥，其中还有芳华园和显德园等，其中心花园（花坞）就在荔枝湾。今之泮溪酒家对面的云津阁畔，曾有"古之花坞"的石牌坊遗址（图6-6）。

南汉王朝于荔枝湾西南一带广圈荔林，在泮塘以西设御苑区建有华林园。蝉鸣荔熟挂果，如红云尽染枝头；甘泉苑区建甘泉宫，筑泛杯池、翟足渠、避暑亭；今中山八路周门一带建有昌华苑、即显德园，广袤三十余里。在城西北芝兰湖畔建有芳华苑、芳春园，"飞桥跨沼，……林木夹杂如画"[2]。

图6-6　南汉刘王花坞遗址（图片来源：广州荔湾文史网）

---

① 陈恩维. 文学景观、文学空间与文化认同——以明初南园五先生和南园诗社的互文为例[Z]. 广府文化（第二辑）.
② 潘尚楫等. 南海县志·卷七·广州，道光十五年刻本，第49-50页。

图6-7　南汉九曜园残粒遗址

　　南汉大宝二年（959年），刘鋹首设"红云宴"，邀请群臣百官在此擘食荔枝、风流快活，以后"岁以为常"[1]，饮酒啖荔尽情享乐，历时达十年之久。文献还记载："鋹与女侍中卢琼仙、黄琼芝、蟾姬、李妃、女巫樊胡子及波斯女，为红云宴于此。"[2] 可见海外来的波斯女妃也是常赴昌华苑、出席"红云宴"的人选，皇上携她们游宴取乐。当时修建昌华苑的栋梁帘幕，均用珍珠、云母及金银做装饰，造一根殿柱就使用白银三千多两。国库亏空时，刘鋹就下诏加重赋税，横征暴敛。南汉皇家园林遗存今只有药洲九曜园一隅（图6-7）。

　　宋灭南汉，宫殿区被焚毁殆尽，但西园地区（今泮塘、荔枝湾一带）并没有变成一片废墟。在整个宋代，荔枝湾仍然是广州城外的风景区。相传人们常在荔枝湾"红云宴"的遗址地带，捡拾到南汉卫士的长刀和宫娥的钗环等遗物。"雨后往往拾得遗钗珠贝，知为亡国之遗物也。"[3] 位于洗马涌和上西关涌间的周门，至今仍有"西园地"及荔枝湾地名，证明唐至五代以后尚有园林遗存所在。而芝兰湖旧址至今犹有"兰湖里"、流花桥等遗迹留存。北宋名臣余靖《寄题田待制广州西园》诗有"石有群星象，花多外国名"句，说明广州当时喜好置石种花造景，且用很多进口花卉[4]。可谓唐至五代开海遗风不止。

　　《广东新语·名园》亦有这样一段："……又五里有荔枝湾，伪南汉昌华故苑显德园在焉……其在泮塘者有花坞，有华林园，皆南汉故迹，窬（或逾）龙津桥而西，烟水二十余里。"南宋王象之《舆地纪胜》亦说："泮塘为南汉刘王花坞（即华林园）故地，有桃、梅、黄、莲之属。"

　　上述之"半塘"，即今之泮塘也。现泮塘五约的街口闸门上还有石刻"半塘"二字（是同治年间重修的），闸门石刻对联："门接水源朝北极；路迎金气盛西方"。据此，可见刘

① 陶毂. 清异录·第二卷，浙江巡抚采进本.

② 屈大均. 广东新语·卷十七·宫语[M]. 北京：中华书局，1985.

③ 今昔广州[N]. 南都网，2013-11-13.

④ 曹美，陈泽泓. 独树一帜的广府园林[J]. 神州民俗，2009（3）：28-31.

銀宫苑（又名西御园、华林园、显德园或刘王花坞）的范围，西起荔枝湾、北至流花桥，荔枝湾故址亦在宫苑的范围内。而荔枝湾出产的荔枝当然也就是南汉小朝廷内宫的特供果品了。

6.3 宋明时期荔枝湾的园林经营

广州自宋代开始就有羊城八景的评选。宋代工商业发达，特别是对外贸易的繁荣，在现今的光塔路一带曾有"蕃坊""蕃学""蕃市"非常兴旺，加上富民思想的普遍，城市生活活跃，市民和外商喜欢风景名胜，形成了始创羊城八景的社会基础。羊城八景不仅"山川融结、神灵孕秀"，且具有丰富的文化内涵，是自然与文化的宝贵遗产。城市有八景，能使河山生色，增强城市的美誉度和知名度。

在宋代羊城八景中，除光孝菩提外，大多与水有关，可见当时重视水文化的景观特色。虽说尚未有荔枝湾入选，但其中多有与荔枝湾水系相关联的景点，如石门返照、珠江秋月（色）、菊湖云影、蒲涧帘泉、大通烟雨均是。荔枝湾的景观建设还应包括民间祠庙的寺观园林。

6.3.1 仁威庙

仁威庙坐落于广州龙津西路仁威庙前街，旧泮塘乡内，占地2200平方米，是一座专门供奉道教真武帝的神庙。它是当时泮塘恩洲十八乡最古老、最大的庙宇。史籍记载：仁威庙始建于宋代皇祐四年（1052年）。明天启二年（1622年）、清乾隆年间（1736—1796年）和同治年间（1862—1874年）都进行过规模较大的修建。清乾隆年间重修前，该庙只有中路和西序的前三进房舍，重建时增设了后二进建筑和东序（图6-8）。

仁威庙初建时称北帝庙。据说，因真武帝司水，故人们称他为北帝或水神。又因北方真武玄天上帝素有"神威"，所以后来改称仁威庙。泮塘地处岭南水乡，素以种莲藕、菱角、

图6-8 仁威庙中路大殿及天井两廊

茨菇、马蹄（荸荠）、茭笋等"泮塘五秀"而驰名。该庙外有近水石栏、观景平台，周边与景观丰富的水乡环境十分协调，"庙—桥—塔"与水生植物景观融为一体。神话故事也是大众园林建设的一种动因。泮塘乡民为"感恩邀福"，对神像"奉祀信诚"，传说泮塘当年有兄弟二人，兄名"仁"、弟名"威"。有一天，兄弟俩去打鱼发现一块怪石，抬回家中立为神像，从此"百事吉顺，得心应手"。此事传遍乡里，十里之内，参拜者众。到乡里集资修庙时，乡人便将庙名改为"仁威"了。

仁威庙的建筑特色平面略呈梯形，坐北朝南，广三路深五进，另有偏东一列平房。前三进当中为主体建筑，东、西为配殿，第四进为斋堂，第五进为后楼。沿着南北中轴线，依次为头门、正殿、中殿、后殿和后楼，左右为东、西序。头门面阔11米，深8米。门外两侧各立一花岗岩石柱，柱头雕有石狮子，柱身雕祥云和二龙戏珠，线条流畅，形象十分生动，俗称"龙柱"。

6.3.2 "御果园"

南宋以后，广州三大古湖之一的兰湖淤浅，但西园地区（包括泮塘和荔枝湾）仍是广州的风景区。清初张心泰《粤游小志》曾描述过当时荔枝湾景色："松桧之外，杂植荔枝。……坡诗所以有'云山得伴松桧老'语也。夏日，泊画船绿荫下，枝叶荫覆，渺不知人间有炎蒸气。故宫三十六，虽蔓草荒烟，而夕阳明灭中，犹想见当日红云宴也。"这一景象一直到20世纪50年代，仍依稀可见。

元代，荔枝湾南汉宫苑遗址一带成了最高统治者的"御果园"，除遍种荔枝外，还定量栽种"里木树"（柠檬树）800株。屈大均《广东新语》记载："元时，于广州荔枝湾作御果园，栽种里木树，大小八百株，以作渴水。"果熟时，园官摘果榨汁煎糖，制成一种蒙古语称"舍里别"的"特供"酸甜饮料——"渴水"进贡朝廷，深得元世祖忽必烈和元成宗铁穆耳的喜爱。对此，吴莱有诗为证："广州园官进渴水，天风夏熟宜蒙子。百花酝作甘露浆，南国烹成玉龙髓。"[①]直至元大德七年（1303年）罢贡，御果园用地才废为民宅。

6.3.3 "荔湾渔唱"

至明代，随着历史地理的变迁，荔枝湾的河、湖、涌、江系统景观更显风采，不但红荔挂枝、白荷玉立，而且"五秀"（莲藕、荸荠、菱角、茨菇、茭笋）飘香、水欢鱼跃。更由于水系不断拓展，西关涌外围都可称荔枝湾了。昔日横亘蜿蜒的小溪小河已成纵横交错的河湖网脉，也有浩瀚的湖光山色。河涌湖泊可通往白鹅潭江面，渔民们白天出河捕鱼，晚上回湾停泊。"荔湾渔唱"一片水乡泽国的风情景致，不但富有生活气息，甚有诗情画意，如此成为明代最有特色的羊城八景之一，也成了众多私家园林的大背景、大底板。

从西汉陆贾大夫出使南越国时在此种下荔枝始，荔枝湾就有了人文历史积淀，使荔枝湾

---

① 屈大均. 广东新语·卷二十五·木语[M]. 北京：中华书局，1997.

成为广州历史上最长、世代延续，现今尚存的风景名胜之一。明代仍有宫苑垂柳、花色醉游人之所。当清代"一口通商"时期，因西关的城市化发展，促进荔枝湾作为公共游览胜地也得到了较快发展。只是原先的"荔湾渔唱"充斥了越来越多的商旅内容。"广约百亩"的海山仙馆也有半开放的特质。

荔枝湾在羊城八景中，有两景十分著名——"荔湾渔唱"和"虹桥泛月"。离荔枝湾二里许，还有"浮丘丹井"（今之西门口）。1949年以后，第一次评出新羊城八景中的"双桥烟雨"也是在荔枝湾风景区内。1986年荔湾湖评选内八景，结果依然彰显的仍是该地的历史底蕴。

6.3.4　公共景点

明代荔枝湾附近的公共景点很多。梁家祠占地面积700多平方米，为三进深的大祠堂，祠内石刻记载始建于明代；2002年经广州市政府批准为登记保护文物单位，现在是荔枝湾文化休闲区旅游咨询服务中心、荔枝湾历史变迁展览馆。文塔又称文笔塔、文昌塔，坐南朝北，高13.6米，底座为石脚，塔身为大青砖所砌，属明代中期建筑，其整体风格与广州琶洲古塔和香港新界屏山聚星楼相似。文塔旁边有一棵参天细叶榕古树，现树龄170多年。

明初"南园五子"之一番禺诗人黄哲（?—1375）字庸之，因与孙蕡、王佐、赵介、李德并受礼遇，称五先生。黄先生在此隐居，尝构轩名"听雪蓬"，故学界又称雪蓬先生，工诗，有《雪蓬集》。五先生描绘荔枝的诗相当出色，难免不受荔枝湾无限风光的感染。南园五先生笔下的荔枝，回归到了其本来面目。与实实在在、真真切切的故乡生活相连。荔枝不仅成为岭南的象征、家乡的的代名词，而且成为一种岭南士人情感生活的符号。这种去他者化的描写，纠正了过去对岭南山水风物的蛮荒说辞，而在文化心理的意义上建构了岭南文学靓丽的本真特色。[①]

6.3.5　晚景园

当年西关城市化的边缘尚没到达现今的荔枝湾，荷溪东西蜿蜒横过，溪边有一条小村。明代弘治年间曾任兵部右侍郎、户部主事的黄衷，晚年回归故里，在荷溪畔卜地筑园，作颐养天年之所，命曰"晚景园"[②]。园林临近华林寺，一水相通、一桥相连，树杪钟声、花间磬响，高僧颂经、雅士弄琴，云萝烟水，洋洋兮若江河。

古人谓"无水不成园"。晚景园内也有一大湖，水通荷溪，以美石砌堤，名"石虹湖"。湖水澄澈见底，鱼群忽聚忽散，如飘浮于虚无之境。环湖种满苍柏青竹，这些景物都是有寓意的：以石表刚，以湖表大，以柏竹表正直。湖滨有一大屋，名"浩然堂"，窗牖珑玲、宇庭靓深，明显地定格了这里是园林主人颐养浩然之气的所在。堂侧是闲居之所，名"天全

---

① 陈恩维. 文学景观、文学空间与文化认同——以明初南园五先生和南园诗社为例[Z]. 广府文化（第二辑）.

② 五月孤舟停泊. 明清广州名园"晚景园"[EB/OL].[2019-05-05]. https://baijiahao.baidu.com/s?id=1632658250797033472&wfr.

所"。庭有二轩，东为"青泛"、西为"素华"。庭前为"鸥席草堂"，意思是与鸥鸟同席，浑然忘机。后来屈大均在一首描写长寿寺的诗中，亦有"林塘曲曲通潮汐，鸥鸟时来争坐席"之句。可见当年荷溪一带，因为有华林寺、长寿寺、晚景园这些寺院和园林，万绿如海，吸引了许多飞禽在这里盘桓觅食。庭东侧扎一排疏篱，辟一畦菜地，主人在此种菜浇园、耕耘树艺，自得其乐。恰田边有一小榭，名曰"后乐"，意"后天下之乐而乐"也。身临此境，尘襟亦为之一洗。

辞官后的黄衷，在晚景园开办矩洲书院，聚徒讲学、著书立说。从他的几首《矩洲杂咏》诗中，可以窥见其晚年生活，优游自适，也让我们对荷溪昔日的自然风光有了粗略的印象。其中一首云：

> 木棉衫薄快春晴，
> 橘酒微醺不作酲；
> 月上疏林堪散步，
> 村娃何处斗歌声。

"月上疏林"为我们传递一种视觉之美；"村娃斗歌"，为我们传递一种听觉之美。淡淡的乡风洋溢其间。但自从黄衷死后，晚景园便逐渐荒废。到清雍正年间，在矩洲书院旧地，修了一座晚景阖坊乡约庙，祀华光、车公、文昌"三圣"。从"阖坊乡约"四字可知，这里已成了人群聚居、五方杂处之区。①

6.4 清代行商园林荟萃名动海内外

清代，由于西关行商富贾多聚居西关涌的泮塘附近，并陆续在此修筑园林宅邸，游人因此而至。因为泮塘村一带的田野广植荔枝，附近的西关涌也开始被称为"荔枝湾"，也就是现今所见的新荔枝湾。"新"是位置上相对于荔枝湾旧址而言的。旧荔枝湾开始被取代，渐渐不为人所知。历史上的荔枝湾涌故道北至洗马涌，和象岗西面的芝兰湖依稀相通，南至黄沙注入珠江，素有"小秦淮"之称。

荔枝湾与江水相连，湾内河涌纵横，主要溪流两岸，种满荔枝树，闻名中外的"泮塘五秀"——莲藕、菱角、茭白、荸荠、茨菇，就生长在这里。每当盛夏，红荔白荷，交相辉映，香随风送，沁人心脾。因此历代都有不少大官巨商在此兴建园林。盛时沿荔枝涌有潘园海山仙馆、唐荔园、张氏听松园、邓氏杏林庄、李氏景苏园、叶氏小田园等等。

---

① 黄国辉. 五月孤舟停泊, 明清名园晚景园[EB/OL]. [2005-05-10]. https://baijiahao.baidu.com/s?id=1632658250797033472&wfr= spider&for=pc.

6.4.1 清代十三行时期荔枝湾的基本情况

19世纪中期之后，一方面，荔枝的种植有了长足进步，无论是荔枝种类、覆盖面积，都达到了历代之最；另一方面，荔枝湾人气之旺也达到极致，文人骚客对酒当歌、吟诗作画，富贾巨商则在此圈地，建起了一座座别墅。"这个时候，新旧荔枝湾开始了更替。"[①]清时荔枝湾的范围已拓展至今多宝路广州第二人民医院、荔湾涌、西郊泳场东边一带。旧荔枝湾日渐成为历史陈迹，而新荔枝湾则以其钟灵毓秀吸引着人们。但见这里八桥画舫，静谧平和，堤边杨柳轻拂，绿影婆娑，河面碧波荡漾，轻舟飘泛。每到夏至，蝉声如潮，一丛丛荔枝含丹怒放，惹人垂涎。

新荔枝湾临近泮塘，弥望荷花万柄，岸上遍植荔枝树。荔湾涌蜿蜒其中，通向珠江；夹岸园林错列，最饶幽趣。"富家大族及士大夫宦成而归者，皆于是处治广囿、营别墅。"清嘉庆南海人丘熙在荔枝湾营建"虬珠圃"，园内竹亭瓦屋、池塘荔林、厅堂临水、满园丹荔，为游人擘荔之所，别饶野趣。

清初，屈大均在《广东新语》卷十七"名园"一节里，将荔枝湾一带的众多园林统称为"西园"，"逾龙津桥而西，烟水二十余里。人家多种菱、荷、茨菰、蘹芹之属，其地总名西园矣"。在清代中期社会稳定之后，荔枝湾的种植业也有长足的发展。"居人以树荔为业者数千家，黑叶尤多。长至[②]时，十里红云、八里画舫，游人萃焉。"[③]更是园林密集，而且愈来愈建得宏阔壮丽。这里有丘熙的"康荔园"、李云谷的"君子矶"、李秉文的"景苏园"、叶廷枢的"芙蓉书屋"，而占地广阔最宏丽韵致的要数叶兆萼的"小田园"，潘氏的"海山仙馆"。清代嘉庆年间，两广总督阮元游后，十分赞赏"白荷红荔半塘西"，素以"一湾春水绿，两岸荔枝红"景色著称。

清十三行时代，特别是朝廷实行广州一口通商时期，海上丝绸之路把Canton（广州）这个代表财富的名字，传遍欧美，几乎无人不知。Canton是一座繁华美丽的东方大都，是世界贸易的中心城市之一，是中国联系世界的主要通道，很多时候还是唯一通道。在所有描写广州十三行的书中，无不充斥着"五都之市""天子南库""辉煌巅峰"一类称颂之词。

十三行在广州缔造了一批富可敌国的商人集团，这些商人纷纷在西关卜筑园林。清代诗人俞洵庆在《荷廊笔记》中记述："广州城外，滨临珠江之西多隙地，富家大族及士大夫宦成而归者，皆于是处治广囿、营别墅，以为休息游宴之所。"其著名者，除了潘氏之海山仙馆、潘长耀花园，还有靠近荔枝湾，位于西关的名园环翠园，以及十三行商人颜时瑛的"磊园"。

6.4.2 西关紧邻荔枝湾早中期行商的磊园

作为当时羊城一大名园的磊园，城内城外无人不知。其具体的位置，一说在十八甫，

---

① 曾昭璇. 广州历史地理[M]. 广州：广东人民出版社，1991.

② "黑叶"，荔枝的一种优良品种。长至，即指夏至日。

③ 郑梦玉，梁绍献. 南海县志. 广州翰元楼，同治十一年（1872年）。

第6章 荔枝湾园林发展史话 087

一说在蓬莱路颜家巷。^①磊园原本为一外贸富商的宅院，其遗孀杨氏将宅售予颜时瑛之父亮洲，更名磊园。

清乾隆年间，颜时瑛的泰和行在十三行中居第二位，坐拥千万身家。他在祖传的宅基上，先令画工相度地形，研究配置、绘成改建全图。按图用纸、竹等材料制作模型，然后逐一按样施工扩充改建而成。磊园占地广阔，其规模之大，景致之美，在富商园林中，也属数一数二。南海人陈撷芳曾撰写《磊园》诗百韵，对园中的建筑，描述甚详。^②

磊园共分十八景，有桃花小筑、遥集楼、静观楼、倚虹小阁、酣梦庐、自在航、海棠居、碧荷湾等亭台楼榭与山水花木之胜。其中静观楼专藏书画、金石作品，临沂书屋以藏书为主，环列36书架，盛况空前、全城倾慕。造园规模之大，营建之精，在乾隆年间甲于羊城。

登门入前厅为"四箴堂"，堂东为"辉山草堂"，沿小径北行数十步便是"遥集楼"，与北面"静观楼"相对。在园北的池塘上，荷翻翠盖，碧波照影，簇拥着一只假画舫，名"自在航"，悬一副楹联："不作风波于世上，别有天下非人间"。附近有"跃如亭"，曲槛水榭，雅丽幽邃，是文士酬酢唱和之所（图6-9）。西行至"临溯书屋"，是主人家的藏书阁，卷帘推窗，只见飞红入画屏，绿影侵书几，正是品茗读书的好时光。

藏书阁前面是"海棠居"，每当海棠花开，玉兰飘香之时，主人便呼朋引类，在此布绮席，张华灯，吟诗作画，观摩雅什。海棠居南有"留春亭"，自留春亭再往东行，几番出画入画，便到了"静观堂"。这是为全园最高建筑，登高俯瞰，兰畹荷池，香台紫阁，粉白黛绿，尽收眼底。

图6-9　磊园外销画
（关联昌作）

① 西关林：风流总被雨打风吹去[EB/OL].[2017-07-08]. http://www.sohu.com/a/155591733_526351.
② 黄国声. 清代广州的园林第宅[J]. 岭南文史，1997（4）：43.

颜时瑛生活既奢靡，又极好客，据其后人颜嵩年追述："时城中各官宦皆悉此园美观，常假以张宴，月必数举。冠盖辉煌，导从络绎，观者塞途。登门自桃花小筑，一路结彩帘，张锦盖，八骏直达堂阶，主人鞠躬款接，大吏握手垂青。宴时架棚堂前，演剧阶下，弄戏法，呈巧献技，曼衍鱼龙，离奇诡异。堂中琉璃缨络，锦缎纱厨，徽徽溢目，檐前管簌之音，曲拍之声，洋洋盈耳。日晡，大吏旋车，而散秩闲曹又欲夜，请继以烛。主人素慷慨，亦欣然优礼，由是肇斋（颜时瑛）之名益著"（《越台杂记》）[1]。有人担心，这样的豪门盛宴，一月数回，金山也要被吃空。

红运当头，家道从容时，自然风光得很。磊园除了宴饮娱乐，当然也有雅集活动。当时省城耆硕冯成修，以翰林而为书院山长，誉望甚高，时常到磊园游憩，与颜时瑛兄弟樽酒论文。二人均为弃儒经商之人，能诗著文，同当代名流李文藻、周仕孝、诗人黎简、黄丹书、张锦芳、吕坚等在此雅集唱酬。

乾隆四十五年（1780年），颜时瑛的好日子走到了头，由于他拖欠外商巨额货款，被朝廷以诓骗罪革去职衔，充军伊犁，磊园亦被官府拍卖，多次易主，最后为伍崇曜所有。颜嵩年忆述至此，亦不禁为之叹息："旧日雅观荡然无存，今归伍紫垣方伯（即著名十三行商伍崇曜）。抚今追昔，不胜乌衣巷口之感。"[2]

6.4.3　清代商家私园的园林艺术成就精湛

有清一代，西关明显扩大，市井繁华，荔枝湾相对要丢失一些浮丘和水面，则更使园林密集，但也愈来愈建得宏阔壮丽。这里有丘熙的"唐荔园"、李云谷的"君子矶"、李秉文的"景苏园"、叶廷枢的"芙蓉书屋"，而占地广阔最宏丽韵致的要数叶兆萼的"小田园"，潘氏的"海山仙馆"。

1. 潘长耀庭院

十三行行商潘长耀，于清嘉庆年间开设"丽泉洋行"，并营造了自己的私园。园林设水庭，花园置假山，临水凉亭塑荷叶为盖（图6-10），甚为罕见。庭园建筑以两层楼房为主，二楼有敞厅、游廊及露台，装饰雅致精美——外国人称之为宫廷式住宅和花园。

粤人亲水，有临水建园的爱好。相对早期选址城南珠江一带，清中已并非远郊城西的柳波涌上、荔枝湾头便成了他们建园的又一次优选之处。古来柳波涌连通珠江西入昌华旧苑，最后到达荔枝湾，两岸散布荷花池塘，环境清幽。这里又有招氏"镜花堂别墅"，它四面环水，园中建起复道，环回于亭台间，鸟语花香，自可怡人。诗人熊景星的"吉祥溪馆"，迎面柳波涌，馆前绿草如茵，馆后是一大片荷塘，周围梅影竹烟，别饶雅趣。[3]

---

① 黄国声. 清代广州的园林第宅[J]. 岭南文史，1997（4）：44.

② 同①。

③ 黄国声. 与水相依的广州私家名园[N]. 羊城晚报，2015-09-19.

图6-10 丽泉行花园一景

2. 叶氏"小田园"

与海山仙馆同时代、同为原唐荔园一部分的小田园，同为清代赫赫有名的潘、卢、伍、叶四大行商中的叶上林家族所筑。从1800—1909年，叶上林、叶梦麟、叶应阳、叶兆萼四代经营。后来因为不堪官府的苛敛勒索，率先退出十三行。园主叶梦龙，字兆萼，颇识享乐，筑园极精致。园内筑有一馆一轩五楼，一舍一书室，即耕芸溪馆、心迹双清轩、风满楼、醉月楼、水明楼、仃月楼、借绿楼、鹿门精舍，另有月台、梅花书屋等。叶梦龙自命为"风满楼"主人。"一面芦花三面柳""九折虹桥俯涧泉"写照鹿门精舍，与水明楼一样不单可俯临荔枝湾，还可遥览珠江，尽赏江天月色。[①] 叶氏所写的《鹿门精舍杂赋》竹枝词，就像一幅幅园林水墨小景：

> 金碧交辉映水窗，
> 月台邀月枕珠江。
> 夜阑欸乃渔家曲，
> 不是潮腔是广腔。
> 新填地塈两三湾，
> 湾内人家十八间。
> 记取明月闲泛棹，
> 琵琶声里认双鬟。

叶兆萼是诗人叶廷勋的后人，他也写了不少与小田园有关的诗，从字里行间，仿佛还可以听到荔枝湾园林里的淙淙水声：

---

① 黄国声. 与水相依的广州私家名园[N]. 羊城晚报，2015-09-19.

家在烟波碧荔湾，

悠然鸥鹭共萧闲。

雨余添长三篙水，

林缺飞来一角山。

当年小田园诗意的栖居："四围秋水静芙蕖，地辟耕霞旧隐居。我自忘机同野鹤，客来携酒有嘉鱼。芭蕉分绿天能补，修竹环青地不虚。却喜杜门无个事，昼凉欹枕卧看书。"（《叶氏四世诗钞》）实为一种退避隐逸生活。另外，叶氏藏有明清两代书法家刻石字迹甚多，集之为"风满楼藏帖"。搜罗明、清两代名画，亦颇可观。因此明代四家八僧之画，多有经其盖章珍藏者。

小田园就在海山仙馆的旁边，风景别致。当时有为之诗曰："游人指点潘园里，万绿丛中一阁尊。别有楼台堪远眺，叶家新筑小田园。"将两园的互为借景关系表达得清楚明白。当海山仙馆被毁灭后，小田园虽继续存在了一段时间，最后还是消失了。与它同一命运的还有位于今中山七路的后乐园、龙津路的龙津园、西畴等明代私园，位于今长寿东路的小圃园、柳波涌下游的"天开图画阁"、荷香别墅、吉祥馆，位于今广州市第二人民医院的彭园，荔枝湾的景苏园、君子矶，海山仙馆被拍卖后瓜分成的刘园、凌园、陈园（荔香园），以及位于今恩宁路的麦氏花园等清代园林，如今都已不复存在。

3. 泰华楼

在离小画舫斋不远的多宝坊，有泰华楼，是清代探花李文田所建庭园探花第中的书轩，因珍藏有东岳泰山碑和西岳华山庙碑早期拓本而名。李文田是顺德人，咸丰九年（1859年）中探花，入翰林院，授编修，操守耿介而端正，学问淹雅广博，精通金元故实、西北水土，兼及医方，无不涉猎而精。官至直隶学政，经筵讲官，被在京的广东名士奉为魁首。后因母亲年事渐高，告假回乡侍奉母亲，同治十二年（1873年），出任应元书院的院长。[①]

李氏探花第园门向东，硬山顶两坡面，正厅约30平方米，陈设古色古香。厅前是一副通雕花罩。"泰华楼"匾额，由陈澧所题，并有铭词："东泰西华，秦篆汉隶，如此至宝，是谓稀世，谁其得之，青莲学士有大笔分一枝，与双碑分鼎峙。"内进为书斋房舍和庭院，庭院置假山、种植花木。大厅对向天井，园后是大地涌、多宝涌。登楼推窗，雨过帘卷，但见潮涨艇来，花随水去，景致妙不可言。

20世纪80年代，泰华楼庭园仅存正厅，左、右偏间，门厅、外廊和书偏、厨房等建筑物（图6-11），其余皆废圮。1987年，泰华楼被列为危房。李文田在晚清朝野学林，毕竟负有盛名。"文革"后有海外来鸿，信封上依然写"多宝坊探花第收"，仿佛这个名字比门牌号码更可靠。李氏后人于1989年筹资重建书斋，面宽三间，坐北向南，硬山顶，砌东莞青砖，

---

① 黄国声. 与水相依的广州私家名园[N]. 羊城晚报，2015-09-19.

图6-11　探花李文田画像与泰华楼庭园鸟瞰

前端增二层小阁，可作书房之用。新辟的天井内院拥有72平方米，比前扩大了约一倍。2013年，随着恩宁路改造工程的开展，已经50多年不见天日的大地涌，又被揭盖复涌。

4. 钟家花园

钟家花园坐落在宝华路、十六甫一带。主人钟锡琪，清代同治年间翰林。钟家花园约6000平方米，有一拳石斋、二酉轩、三雅堂、四时春、金符斋、玉茗堂、香石斋、巢烟阁、坚寿亭、云淙水榭等建筑，雕缕藻饰，精致可观。从园内的楹联可以一窥主人的情趣："淡着烟云轻着雨，竹边台榭水边亭。"身居闹市，能够偷得一闲，沉酣于卷轴、金石、古籀之中，也是人生一乐。

清末民初广州兴起酒家，在建筑风格上，亦多采用园林格局。20世纪20年代，钟家花园改为谟觞酒家，是当时广州四大酒家之一。南社的胜士韵流，常在这里雅会。阮元题刻的"平山积雪"石，镶嵌在酒家正门的花园凉亭墙壁上。1937年，谟觞酒家被上下九的绍昌绸缎铺老板谭深泉购下，改名银龙酒家。20世纪90年代，银龙酒家拆建为清平饭店。[①]从中可见西关城市化的推进。

6.4.4　十三行商馆区的外国公共花园

第一、二次鸦片战争之间，广州十三行英国商馆和美国商馆前的珠江河滩上也曾出现过两处相连的、由在粤西方商人共同使用的园林，即"美国花园（American Garden）"和"英国花园（English Garden）"。它们是中国近代最早出现的、具有现代意义的西式公园。"十三行美国花园、英国花园的创建是19世纪中期全球性公园建造活动的一部分，与后来的香港兵头花园、上海外滩花园一样，是世界公园建造史无法罔顾的重要环节。"[②]

图6-12 十三行商馆区的美国花园

1822年十三行大火，商管区域内遭到巨大破坏。在清理了火灾垃圾后，英国人在商馆前建造了一个面积约0.63公顷的私家花园。但此时英国花园尚属于英国馆独有，不是公共花园。

第一次鸦片战争后，十三行开始经历由纯粹商馆区向西式社区的过渡。1842年前后，美国花园开始建造，其范围北以十三行前的道路为界，西至靖远街，东至新豆栏街，南临珠江，面积为1.2公顷。美国人讷伊和沃伦·德兰诺最早动手在这一区域内整治了道路，并种上了树，当时十三行最大的美资贸易公司的老板伊萨克·布尔，则担任了花园的规划设计及建造和督建。他布置了8组大型圆形花坛，其他大小不等的长方形及扇形花坛分布在圆形花坛之间及广场的四角，条形石凳则散布在花园各处。花园四边采用了不同形式的围墙，向西侧靖远街和东侧新豆栏街为实体封闭围墙，面向珠江和商馆则采用了通透的栅栏，并设有门扇可供进出，还设有埠头。

1843年英国商人与十三行的怡和、广利、同孚等行商签订租地草案，并租借了西面的新豆栏街，废除了长期分隔十三行前广场的公共通道，英国馆前广场得以与美国花园连成一片。经过系统整治和建设后，由美国花园和新改造的英国花园共同组成的"广州公共花园"正式成型（图6-12）。

历史学者江滢河指出，根据现有的文字和图像资料，"我们可以看到逐步建造和扩展出来的广州公共花园，以草地、绿树、花卉为其主要景观，辅以规整的小径，给人以视野开阔、舒适明朗的感觉，迥异于狭小、精巧的中国官私园林，具有西式公园的重要属性，即公共性、公众性与休闲性。这些特征是与西方工业化后空间的发展及人们在被制约后寻求放松、休闲等观念相联系的。19世纪休闲观念在欧美社会尚属新潮，广州口岸出现的西式花园就体现了这种时尚，尽管并没有立刻影响到中国人的生活，但不能不说广州在这方面的确与世界同步了。"[1]可惜在1856年10月爆发的第二次鸦片战争中，部分民众放火焚毁了十三行商馆区，中国首个公共花园也消失在大火之中。

沙面出现的公共花园也属世界范围内最早的公共公园之列。彭长歆指出，英国本土直到1833年公共步道特别委员会成立后才开始研究建立完全对公众开放的公园。美国本土直到

---

[1] 江滢河. 鸦片战争后广州十三行商馆区的西式花园[J]. 海交史研究，2011（1）：111-115.

1856年才拥有第一个公共花园——纽约中央公园。这样看来，这些英国、美国商人寓居广州一隅的"业余"造园活动，无意中具有了历史拓荒性的价值。

6.4.5　海山仙馆的前身唐荔园的故事

广州荔枝湖一带造园先天条件优越，地处城郊、水陆交通方便，历代续有名园，可谓园脉相承、好景连连。

清道光年间，南海人邱熙，在荔园旧地搭建了一个私人园林，编竹为篱，依树为楻，名曰"虬珠园"。用竹瓦构建了一座"擘荔亭"，作为游人采摘荔枝游赏歇息的落脚点，园外围有矮墙，题名"虬珠圃"。具体位置，据《广州城坊志》引咸（丰）同（治）年间人谭宗浚所考，在"半塘之墨砚洲上，今村人亦罕能认其故址者"，也就是今荔湾湖公园内的荔湾湖饭店附近。当时两广总督阮元[1]之子阮福与友人来游，十分赞美这里"荔林夹道、白莲满塘"的景色。又因这里曾有唐代人的遗迹，建议"惜唐迹之不彰也，因更名之曰'唐荔园'"（图6-13），并写下《唐荔园记》一文，阮元也为此作有《唐荔园》长诗一首。以唐代诗人曹松曾咏荔于此，借迹铭记人文历史，赞它如同唐代荔园，颇具纪念性质。

道光四年甲申（1824年）夏天，唐荔园吸引骚人墨客纷至沓来。园内最有名的是竹搭的"擘荔亭"一景，邱熙（图6-14）遂在擘荔亭开设诗社，征集诗词1000多首。据阮元《唐荔园》诗："喜从新构得陈迹，诗社千首题园门。"可见社会影响不小。对此，岭南名士张维屏[2]有七绝一首："不论节度与降王，伪汉真唐总渺茫；千树荔枝四围水，江南无此好江乡。"[3]清代画家陈务滋[4]曾为唐荔园画过两帧画卷，将荔枝湾河涌交错、荔林重重的景象给

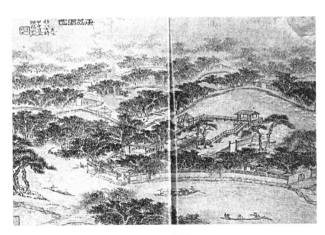

图6-13　1824年唐荔园（"虬珠圃"）局部图

图6-14　邱熙画像

① 阮元（1764—1849），字伯元，号云台，江苏仪征人，曾任两广总督。

② 张维屏（1780—1859），番禺人。道光二年（1822）进士，以诗名昭一时，为学士翁方纲赞誉。曾官湖北黄梅知县，江西南康知府。著有《听松楼诗钞》《松轩随笔》《谈艺录》等。

③ 张维屏. 听松楼诗钞. 广州番禺刻本，嘉庆十八年（1813年）。

④ 陈务滋，活跃于嘉庆道光年间，顺天籍湖北安陆人，为广东佛岗司狱；工书善画。

予了重点描绘。图卷上有名人士子40多人的诗作与题跋。阮元书《唐荔园》诗句的题跋是："红尘笔罢宴红云，二百余载荔子繁；十国祇知汉花坞，晚唐谁忆咸通园。"以上两帧画卷现藏广州博物馆。

邱熙在历史上留下美名，是因为他曾在澳门医院学到种牛痘医术，并用自己的身体做试验，获得成功，再引入国内，"活婴无算"，是中国专业施种牛痘的第一人。后来潘仕成还专门运了一批牛痘到北京，在南海会馆为北京居民接种，使这种技术很快传到了北方各省。清嘉庆二十二年（1817年），两广总督阮元也把邱熙请到家中接种，并盛赞这种技术对国人功德无量。闲谈之间，阮元建议把"虬珠园"改名为"唐荔园"，这是唐荔园得名的由来。

据阮元第三子阮福撰《唐荔园记》，说是他为虬珠园改名的。文曰："近年荔枝湾中有南海邱氏所构竹亭瓦屋，为游人挐荔之所，外护短墙，题曰'虬珠园'。福惜唐迹之不彰也，因更名之曰'唐荔园'，盖以文人所游乐有古迹，迹之冢古者当溯而著之矣。"到底是阮元改的名，还是阮福改的名，后人也无须深究了，只作茶余饭后的谈资而已。

与唐荔园同时开辟的还有景苏园，园主李秉文。该园起止年代1820—1886年，原址上西关涌。

道光十年（1830年）后，十三行富商潘仕成买下唐荔园，不断拓整修葺扩建，大兴土木，形成一座占地几百亩，宏规巨构、集山水园林、江南亭台、西洋装饰、碑刻遍布、印书珍藏为一体的岭南第一名园——海山仙馆，时人称"潘园"。宛如人间仙境镶嵌在荔枝湾底板的潘园，更提升了荔枝湾的知名度。现代学者瞿兑之，是清末军机大臣瞿鸿禨之子，是位见多识广的人。他说：潘园"园林之美，广州仅次于吴中（吴中是苏州）。"

咸丰庚申十年，孔继勋《日游荔枝湾》诗提荔枝湾处处园林，尤以海山仙馆最为吸引眼球："卓午红云齐绚色，荔湾舻拽如梭织，逐水舟回旖旎香。披襟客苦炎歊逼，故人约我宵携壶。月凉江靓鞾纹铺，岸转烟波几纡曲；光涵亭榭犹模糊，林塘寂懜竟到此。禽礫格纷惊起，轩窗夕敞净琉璃，海山仙降纷罗绮；虬珠照夜堆芳园_{的于景苏园}。对此景物宜倾樽。只闻雅管吹裂石，那见雜宾来叩门；霸图消歇浮云逝。骋怀何暇论唐荔_{园名阮诗所定}。未须秉烛寄豪情，一颗冰轮皎宵际。"[1]

19世纪70年代之前，"夏日，泊画船绿荫下，枝叶荫覆，渺不知人间有盦蒸气。"每当"荔枝红熟，绿树丛中，如缀如缋，游人乘画舫泛舟溪中，歌吹相鉴"[2]。这一情景一直延续到20世纪50年代初，它距离今天的我们并非隔着万里长城遥不可及。

宋代词人辛弃疾有一句流传千古的感慨："风流总被雨打风吹去。"海山仙馆也逃不开这样的命运，潘仕成晚年，因经营盐务出现巨大亏空，被官府抄了家，海山仙馆被拆卖，渐渐变成断瓦颓垣。后来，在其故址上，一些富商名流与知识精英先后盖起了刘园、凌园、彭园、荔香园、静园、小画舫斋、夏葛女医学堂、端纳护士学校等园林，对广州的文化传承与

① 孔继勋. 岳雪亭诗存. 咸丰庚申十年。
② 荔枝湾：荔红渺邈，菁菁物华休[N]. 南方都市报，2006-07-13.

新学普及贡献甚巨，其中的故事很多很多。

潘氏籍没后，首先建筑起来的是刘园。园主刘学询，是清末进士，点翰林院编修。衣锦还乡后，乃于海山仙馆旧址之一部分，构筑刘园。园址即今广州市第二人民医院附近一带。刘氏显贵后，归居是园，晏安逸乐，日以招致良朋，飞觞醉月为事。曾引"灯下美人襟上酒，荔湾桥外柳波风"以自豪。

虽然人为与自然的种种因素，使荔枝湾的山形水貌发生了许多变化，但其在历史的风雨中风景园林的形态气质却依然存在。荔湾涌还保留着一段长约500米的故道，两岸古树嵯峨，浓荫掩映，一派岭南独特的自然风光和历史风情，作为海山仙馆的位置空间的参照坐标定位，其价值弥足珍贵。

6.4.6 清末民初私家园林的一个小高潮

在海山仙馆附近的还有叶氏的"小田园"，但规模远远不及海山仙馆。以后从海山仙馆的旧址上新建的园林，先后有彭光湛的彭园和陈花邨的荔香园，附近又有黄氏的"小画舫斋"。全荔枝湾还先后出现过李秉文的景苏园、张氏听松园、邓氏杏林庄及彭园（约1880—1949）、陈园（约1880—1949）、凌园、倚澜堂等私家园林。如此，与之相呼应的尚有"君子矶""荷香别墅""吉祥溪馆"等西城区内的私家园林，争相媲美。可惜现仅有小画舫斋尚存遗物。广东著名爱国诗人张维屏的听松园旧址在荔湾区上市路松基直街，遗址今为广州建设机械厂。

> 昌华苑接荔枝洲，影入珠江不肯流。
>
> 试上五层楼上望，珊瑚千树水西头。
>
> ——何梦瑶《珠江竹枝词》

1. 小画舫斋

小画舫斋建于清光绪壬寅年（1902年），至今遗址尚存。园主人为西关商人黄绍平，购买了原称"小田园"的广州著名士绅黄景棠的家族花园别墅后改建而成。从广州历史图片可想象而知：小画舫斋因沿荔枝湾河涌修建房屋，其平面形状类似画舫，故得名（图6-15）。沿着荔湾区龙津路逢源大街走，门牌号为"21"的就是清末名园——"小画舫斋"（图6-16）。小画舫斋采用"连房广厦"的布局，四周置有精致幽雅的楼房，中间为庭园。[①]

龙津西路三连直街的小画舫斋，曾是丘逢甲、潘飞声、陈樾等名人觞咏之地。该园占地2000多平方米，整个园子呈蛎形。小画舫斋园林正门朝南，大门是用白麻石脚和石框，即砌白石夹、白石脚，水磨东莞大青砖砌墙，门口对着荔湾涌，与荔湾大戏台隔涌相望。墙壁用水磨青砖，门额正中题有"小画舫斋"魏体石刻，由清末赵之谦题写（又说是广东晚清名书

---

① 陆琦. 岭南园林艺术[M]. 北京：中国建筑工业出版社，2004：47.

图6-15 历史上的小画舫斋风光

图6-16 当代小画舫斋船舫景观建筑
（图片来源：羊城网）

法家苏若湖的手书）。大门之后是木雕镶边套蚀刻彩色玻璃的大屏风，玲珑剔透。屏风后是南门厅，门厅右边为侧厅与住房，宅居二层为卧室和露台，呈"船厅"造型。

园林建筑布局主要分为三部分：南面是南门厅与主人宅居卧房；坐北朝南的祖堂（家庙），里面有神龛供奉祖先。家庙以连州青石砌基，两侧山墙，各开两扇满洲窗。祖堂斜对面为匾题"诗境亭"的半边亭。西北涌边处是临水船厅，有码头水埠，可登船外出。船厅蚝字栏杆、厅高两层，卷棚歇山顶、碌灰筒瓦、钢筋混凝土结构；一楼以冰裂纹圆洞门落地罩，分隔书斋与门厅，门厅还挂着阮元题书的"白荷红荔半塘西"木匾。

花园石径曲廊把客厅、家庙、船厅、花厅、书厅、画厅串连在一起，园内遍植花草树木，有榕树、九里香、白玉兰、荔枝树及米兰、茉莉花等。园中李白桃红、柳暗花明，石山鱼池、清幽别致；虽为盛夏，清风徐来，花香扑鼻，顿消炎暑。此乃是西关著名的私家园林精品。[1]

小画舫斋原主人是清末广州的著名士绅黄景棠，广东新宁（今台山市）人。其父黄福在马来亚柔佛经营种植园，承包工程及赌税，富埒王侯。黄景棠童年在新加坡、马来亚度过，光绪十四年（1888年）回国，后考取拔贡、授知县。戊戌变法时曾上书言改革时政、商务。变法失败后，他对政治大失所望，以双亲年老为理由，辞不就官，回到广州，曾任广东总商会坐办、粤路公司副办，主办过《七十二行商报》。他筑小画舫斋，时邀文人雅士作诗酒之会，常邀诗人、墨客，画家到小画舫斋畅叙。黄绍平去世后，其弟黄子静入住，又购置了与小画舫斋相连的楼宇，扩大了园林的范围，增加了北门厅、轿厅等内容。

1956年，黄氏后人把小画舫斋献给了政府。1957年，租给了广东省木偶剧团。"文革"期间，南面的主体建筑、诗境亭及连廊等，均被拆毁，园林设施遭到严重毁坏，只留存下一座家庙，现有的船厅也是后来重建的。1993年，广州市政府公布小画舫斋为文物保护单位，并在1996年进行了修葺。

2. 环翠园

在原荔枝湾南源街，广雅书院近澳口涌，有清光绪末年广州颇有名气的私人庭院——环翠园。环翠园乃南海巨族蔡廷蕙的私家园林，人称"蔡老九花园"。蔡廷蕙的父亲靠在南洋卖丁香发家，在今南岸地区购买了大片土地，北面挨着澳口涌，西至埗头直街，东、南面则在今环翠园小学范围内。蔡廷蕙举人出身，曾任云南大理县知县，他的兄弟蔡光裕是浙闽总督许应骙的姐夫，因此蔡氏家族在当地非常显赫。蔡廷蕙从官场退下来后，在澳口涌边兴建环翠园。[2]

环翠园占地约2.3万多平方米，即30多亩，有宗祠、私宅船厅和戏台。北面有一个直通澳口涌的埗头，园北有杨桃园，园东有一口大鱼塘和荔枝园。鱼塘基围外，一条清溪自西而来，沿着基堤流入澳口涌。园南是大片茂密的木棉树、榄树、龙眼、凤眼果、沙梨等果木，有梅花鹿、孔雀散步其中。景点配植木棉、果木、翠竹和花卉。植物造景分布有序，如金丝竹、铁树、灯笼火、白蟾花、多子石榴、桃椰、龙眼、沙梨、青榄、凤眼果和"杨桃园"的杨桃、香芒……等，石山金鱼池数个点缀其间。为寓意"爵、禄、封侯"而饲养有孔雀、鹿、蜂和猴子等观赏动物。

园内建筑物很为讲究：宽广约50米，纵深约80米的元善蔡公祠，工艺雕饰精美，尤其建筑材料更为考究，以平整而大块的花岗岩作石脚，使用特制的东莞大青砖和双层大瓦，柱、梁和门全用坤甸木。室内外悬挂的尽是名人字画和题词。[3]建筑布局巧妙，祠前是花岗岩石的大地堂，中竖两个花岗岩石的旗杆夹，堂前是一个宽阔的长方形大鱼塘，沿塘基遍植荔

① 聂春华. 岭南古典园林的历史记忆与诗意空间[J]. 广东园林，2007（3）：10.
② 越是美丽越易凋萎：消失的西关庭园[EB/OL].[2017-07-16]. http://www.sohu.com/a/157529116_526351.
③ 同②.

枝，气势轩昂壮丽。遗址现存一棵大叶榕（图6-17）。《荔湾风采》收录有蔡国荣老人记忆图（图6-18）。环翠园绿荷池塘边有仿北京颐和园石舫的"船厅"，属意大利风格的"玻璃厅"；还有参照四川杜甫草堂的"望云草堂"，作为文人雅集聚会之所（图6-19）。园中道路全部用花岗岩铺成。近水楼台、隔花帘幕，昼阴夏凉，风而愈寂。园前园后，皆绿水淙淙环绕，而园外则是百亩荷塘，水佩风裳、波光层层，惹得闲云幽鸟，一时俱来。倚靠沿鱼塘、

图6-17 遗址现存大叶榕　　　　　　　　　　　图6-18 蔡国荣老人环翠园记忆图

图6-19 环翠园的旧照和部分石质遗存

荷塘的花岗岩石栏杆，得景无限。无论在船厅或西关大屋式的住宅，均可观赏到荔枝湾田园景色之美。

然而，环翠园远离城市，僻处一隅，故游人罕至，令名不彰，清代文人雅士的著作中鲜有提及。清光绪年间，随着西关地区的向外扩展，"环翠园"也渐渐为人所注意。光绪十六年七月，《申报》登出通讯云："城西南岸乡'环翠园'……十九、二十两日梨园子弟在此处演剧，倾城士女联袂往观，人海人山，异常热闹。两日所收戏金多至三十余两。所演各艺声色俱佳，寓目者无不叹为观止。"这说明该园占地宽敞，游客容量不小。

光绪三十五年（1905年）间，著名诗人易顺鼎任官广东，曾来游过，写下《雨中游南岸蔡氏环翠园，值女优演剧，即席题赠二首》诗，其第一首云："名园近海荔湾隈，飞阁长桥绿万株。榕树阴中停画舫，芰荷花上展红氍。水能照出人人玉，雨亦跳来颗颗珠。比似秦淮真远胜，半山塘又半西湖。"①

"环翠园"南边是一口种满荷花的池塘，诗中第四句是说在池塘上搭起戏台进行演出。特别值得注意的是末尾两句，作者极力赞美园林及其周围风景与河涌之美，半似南京的秦淮，半似苏杭的"山塘""西湖"。显而易见易氏对环翠园的欣赏是非常满意的。

后来，蔡家家道中落，家产不断遭变卖，至抗战期间，环翠园逐渐湮没。现在的环翠园小学，便是在原元善蔡公生祠的地上建筑起来的。环翠园的最后两幢楼房，也在1995年的旧城改造中被拆除了。如今的环翠园小区，只是取其名。唯余校门迤北一道青砖围墙（图6-20），徒供后人凭吊唏嘘而已。②

"白荷红荔半塘西"，一时园林荟萃，得益于荔枝湾的自然环境与繁盛的市井文化相得

图6-20　环翠园青砖围墙遗迹

①　蒯威. 荔枝湾——风韵两千年（下）[EB/OL].[2017-05-28]. https://max.book118.com/html/2016/1219/74564981.shtm.
②　越是美丽越易凋萎：消失的西关庭园。

益彰。然清代广州园林，兴起迅速，而湮灭亦快。张维屏曾列出目睹之名园破败名单，如荔枝湾有叶兆萼的"小田园"、李秉文的景苏园、张氏听松园、蔡氏环翠园、邓氏杏林庄，以及彭园、凌园、倚澜堂、小画舫斋等，城西还有磊园、君子矶、荷香别墅、吉祥溪馆等都先后被毁弃荒废。又如"唐荔园""借绿山房""景苏园""风满楼""海山仙馆""远爱楼""得珠楼""得月楼"，凡八家"多毁于火，或园主已易人，或主人远走他乡，园中荒凉冷落。数十年来，诸位士人目睹者如此，非目睹者不暇记也。"[1]

6.5 民国私家园林最后的辉煌岁月

清末至民国抗战前是荔枝湾旅游最为发达的时期，一湾清水、两岸悬红，荔林飘香、名园荟萃，浮华鼎盛新景更风流。民国时期的荔枝湾园林规模也是历史上最可观的，声誉尤佳，名闻遐迩。如陆续出现的张氏的听松园、邓氏的杏林庄、李氏的景苏园等大批园林别墅，尽管都未及海山仙馆的宏规巨构，但一样体现西关人家寄意河湖江渚的情怀。[2]

民国的荔香园为广东新会荷塘人氏陈庆云于海山仙馆故址所建，园地面积约5000平方米。1924年，陈庆云自海外归来，购得荔枝湾田园绿地建园于此，内有门厅、花厅和船厅等建筑，大片荷塘和荔枝基以白荷红荔著称。文人、墨客、雅士常聚其间，品茶尝点、啖荔之余，赋诗作词，曾留下不少佳作。第一次国共合作时孙中山和原配卢夫人、廖仲恺、林霖、李宗仁、陈独秀、徐轩、汪精卫等曾到荔香园游览。陈独秀应荔香园主陈花村之请即兴作联，联云："文物创兴新世界，好花开遍荔枝湾。"（此联于1958年广州兴建荔湾湖公园时拆去）城中百姓也开始来这里消遣，富商纷纷驻扎，至民国初年，荔枝湾已成为啖荔赏夜、扣船听歌、击桨浅唱、把酒狂欢的南粤天堂。荔香园存在时期较长，该园是公开接待游客的。园门设在新荔枝湾畔，有石级可上落。园门联是用灰雕的，联云："临水竞张云锦画，迎凉齐唱火珠词。"（图6-21）荔熟时，游客花几角钱的代价，便可饱啖从树上摘下来的鲜荔枝，但不准带走。

图6-21 荔香园的一个入口大门
（历史图片）

---

[1] 黄国声. 与水相依的广州私家名园[N]. 羊城晚报，2015-09-19.

[2] 大地倚在河畔[EB/OL]. https://www.jianshu.com/p/c934263f9e6f.

这个时期，彭园与荔香园之间还有一座木制的长拱桥，横跨小河上面。桥下的石磴，据当地老人说，这也是海山仙馆遗留下来的。由此可见，当时的海山仙馆和后期的荔香园还有不少荔枝树——这是园中珍贵的古木。据《广东新语·木语》关于荔枝的描写，亦可知各富家对荔枝的珍爱。《木语》说："东粤故多荔枝，问园亭之美，则举荔枝以对。家有荔枝千株，其人与万户侯等。故凡近水则种'水枝'，近山则种'山枝'。有荔枝之家，是谓大室。当熟时，东家矜三月之青，西家矜四月之红，各以其先熟及美种为尚。主人饷客，听客自摘。或一客分一株，或一株以分十客，各以其量之大小，受荔枝之补益。"

龙津桥桥头有一座具有岭南风格的西关大屋，占地面积150多平方米，园艺讲究，房屋主人是新加坡大华银行现任董事长。陈廉伯公馆位于荔枝湾小河畔，坐东朝西，占地面积约400平方米，曾是"荔湾俱乐部"结交粤系、桂系军阀高官的场所，1946年曾作两广监务公署办公室。主人陈廉伯（1884—1945）是中国缫丝工业第一人陈启沅的后人，其中西合璧式公馆配置有西式造园技法的花园，"池上飞榕"为广州著名的假山一景，水系有地窖直通出荔湾涌。他经常在地窖乘坐自己的小电船秘密去沙面，出入很少坐轿或乘车。1993该园年被定为"广州市文物保护单位"。

民国初期，原属荔枝湾的地方：东边从"荔溪东约"起（即今荔湾北路中段），西至现荔湾湖公园西河边的"红荔湾头第一村"以及"何仙姑庙"旧址一带，唤作"旧荔枝湾"。新荔枝湾则由现在的广州市第二人民医院右侧桥脚（新风路西头）起，至西郊泳场东的一带。

原有的荔枝湾的湾流很长（图6-22），北经司马涌与流花桥相接，又经彩虹桥至简溪，由泮塘涌口出海，现在之荔湾南约和荔湾北约都是这条湾水流经的地方。此外旧荔枝湾过去还有一条支流斜向西北与彩虹桥小河接通，在未辟荔湾湖公园之前，刻着"红荔湾头第一村"的石牌坊竖在那里。[①]相传这个村主要是由在此一带修建园林的工匠人家于"红荔湾头"汇聚而形成的。

今之简溪，荔湾东约至泮塘五约，原也是荔枝湾故道，当地人称为旧荔枝湾。民初，游荔枝湾的游客，都是在多宝桥下（即今之广州市第二人民医院右侧）雇艇游河，画舫、舢板都集中这里接客。多宝桥至泮塘涌口这一带就是新荔枝湾，现在新荔枝湾仍具原有地貌，但划艇只能在荔湾湖公园内的三个大湖中进行。

图6-22　当年水乡泽国印象

"游河"是20世纪二三十年代在荔枝湾上兴起的游乐项目（图6-23）。荔枝湾的游河活动，全盛时期是在30年代到广州沦陷前那一段期间。每年从夏季开始至冬初游人最多，当荔

---

① 荔湾区政协文史写作小组. 荔枝湾史话[Z]. 广州文史（第四辑）.

枝上市时，更吸引不少外来游客。由于当时市区游乐点不多，公园只有面积不大的两三个，难以尽兴；而游河却可满足吃喝玩乐的需要，又可以观览珠江两岸风景，因此荔枝湾遂成为广州游乐的好地方。但是与前人所描写的荔枝湾风光来比较，新旧各有特色。如"十里红云，八桥画舫""泮塘夏日荔初红，万树骊珠映水浓，消受绿阴亭一角，乱蝉声飐藕花风"等，这都是对旧荔枝湾的描

图6-23　荔枝湾游艇停泊区

绘。旧荔枝湾除北接流花桥外还贯连柳波涌出白鹅潭，范围广阔。

陈济棠主粤时期，荔枝湾亦甚为繁盛。当年，游荔枝湾的画舫，都是划到江面去，活动的范围都集中在这大段的江面上。这附近有西郊海角红楼两个泳场，江面有酒菜艇，有贩卖海虾、海鲜的小艇，还有出租唱机唱片的，有叫卖香烟、糖果饼食的，有卖唱的，有卖荔枝和生果的。还有一种较大的游艇，名叫紫洞艇，艇可容三四十人，艇上请有名厨，游客可在艇上设宴安排筵席。紫洞艇一般只停泊于江边，不能驶入湾内。画舫的布置很雅致，有各自的名称，如："流水""素月""泛香""绛珠"等，上有篷，两旁有座位，中有小方桌，可容四五人。这里的气候类型属亚热带季风气候。每至盛夏，人们乘坐各式游艇、舢板，荡漾在河涌上，沿途重重红荔夹岸，阵阵荷香围裹，好一片清爽醉人的景象。除了游客的小艇外，海鲜虾艇、鱼生粥艇、烟果酒艇等来往穿梭，伴随着声声吆喝叫卖、咸水歌、嬉笑声，构成了一幅别有情趣的南国水乡风情画（图6-24）。

图6-24　荔枝湾的游船

这景象亦让当年的许广平印象深刻：荔枝湾上总是艇仔如织，而每一艇上莫不嵌满了游人，像小鱼般一队队地游来游去。荔枝湾上虽没有靓妆艳唱的歌女，偶而或者也会遇到两三个"盲妹"，轻舟款款地被摇近前来，细声问："可要唱一曲歌吗？"你可以花几角钱听一支粤曲或什么的。花渡头常闻一派卖歌声。正是：

十三村口水如油，唤艇人来花渡头。

扇影香衣成队去，拣茶红粉总风流。

——（清）倪鸿《广州竹枝词》

图6-25　游艇多集中在河涌（邹卫翻拍）

期间可能远远地传来一声声女嗓的半高音："要鱼生粥吗？""好靓的鱼生粥！"也够勾起你的馋涎欲滴。那洁净而黄色光闪闪的木板上，摆着一盘盘的新鲜生鱼片，淡咖啡色的吊片鱿鱼和翠绿惹人的香菜……在柔弱的炊烟上，从粥煲里盛起一碗碗香喷喷的艇仔粥，也足够游人大快朵颐。自那时起，艇仔粥便名噪一时，成为人们争相品尝的名小食。

因广州荔枝湾是一个大型的河湾区，在长期演变过程中出现了一条明显的河涌——荔枝湾涌。荔枝湾涌严格来说不是一条孤立的河流，而是贯穿着众多河汊、湖泊的一个整体，即由现今的荔湾路、中山八路、黄沙大道（北段）、多宝路（西段）、龙津西路一带的江畔湿地中纵横交错的水系总汇而成（图6-25）。

荔枝湾的衰败是在20世纪40年代日军占领广州时。湾水出河口的珠江河道被日本人封锁、游客大减，荔枝湾渐趋萧条。随着广州城区的扩展，城市人口逐渐增加，荔枝湾河溪两侧成为菜农、贫民聚居之地。居民为建房屋从40年代开始就不断砍树盖房、种菜。40年代末期荔枝湾附近还成了广州市近代工业的基地，造成了河涌污染，水质持续恶化，更难以适合荔枝树的生长。1958年唐荔园划入荔湾湖公园范围。像邱熙这样有大功德于生民的人，也不过是印爪之鸿，难有几人记得！

昔日河涌变迁记忆尤深的，是20世纪八九十年代。许多老广小时候，听奶奶讲荔枝湾的故事，而看到的，却只剩下荔湾湖公园那一小块绿水。纵然西关的深巷中，还留存着像"昌华街""泮塘"这些有特色的地名，却再也不见荔枝涌旧时的模样。偶尔从因失修翘起的麻石地砖下，传来阵阵熏天恶臭——河涌被覆盖地下变成了下水道。

荔湾湖公园用人工开挖方式保留了部分湖泊和水道（图6-26）。河道尚能北通逢源桥，南至多宝桥一带，但水系的各条支流则被填平变成街道。随着周围工厂兴建、人口聚居，荔枝湾水系全被污染。1985年前后，荔湾湖至多宝桥的水道被覆盖；1992年，随着泮溪酒家至逢源桥的最后一段水道被覆盖，荔湾涌即被彻底埋没。

图6-26 淤塞后的河湾形成农田（邹卫翻拍）

6.6 "荔枝文化景观"的遗址遗存专利

广州人余藻华有首《沁园春》咏荔枝湾："古之楚庭，浮丘寺西，陆贾城边。有昌华旧院，仁威神庙，海山仙馆，叶氏田园。往事前年，沧桑几度，代有风流事可传。聊一试，把荔湾渔唱，谱入新弦。"这是不是我们的"荔枝湾梦"？

1949年以后，荔枝湾景区内的古物古迹也有不少。登上西城天桥，还可凭吊陆贾古城遗迹、千年仁威古庙、名驰国际的泮溪酒家、"古之花坞"遗址。旧羊城八景中的"虹桥泛月"、新羊城八景中的"双桥烟雨"依然与此关联。后期荔枝湾涌共有5座桥：龙津桥、德兴桥、大观桥、至善桥、永宁桥，其中龙津桥为三拱桥，中间过水，两边行人，长57米。龙津桥与文塔（云津阁）相呼应，"一桥一塔"的景观很符合中国人的审美习惯。

然而，陈廉伯（1884—1945）的颇富西方古典园林风格的庭院，似乎保护得并不理想，闭合的院落被拆毁了，丰富的亭廊小品建筑与园林植物细节丢失太多，院内与院外互相渗透的理景关系没有了。可能有些人自始至今也还没有认识私家园林围墙、什锦窗与游览小道的景观功能。"池上飞榕"的西洋造景手法，与中国古典园林艺术"藏与漏"的构景原理毫无关联。说是"文物保护单位"，如保留院落构成园中之园，其美学意义则会深刻得多、丰富得多（图6-27）。

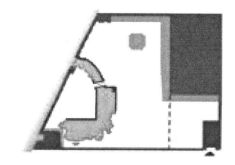

图6-27 陈氏院落以"园中园"形式保护较好

蒋光鼐故居为三层砖木结构建筑，面积766平方米，建筑风格为西关大屋与西式楼房的结合，是近代典型的岭南大宅民居（图6-28）。蒋宅建于民国初年，民国期间曾用作莞旅中学，1993年被市政府定为市级文物保护单位，2000年蒋家后人将其捐赠给了荔湾区。然而孤立封闭的建筑没有一棵草、一棵树、一件室外设施与之相配，内外所有园林要素基本刨光了。不知一栋"裸"建筑到底又能美在哪儿？

文塔又称文笔塔、文昌塔、文津阁，坐南朝北，高13.6米，底座为石脚，塔身为大青砖所砌。属明代中期建筑，其整体风格与香港新界屏山聚星楼相似。文塔旁边有一棵参天细叶榕古树，树龄157年。海山仙馆中多种样式的塔均被毁掉后，文塔就是唯一的荔枝涌古塔遗产（图6-29）。塔的实用与景观效应都是很强烈的，同时标志性、纪念性意义也是人们普遍共识的。

图6-28　蒋宅及所在的荔枝涌水道

图6-29　荔枝湾文塔

泮溪酒家是国家特级酒家，它坐落于广州市荔湾湖畔，是采用中国传统园林的布局而建造的，与北园、南园被合称为广州三大"园林酒家"。它荟萃了岭南庭园特色及其装饰艺术的精华：外围青墙绿瓦、榕荫掩映；内部迂回曲折、层次丰富。园内有假山鱼池、曲廊、湖心半岛餐厅、海鲜舫等，其布局错落有致，加上荔湾湖景色衬托，更显得处处景色如画。

"荔枝湾"的直观概念，只能约莫说从今日龙津西路"风水基"起，顺下西关涌西至黄沙大道水闸为止，还保留有一段原生态的河涌，两旁仍然保留了数十年的果树，河岸也是泥岸（当年荔枝湾的原始样貌），只是人迹罕至，游人不知其中还有一段"古董"。它的全盛期是清末至民国近100年的历史。桨声灯影，水绿荔红，真是浮世中一道人文与自然风光绝妙结合的风景（图6-30）。[①]

荔枝湾的引申意义，是维系城市生态、城市园林。须保护历史留存的物质性旅游景点之

---

① 梁鸿.（荔枝湾）荔红渺邈，莫莫物华休[N]. 南方都市报，2006-07-13.

图6-30 现代荔枝涌上的游船

外，还有一系列非物质文化遗产。如"三月三·荔枝湾""五月五·龙船鼓""六月六·红云宴""七月七·情相依""新西关·月满湾""新西关·国庆欢""九月九·孝传后"等一系列民俗文化活动，正逐渐形成荔枝湾特色的旅游品牌。

荔湾湖公园园名为民国名人沈钧儒手书。公园总面积27公顷，水域面积占62%，陆地面积占38%。荔湾湖以湖泊为主体，由小翠湖、玉翠湖、如意湖、五秀湖组成，以桥、堤相连，有园林建筑八亭、八桥、四廊、三厅、一轩、一阁，散落在碧波绿树丛中。1985年评选出荔湾湖八景：花坪舞缘、榕荫歌声、玉湖泛舟、荔拥虹桥、仙祠古渡、春波松影、紫微秀径、沙渚菰蒲，都是游湖的好景点。

由我国著名园林建筑专家莫伯治设计的"泮溪酒家"，使昔日"棹转清溪宛若耶，楼船掩映树周遮"的美景在一定程度上得到了复原。广州市原市长朱光有词《广州好》洒脱美言："广州好，夜泛荔枝湾。去楫飞艋惊鹭宿，啖虾啜粥乐余闲。月冷放歌还。"更点出荔枝湾曾充满"渔歌晚唱"的意境和韵味，是游河品尝传统美食的地方。为再现唐荔园的历史风貌，广州侨美发展有限公司悉心收集历史文化资料，投资近千万元在荔枝湖上重塑昔日名园，与侨美驰名的粤菜精华、西关传统名吃充分结合，融西关园林文化和饮食文化于一身（图6-31）。

公园内有近300株荔枝树，为1985年重种。然而让人愁苦的是，荔枝湾新植的荔枝树竟许久生不出荔枝来。专家们望闻问切：缺少光照、水质污染、土壤板结、营养不足，自然难以复活生长，再现当年景象（图6-32）。

2010年10月16日凌晨，荔湾湖的湖水被引入河涌，曾经的荔枝湾涌400米的故道迎来新生。[1] 然"夏日，泊画船绿荫下，枝叶荫覆，渺不知人间有盒蒸气"的快感，"荔枝红熟，绿树丛中，如缀如缯，游人乘画舫泛舟溪中，歌吹相鉴"的惬意，尚不再得，难达传统游湖的景观质量。

---

① 梁鸿. 荔红渺邈，苒苒物华休[Z]. 荔枝湾（第十二期）.

图6-31 当代"唐荔园"一景

图6-32 旧时红荔白荷的天然景象

　　"一湾溪水绿，两岸荔枝红"，是广州特有的荔枝文化背景。似乎已成为广州人的一句口号，这表明广州人追求的是个美妙的梦。荔枝湾的撩人之处，却正是这十个字的意境。失去了荔枝景观的荔枝湾，就很容易失去"荔枝文化"的载体。难得人们还怀着一个"荔枝梦"。在世界科学和美学日益进步的今天，这个梦还能实现吗？

附：

《荔枝湾赋并序》

—— （清）许祥光·《选楼集句》道光二十年

　　夫辩言之艳_{曹子建七启}，情以体生_{卢子谅赠刘琨诗}，华宝之毛_{班孟坚西都赋}，物以赋品_{王文考鲁灵光殿赋}，美其林薮_{左太冲五都赋}，则芬泽易流_{陆士衡演连}，著之话言_{王仲宝褚渊碑文}，则华声藉甚_{任彦昇宣德皇后令}，值物赋象_{谢惠连雪赋}，其在兹乎_{王简栖头陀寺碑文}，余以暇日_{袁彦伯三国名臣序赞}，逍遥步西园_{魏文帝芙蓉池诗荔枝湾在羊城西故}

亦名西园，苔遝离支司马长卿上林赋，布濩皋泽左太冲吴都赋，绿水皓皓何平叔景福殿赋，朱宝离离张平子西京赋，致足乐也魏文帝与吴质书，于是染翰操纸潘安仁秋兴赋，摛辞连类枚叔七发 以之为赋嵇叔夜琴赋，其辞曰扬子云甘泉赋：

朱明肇授，蕤宾纪时；茂树荫蔚，灵果参差；四宇和平，兼二仪之优渥；八风代扇，乐百卉之荣滋。值林为苑，因河为池，攒布水蔬。侧生荔枝，杂天采于柔荑；越香掩掩，曜朱光于白水。珍树猗猗，息彼长林。羡芳之远畅，临此洪渚。

嘉美名之在兹，则有阴林巨树。轮囷离奇，素叶紫径，倾昃倚伏，野每春其必华，木即繁而后绿，殊品诡类，选自闽禺，百种千名，号为近蜀。诗人之作，与唐比踪，曹子建责躬诗邱氏构园于此阮云台相国颜曰唐荔园，先儒所传。惟汉有木陆士机答贾长渊诗相传南汉红云宴即此地，鲜侔晨葩，精曜华烛，赤拟鸡冠，焕若列宿。漱以华池之泉，错以荆山之玉，水怀诗而川媚。如虹之停，顶凝紫而烟华；如火斯蓄，焕乎有文，烂然满目，俯澡绿水，垂光虹蜺，擢秀清流，争采松竹。镜朱尘之照烂，日月为之夺明，曳红采之流离，林木为之润默，遂乃风举云摇。奄薄水渚，烟霏雨散，分背回塘。扬翠叶，系紫房，甘和既醇，随时代熟，馨烈弥茂，从风飘扬，浮影交横。云锦散文于沙汭之际，披香发越，蒟酱流味于番禺之乡；远而望之，实且快意，宛其落矣。可以娱肠，发采扬明，火齐之宝，擘肌分理，纱縠之裳。彤珠星流，思绵绵而增慕；素肤雪落，心懔懔以怀霜。

于是，盛以翠樽，霍若碎锦；实诸常握，白如截肪；良醹醹而有味，芳菲菲其弥章。故，相如壮上林之观，亦挺其秀。渊客唱淮南之曲，载采其芳。则丹橘余甘，非吾人之所欲；朱樱春熟，非余心之所尝。而其地势，疏通沟以滨路；画坆衍而分基，水澹澹而磐纡。潺湲径复，柏森森以攒植，澶漫陆离。西踰金隄，比沧浪而可濯；东负沧海，似云汉之无涯。琪树璀璨而垂珠，玍衍于其侧，琼枝抗茎而敷蕊，□耀乎其陂。

于是舟人渔子，槁工楫师，遵彼河浒，游于清池，随事造曲。因木生姿，更唱迭和，激水推移。乃歌曰：依绝区兮临回溪，乘凫船兮为水溪，被明月兮佩实璐，折芳馨兮遗所思。鼓棹而去，情见乎辞。舟遥遥以轻飏，眇不知其所返；日杳杳而西匿，迷不知其所之。若其园圃，则洪池清籞，下畹高堂。触涧开渠，顺流泉而为沼；缭垣开闱，饰文杏以为荣。植木如林，其林蔼蔼，引流激水。惟水泱泱，月承幌而通晖；明室夜郎，日出天而曜景。火宅晨凉，硕果灌丛。在邱之阳，置酒乎颢天之台；彤云昼聚，开襟乎清暑之馆。素琴晨张，□□亭皋，终优游以养拙。幽幽丛薄，聊逍遥以相羊，若夫时阳初暖。

微雨新晴，云漫漫而奇色，木欣欣以向荣，对流光之照灼，蓄炎上之烈精。练色娱目，流耀含英，烈若钩星在汉，萨如晨霞孤征。是以大雅君子，宏儒硕生，临清流而赋诗；方舟立弩，哂山川以怀古。携手同行，冠带交错，巾幅鲜明；丛木成林，若摛锦与布□；弱蒌係实，毕结瑶而构琼，咏南音以顾怀；箫管备举，登东皋以舒啸。崖谷同清，采南皮之高韵，扬北里之流声；棹容与而讵前，极盘放之至乐。园日涉之成趣，畅超然之高情。

于是有弱冠王孙，游闲公子，怀良辰以孤往。涉涧之滨，望美人兮未来；在河之滨，迁延引身，踟蹰步趾。携汉滨之游女，皓齿峨眉；名洛浦之宓妃，靡颜腻理，凌波纵柂，若往若还，涉江采菱，时行时止。入西园，戏中沚，崒□孤亭，揭焉中峙。

邱园之秀，何其乐也。荔枝之林，若此盛矣。连氛累蔼，標敷纷以扶疏；奋荣扬辉，气衝郁而熛起。朝采尔实，玉润碧鲜，乃寻厥根，攒立从倚，散耀垂文，推案盈几。濯颖散裹，振轻绮之飘遥；慕味争先，奋长袖之飖缅。汉皋之榛，曾向足称，真定之梨，未或能比。尔乃，盛娱游之壮观，演声色之妖靡。合樽促席，酌以彫觞，弹筝吹笙，杂以流徵。追逸响于八风，弛遥思于千里；钟期弃琴而改听，王子拂缨而倾耳。聊游目而遨魂，故穷泰而极侈。

惟此名区，东南之美，规广于皇唐，名标于奇纪。綷以藻咏，激芳香而常芬；风以诗书，垂令闻而不已。

——高刘涛摘自国家图书馆馆藏并句读

7

海山仙馆园林主人的生平事迹

著名古典园林必有著名的园主。研究鸦片战争前后的中外关系，海山仙馆园主潘仕成也是个不可不关注的人物。他在道光、咸丰两朝可说是名满天下，民国以后一些著述也会提及此人。然而，迄今尚无一个比较详细的潘仕成传记。^①

潘仕成，先祖河南光州固始（今河南省固始县）人，唐代从戎入闽，定居福建同安龙溪乡。祖父潘有量，其次子潘正威，字琼侯，一字梅亭，携长子、三子、八子、十二子入粤经商，是为怡怡堂始祖。潘仕成的父亲原是经营茶叶出口起家，约为嘉庆年间才定居广州，18世纪90年代末，借用其三叔潘长耀（字昆水）的丽泉行行照与外商做生意，盈利较好。潘正威次子潘仕成参与经营盐茶、木材生意，鸦战之前接同孚行的名号，继承了乃父一笔不菲的财产。鸦战期间奉命督办沿海七省战船，自动捐资舰炮、筹防筹饷，并参与了一系列的涉外外交活动，得到道光帝的嘉奖。"晚岁以盐务亏累，至破其家。"^②

7.1 潘仕成的家族谱系

据潘氏族谱记载，潘仕成的曾祖父潘振联，与潘正炜的祖父潘振承是同始祖潘璞斋的亲兄弟。仕成的父亲潘正威与正炜是同字辈的堂兄弟，有时容易将两人混淆；其实仕成与正炜则是一对亲近的堂叔侄。他们二人分别筑有自己的住宅别墅，有时也容易混淆。潘仕成的别墅在河北城西荔湾，称海山仙馆；潘正炜的别墅在河南龙溪乡的潘氏家园，称清华池馆（秋江池馆），属于其祖父潘振承家族在乾隆时代开村始建"能敬堂"的园林住宅群之一。

潘仕成与潘正炜的发家各自有别。潘正炜的祖父振承早于乾隆时代就是经营对外贸易的广州十三行行商。因为人诚实、熟练洋务、精通外语而受到赏识，被推为十三行首任总商，以经营茶丝贸易和办理朝廷贡品而致富。潘正炜继承祖父潘振承、父亲潘有为的家业而为"富三代"。潘仕成相对"潘能敬堂"属另外一个宗族体系（图7-1）。

潘仕成在父（潘正威）辈经营基础上，开辟海山仙馆。据潘仕成自述，海山仙馆石刻施工时间，"自道光九年（1829年）至同治五年（1866年）"，一直不断。^③潘仕成系于道光十二年（1832年）28岁考中顺天乡试副榜贡生，同年钦赐举人。道光十年（1830年）以后购入唐荔园，扩充为海山仙馆，经过潘仕成锐意兴造，增建亭台楼阁，高塔回廊，遂成"岭南第一名园"。

潘仕成（1804—1874），字德畲，又名德舆^④、德隅^⑤，祖籍福建，世居广州，是晚清享誉朝野的官商巨富。海山仙馆石刻有《德畲七十小像》（图7-2），今存越秀山广州美术馆碑廊）题记下款："同治癸酉夏日荣禄大夫潘德畲自记"。同治癸酉即同治十二年（1873年），

① 邱捷. 潘仕成的身份及末路[J]. 近代史研究，2018（6）：111-121.

② 《光绪广州府志·第131卷·人物列传》，第27页。

③ 许恩正. 荔湾大事记[M]. 广东人民出版社，1994.

④ 陈玉兰. 尺素遗芬史考[M]. 广州：花城出版社，2003：145、156、157、160、162.

⑤ 陈玉兰. 尺素遗芬史考[M]. 广州：花城出版社，2003：168.

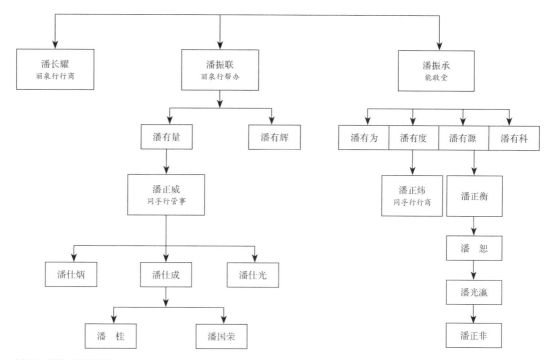

图7-1 潘仕成族谱关系

按古人岁数例以虚岁计，潘仕成应生于清嘉庆九年（1804年）。[①]

　　另据《海山仙馆图卷》中诗文所记，"道光壬寅七月廿九日，宴集海山仙馆之贮韵楼。熊笛江孝廉绘图，叶庶田农部作诗先成，诸友次韵题图上。"[②]其中，叶应阳诗："名园主客惯同游，良夜筵开贮韵楼。清酒百花齐献寿，绿云千树不知秋。"[③]金菁茅诗："同宴红云载酒来，南山寿介北山莱。潘岳板舆征孝养，君常侍太夫人来游 谢安丝竹本清才。延年更结餐英会，同排笙歌喜屡陪。"[④]黄玉阶诗："论交慷慨推仕侠，寿世分明倚大才。四十年华君莫负，无闻如我愧追陪。"[⑤]以上"清酒百花齐献寿""寿世分明倚大才"，均说明此次海山仙馆贮韵楼文宴，是为园主祝寿而举行的。由此可知，园主出生亦即嘉庆九年（1804年）七月二十九日。

　　目前一些著述根据《尺素遗芬史考》中的潘仕成七十小像，常定潘仕成生卒年为1804—

图7-2 潘仕成（70岁）

---

① 陈泽泓. 潘仕成略考[J]. 广东史志，1995（1）：21.

② 园主自叙。见：广州市荔湾区文化局，广州美术馆. 海山仙馆名园拾萃[M]. 广州：花城出版社，1999：43.

③ 叶应阳诗。见：广州市荔湾区文化局，广州美术馆. 海山仙馆名园拾萃[M]. 广州：花城出版社，1999：42.

④ 金菁茅诗。见：广州市荔湾区文化局，广州美术馆. 海山仙馆名园拾萃[M]. 广州：花城出版社，1999：42.

⑤ 黄玉阶诗。见：广州市荔湾区文化局，广州美术馆. 海山仙馆名园拾萃[M]. 广州：花城出版社，1999：42.

1873年。但根据南海令《望凫行馆宦粤日记》所记，1874年春潘仕成仍活着，不过已"不能言，仅存气息"。遭此破家变故，潘仕成估计不久去世，故其卒年应为1874年。[①]有关潘仕成从政和经商的传略，目前尚没更细致的版本。潘氏一生还存在一些有待详细考证的经历。

7.2 园主身份的认定

关于园主潘仕成的商人身份，学术界的观点分为三类：盐商、行商、兼具盐商和行商。梁嘉彬先生在《广东十三行考》中，对于潘仕成与同孚行潘家之间的关系和商人身份作了分析，但无法确定潘仕成是否是洋商。2000年，蒋祖缘先生发表《潘仕成是行商而非盐商辩》一文。2010年出版的《广州十三行研究回顾与展望》中，王元林、林杏荣作《红顶行商潘仕成与广东文化的发展》一文，通过研究《海山仙馆尺素遗芬》中的书信，认为潘仕成具有行商与盐商的身份。《海山仙馆尺素遗芬》中的书信，是园主与朋友的来往信件，是对园主生平的真实记录。王文在书信基础上得出的结论，是为可信的。

诚然，利用新发掘的资料，也可对潘仕成的身份作进一步的确证。如在中法《黄埔条约》的谈判中，潘仕成作为中方代表之一，参与了谈判的全过程。法国人伊凡（Melchior Yvan）作为法国公使拉萼尼（M. de Lagrené）的随员，也全程参与了谈判。1844年10月，伊凡受到拉萼尼的委派，并在潘仕成的邀请下，与巴纳德·哈考特（M. Barnard d'Harcourt）、加略利（Callery）等人到达广州。他在潘仕成的周密照料下，对广州社会进行了"全景式"的素描，写成了《广州城内——法国公使随员1840年代广州见闻录》（以下简称《广州城内》）[②]。在书中，他与潘仕成接触频繁，对潘仕成进行了很多记录，由于作者是当事人，关于潘仕成的记载当真实可信。如书中写道：

"因为商馆区有一条街被称为法国行，为表示尊敬，我有责任谈谈它。这座丑陋的双排房属于我的朋友潘仕成。当我们待在中国时，我们国家不得不租用七号——它被称为法国领事馆，我们辛勤的商业代表团就住在里面。"[③]

此话说明法国使团租住在潘仕成经营的商馆里。考十三行商馆来源，"与十三行对应者有十三夷馆，为外国商人之营业及居留所，俱系赁自十三行行商。"[④]据两广总督奏折："臣蒋攸铦等跪奏：再各国夷商来粤贸易，俱系赁居洋商所筑夷馆，不许私赁民房居住，以杜交通私弊。"[⑤]由此可知，潘仕成能够拥有可供租赁给外国人的商馆，说明他一定是洋货商人，

---

① 邱捷. 潘仕成的身份及末路[J]. 近代史研究, 2018（6）：111-121.

② 译名来自：伊凡. 广州城内——法国公使随员1840年代广州见闻录[M]. 张小贵，杨向艳，译，广州：广东人民出版社, 2008.

③ 伊凡. 广州城内——法国公使随员1840年代广州见闻录[M]. 张小贵，杨向艳，译，广州：广东人民出版社, 2008: 32. Dr. Yvan. *Inside Canton*. London: Henry Vizetelly, Gough Square, 1858. 英文版原文："As one of the streets in the quarter of the factories is called the French hong, I am obliged to speak of it, if only from humility. This double row of ugly houses belongs to my friend Pan-se-Chen. During our stay in China, our country had to hire No. 7, which was called the French Consulate, and it was there that our laborious commercial delegates resided."

④ 梁嘉彬. 广东十三行考[M]. 广州：广东人民出版社, 2009: 348.

⑤ 梁嘉彬. 广东十三行考[M]. 广州：广东人民出版社, 2009: 352.

即行商。书中还记载了作者拜见潘仕成母亲的场景，并有一番对话：

"我们的朋友把我们介绍给他的母亲……，老夫人对我们说：'我曾经在丈夫在世的时候见过欧洲人。我很高兴看到他们同我儿子交好，就像跟他父亲做朋友一样。'"[1]

可知，潘仕成的父亲曾经营洋行，他继承了父业，在第一次鸦片战争前，他还在继续经营洋行。在《海山仙馆尺素遗芬》中有许多关于他经营洋行的信札。如杨振麟信中写道："闻粤中今昔悬殊，洋行日弊，深用慨然。吾弟公余之暇，仍当不荒旧业为要。"[2]此处"旧业"当指洋行事务。韦德成写道："十三行事总期允贴方好，官半终觉隔膜，想阁下又至费心，则受惠者正难以数计耳。"[3]韦德成信中所指何事，但必定与"十三行"相关。对比两份来源完全不同的资料，可知潘仕成的十三行行商的身份是确定无疑的。

为什么说，潘仕成还具有盐商的身份呢？不仅是因为他曾经被任命为广东盐运使、浙江盐运使，而且在鸦战之后"行商"资职取消，他的确又承充过盐商，经营过广西"临全埠"盐务。据《清实录·穆宗》记载：

"谕内阁，瑞麟、李福泰奏：承充盐商职员亏欠饷款，请革职勒追意者。前浙江盐运使潘仕成，以潘继兴商名承充临全埠盐商，近因商力不足，改归官办。该员亏欠课款甚巨，业经该督等将潘仕成家产查封备抵。潘仕成著既革职，勒限追缴，如逾不完，既著从严参办。"[4]

此上谕的时间是同治八年（1869年）九月下，可知潘仕成在其人生的后期经营盐务无疑。另据《海山仙馆尺素遗芬》的信札中，陶恩陪云："临川埠[5]光景如何？但使经理得宜，日有起色，不难弥补积亏。惟尊府应酬甚广，恐致入不敷出，则依不能宽裕耳。"[6]此信则可确认潘仕成在临全埠经营过盐业，且隐喻形势不容乐观。

另据《两广盐法志》记载，临全埠管辖广西全省所属盐埠的六分之一，其所销盐引是广西全省的28%，"年额饷课得通纲七分之一"，是两广销引、完课最多的重要商埠（图7-3）。据《清代广西盐法及临全商埠考略》证：潘仕成从李宜民后人手中承充临全埠商应是在其授两广盐运使时，即道光二十七年（1847年）左右，此时正是他年富力强，政治巅峰之刻。

俞洵庆的一段话可以概括潘仕成的业务转变："潘氏初以市舶

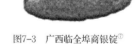

图7-3 广西临全埠商银锭[7]

---

① 伊凡. 广州城内——法国公使随员1840年代广州见闻录[M]. 张小贵，杨向艳，译，广州：广东人民出版社 2008：157-158. Dr. Yvan. *Inside Canton*. London: Henry Vizetelly, Gough Square, 1858. 英文版原文："Our friend introduced us to Madame Poun-tin-Quoua…. Madame Poun-tin-Quoua said to us: 'I used to see Europeans during my husband's lifetime. I am glad to see them friendly with my son as they were with his father.'"

② 陈玉兰. 尺素遗芬史考[M]. 广州：花城出版社，2003：150.

③ 陈玉兰. 尺素遗芬史考[M]. 广州：花城出版社，2003：159.

④ 中国第一历史档案馆，北京书同文数字化技术有限公司. 大清历朝实录（网络版）：大清穆宗毅皇帝实录. 卷之二百六十七/同治八年九月下.

⑤ 此处"临川埠"应为"临全埠"，此处当为《尺素遗芬考》的误写。

⑥ 陈玉兰. 尺素遗芬史考[M]. 广州：花城出版社，2003：153.

⑦ 徐国洪. 清代广西盐法及临全商埠考略[J]. 广西金融研究，2008（429）：22.

起家，饶于赀，园主人德舆都转，席先世之余业，转而行卤，信手挥霍，以豪侈名一时。"①

这解释清楚了潘仕成在其父亲死后，继续承充行商，经营对外贸易；在一段时间（鸦片战争）之后，他就为了某种原因承充了盐商。将《广州城内》、大清实录、《荷廊笔记》中的记载相互印证，可以确信这三种资料的真实性。

由上可知潘仕成兼具行商与盐商身份。在其人生的前期经营洋行，后期经营盐业。经营洋行是继承父业，经营盐业则与皇上原有受命以及行商"广州贸易体制"的废除有关。

第一次鸦片战争后的《南京条约》第五条："一、凡大英商民在粤贸易，向例全归额设行商承办。今大皇帝准以嗣后不必照向例，凡有英商等赴各口贸易者，无论与何商交易，均听其便。"这使得广州十三行行商失去了对外贸易的垄断地位，竞争加剧，经营不利，利润下降。潘仕成很可能是在此背景下，放弃继续经营洋行，改营盐业。

从行商到盐商的经历，可以看出潘仕成始终没有脱离中国传统官商的范畴，而存活于政府的庇护之下，皆属于"体制内"的垄断性"国营企业"。

邱捷教授录杜凤治《望凫行馆宦粤日记》一则，所记办案官杜某赴园"到则径入其房，见一白发人，貌颇丰腴，不能起立，唯拱手道歉，即潘德舆也。半身不遂已五年，福实享尽，暴殄想亦不少，宜有今日。询其年六十七岁⋯⋯奉旨补放广东盐运使，本省回避，改浙江，未到任。开洋行大发财，洋行败（应指鸦片战争后十三行垄断外贸业的终结），改办临全埠盐务数年，亏国帑二三百万两，不能了局。"②

7.3 园主对社会的贡献

潘仕成不同于一般单纯的商人，他兼具士、商两种性格。他接受过传统儒家教育，"以在京捐赈，赏广东刑部郎中潘仕成举人，一体会试。"③在道光十二年（1832年）的顺天乡试获选副榜贡生中，说明他有一定的文化素养。道光十三年（1833年），北方发生灾荒，他以商人身份捐资赈灾，获道光帝钦赐举人、特授刑部郎，从此踏入仕途。十余年间，先后实授道台（正四品）和盐运使（从三品）。"海内人士争延访之，以不识其人为憾。"④由此始，他对广东的文化建设也作出了积极的贡献，主要表现在：

首先，资助教育事业。据《光绪广州府志》记载："仕成轻财好义，修考棚以便岁科两试，扩贡院以备广录人才，捐都门广宅为本邑公车会馆。"⑤"修考棚""扩贡院""捐广宅"都是他以实际行动，支持广东教育事业。谭莹在《乐志堂文集》记载，"代合省绅士为潘德畬观察请增修省闱号社竝修学署考棚启"一文中写道：

① 俞洵庆. 荷廊笔记·卷2. 羊城内西湖街富文斋承刊印，清光绪十一年，第5页。

② 邱捷. 潘仕成的身份及末路[J]. 近代史研究，2018（6）：111-121.

③ 中国第一历史档案馆，北京书同文数字化技术有限公司. 大清历朝实录（网络版）；大清宣宗成皇帝实录卷之二百三十二，道光十三年二月下。

④ 番禺县续志·潘仕成传.

⑤ 李光廷等修. 光绪广州府志·第131卷·列传20·潘仕成卷，第27页。

"窃以为论秀书升首重衡才之地，急公好义群钦乐善之人。功岂易于兼营事，慕难于竝举无劳，集脮有识倾心，欣逢三载之期，喜惬万间之愿。……盖广州学使署考棚岁月绵暖，风霜凋零，糜朽可知欤，倾足虑。某等衔石有心，布金无术，一举原期于两得，此时转觉其万难。屡约劝捐，当释警投锋之始，更防贻误。是兴廉举孝之年，乃番禺在籍按察使衔即选道潘某迷同商榷，务使十全，尚费经营，慨然独任。是皆列宪大人功德云垂文昌星照，乞如所请。"①

在考棚、贡院年久失修，不堪再用，谭莹劝捐无人响应之时，潘仕成以一人之力，耗资1.35万两，承担了修复、扩建的费用。这对广东士子能够安身学习、参加"高考"十分重要（图7-4）。重修供秀才考试的广州试院文场，将木台木凳改为石台、石座，亦耗资逾万两，赢得学者才人的诸多称赞。他在北京捐出住宅作为番禺会馆，以供进京学子科考之用（图7-5）。为了救济粤省灾民，一次亦捐1.3万两。

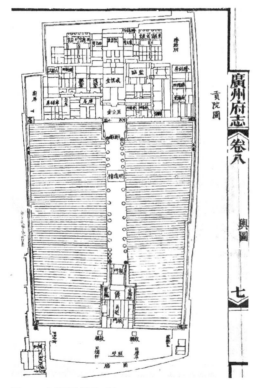

图7-4 广州贡院总平面图　　　　　　　　　图7-5 京师番禺会馆碑记②

其次，为成立城市公共基础设施维护公所，潘仕成带头捐资整修河涌、道路，发挥了主体骨干作用。现西关还留下历史遗迹，可资考证。潘仕成提倡种牛痘保民生，多次建议官府、亲友推广种牛痘，并代购进口种痘"洋刀"，输送洋痘种，备受称赞，"功德无量"。

---

① 谭莹. 乐志堂文集（续集）·卷2. 载《续修四库全书·集部·别集类》[M]. 上海：上海古籍出版社，第1528册，2002：388.
② 拓片来自中国国家数字图书馆。

另外，刊刻印书，传播学术。他"搜集故书雅记，足咨身心学问。而坊肆无传本者，刻为丛书。延南海谭莹校定之，世称善本。……，海山仙馆丛书一百一十八卷，共五十六种。又覆刻佩文韵府一百四十卷、拾遗二十卷、石刻海山仙馆集古帖十卷、兰亭集帖四卷、尺牍遗芬二卷、选刻经验良方十卷。"[①]可见潘仕成读书、搜书广博，他没有把珍本、孤本书籍占为私有，而"刻为丛书"，以飨学人。谭莹在"拟海山仙馆丛书序[代]"一文写道：

"某自昔年幼学，壮岁倦游，作拙宦于京华，赋闲于粤峤。深惭谫陋，藉启愚蒙，参考古今，冀明久远，谓莫如书，秘玩以为谈助，广储以作训词。郑重补治，殷勤求访。曩者曾镌墨刻，遽及官。书业已照轸充箱盈帙满笥，乃于暇日亦订丛编。远溯历朝，略兼四部。自癸卯以迄，于今得若干集，贮之海山仙馆，爰以名焉。"[②]

以上虽为潘仕成的谦词，但见他数十年如一日传播文化技术。他认为好书就应"藉娱岭海之闲身，均算渔樵之丛话，此亦名山之业。原非作者之材，集当编年，座同选客，早知无分于词馆，何缘窥秘殿。全函敢谓有功于艺林，仍幸获儿曹良产尔。"[③]

7.4 主持研制西洋武器

从科技史得知：中国科学主要是从西方引进，西学东渐最初很慢。当时大多数中国人看不到科学的意义，当西方传教士向我们展示科学技术时，还傲慢地称之为"奇技淫巧"。只有少数知识分子在翻译西方科学著作时，深刻地体会到引进西方科学弥补军事上的不足是必要的。

潘仕成归粤后，与当地政界往来甚密，并承办军工、洋务，应有所营收。自道光十二年（1832年）后，承受督办七省海防战船、火炮和自制水雷等军工生产，成为夷务、洋务和海防的得力一员。潘仕成执"要制敌则必制其炮，要制其炮必制其船"之见，制水雷、铸铁炮、造战船，屡获嘉奖。

道光二十一年（1841年），他以在籍郎中身份"随营效力"，奕山等人在保举出力绅士的奏折中特地说明潘"曾任实缺郎中"。皇帝对潘仕成的奖励是"加恩赏加盐运使衔"。道光二十六年（1846年），他奉旨放甘肃平庆泾道、改放广西桂平梧郁道；二十七年（1847年）特旨补授两广盐运使、改授浙江盐运使。

十三行行商进口西洋武器有着较长的历史。耆英曾上奏："查澳门及广州十三行，售卖火药洋枪向不禁止，盖恐一经查禁，不敢携带进口，即在外洋卖给匪人。"[④]1840年，第一次鸦片战争爆发，十三行商人纷纷捐资献策，协助清政府全力抗敌。潘仕成不仅购买西洋武器，而且积极仿造之，实乃"师夷之技而制夷"先行者（图7-6）。

---

① 梁鼎芬修. 续番禺县志稿·卷19. 网络中国数字方志库，第30页。

② 谭莹. 乐志堂文集·卷4. 载《续修四库全书·集部·别集类》[M]. 上海：上海古籍出版社，第1528册，2002：133.

③ 谭莹. 乐志堂文集·卷4. 载《续修四库全书·集部·别集类》[M]. 上海：上海古籍出版社，第1528册，2002：133.

④ 转引自：齐思和，等. 筹办夷务始末（道光朝）卷5[M]. 北京：中华书局，1964：2796.

首先，他以每月5000两银元的高薪聘请美国人壬雷斯，仿造水雷。他在《攻船水雷图说》中记载："（美利坚）兵官壬雷斯抵粤，自言能造水雷，遣善泅水者潜至敌人船下；或顺流放去，泊于船底，借水激火，迅发如雷，虽极坚厚之舟，罔不破碎。事成所酬数万。时值闽浙用兵，猝欲得其法以破敌，不惜重资，如数予约。乃禀商靖逆将军，暨督抚大宪，给札开局。凡九阅月而水雷成。"①道光皇

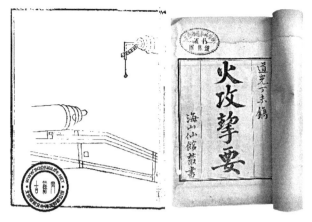

图7-6　潘仕成编印的《海山仙馆丛书》之一

帝在上谕中讲道："其绅士潘仕成所制火药水雷，如果演试有效，著即送京呈览，将此谕令知之。"②可以想见，在当时战争危机下，潘仕成仿制火药水雷的重要性及影响力之大。在水雷制成后，道光皇帝下谕嘉奖：

"候选道潘仕成，制造水雷已成，现由该道员派令，曾经学习制造并制配火药之生员李光钤……，带同匠役，将雷二十具，火药四百斤，并缮绘水雷图说一册，齐送进呈，……，潘仕成著赏加布政使衔，以示奖励。"③

其次，捐资仿造西方战船。潘仕成花费一万两白银，监制仿造西式战船一艘，得到道光皇帝的肯定与嘉奖："谕军机大臣等：奕山等奏制造战船一折，据称快蟹拖风捞缯八桨等船，仅可用于江河港，新造之船，亦止备内河缉捕，难以御敌。惟在籍郎中潘仕成捐造之船，极其坚实，驾驶演放，炮手已臻娴熟，轰击甚为得力，并仿照咪唎坚国兵船，制造船样一支。现拟酌照英夷中等兵船式样制造。……据奏潘仕成所捐之船，坚实得力，以后制造船支，即著该员一手经理，断不许令官吏涉手，仍致草率偷减，所需工价，准其官为发给，并不必限以时日，俾得从容监制，务尽所长。"④他得到了清廷最高统治者的认可，承担起全国新式战船建造的职责（图7-7）。鸦片战争其间，潘仕成、潘正炜与伍崇曜三人就各自捐购抗敌战船一艘，三人一并载入史册。战后，潘正炜为总额600万两的战

图7-7　中年潘仕成

---

① 魏源. 海国图志[M]. 长沙：岳麓书社，1998：2130.

② 中国第一历史档案馆，北京书同文数字化技术有限公司联合研制. 大清历朝实录（网络版）：大清宣宗成皇帝实录·卷之三百八十四，道光二十二年十一月上。

③ 中国第一历史档案馆，北京书同文数字化技术有限公司. 大清历朝实录（网络版）：大清宣宗成皇帝实录·卷之三百九十五，道光二十三年闰七月。

④ 中国第一历史档案馆，北京书同文数字化技术有限公司. 大清历朝实录（网络版）：大清宣宗成皇帝实录·卷之三百八十一，道光二十二年九月下。

争赔款捐出26万两，潘仕成亦捐6万两并为同业垫支巨款。

严格来说，潘仕成研制炮舰水雷，并非真正政府行为、国家军工制造业以及化工科学试验事业。仅凭一家捐助与个人热情，是难以完成帝国军事嬗变升级的使命的。国家尚未认识和正式启动这一军事改革工程项目，只能是临时抱佛脚、临阵磨枪的做法。然园主这种为"国"应急、毁家纾难的精神，确实可敬可佩，但终因无有科研制造成果的突破，反而还连累儿子潘国荣官运受阻。

7.5 协助从事外交活动

由于潘仕成经营洋行，熟悉洋务，在第一次鸦片战争前后，他成为粤东官员处理对外事务的重要帮手。经查潘仕成为献身夷务外交，竭诚效劳也殊可称道。他本已三次奉旨调任甘肃平庆泾道，广西桂平梧道，浙江盐运使等职。这三次本有机会离粤北上，履行新职。时值鸦片战争之后，外交事务顿形奇重。此时尊为相国的清宗室耆英，受派为主理夷务外交的钦差大臣兼两广总督，驻于广州统理清廷外交事务。但人地生疏，随员短缺，不通外语，用人孔急。潘仕成以历受朝廷倚重而被耆英视为协助夷务外交的可靠人选。耆英上奏清廷的奏折，对潘仕成的评价是："久任部曹，极知轻重，生长粤东，明习土语，且于连年善后案内，因购夷炮，招致夷匠，创造水雷，与米利坚（美国）商人颇多熟悉，亦素为该国夷人所敬重。"[1]

耆英曾先后三次奏请清廷将潘仕成免去离粤北上，留在广州而获得照准。一次以督办战船未竣，一次以留粤帮办洋务，又一次以捐制火炮、水雷和粤东夷务孔棘为理由，将潘仕成留在耆英左右协助办理夷务外交。

在此期间，耆英的外交事务不少都依靠潘仕成作重要随员，来往于广州、澳门之间，参与会见外国使者和两国谈判。他的海山仙馆也成了朝廷和地方高级官员接见来自欧美的外交使者和洋商的场所。如琦善会见义律，耆英接见法国驻广州领事拉地蒙冬、美国旗昌洋行驻广州主任福布斯及1846年美国首任驻华公使义华业向耆英递交美国总统致清廷国书的仪式也在该馆举行。国书由耆英代表道光帝收领，转交在座的潘仕成接上，着人翻译上奏。他作为馆园的主人，倚重了清廷官府与西方驻华人员在谈判、会见中相熟，并产生一定影响。

1844年，中美签订《望厦条约》，潘仕成跟随钦差大臣耆英参与了条约的签订。他在"甲辰仲夏，随侍宫保耆介春制军于役澳门，偕黄石琴方伯暨诸君子同游妈阁"[2]，留下诗文："欹石如伏虎，奔涛有怒龙；偶携一樽酒，来听数声钟。"[3]此诗写于他参与中美《望厦条约》签订期间（图7-8）。

道光二十四年（1844年），广东巡抚程矞采在调查停泊伶仃洋的法国兵船的奏折中提

---

① 伊凡. 广州城内——法国公使随员1840年代广州见闻录[M]. 张小贵、杨向艳，译. 广州：广东人民出版社，2008：133-134.

② 何修文. 中外诗人咏澳门[M]. 郑州：海燕出版社，2000：45.

③ 同②。

到，潘仕成是探查和处理此事件的主要顾问，直接参与了当时的对外事务。之后，道光皇帝批复钦差大臣耆英关于调任潘仕成加入外交的上谕中写道："谕内阁：候选主事赵长龄、在籍道员潘仕成，均著交耆英差遣委用。"①

图7-8 澳门妈阁庙诗刻

同年，潘仕成跟随着耆英参与处理了中法在广州和澳门进行的外交交涉。此后，他更深度参与到中法谈判中，负责探察情报，接待使节。法国紧跟英美两国来到广州，企图获得和英美一样的待遇，而且要求得到传播天主教的权利和发还教堂产业。在中法双方的接触与谈判中，潘仕成不仅作为先头部队抵达澳门探察情报，更是中方三位代表之一与法国展开谈判。②据法国使团成员的信件中可以看到潘仕成的出现：

"我们都坐在轿子的椅子上。在相互寒暄之后，耆英执着拉萼尼的手，一起走进了餐厅，我们跟随在他们后面。餐厅里准备了丰盛的中国菜，这些菜摆在花和叶子中间。……；潘仕成——庭官，一位荣誉的官员，一位广东老行商的儿子，其父留给他巨量财富。我有幸坐在后者两位的中间。"③

可见该作者就坐在潘仕成的旁边，对他有很好的印象。后期，耆英邀请法国使团造访广州，潘仕成更是负责全程的接待。再后期，法国人伊凡出版了有关这次访华来穗而写的《广州城内》一书。

潘仕成在外交和贸易等事务上是为朝廷尽职，为国人利益效劳的。在清廷外交、夷务、贸易人才奇缺，且国家尚未专设相关机构的情况下，他能起着一定作用也是值得肯定的。为此，道光二十七年（1847年），两度授其盐运使，辞而不就。

有一次，美国商人祢伯建与我国商人王绩熙因美国茶价暴跌，造成数万元茶款及利息9000元的巨额欠账，引起争控，并有美国驻华副使伯驾致函耆英催交欠款。潘仕成为维护我方茶商的无辜损失，也利用他在美国使者和商人中的地位影响，亲自致函伯驾，说他们二

① 中国第一历史档案馆，北京书同文数字化技术有限公司联合研制. 大清历朝实录（网络版）：大清宣宗成皇帝实录·卷之四百六，道光二十四年六月.

② 张建华. 中法《黄埔条约》交涉——以拉萼尼与耆英之间的来往照会函件为中心[J]. 历史研究，2001（2）：83-95.

③ The Living Age, P152. Vol. V. April, May, June, 1845. Published by T. H. Carter & Company. Philadelphia, M. Cannino & Co., 272 Chesnut Street. New York, Burgesss, Stringer & Co., 222 Broadway. Paris, O. Rich & Sons, 12 Rue Pot de Fer. 英文原文："We were all in sedan chairs. After reciprocal compliments Ki ing took M de LagreneV by the hand and we entered into the dining hall where there awaited us a splendid festival served in the Chinese taste in the midst of flowers and foliage…Ki ing had at his left M de Lagrenee, at his right Rear-Admiral Ceeille. Howen, Treasurer General of the Province of Canton and Mandarin of the first class was seated at the left of our Ambassador and three other Mandarins had places at the table namely: Tonlin one of the forty academicians of Peking; Tchao, a large and fat Manchu of the figure of a brigadier of the municipal guard, and sub-prefect of Canton; Pan-thin-chen-tin-oua, honorary Mandarin, son of an old hong merchant of Canton, who left to him immense wealth. I happened to be placed between the two last."

人"交好十年，形同莫逆"。要他不偏不倚，公平处理两国商人的欠账纠纷。因此维护了中国商人的利益。[1] 最后一次受命，是赴上海签订《通商章程善后条款》，后"养疴里门，不复出"。

7.6　商人造就经典园林

俞洵庆笔记："广州城外滨临珠江之西，多隙地。富家大族及士大夫、宦成而归者，皆于是处，治广圃、营别墅，以为休息游宴之所。其著名者旧有张氏之听松园，潘氏之海山仙馆，邓氏之杏林庄。顾张邓氏辟地不广，一览便尽。其宏规巨构独擅台榭水石之胜者，咸推潘氏园。"[2]

又据《番禺县续志（宣统）》记载："海山仙馆又名荔香园，在城西荔枝湾，邑人潘仕成别业。池广园宽，红蕖万柄，风廊烟溆，迤逦十余里，为岭南园林之冠。"[3]

海山仙馆规模之大，楼台华盛，满园荷香，非一般岭南园林可比。画家夏銮诗曰：但见"重楼复阁交玲珑，……，花鸟树石点缀工，越华唐荔夸勿庸。"写出了岭南园林的个性特色，主楼与长廊相衔接，长廊高架水面之上，盘旋回绕，左右迂回。

海山仙馆园主（图7-9）继承了岭南古典园林的造园理念，使用了极具地方风格的"池馆式水庭"的手法，并吸取了西方园林便于公共游览和野外聚会的游赏特点。海山仙馆"导清流而为治兮，擢千茎之菌苕。区方塘而作田兮，蕃百亩之菱芡。"[4]造园"一大池广约百亩许，其水直通珠江，隆冬不涸。微波渺弥，足以泛舟。面池一堂，极宽敞，左右廊庑回缭，栏楯周匝，雕镂藻饰，无不工徽。"[5]"堂"紧依"大池"，建筑汇聚中心水域，通水体形成降温阴凉的小气候，是岭南园林的佳作。海山仙馆在此方面做得非常成功，且达到了"曲房媚娟而冬燠兮，高馆爇阆而夏凉"[6]的效果。不同于众多的私家园林，海山仙馆以其开放性而著称，"当其盛也，凡四方知名士，投刺游园者，咸相款接。以故，丝竹文酒之会，殆无虚日。"[7] 这是海山仙馆受西方园林游览习惯影响，而出现的景象。因为它不仅是私家园林，且

图7-9　鸦片战争之后的潘仕成

---

① 陈泽泓. 潘仕成略考[J]. 广东史志，1995：21.

② 俞洵庆. 荷廊笔记·卷2，清光绪十一年，羊城内西湖街富文斋承刊印，第5页.

③ 梁鼎芬修. 番禺县续志（宣统）·卷40·古迹、园林，民国二十年（1931年），据清宣统三年（1911年）刻版重印，网络中国数字方志库，第21页.

④ 黄恩彤赋. 见：广州市荔湾区文化局，广州美术馆. 海山仙馆名园拾萃[M]. 广州：花城出版社，1999：41.

⑤ 俞洵庆. 荷廊笔记·卷2，清光绪十一年，羊城内西湖街富文斋承刊印，第4页.

⑥ 同④.

⑦ 同②.

能开展国际活动，成为清政府外交的舞台。时任广东巡抚黄恩彤赋曰："大帅亦每假以宴，觌欧逻巴诸国酋长。"[1]

另外，海山仙馆使用了大量的西方装饰元素。据中法《黄埔条约》的法方随团医生伊凡（Dr. Yvan）记载："这座迷人的宫殿，就像玻璃屋一样。…… 所有房间的装饰都体现了欧洲奢华与中国典雅艺术的融合：有华丽的镜子，英式和法式的钟表，以及本地特产的玩具和象牙饰品。"[2]

玻璃镜子、钟表都是通过广州十三行进入中国的，行商们利用自己的优势，率先把西方物品应用到家居装饰中。"潘仕成那刚刚建成的豪华大厅……，不同颜色的木板做成的地板上放置着漂亮的设备；天花板就像个神龛那样镀了金。地板、飞檐和墙壁因涂了奇妙的清漆而亮光闪闪。这些清漆使得所涂之物看起来就像一块块被切割、打磨的大理石、斑岩或者其他的稀有石头。……潘仕成把中国的华贵与欧洲的舒适有机结合在一起；或许他是为了不激起拜访他的外国高官带有偏见。"[3]

广州十三行行商群体"被迫"负有监管外国商人的责任，但他们却没有类似衙、署的机关办公场所，很多事务的处理都在他们的住宅区内进行。行商园林作为行商们的日常生活地、家族祭拜地、经营决策地，同时也经常发生一些涉外活动，承担了政府招待所的功能，具有与盐商园林、晋商园林不同的使用特质，因而具有不同的历史价值。

7.7 引进 刊书 刻石 藏珍

潘仕成不同于一般人，他兼具士、商两种性格。他接受了儒家教育，在道光十二年（1832年）的顺天乡试中获选副榜贡生，传统文化素养很高。其人爱好收藏、读书、藏书、出书，这在诗文中有很多体现。他孜孜不倦收藏古籍、文献、书画、古帖、金石等历史文物。又筑海山仙馆而广为结交高官显贵、名流巨子和海外洋人，于是名传朝野，屡得圣旨嘉奖，赢得"名流争相延访，筹饷、筹防大吏深倚之"的赞扬。

兹略举几例为证。"但见重楼复阁交玲珑，中藏上古阴沉柽。三代六朝典雅供，堂隅罗列偶璜琮；汉时碑拓秦时铜，唐宋手迹纷成丛。"[4]此写海山仙馆收藏之丰富，既有古籍、汉碑拓秦铜器，更有唐宋名人书法。这不完全是虚词，而是实写。

据《广州城内》中"聚集在潘仕成房间里的古玩珍宝主要由古代瓷器、青铜、竹雕、稀有宝石以及镶嵌的石头组成。"可证海山仙馆收藏丰富，有"粤东第一"之称。"读古人书，当审所学，侈博雅，肆讥弹，固宜深戒。"[5]不仅爱读书，且会读书。"图书趣味，邱壑

① 广州市荔湾区文化局、广州美术馆编. 黄恩彤赋，见：海山仙馆名园拾萃[M]. 广州：花城出版社，1999：41.

② 伊凡. 广州城内——法国公使随员1840年代广州见闻录[M]. 张小贵，杨向艳，译. 广州：广东人民出版社，2008：21.

③ 伊凡. 广州城内——法国公使随员1840年代广州见闻录[M]. 张小贵，杨向艳，译. 广州：广东人民出版社，2008：133-134.

④ 夏豢文. 见：广州市荔湾区文化局，广州美术馆. 海山仙馆名园拾萃[M]. 广州：花城出版社，1999：37.

⑤ 园主诗. 见：广州市荔湾区文化局，广州美术馆. 海山仙馆名园拾萃[M]. 广州：花城出版社，1999：37.

经纶"[1]亦证园主视读书为人生乐事。

"我们发现一间正规的印刷作坊……。潘仕成向我们解释说，这间印书坊被用来拓印古代的铭文和越来越少的古代箴言。"[2]海山仙馆的印书坊出版的《海山仙馆丛帖》汇集了晋代至清代的名帖集刻，其中仅"兰亭序"就有十六个版本之多。海山仙馆藏书丰富，"水木别成村，有四壁图书，一庭风月"[3]。"主人嗜古，蠹简发奇光。"[4]使得见多识广的何绍基大发感慨："主客携尊共一痴，明窗读画且谭碑。镂成书苑千年玉，笼得才人几辈读"[5]，园主不仅藏书，也热衷刊书，"万轴琳琅齐插架，校编全韵恰重修君校刊韵府"[6]，园主选刻《佩文韵府》146卷。开刻于道光丙午年（1833年）的《海山仙馆丛书》，计有56种487卷，尚有书未刻完，共120册（图7-10、图7-11）。

图7-10　海山仙馆所刻法帖[7]

图7-11　海山仙馆丛书[8]

潘仕成还出版了大量西方科技书籍，为推进中国科技进步贡献良多。潘仕成于丛书自序言，"收入其术数、医药、调燮、种植、方外诸家者流，亦有可观不妨兼采，惟游戏无益之作，文虽精妙，多从夷记录亦足广见闻，固不嫌于人弃我取"。故而，丛书中还收入西洋译著《几何原本》《同文算指》《圜容较义》《勾股义》《外国地理备考》等讲究实学，博古通今，契合当时洋务运动思想萌芽、中体西用，开创岭南文化之先流，足见潘仕成绝非等闲之辈。

海山仙馆使用了西方的饰品装饰家居，尽管艺术水平还不很高，但已反映出中国建筑

① 园主诗。见：广州市荔湾区文化局，广州美术馆. 海山仙馆名园拾萃[M]. 广州：花城出版社，1999：37.

② 伊凡. 广州城内——法国公使随员1840年代广州见闻录[M]. 张小贵，杨向艳，译. 广州：广东人民出版社，2008：134.

③ 程茗采诗。见：广州市荔湾区文化局，广州美术馆. 海山仙馆名园拾萃[M]. 广州：花城出版社，1999：39.

④ 何绍基诗。见：广州市荔湾区文化局，广州美术馆. 海山仙馆名园拾萃[M]. 广州：花城出版社，1999：40.

⑤ 同④.

⑥ 金菁茅诗。见：广州市荔湾区文化局，广州美术馆. 海山仙馆名园拾萃[M]. 广州：花城出版社，1999：42.

⑦ 图片来自http://pmgs.kongfz.com/detail/1_67050/.

⑧ 图片来自百科图片http://www.baike.com/wiki/%E3%80%8A%E6%B5%B7%E5%。

对西方建筑艺术的回应。紫檀"海山仙馆"铭扶手椅（现藏广东省博物馆），上身是中式的，下肢凳脚却是西式的。海山仙馆以其优美的环境和丰富的收藏（图7-12），给海内外人士留下了深刻的印象。

图7-12　海山仙馆收藏的砚台

7.8　盐务亏空家业被抄

道光二十四年（1844年），潘仕成用"潘继兴"为"商名"承充"临全埠"盐商总商，接手行将倒闭的李念德堂办理临全埠盐务。《广州府志》中的《潘仕成传》有"捕属人，家素封"之说。

道光九年（1829年），上谕提到李念德"承办粤西临全等埠，因程途弯远，挽运维艰，致滋赔累；兼以历年弥补捐款为数甚多，运本益形支绌"。显然可预测：潘仕成接手仍大亏折，被革功名、抄家产皆为临全埠事。当时两广总督为耆英，指望潘仕成接办盐务解决各种积弊和难题，显然无果。

在清代，广西行粤盐，"西柜分埠五十七，而总成于两大埠，曰临全，曰大江。自梧州府苍梧县沿河而上，凡桂林府属九州县、平乐府属五县，皆临全埠引地"。大约在咸丰元年（1851年），一份以潘继兴名义的禀文说，接办七年以来，"饷款虽无贻误，而代原商缴过埠租、抵完库欠，已亏本三十余万两"。李沅发、雷再浩和太平天国起事，又导致阻运滞销、盐与饷银被抢掠，"连年亏蚀"。道光三十年（1850年）的饷项已无法筹缴，咸丰元年的饷项更无着落。潘继兴一再要求应由原来的承商李念德堂承担他们亏空的部分，且要求卸去埠商，交回李姓原商承办，但得不到广东盐运使的批准。[①]

综上所述，可知潘仕成临全埠盐务失败以及亏空达二百多万两的原因是盐法败坏、多年积弊以及咸丰间的战乱所致，潘仕成不可能有回天之力。潘氏之后，临全埠成为"悬宕多年"的无商盐埠，直到光绪十五年（1889年）才实行"临全一埠自招水客运盐，并予以变通办理"。

潘仕成的悲剧当然也有自身问题。正如陶恩培来信对"应酬甚广""入不敷出"表示担心。对外贸易失去垄断"优势"，家族生活骄奢淫逸以及官场应酬开支巨大。从道光年间起，潘仕成每每为赈灾、军务等捐输巨额银两，咸、同年间他已力有不继。但从朝廷到督抚，一有大宗捐输的需要时都会想到潘仕成。他对刻书等文化事业也有偏好，甚至经营失败后仍不停止。开销很难减下来，日子也就越来越难过。

到咸丰朝，耆英完全失势（后因外交"失误"被咸丰赐死）。潘仕成虽未受耆英牵连，

---

① 邱捷. 潘仕成的身份及末路[J]. 近代史研究，2018（6）：111-121.

但已风光不再。到了同治年间，他的经济状况再不允许他像从前那样大手大脚地花钱拉关系、买名声，同时无人为他撑腰、缓颊。瑞麟、李福泰的参奏和朝廷抄家的谕旨，既是潘仕成商业失败的结果，也是他政坛失意的结果。

《望凫行馆宦粤日记》记载了潘仕成财产最后处分的一些情况。潘仕成虽是因广东督抚参奏而奉旨查抄，但广东的高官还是为他留下了余地。潘仕成媳妇是曾望颜（曾署理四川总督）之女。所谓"伍郎中"，即是著名行商伍崇曜（布政使衔候选道）之子伍绍棠，潘、伍两家有亲，潘仕成媳妇幸把三十几箱珍宝寄放在伍家而免被查抄。即使是值10余万两，也是一笔巨额的财富。这些珍宝因涉及潘氏叔侄讼事被查扣于南海县衙。杜凤治上任不久，便奉盐运使札把这三十几箱珍宝全部归还潘曾氏。杜凤治向盐运使报告此事时，盐运使告诉他，潘仕成"欠饷已陆续缴清，只欠三千余矣"。①

同治十年（1871年）九月初四日，对催迁者"德舆开口即言：是必为催迁屋来者，尽月内必滚蛋，尚有何脸在此留恋？现已典得数屋，分六处住，因家口众多，共有百余人也。"②后总督瑞麟将潘园定价38000两白银拍卖。爱育善堂以3万多两的价格购得，拟作为爱育善堂的"公局"（办事场所）。十一月二十日，潘仕成及其家人搬出海山仙馆。

7.9　另外几桩讼事公案

一桩是：潘仕成控侄潘铭勋偷卖家产案。案情大致如下：潘仕成侄潘铭勋同其子潘仪藻，以潘铭勋之母（潘仕成寡嫂）出名立契，把一宗产业卖给英国人沙宣，杜凤治之前任南海知县赓飏已为这宗交易办理税契手续。潘铭勋父子原先估计潘仕成是奉旨查抄之人，为避免匿留之罪，不敢承认这些产业。谁知潘仕成不甘，一再控告潘铭勋盗卖自己的产业。此案涉及英国驻广州领事许士（P. J. Hughes）、美国领事赵罗伯（R. G. W Jewell）。许士出面干预，照会广州各级官员，至使这宗讼案复杂化。期间，还出现了官方人士徇私胁迫潘仕成出借《佩文韵府》印版印刷一事。③

一桩是：原先临全埠总商李念德堂的族人，本来与潘氏是姻亲，但此时提出潘仕成当年接办临全埠总商，有埠底租、库欠等款项应该归还李家一案，闹得很不像话。

潘家至光绪八年尚有孙子潘普书荣为举人，还有儿子潘桂、潘国荣两人亦为咸丰举人。一门三代四举人，亦属粤人罕有。但破家真相如何？寿终后安葬何处？国内尚未见历史记载，只能寄希望于境外文字资料，有待史志学者深入明查细考，以求仕成事迹之全。

清代诗人张维屏曾目睹众多广州名园破败之名单，计有唐荔园、借绿山房、景苏园、风满楼、海山仙馆、远爱楼、得珠楼、得月楼凡八家，无限慨叹："诸园多毁于火，或园已易

---

① 邱捷. 潘仕成的身份及末路[J]. 近代史研究，2018（6）：111–121.

② 杜凤治. 望凫行馆宦粤日记.

③ 同①。

主人，或主人远适他乡，园中荒凉冷落。数十年来余目睹者如此，非目睹者不暇记也。"^①所有行商园林的最后终结亦概莫能外。潘氏大好园林被抄、被迫卖、被毁弃，消失得白茫茫一片真干净，实乃民族文化之大悲剧也。

---

① 张维屏. 国朝诗人征略[M]. 广州：中山大学出版社，2004：8.

第8章

海山仙馆传奇悲哀的沧桑史

岭外名园，海山仙馆，好景无数包藏。主人沈古，蠡间发奇光。往岁飞楼宝界，宴天上，持节星郎。今重到，蓑衣散笠，渔父入鸥乡。

商量先占得，黎明盥漱，消受晨凉。看眉宇写黛，雪阁凝霜。一片荷花涨晚，有无限，绮丽悠扬。重携酒，慢摇苏舸，休为荔枝忙。

——（清）何绍基《满庭芳》

海山仙馆又名"潘园""潘氏园""荔园""荔香园"。当时西人译作："Puntingua's garden"或"Poon tinguan's Garden"。海山仙馆的兴衰史，就是广州十三行的兴衰史。海山仙馆的结局也可谓十三行行商最终的结局。在中国专制社会，"仕书之途"往往还能传几代，曰"君子之泽，五世而斩"[1]；从商之路更为艰难，常言"富不过三"。尽管经商创造了惊人的财富和绝美的园林，难免最后还是败在"官场"或"仕途"之上。海山仙馆园主潘仕成，他有一部"红顶商人兴衰史"，也有一部悲金悼玉的"红楼梦"，其沧桑传奇悲剧的载体就是海山仙馆行商园林（图8-1）。

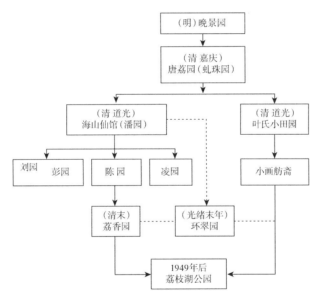

图8-1 明清荔枝湾名园变迁图

8.1 喜从新构得陈迹　社诗千首题园门
——海山仙馆发轫于唐荔园

岭南造园始于南越国，但其真正异军突起，成为中国古典园林的一种类型则是在明清以后。随着岭南经济在明清时期的明显发展、生产力水平的提高，造园活动逐渐兴盛。广州是

---

① 《孟子·离娄章句下》。

广府文化的中心，而广府文化则是岭南文化内涵最集中、最典型的代表。广州园林也就当仁不让地成为岭南园林的精华所在。

清代中期广州的园林宅第更因为行商群体的崛起，在园林数量和艺术成就方面都达到了古典园林的高峰。当时的私家园林多为官宦之家、文人士子或商贾富豪所建，其中以十三行行商群体所建的园林，最为奢华。张维屏的《艺谈录》讲道：

"余记云泉山馆因并所见诸园之兴废略记之。唐荔园在荔湾，邱熙建，编竹为篱依树为幄，阮云台制府因唐曹松咏荔于此，名之曰唐荔园；海山仙馆在荔湾，潘仕成建，水广园宽，红蕖万柄；借绿山房在十八堡，李秉睿建，亭台曲折水绿荷香；景苏园在荔湾，李秉文建，水木明瑟，荷风送凉；风满楼……；远爱楼在白鹅潭上，伍崇曜建，三面临江万状入览；得珠楼……；得月楼在珠阑门外，叶应阳建，上有凉飔，下无暑气。"①

邱熙、李秉睿、李秉文、叶应阳属于官宦，潘仕成与伍崇曜则是凭借商贾起家的士绅。陈其锟亦记载：

"许水蓂农部建层楼江浒，心规目製，备极精巧。王仲宣云假日消忧，兹其所矣。罗鸣蓭太史、鲍逸卿、黄蓉石两比部同集是楼，斐然有作。"②

此楼"南北云山新入座，东西花月旧通潮。莫言小筑同蜗寄，图画灵仙会见招。弹指华严涌现来，纱巾厨境槛出新裁。三层陶屋玲珑甚，十笏斋窈窕开少日。莺花春几度，中年丝竹老相催；云窗雾开真闲事，繺箫声莫浪猜；袖中云气拂沧溟，东海浮来岛似萍。"③

主人借得此楼、此园，"安得春江都变酒，飞觥夜夜不教停；犹是燕台听鼓人，可堪回首忆前尘；青山有约同耕钓，明月相邀孰主宾；画里麒麟空自许，江闲鸥鹭总相亲；年来却有幽居兴，思买烟波作比邻。"④此诗勾勒了岭南文人私家园林的景观气质。

至清嘉庆年间，阮元之子阮福来游邱氏园圃。"近年荔枝湾中有南海邱氏所构竹亭瓦屋，为游人擘荔之所，外护短墙，题曰虹珠圃。福惜唐迹之不彰也，因更名之曰唐荔园。盖以文人所游，乐有古迹，迹之最古者，当溯而著之矣。"⑤阮福把该园命名为"唐荔园"，阮元随之则有《唐荔园》赋：

"红尘笑罢宴红云，二百余载荔子繁。十国只知汉花坞，晚唐谁忆咸通园。咸通岭南郑节度，风流曾见诗人言；曹松陪游老文笔，丹砂湿湿霞轩轩。前此英词接扶荔，曲江一赋传开元。荔香曲破妃子去，贡骑不复驰中原。后此年年荔枝熟，那堪巢与温。桑田有改荔林在，隐严得地皆唐恩。茉莉不强牡丹胜，昌华废苑成荒村。方今承平岭海盛，夷宾十倍唐昆仑。贡献屏绝尤物贱，百蛮共仰朝廷尊。节使共余但缓带，荔湾一任开园垣。士民竞赴半塘社，家家画舫倾芳樽。燕脂林外立白鹅，芙蓉塘底飞文鸳……喜从新构得陈迹，社诗千首题

---

① 张维屏. 艺谈录. 粤东富文斋刻本，第43页。
② 陈其锟. 循陔集·卷1，国家图书馆藏本，第8页。
③ 同②。
④ 同②。
⑤ 阮元. 揅经室续集·卷6，唐荔园记，全国图书馆文献缩微中心，2009：1099.

园门。诗人精魄自千古，一亭便可乾与坤。更向梦征追老杜，试擘重碧轻红痕。……今南海邱氏荔园即唐荔园也，有擘荔亭。"[1]

据黄汉纲先生考证，清代画家陈务滋于道光四年（1824年）绘有《唐荔园图》两幅，加上题跋，成两长卷。其一图为绢本设色，绘唐荔园全景（图8-2），陈务滋楷书题《唐荔园记》；另一图为纸本设色，绘唐荔园门一角，黄鹄举题《唐荔园图》，并有阮元等多人的题跋。[2] 陈泽泓先生考证该图，认为"赞唐荔园的题跋下款时间在道光四年至十年（1824—1830年），从题跋的内容看，唐荔园落成于道光四年（1824年），鼎盛期为道光六年（1826年），至道光十年（1830年）以后易主易名"[3]，归潘仕成所有，成海山仙馆一部分了。

图8-2　唐荔园图局部（清·陈务滋）

8.2　应借荔湾留韵事　合从麴部补传奇
——海山仙馆兴建的目的意义

道光戊子年督学粤试官员写道："枚土粗毕旋羊城，有如负贩归担轻；花田泊舟曾七度，未若次日闲心情；玉肤绛褓迸甘水，鲜荔照筵杂瓜李；晚凉风露素馨隄，一片花魂吹不起；名园三十晴江滨，暮鸟群呼延客人；湖烟无迹远和见，蠹叶有声近渐闻；轻帆片片过前渡，月色乘潮潮江去；近城暂屏□[4]从喧，清梦一宵容小住。"[5]小小的荔枝湾"名园三十晴江滨"（图8-3），不可谓不壮观矣。

海山仙馆是中国古典园林三大流派之岭南园林的典范，是中国传统文化、社会形态的产物。中国传统文化里占主导的儒家学说，从一定意义上是道德哲学，注重人的道德修养，特别是追求士大夫阶层的"修身、齐家、治国、平天下"的完美人格。士人的审美观念是中国古典园林的审美标准，园林是士大夫保持人格独立、追求人格完善的重要途径。

时任广东巡抚的黄恩彤在图卷中作赋纪："揆厥造园之志，将以娱奉皓慈，申白华致洁之义。"[6]参夏銮卷首题写的"板舆奉母笙歌融，花间常见慈云笼"[7]，可知潘仕成在海山仙馆

①　阮元. 擘经室续集·卷6，唐荔园记，全国图书馆文献缩微中心，2009：1097-1098.

②　参考陈以沛. 海山仙馆文物查访记. 载：罗雨林. 荔湾风采[M]. 广州：广东人民出版社，1998：121.

③　陈泽泓. 南国名园 海山仙馆. 载：广州市荔湾区地方志编纂委员会办公室编著. 荔湾大事记[M]. 广州：广东人民出版社，1994：132.

④　因抄录不甚，缺字。

⑤　澈芳斋诗文集·卷八，国家图书馆藏本，第5页。

⑥　园主自叙。见：广州市荔湾区文化局，广州美术馆. 海山仙馆名园拾萃[M]. 广州：花城出版社，1999：42.

⑦　夏銮文。见：广州市荔湾区文化局，广州美术馆. 海山仙馆名园拾萃[M]. 广州：花城出版社，1999：37.

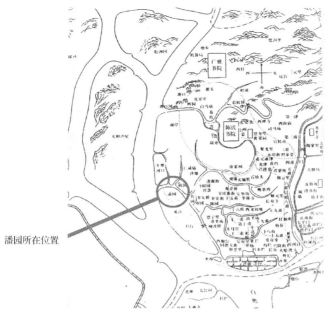

潘园所在位置

图8-3 1888年广州西关地形图

中奉养其母亲；又有《广州城内》所记："潘仕成……，从没有忘记对母亲尽孝道。他一回到家里，第一件关心的事情就是去问候母亲。[1]"孝"是儒家士大夫的基本价值之一，是"齐家"的一部分。"惟大夫之养志兮，辟芳园而慰母。"[2]

园主在第一次鸦片战争结束后，作为熟悉洋务的官员，深度地参与了中美《望厦条约》、中法《黄埔条约》的谈判。不仅如此，他又延聘美国人研制水雷，制造新式战船，得到了道光皇帝的多次嘉奖。同时他也深陷到清朝官场的斗争、倾轧中，其建造新式海军的计划无疾而终，仕途受阻。"达则兼济天下，退则独善其身"，海山仙馆也成为他身居丘壑摆脱荣辱场中的"锱铢利害相磨戛"，澡雪凡心俗虑，保持"出淤泥而不染"的士大夫人格之所。

中国园林发展到清代，文人园林虽然仍占主导地位，但巨商富贾园林的崛起已成大势。使用者的变化，必然导致园林使用目的的不同。

私家园林有时成为炫耀财富的一种途径。这种炫耀性消费在当时的十三行行商中表现的尤为明显，"炫耀性消费主要是满足心理的、精神上的一种要求，而不是重在满足生理的要求，因为生理的满足有其极限，这极限也容易达到。用于显示相对支出能力的炫耀性消费却没有极限，因为这是一种相对名次（ranking）的消费。"[3]从潘仕成在京城捐资赈灾、"增贡院号舍，修学政署，皆独肩其劳"[4]的经历来看，修建豪华的海山仙馆不无炫耀性消费性质。园主人德舆，"席先世之余业，转而行卤，信手挥霍，以豪侈名一时。当其盛也，凡四

① 伊凡. 广州城内——法国公使随员1840年代广州见闻录[M]. 张小贵，杨向艳 译. 广州：广东人民出版社，2008：156.
② 黄恩彤赋. 见：广州市荔湾区文化局，广州美术馆. 海山仙馆名园拾萃[M]. 广州：花城出版社，1999：41.
③ 王建国. 现代经济学前沿专题：第三集[M]. 北京：商务印书馆，1999：89-90.
④ 何绍基诗. 见：广州市荔湾区文化局，广州美术馆. 海山仙馆名园拾萃[M]. 广州：花城出版社，1999：40.

方知名士，投刺游园者，咸相款接。以故，丝竹文酒之会，殆无虚日。"[1]海山仙馆成为园主"花府艳神仙"的载体。

以上说明海山仙馆造园的目的是多方面：作为商家难免用于炫耀财富，作为人伦孝子"辟芳园而慰母"，作为文人"惟大夫之养志"，作为国臣"达则兼济天下"，作为亏损官商希为"退则独善其身"之所。但作为一个艺术作品的经营者，"人总是按美的规律创造"（马克思语），自有追求仙家"天人合一"的自觉性。其历史意义正如潘仕成楹联所咏：

花府艳神仙，邱壑经纶，应借荔湾留韵事；

梨园新乐谱，池台风月，合从菊部补传奇。[2]

8.3 海山仙馆聚新风 家国世界庶相称
——海山仙馆园林史诗探摘

"海山仙馆在荔湾，潘仕成建。水广园宽红蕖万柄。"[3]"广州城西数里许曰荔枝湾，即南汉昌华苑故址也。居人以树荔为业者数千家，黑叶尤多，长至时十里红云，八桥画舫，游人萃焉。"[4]荔湾又称荔枝湾，景色优美，许祥光有《荔枝湾赋》序言：

"余以暇日 袁彦伯三国名臣序赞，逍遥步西园 魏文帝芙蓉池诗荔枝湾在羊城西故亦名西园，苕遰离支 司马长卿上林赋，布濩（hu）皋泽 左太冲吴都赋，绿水皓皓 何平叔景福殿赋，朱宝离离 张平子西京赋，致足乐也 魏文帝与吴质书。于是染翰操纸 潘安仁秋兴赋，摛辞连类 枚叔七发。"[5]

许祥光盛赞荔枝湾："蕤宾纪时，茂树荫蔚，灵果参差，四宇和平。兼二仪之优渥，八风代扇，乐百卉之荣滋。值林为苑，因河为池；攒布水蓏，侧生荔枝，杂天采于柔荑；越香掩掩，曜朱光于白水。珍树猗猗，息彼长林，羡芳之远畅。"[6]

此地在晚唐咸通年间是岭南诗人吟宴之地，五代十国时期是刘鋹的红云宴所，元朝时作御果园，"桑田有改荔枝在"。时下有清一代开辟新园"喜从新构得陈迹"，明显地有保护传承意思。

另据晚清《粟香随笔》记载："昔何子贞太史两至广州，以未食荔枝为憾其题潘氏荔香园。联曰：无奈荔枝何，昔我来迟今太早；又摇苏舸去，主人不饮客常醺。余以丙子五月至广州，适有日啖三百之乐，故即事诗云：五千里外涉重洋，蛋雨蛮烟感异乡；一事思量堪一笑，我来刚及荔枝香。"[7]

① 俞洵庆. 荷廊笔记·卷2，清光绪十一年，羊城内西湖街富文斋承刊印，第5页。
② 广州市荔湾区文化局，广州美术馆. 海山仙馆名园拾萃[M]. 广州：花城出版社，1999：37.
③ 张维屏. 艺谈录·下卷，粤东富文斋刻本，第43页。
④ 黄佛颐撰，钟文点校. 广州城坊志[M]. 广州：暨南大学出版社，1994：319.
⑤ 许祥光. 选楼集句·卷2，清道光二十年，第7页。
⑥ 许祥光. 选楼集句·卷2，清道光二十年，第7-8页。
⑦ 金武祥. 粟香随笔·卷3，清光绪七年，第25-26页。

由此可知，海山仙馆又称荔香园。"荔香园"也道出了海山仙馆与唐荔园的前后关系。"德畲仁兄同年大人阁下，唐荔名园，海珊雅集，胜游如昨，时切萦思。伏闻珂里优游，备极人间之福慧，谢庭兰玉，森立阶墀，引领吉晖，良符颂臆。"[1]可知，海山仙馆是在唐荔园基础上扩建而成。唐荔园开发较早，应靠近城区一侧。

如果认定黄汉纲先生、陈泽泓先生所谓海山仙馆辟馆当在石刻施工时间"自道光九年（1829年）至同治五年（1866年）"[2]之前，则可推断最晚于道光八年（1828年）始建潘园。石刻施工印书出版则为一项常规性的工作，大规模的土建工程当集中在先头若干年完成。如1860年的"CANTON"（广州）地图上，海山仙馆早已是一个醒目的地标（图8-4）。

学者高刘涛从南海孔继勋太史的《岳雪楼诗存》中发现了有关唐荔园改建海山仙馆的新线索。在前人成果的基础上，对该书"荔枝湾纪游四首"作了必要的解析。

图8-4　广州市1860年地图标有潘园[3]
(Map of the city and entire suburbs of Canton [cartographic material] / by D. Vrooman.)

第一首：

"胜游艳荔浦，届夏增喧阗。今晨喜得间，澹荡随轻烟。清声若相引，远树时闻蝉。一揽入森碧，岸空浓荫连。忽觌千百株，赤实如星联。烘彼晴旭丽，濯出沧泊妍。朝霞正虺赫，高歌来扣舷。幽寻自闲寂，静玩弥芳鲜。"[4]

① 　陈玉兰. 尺素遗芬史考[M]. 广州：花城出版社，2003：175.

② 　广州市荔湾区地方志编纂委员会办公室. 荔湾大事记[M]. 广州：广东人民出版社，1994：132.

③ 　来源于澳大利亚国家图书馆网站：http://nla.gov.au/nla.map-lms636.

④ 　孔继勋. 岳雪楼诗存·卷4，清咸丰十年，国家图书馆藏本，第10页。

诗人在初夏的一个早晨，乘船游览荔湾，赞赏优美的环境。"届"字，释义可指"到达（指定或规定的日期）"。每年（公历）5月5日或5月6日是农历的立夏，表示即将告别春天，是夏日天的开始。由此，"届夏"当为夏天刚刚开始的时候，或者开始不久。诗人游览海山仙馆的时间也就确定在了当年的5月（公历）。

　　第二首：

　　"言眺唐荔园，曩者经考证。颇嫌位置疎，林塘足乘兴。景苏去咫尺_{亦园名}，迤逦亘修径。翼然临水亭，磨铜更晶莹。海山得新构，仙居庶相称_{潘氏所建海山仙馆}。招凉曲不遮，伫月高可凭。层轩绕回廊，面据荷花胜。评量坐移时，烟波净蘺礛。"①

　　"海山""仙居"明显取意于"海山仙馆"，而"伫月"则是园中的高建筑之一，"回廊"则是海山仙馆所独有。"潘氏所建海山仙馆"的附注，更是直接有力地证明了该诗是在写海山仙馆，点出了它是在唐荔园的基础上"新构"而成。至此，海山仙馆的造园时间呼之欲出。只要考证出诗人游览的时间，就能基本确定造园开始的时间。

　　第三首：

　　"停午飞雨凉，憩彼仙碧轩。溪光杂树色，一洗无尘喧。春明有夙约，小筑谈乡园。向与愚阶宸垣有水明楼之约 今偕返故里，尚觉虚前言。素心虽未偿，高会何可谖。风廊与水榭，即景归讨论。红云渺昌华，依稀今曷存。雅事幸接踵，桥亭屡移尊。"②

　　雨后的飞雨中，诗人与园主在仙碧轩中叙旧。"今偕返故里"，道光十九年（1839年）孔继勋因弟弟病逝而南归。第一次鸦片战争（1840年）爆发，先后在广东主持军政要务的高官大吏，诸如林则徐、邓廷桢、怡良、琦善、祁贡等都十分倚重这位在籍翰林，力留他勷办广东夷务。在1842年，协防海珠炮台，"偶染寒疾，七日而逝"。由此可知，他做客海山仙馆的时间应介于1839年至1842年。

　　第四首：

　　"江头淡斜辉，转櫂有余恋。逸兴凌青霞，雄辩佐芳醼。迩者酿海氛，腥风岛夷扇_{英吉利滋事}。围棊殚兵气，拭目东山彦。嗟予久伏枥，酒军且酣战。归带頳虹珠，探骊敢云擅。得暇聊骋怀，纪胜涤笔砚。沧州试回首，暮霭横一片。"③

　　附注中"英吉利滋事"一句，点出了当时发生的中英鸦片战争。"滋事"，当指事情刚刚开始，可知此时的鸦片战争是发端之际。又考鸦片战争的爆发时间，是1840年。如此诗人游览海山仙馆的时间范围，进一步缩小到1840年至1842年。这也与他在1839年南归后，只可能在处理完其弟的丧事之后，才有心情和时间拜访旧友的史实相符。书中的下首诗题目是《六月十三夜步月江干感事》，诗曰：

　　"缓步聊随月，临江暑气消。光生珠浦夜，凉送海门潮。雅韵闻歌吹，遥情寄沉寥。清辉谁与共，烟柳自萧萧；近报边夷警，知谁胜算操。军威惩释甲，民气愤磨刀。_{新安洋面有大小磨}

① 孔继勋. 岳雪楼诗存·卷4，清咸丰十年，国家图书馆藏本，第10页。

② 同①。

③ 同①。

刀两山，红毛兵船皆泊此。连日入口民船多被其羁留。自古羁縻善，今将战伐劳。天空河汉迥，翘望首频搔。"①

从附注"新安洋面有大小磨刀石两山，红毛兵船皆泊此。连日入口民船多被其羁留"看来，此事当指第一次鸦片战争爆发后，英国兵船封锁珠江口一事。结合该诗名"六月十三夜步月江干感事"与"荔枝湾纪游四首"的第一首中"胜游艳荔浦，届夏增喧阗"一句，可知两者写于同一年。书中的诗文是按事情发生的时间顺序排列。

紧接着的下一首诗《壬寅元夜宫保祁竹轩制府枉顾赋四章》，诗曰：

> 元戎小队屏弓刀，岂为游观逸兴豪。
> 室遍含和春共煦，心殷求瘼夜犹劳。
> 八骏分略清风峻，万户宵澄皎月高。
> 枉沐旌麾严仆射，草堂慙未荐芳醪。

标题中"元夜"即元宵，"壬寅元夜"即1842年元宵。而此诗排在《六月十三夜步月江干感事》一诗后，按时间排列，则倒推可知"六月十三夜"当指1841年六月十三（农历），"荔枝湾纪游四首"亦作于1841年。该年六月十三（农历）之前，"海山得新构，仙居庶相称_{潘氏所建海山仙馆}"。这表示海山仙馆已经初具规模，鸦战前后的某些故事方可发生在这里。

《海山仙馆图卷》是潘仕成在道光戊申年（1848年）邀请画家夏銮，从园林东南角高处绘就。该图卷长达13.36米，画心部分即园林图景仅有3.58米，最重要的部分是47首诗文。卷首是钦差大臣兼两个总督耆英所题"海上神山，仙人旧馆"，卷尾部分是由黄恩彤所撰写的长赋，及录写的道光壬寅七月贮韵楼文宴的11首诗词，并园主的后记。园主写道："道光壬寅七月廿九日，宴集海山仙馆之贮韵楼。熊笛江孝廉绘图，叶蔗田农部作诗先成，诸友次韵题图上。阅七年，复属夏鸣之茂才绘此卷，黄石琴中丞作赋以纪事。兹录各诗于后，珠玉之光后先辉映矣。"②

图卷中，卢福普诗曰："京华作宦偶归来，新辟名园拓草莱。"③考园主生平，他在1832年在京捐巨款赈济灾民，被钦此举人，后又报捐郎中，供职刑部。该诗写出了他离京返粤后，开始兴建海山仙馆。

陈其锟诗曰："荔苑几更唐岁月，觞兰还续晋风流。镜中最惜红妆面，添护朱栏百尺修。买得陂塘剧草莱，真疑平地起楼台。"④第一句，即指园址前身历史悠久，再次证明了海山仙馆与唐荔园的前后关系。后两句，则是对海山仙馆扩建的描写，园主在唐荔园的基础上，购买山坡、池塘，修建亭台楼阁。"朱栏百尺"与《荷廊笔记》中"左右廊庑回缭，栏

① 孔继勋. 岳雪楼诗存·卷4，清咸丰十年，国家图书馆藏本，第11页。
② 园主自叙。见：广州市荔湾区文化局，广州美术馆. 海山仙馆名园拾萃[M]. 广州：花城出版社，1999：43.
③ 卢福普诗。见：广州市荔湾区文化局，广州美术馆. 海山仙馆名园拾萃[M]. 广州：花城出版社，1999：43.
④ 陈其锟诗。见：广州市荔湾区文化局，广州美术馆. 海山仙馆名园拾萃[M]. 广州：花城出版社，1999：43.

栖周匝"①的描述相同，也与"层轩绕回廊，面据荷花胜"②吻合。"朱栏百尺修"则肯定指海山仙馆书条石"回廊"的修建。"真疑平地起楼台"，则是感叹建园速度之快。

谢有仁诗云："西园飞盖记同游，高会群仙又此楼。"③可知，园主之前邀请谢有仁宴集贮韵楼时，"西园"正在建设之中。另考《荷廊笔记》："西北一带，高楼层阁，曲房密室，复有十余处，亦皆花承木树荫，高卑合宜"④，应为"西园"。据图卷结园主自叙，上引的几首诗，皆为道光壬寅（1842年）七月二十九日，宴集海山仙馆贮韵楼时所作。

海山仙馆"周广数十万步"⑤，"一大池广约百亩"⑥，湖水的面积就约百亩，园林整体占地不可谓不广。有人说"舍舟循径步容弁，腰脚未健亦数里"⑦，亦谓园之大。"池广园宽，红蕖万柄，风廊烟溆，逶迤十余里，为岭南园林之冠。"⑧如此宽广的园林，加上众多的园林建筑，工程量之大，可想而知。由此推测，海山仙馆的建设需要相当一段时间，而具体时间段则暂无法推测。但从上述的分析中，可以肯定海山仙馆在1841年六月十三（农历）之前，主体工程已经完工。

关于该园的建设情况，尚无相关研究。梳爬园主友人写给他的书信，找到几条相关的记录，兹考证之，以期在造园细节上略有突破。中国最后的"三元及第"——陈继昌，在信札中写道："辰下新□⑨在御都可知也。先铭之委，义不容辞，节略谨已拜。到客与园联通缴。代属之件先此附便递去，并荷翁昆季联额，祈分别存交。夷务'恭顺'二字万难粉饰，则面子亦下不去，矧前辙已逮重，典能仍为依样葫芦耶？兄俟黔南李双甫覆定姻期，即赴长沙娶妇。由彼壮行，迨秋初之局也。秋翁渐有起色否，约三馆成否，荔园工作想久停矣，义门乔梓想俱佳善覆颂，福安晋叩，护闱双福阁中，膝下均祉。年姻兄陈继昌顿首。"⑩

何以陈继昌自称"年姻兄"？考陈继昌生于乾隆五十五年（1790年），出生在广西临桂县的官宦世家。嘉庆二十五年（1820年）参加庚辰科会试，中解元；之后的殿试，中状元，是为三元及第。陈继昌"有妻李氏，是当朝侍郎李宗瀚的侄女。"⑪

据伊凡记载："李夫人是潘仕成的合法妻子，是北京宫廷里一位权相之女，也是花城最富贵的美人之一。"⑫潘仕成的妻子与陈继昌妻子的关系就很明显了，她们很可能来自同一家庭，至少也是同一家族。两者综合起来，就可以理解潘仕成与陈继昌的姻亲关系。

① 俞洵庆. 荷廊笔记·卷2，清光绪十一年，羊城内西湖街富文斋承刊印，第4页。

② 孔继勋. 岳雪楼诗存·卷4，清咸丰十年，国家图书馆藏本，第10页。

③ 谢有仁诗. 见：广州市荔湾区文化局，广州美术馆. 海山仙馆名园拾萃[M]. 广州：花城出版社，1999：43.

④ 俞洵庆. 荷廊笔记·卷2，清光绪十一年，羊城内西湖街富文斋承刊印，第4页。

⑤ 黄恩彤赋. 见：广州市荔湾区文化局，广州美术馆. 海山仙馆名园拾萃[M]. 广州：花城出版社，1999：40.

⑥ 俞洵庆. 荷廊笔记·卷2，清光绪十一年，羊城内西湖街富文斋承刊印，第4页。

⑦ 赵昀诗. 见：广州市荔湾区文化局，广州美术馆. 海山仙馆名园拾萃[M]. 广州：花城出版社，1999：40.

⑧ 梁鼎芬. 番禺县续志（宣统），民国二十年（1931年），据清宣统三年（1911年）刻版重印。来自中国数字方志库。

⑨ 原字脱落，书中亦示此。

⑩ 陈玉兰. 尺素遗芬史考[M]. 广州：花城出版社，2003：152.

⑪ 韦湘秋，黄强畦. 我国最后的第十三个三元及第陈继昌[M]. 学术论坛，1988（6）：134.

⑫ 伊凡. 广州城内——法国公使随员1840年代广州见闻录[M]. 张小贵，杨向艳，译. 广州：广东人民出版社，2008：147.

信中还说道:"约三馆成否,荔园工作想久停矣。"可见海山仙馆有一部分建筑,当时正在修建中。"三馆"分别是"越华池馆""珊馆"①"芙蓉馆"②。"荔园工作想久停矣",则可能指造园工作已经结束。至于该信写作的日期,很难考证。但从"夷务'恭顺'二字万难粉饰,则面子亦下不去,矧前辙已逮重,典能仍为依样葫芦耶?"可以得出大概的时间段。

第一次鸦片战争发生后,"夷务"才可能成为大清朝廷官员关注的问题之一。"恭顺"则极有可能指1842年8月中英《南京条约》的签订,战争暂息。陈继昌可能知道"夷务'恭顺'二字万难粉饰"的真相,与他在道光十八年(1838年)担任江宁布政使有关。③道光十五年(1835年),他从通永河道巡察调任江西按察使,直到道光十七年(1837年)改任山西布政使。道光十七年(1837年)五月甲申日,他改任直隶布政使,后南下养病。道光十八年病愈(1838年)后,他一度在广州寓居,不久历任甘肃、江宁布政使。道光二十三年(1843年),他再次抵京,小春(夏历10月)初四日朝见道光皇帝,得到道光的嘉勉。从道光二十三年(1843年)至二十五年(1845年)正月初八晋升为江苏巡抚期间,他一直都在北京。

接此信的时间,当在1843—1845年之间,又考虑到"夷务",试可推测此信写于1843年。如果猜测正确的话,可知海山仙馆在1841年的基础上,又新建了"三馆"。梁同新书札中也有关于海山仙馆建设的相关记录:

"德畲二兄观察大人阁下,敬启者二月底,春翁抵都,询悉兴居协吉,潭府增禧为颂。去岁为国宣勤叠承,恩春选期一事,曾函致紫垣转达,谅必妥办。日间便可得缺,惟修船一事,究竟何日竣工,方能北上中心忐良会何时。海山仙馆闻说规模增广,楼台花榭,迥异昔时。阁下朝夕筋咏。其间虽蓬岛神山,亦无似过,弟恨羁身北地,未得遂游,惟逐逐于投马足车尘,念及名园,真觉仙凡之别,加以近日时事益倍增烦。库项亏缺九百万,一半设法弥补,一半罚赔。同乡曾骆二公因此削职,并罚赔万四千余金,赣滇生去年查过一次罚赔六千两。……,愚弟梁同新顿首 四月十六日。"④

梁同新是番禺人,曾任京兆尹,是潘仕成的交好。文中提到"海山仙馆闻说规模增广,楼台花榭,迥异昔时。"可知,当时海山仙馆还在扩建之中,新建了楼台花榭,变化很大。虽然作者标出了写信的时间是四月十六日,但看不出具体的年份。

"库项亏缺九百万,一半设法弥补,一半罚赔。同乡曾骆二公因此削职,并罚赔万四千余金,赣滇生去年查过一次罚赔六千两。"这段话,给出了两个信息点"库项亏缺""同乡曾骆二公"被罢官。

"骆"应指骆秉章,在《尺素遗芬》中,有两封骆秉章写给潘仕成的书札,⑤可知两人交情匪浅。骆秉章(1793—1867),原名俊,字藘门,号儒斋,广东花县人。他官至一品,是

①　翁同书诗,史佩珫诗。见:广州市荔湾区文化局,广州美术馆.海山仙馆名园拾萃[M].广州:花城出版社,1999:38.
②　鲍俊诗。见:广州市荔湾区文化局,广州美术馆.海山仙馆名园拾萃[M].广州:花城出版社,1999:38.
③　韦湘秋,黄强畦.我国最后的第十三个三元及第陈继昌[J].学术论坛,1988(6):135.
④　陈玉兰.尺素遗芬史考[M].广州:花城出版社,2003:195.
⑤　陈玉兰.尺素遗芬史考[M].广州:花城出版社,2003:164-165.

镇压太平天国的主角之一，与曾国藩、李鸿章、左宗棠等人并称"晚清八大名臣"。骆秉章在自订年谱中记载了："道光二十三年，他因前在稽查户部银库时失察库吏亏短，而被革职"情况。[1] 由此可知，此信当写于道光二十三年（1843年）四月十六日（农历）。

陈继昌、梁同新分别在给潘仕成的信札中，提到了海山仙馆造园的情况。经上分析发现，这两封信札写于同一年即1843年。可证海山仙馆在1841年的基础上，不时添造新的建筑物。

伊凡在1844年10月造访了海山仙馆，对其有如此描写："我猜想，古老的家神毫无疑问会因义愤而颤抖，我尤其被家具的精致、装饰的豪华，以及很不舒服的设施而深深地震动。……我同样可以说，潘仕成那刚刚建成的豪华大厅也同样如此。"[2]

他亲历海山仙馆的记述可佐证海山仙馆在1841—1843年一直在建造之中。如果说在1843年，"三馆"已经完工，则伊凡到来时，内部装修亦完成。于此，他才会对海山仙馆新建大厅的豪华而震动。

海山仙馆在后期，也有新的建造。如方濬颐在《海山仙馆图卷》中的诗文写道：

"名园不到十三年，握手重逢信有缘主人适在园。迤逦风廊涵墨雨新筑回廊三百间以嵌石刻，峻嶒雪阁倚晴烟。荔枝新绽红纱薄，荷叶全抽翠盖圆。待约东洲老居士谓何贞翁，披襟同醉晚凉天。同治癸亥四月朔日过海山仙馆，得七律一首，奉德畲二兄大人粲正。子箴弟方濬颐未定草。"[3]

方濬颐，字子箴，号梦园，定远炉桥人，道光甲辰考取进士，曾任广东盐运使。在同治癸亥即1863年，陪同何绍基游览广东。该诗附注"新筑回廊三百间以嵌石刻"，可知海山仙馆在1863年左右，仍有新建筑的落成。

8.4 弹指须臾千载后，几人起灭好楼台
——海山仙馆历史沧桑结局

海山仙馆随着园主的人生起伏而兴衰。它因园主晚年经营盐务不善，亏欠国课，终被查抄、售卖。关于海山仙馆的最后结局，学界存在不同的意见。作者在前人成果的基础上，挖掘到了一些的资料。

据《清实录·穆宗毅皇帝实录》同治八年九月戊子上谕记载：

"谕内阁。……前浙江盐运使潘仕成，以潘继兴商名承充临全埠盐商。近因商力不足，

---

① 郑峰. 骆秉章与咸同政局[J]. 兰州大学学报（社会科学版），第36卷第1期，2008年1月.

② 伊凡. 广州城内——法国公使随员1840年代广州见闻录[M]. 张小贵，杨向艳，译. 广州：广东人民出版社，2008：133. Dr. Yvan. *Inside Canton*. London: Henry Vizetelly, Gough Square, 1858. "The old household gods no doubt trembled with indignation at my presumption, and I was particularly struck with the magnificence of the furniture, the splendor of the decorations, and-the niggardly provision for comfort! ... I might say just the same of a splendid hall which Pan-se-Chen had just got completed."

③ 方濬颐诗. 见：广州市荔湾区文化局，广州美术馆. 海山仙馆名园拾萃[M]. 广州：花城出版社，1999：40.

改归官办。该员亏欠课款甚巨，业经该督等将潘仕成家产查封备抵，潘仕成着即革职，勒限追缴，如逾期不完，既着从严参办。"①

另据时人俞洵庆在《荷廊笔记》中记载：

"同治之季，家已中落，又以亏欠国课数十万两，积十余年不能完。遂为粤督瑞文庄公凑请查抄家产，备抵课饷。于是并其园亦入籍没入官。"②

综上所述，海山仙馆因园主亏欠税饷而被官府查抄，在当时的广州一定是轰动性的事情。前者资料来源于穆宗皇帝上谕，可确认查抄必定为真。

"潘氏初以市舶起家，饶于赀，园主人德舆都转，席先世之余业，转而行卤，信手挥霍，以豪侈名一时。当其盛也，凡四方知名士，投刺游园者，咸相款接。以故，丝竹文酒之会，殆无虚日。同治之季，家已中落，又以亏欠国课数十万，积十余年不能完。遂为粤督瑞文庄公奏请查抄家产，备抵课饷。于是并其园，亦籍没入官。"

俞洵庆于咸丰初年，曾两游其地，洎同治癸酉三月再过之，则其园已为一市贾所得。货其橡桷瓴甋，而析为菜圃民居，舞榭歌台皆为茂草矣。俞为赋四绝句以志兴废之感："雾阁云窗已寂然，旧游回忆十年前。可怜金谷鸣筝地，一片春芜起暮烟；兔葵燕麦漾东风，十亩新畦夕照中。差喜刘郎重到日，桃花腾有数枝红；蛙声阁阁柳丝丝，夜雨山泉涨旧地。犹记水亭人避暑，荷香荔熟午风时；昔时宾客夜飞觞，文宴风流拟顾杨。一样豪华易销歇，更无人间玉山堂。"③

据约翰·汤姆森在《透过镜头看中国》（*Through China with a Camera*）中记载了他在离开广州前再次游览海山仙馆的情景。"潘庭官，也就是潘仕成，园林的原主人。他曾是一个很富有的广东商人，但是他的政府最后榨干了他的财富。……他那辉煌的花园被用抽彩售卖的方式卖掉了。……在我再次去那极古雅的福地时，园林里稀有的建筑上已经有了衰败的迹象。"

由此可知，当约翰·汤姆森最后一次到海山仙馆的时候，它已经不再属于潘仕成了。又知他在1870年末已经离开广州，到达福州，与美国牧师卢公明（Justus Doolittle）逆闽江而上考察了。④1870年末，由于当时潘仕成不能筹集到足够赎回海山仙馆的钱，于是潘园被拍卖。

邱捷教授的《潘仕成的身份及末路》中提到：同治八年（1869年）七月，杜凤治他还在四会知县任上，到省城办事时别人告诉他"省中潘仕成（赏举人，为朱仅堂奏劾者，大富也）

---

① 中国第一历史档案馆，北京书同文数字化技术有限公司联合研制. 大清历朝实录（网络版）. 大清穆宗毅皇帝实录，卷之二百六十七，同治八年九月下。

② 俞洵庆. 荷廊笔记·卷2，羊城内西湖街富文斋承刊印，清光绪十一年，第5页。

③ 俞洵庆. 荷廊笔记·卷2，羊城内西湖街富文斋承刊印，清光绪十一年。

④ 参考John Thomson（14 June 1837 – 7 October 1921）By Samuel Stephenson（Edited by Douglas Fix）. "In the course of that same year, Thomson traveled up the North Pearl River, published an illustrated book, and put his studio up for sale in preparation for extended travel in China. He traveled extensively in the Foochow region from late-1870 to early 1871: up the River Min by boat with the American Protestant missionary Reverend Justus Doolittle and then to Amoy and Swatow." http://academic.reed.edu/formosa/texts/thomsonbio.html.

为办盐务亏短，业已抄家"。推断1869年，海山仙馆已入官被查封。

据邱捷教授研究《望凫行馆宦粤日记》所得结论：南海知县杜凤治曾"以扣押潘仕成及其子相威胁，逼潘出租《佩文韵府》印版。"[①]此日记写于同治十一年壬申三月二十一日，即1872年农历三月二十一。据他记载，海山仙馆已经被查封备抵，但潘仕成仍不愿意出租《佩文韵府》。杜凤治认为潘家既已经被抄家，潘仕成就已丧失了海山仙馆及内部物品的所有权。这些财产已经属于政府。从此史料推断，潘仕成极可能已经搬出了海山仙馆，但仍在世。

俞洵庆记载："咸丰初年曾两游其地，洎同治癸酉三月再过之，则其园已为一市贾所得，货其椽桷瓴甃，而析为菜圃民居，舞榭歌台皆为茂草矣。"[②]同治癸酉即1873年。曾经的繁华豪侈之地，建筑被拆毁零售，近数百亩的园林被分割成菜圃、民居，故地重游，徒增人生如梦之叹。

《清代之竹头木屑》记载："粤东盐商潘氏，最称富盛。其花园名海山仙馆，颇具邱壑。潘之裔名仕成者，奢汰愈甚，后以欠国课，不能缴，家被籍没，园亦入官，此同治季年事也。园价昂，一时无人能购，乃用开彩法售之。共三万条，每条银钱三枚，数日即满额。逮开彩时，为香山一蒙师所得。此人本寒士，以骤得巨产之故，恣嫖赌，全园不能售，则零碎折售。先售陈设古玩器，次售假山石，次拆门窗售之。未一二年，余过其处，则全园已犁为田，惟颓垣败瓦，犹约略可数。得彩之人，已潦倒死矣。又潘尚有《佩文韵府》板，则抵与山西某票号云（或曰："海山仙馆"四字，离合观之，适是每人出三官食六字。出者，出银钱三枚也，官食者，款归官也，颇为巧合）。"[③]

以上两条史料相互印证可知，"海水已干田已卖，主人久易我才来。楼梁燕子巢林去，对镜荷花向壁开。"[④]海山仙馆被拍卖后的惨景，不忍相看。

陈泽泓先生考证，此诗当写于1873年[⑤]。但值得注意的是该诗的附注八："钞本此两句作'多少公卿诗稿在，画廊一一长霉苔'。楞严经：'起灭无从'。"[⑥]可能作者去的时候，海山仙馆的尺素遗芬刻石还在，存储刻石的画廊还没有完全被破坏。

俞洵庆"于咸丰初年，曾两游其地，洎同治癸酉三月再过之，则其园已为一市贾所得"[⑦]。时间精准，他亦无造假的理由，当真实可信，同治癸酉即1873年。黄遵宪的诗文经考证，亦写于1873年。

---

① 邱捷. 同治、光绪年间广州的官、绅、民——从知县杜凤治的日记所见[J]. 学术研究，2010（1）：97-106.

② 同①.

③ 佚名. 清代之竹头木屑]J]. 来自：http://read.189.cn/q/g/u/t4/bookArticle/wz/10000035985125.html.

④ 黄遵宪《游潘园感赋》. 此诗载其诗集：人境庐诗草[M]. 卷一. 此诗集以编年为序，前后均有诗提及作于同治庚午，即1870年。这年秋天黄遵宪到广州参加乡试（未售），推断应该是应试后游了潘园。根据诗中的描写，此时潘园已被变卖，易主已"久"。

⑤ 陈泽泓. 潘仕成略考[J]. 广东史志，1995（Z1）：68-76.

⑥ 黄遵宪. 人境庐诗草笺（上册）[M]. 上海：上海古籍出版社，1981：62.

⑦ 俞洵庆. 荷廊笔记·卷2，清光绪十一年，羊城内西湖街富文斋承刊印，第5页。

自1870年算起，"未一二年，余过其处，则全园已犁为田，惟颓垣败瓦，犹约略可数。得彩之人，已潦倒死矣。"[1]"一二年"也就是1873年左右，这完全与俞洵庆和黄遵宪的记载相吻合。

综合，这四处来源不同的中外史料，可以确证海山仙馆在1870年被拍卖，在历经近两年的拆卖之后的1873年，海山仙馆已经所剩无几。

即使在海山仙馆被拆卖近10年后，仍不断有人踏访它的遗踪。如金武祥随笔写道："辛巳孟夏余三至粤，邹和之太守、赵云九司马、刘允中别驾，先后招游。时方盛夏，绿阳如幄，荷风送香，芳径徘徊，画船容与，不知赤日当空也。余成七律诗云：画舫清尊谢绮罗，半塘西畔几回过。千秋尚说红云宴，一曲重温白雪歌。允中工韵律。几簟温花似醉，杯盘光莹境生波。频年未解通蛮语，且喜乡音此会多。名园偏恨我来迟，岭海豪华忆往时。珠箔银屏金作屋，朱华翠盖玉为池。兴衰阅尽余榕荫，香色依然只荔支。幸有诗书遗泽在，至今尤系后人思。盖潘氏所刊有佩文韵府、海山仙馆丛书，又石刻碑帖百数十种皆称于时。"[2]

金武祥是江苏江阴人，但其在广东长期任职。辛巳孟夏即1881年农历四月，他与友人一起游览荔湾，追忆"珠箔银屏金作屋，朱华翠盖玉为池"的名园——海山仙馆。"兴衰阅尽余榕荫，香色依然只荔支"，从此句中可以看出，海山仙馆尚保有一些榕树、荔枝等园林植物。

同治十二年（1873年），潘仕成因盐业亏累而破产，馆园及财产被抄没入官。官乃招商投标，以每张三两银，发行彩票，中奖者得此园。据传，一教书先生中奖，因不识此园价值，只得拆料变卖。海山仙馆从道光十年（1830年）开始营造至拍卖，共历44年。不久，潘仕成逝世。就这样，闻名海内外、号称"南粤园林之冠"的海山仙馆，遭到毁灭的厄运。此乃中国古典园林的一大损失，无不令人唏嘘。

又如宣统年《南海县志》"杂录"所载：同治年以后，盐务凋敝，主人籍没，园馆入官，议价六千余金，由于海山仙馆规模宏大，无人买得起，期年无人承受，官府只能以类似今天集资买股的形式，将之拆分成为一万条票，乃为之估票开投，每票一张收洋银三元，共票二千余，凑银七千元，归官抵饷，官督开票，抽获头票者以园馆归之。时有好事者将海山仙馆四字拆为六字曰"每人出，三官食"，隐寓此事。海山仙馆从此被支解瓜分，无所剩了。

据说潘仕成生前，曾为家园自撰一副对联，被人们视为悼亡联，曰：

> 池馆偶陶情，看此时碧水栏边，那个可人，胜似莲花颜色；
> 乡园重涉趣，悔昔日红尘骑外，几番过客，虚抛荔子光阴。[3]

① 佚名，清代之竹头木屑。

② 金武祥. 粟香随笔·卷6，清光绪九年，国家图书馆藏本，第20页。

③ 陈以沛、陈秀瑛. 潘仕成与海山仙馆石刻[M]// 罗雨林. 荔湾风采. 广州：广东人民出版社，1993.

潘氏的对联还引起文人墨客的更多遐想，如南海李仕良（辅廷）《狷夏堂诗集》有一首《过海山仙馆遗址》诗，刻画了潘园一片衰败没落景象（图8-5）：

我步西城西，野花纷簇路。
遗址认山庄，旧是探幽处。
主人方豪雄，百万讵回顾，
买得天一隅，结构亭台护。
流霰降雪堂，金碧纷无数。
佳气郁葱哉，森然簇嘉树。
插架汉唐书，嵌壁宋元字。
沉沉油幕垂，曲曲朱栏互。
时有坠钗横，罗绮姬妾妒。
此乐信神仙，高拥烟云住。
祸福忽相乘，转瞬不如故。
高明鬼瞰来，翻复人情负。
此地亦偿官，冷落凭谁诉？
树影尚离披，泉声仍潺诉。
熟是孔翠串？熟是瘗鹤墓；
可怜坯道中，故物文塔具。
吁嗟复吁嗟，消息畴能悟？
席草吊荒凉，徘徊秋水渡。

图8-5　"仙馆变稻田
席草吊荒凉"

客日盍归来，夕阳天欲暮。

孤影陡惊人，稻田起飞鹭。①

　　此诗咏潘仕成的馆园由兴盛时期到衰败的情景，写得哀婉动人，教人深省。著名诗人黄遵宪凭吊海山仙馆的诗《游潘园感赋》，更是触景伤情，令人可慨可叹。诗曰："神山左股割蓬莱，惘惘游仙梦一场。海水已干田亦卖，主人久易我才来。楼梁燕子巢林去，对镜荷花向壁开。弹指须臾千载后，几人起灭好楼台。"②

　　同治十年（1871年）十一月十六日，杜凤治与番禺知县胡鉴等几个官员，会同爱育善堂（钟觐平等人以白银38000两购潘仕成故宅以倡建爱育善堂）的绅商前往潘仕成住处，通知潘仕成尽快搬迁。宣布大门以内全部都属于查抄的房产。《望凫行馆宦粤日记》记下："女人辈无不痛哭，德畲亦哭。英雄末路，亦穷奢极欲之报也。"二十日，潘仕成及其家人搬走。一代名园，就这样被拆分贱卖，很快零落无存。

　　同治十三年（1873年）四月十二日，杜凤治的日记提到与方功惠等人在泮塘的彭园游玩，"即在潘仕成家园之旁，潘园已掬为茂草"。根据《望凫行馆宦粤日记》，1874年春潘仕成仍活着，不过已"不能言，仅存气息"。遭此查抄变故，潘仕成估计不久后即去世，故其卒年应为1874年。③《尺素遗芬》中的潘仕成70岁小像，只能确认该像于1873年所刻。

　　海山仙馆馆主潘仕成在未经营海山仙馆前，他的旧居是在原第十甫附近的爱育善堂。据曾任广州市文史委员的高宇连说：他的祖父是潘仕成后来被抄家时的目击者。当时他祖父经营柴业，柴艇湾泊在荔枝湾涌口，曾听到海山仙馆被抄家时一片呼喝和啼哭声。事后并得知官方发给每个婢仆白银10两作遣散费，其中有些无家可归的妇女还嫁给了附近乡民。高宇连又说，他至今还保存着海山仙馆所刻的书信帖，这些帖有不少是官场人物向潘仕成借钱的。潘仕成及其海山仙馆的历史很少有人记述，是因为当时害怕受牵连。

　　自此，海山仙馆分割为彭姓所有的"彭园"（主人彭光湛，园址在今广州市第二人民医院后边的地方）和为陈姓所有的"荔香园"（主人陈花村是汪精卫老婆陈璧君陈氏家族的一员）。两园隔河相望（图8-6），在附近还有汇丰银行买办陈廉伯开设的"荔湾俱乐部"。

图8-6　潘园拆分为彭园、陈园及其他

---

①　徐信符. 广东藏书纪事诗·卷一·绢夏堂诗集[M]. 香港：香港商务印书馆，1963.

②　陈以沛，陈秀璜. 潘仕成与海山仙馆石刻[M]// 罗雨林. 荔湾风采. 广州：广东人民出版社，1993.

③　邱捷. 潘仕成的身份及末路[J]. 近代史研究，2018（6）：111-121.

8.5 幸有诗书遗泽在，至今尤系后人思
——海山仙馆应有的文史地位

很多古典园林之所以出名、即使被毁灭后，仍然青史留名，主要因该园有在文化上的地位和影响。潘仕成先祖以盐商起家，他继承家业后以至兼营洋务，成为广州十三行的巨商。潘仕成一生主要在广州度过，他既经商又从政，既好古也学洋，既是慷慨的慈善家，又是博古通今的古玩、字画收藏家。是潘园的文化造诣和景观特色，成就了海山仙馆在中国园林史上的地位。

正是：幸有诗书遗泽在，至今尤系后人思。

同治十二年（1873年），潘氏被抄家，"海山仙馆"被拍卖充公，一代名园就此湮没。但是对于潘氏怎么会被抄家一直是个谜。对此，南方都市报记者蒯威2007年采访了广州荔湾区志办的胡文中先生。胡文中先生认为主要有两种可能：一是经济上破产，二是政治上受到牵连。[①]

从商人的角度说，潘仕成是个成功的商人，也是一个有责任的商人。他在十三行行商里地位显著，他向官府捐出的钱财最多，尽力做了很多公益事业，为百姓做了不少好事。从为官的角度来说，潘仕成只是一个没有实权的官，不可能有什么出彩的地方。很多政治事件中，他没有决定的权力，甚至建议的权力都没多少，某些事情他也是无能为力的。战场上无法得到的东西，不可能在谈判桌上就能得到。但他能配合完成一些重大"政治任务"的涉外后事，没功劳也有苦劳。

从文化的角度说，潘仕成虽然参加了科举，也取得了功名，但商务繁忙，没能著书立说。不过在文化传承上却作出了极大的贡献，他不仅收藏了众多珍贵的金石、古帖、古籍、古画，还将众多藏品刻石刊印，编订《海山仙馆丛书》等，把广东的学术和出版事业推向了新的水平。文化却使海山仙馆永存（图8-7）。

鸦片战争时期，潘仕成是积极支持主战派的，但是后来主和派又逐渐占上风。当时两广

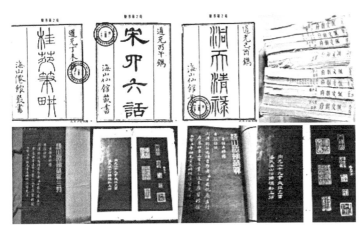

图8-7　海山仙馆部分编印出版物

---

① 蒯威.《海山仙馆》昔时苏荆今何在？只知饮客不知潘[EB/OL].[2007-04-16]. http://www.gzlib.gov.cn/gzsj/152142.jhtml.

总督耆英就是主和派的代表，潘仕成与他过从甚密，直至耆英被查办，潘仕成自然就受到排挤、牵连，终免不了被抄家。在专制时代，商人地位低下。潘仕成有了官衔之后，对内地位提高，不需见官就拜。对外，潘仕成有官衔在身，在同洋人做生意时也有着诸多便利。潘仕成捐钱镇压广东连山的瑶族起义，则为时代局限性、阶级必然性使然。

附：

潘氏园

——（清）俞洵庆：《荷廊笔记》卷2，羊城内西湖街富文斋承刊印版，清光绪十一年

广州城外滨临珠江之西，多隙地。富家大族及士大夫、宦成而归者，皆于是处，治广囿、营别墅，以为休息游宴之所。其著名者旧有张氏之听松园，潘氏之海山仙馆，邓氏之杏林庄。顾张邓氏辟地不广，一览便尽。其宏规巨构独擅台榭水石之胜者，咸推潘氏园。园有一山，冈坡峻垣，松桧翁蔚，石径一道，可以拾级而登。闻此山本一高阜耳，当创建斯园时，相度地势，担土取石，壅而崇之，朝烟暮雨之余，俨然苍岩翠岫矣。一大池广约百亩，许其水，直通珠江，隆冬不涸。微波渺弥，足以泛舟。面池一堂，极宽敞，左右廊庑回缭，栏楯周匝，雕镂藻饰，无不工缴。距堂数武，一台峙于水中，为管弦歌舞之处。每于台中作乐，则音出水面，清响可听。而西接以小桥为凉榭。轩窗四开，一望空碧。三伏时，藕花香发，清风徐来，顿时忘燠暑。园多果木，而荔枝树尤繁，其楹联余曰：荷花世界荔子光阴，盖纪实也。东有白塔高五级，悉用白石堆砌而成。西北一带高楼层阁，曲房密室，复有十余处，亦皆花承树荫高卑合宜。然潘园之胜，为有真水真山，不徒以楼阁华整、花木繁缛称也。潘氏初以市舶起家，饶于赀，园主人德舆都转，席先世之余业，转而行卤，信手挥霍，以豪侈名一时。当其盛也，凡四方知名士，投刺游园者，咸相款接。以故，丝竹文酒之会，殆无虚日。同治之季，家已中落，又以亏欠国课数十万，积十余年不能完。遂为粤督瑞文庄公奏请查抄家产，备抵课饷。于是并其园，亦籍没入官。

余于咸丰初年，曾两游其地，洎同治癸酉三月再过之，则其园已为一市贾所得。货其椽桷瓴甃，而析为菜圃民居，舞榭歌台皆为茂草矣。余为赋四绝句以志兴废之感：

雾阁云窗已寂然，旧游回忆十年前。可怜金谷鸣筝地，一片春芜起暮烟；
兔葵燕麦漾东风，十亩新畦夕照中。差喜刘郎重到日，桃花腾有数枝红；
蛙声阁阁柳丝丝，夜雨山泉涨旧地。犹记水亭人避暑，荷香荔熟午风时；
昔时宾客夜飞筋，文宴风流拟顾杨。一样豪华易销歇，更无人间玉山堂。

——高刘涛摘自国家图书馆并句读

9

海山仙馆文化景观地理学初识

风景园林是人类活动而产生的重要的地理现象，以文化地理学的基本观点和理论深入梳理中国风景园林的历史源流和脉络，探讨风景园林的形态构成、演变特征及其空间差异，进而研究景观现象并揭示景观的驱动成因，意义匪浅。风景园林当中的文化景观作为空间和物质的存在，也是地域文化长期作用、积淀和演化的结果。构成风景园林文化景观的要素很多，但其基本内因还是环境使然。文化地理学研究的目标是人类文化现象与自然环境相互作用影响的关系，其内涵表现在五个方面：文化生态学、文化源地、文化扩散、文化区和文化景观。[①]

以文化地理学研究"风景园林"，具有独特视角。作为地理概念的风景园林[②]，将富有更广阔的文化内涵，甚至包含景观物理要素的学科机理[③]。海山仙馆乃"岭南之冠"，之前之后统领贯穿着一系列的园林杰作，如是从各个地理层次探讨其在园林史上的文化地位，很有必要。

9.1　海山仙馆地理学的文化景观构成机理

地理条件本是事物存在的基本形式和重要的客观依据。对事物进行历史地理的时空分析，在人文科学研究领域，能产生某种背景烘托之美的作用；在工程技术研究领域，也可展开纵横比较发展动态之美的效果。

9.1.1　从人文地理角度看：海山仙馆是岭南园林发展高峰时期的结晶

广府文化圈内的岭南园林发端于古之楚庭，正规启动于南越国御苑，经过漫长的州府园林、寺观园林及其转换互渗，隋唐五代时期以广泛分布的皇家园林形成一个高潮。此后公共城市景观被推崇，在海上商品贸易活动的影响下，在北方园林、江南园林艺术浸润下，聚集在私家园林的范畴内园林艺术，得到了缓慢的提升和发展。待到一口通商机会性经济发展期，出现了一种半公半私性的行商园林，出现了一种暴涨暴落式的发展结局。

康熙二十三年（1684年）清政府始设粤海关、开南洋之禁。康熙二十五年（1686年）十三行被纳入清王朝的外贸政策框架内。行商园林的肇始当属十三行外贸业走向稳定之后。从潘启于18世纪中后期在河南开基营造到20世纪初全部覆没总共不到140年。

在广州园林人文地理发展史上，海山仙馆就是一个最有规模、最有特色的行商园林代表。它的生命存在时间，从道光十年（1830年）至同治十二年（1873年），四十余年。这段时间正是中西贸易发展的高峰，因广州十三行"一口通商"而涌现出世界级的行商首富大家族，城市与园林建设亦获得兴旺发展。海山仙馆文化内涵丰富且规模空前绝后，对后期岭南古典园林以及世界西方园林的发展趋向均产生了深刻的影响。

---

① 唐克扬. 八解中国园林——作为地理概念的中国园林[J]. 风景园林，2009（6）：52-67.

② 刘爱利，刘福承，邓志勇，等. 文化地理学视角下的声景研究及相关进展[J]. 地理科学进展，2014，33（11）：1452-1461.

③ 姚亦锋. 以文化地理学视角探寻中国风景园林源流脉络[J]. 中国园林，2013（8）：83-85.

9.1.2 从经济地理角度看：海山仙馆是世界商品经济有机增长的地缘成果

有清一代，广州古城除了南部河滩变城区并筑两翼城保护之外，老城内并无多大建树。只是在"开海通商"机会影响下，以"十三行商馆区"成为经济增长极的西关才得以显现出城市发展生命力。海山仙馆与众多西关大屋区、十三行路北的商业街区、机织工场住宅开发区、河南漱珠涌行商高档别墅居住区，则都是因为海上丝绸之路世界商品贸易促进广州城市发展的结果，广州成为了海上丝绸之路上的"东方大港"。

《番禺县续志》谓潘仕成"创筑荔香园于西门外半塘，颜曰'海山仙馆'"。[①]钱仲联为黄遵宪《人境庐诗草·游潘园感赋》注："潘园，番禺潘仕成海山仙馆。""大致在荔湾湖一带。南至蓬莱路，北至泮塘，东至小画舫斋，西至珠江边这一范围之内。"[②]这一带正是清代一口通商时期，广州城市建设区向西发展的方向。当时外洋各国商人的船只多来往于此，白鹅潭停着外国的商船。行商的商品仓库也大多设立在西关沿江一带，各种进出口货物与本地农产品货物的储运码头多设置在此，于是大大小小花样众多的税馆也设置在这里街道河道出江面海的关键部位。如此带来了该地区宗教文化设施（神庙、纪堂、祠寺）的建造，作为海上贸易刺激而发富的行商园林自然也会在这一带寻找优越的山水环境蓬勃兴旺起来。人类的商贸活动必然影响水文地理岸线变迁（图9-1）。[③]

海山仙馆西临珠江边，周边区域正是清朝广州城因外贸发达而形成的发展新区。许多文献记述：这里泛舟花棣，载酒东园，可越日遍游大通寺、翠林园、五眼桥、海山仙馆、贝水

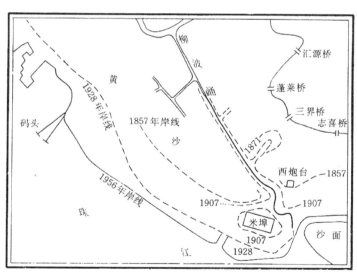

图9-1　海山仙馆地带海岸线变迁图[④]

① 宣统年番禺县续志·卷三。

② 何丽珍. 海山仙馆与潘仕成[M]//载荔湾区. 荔湾名胜. 广州：广东地图出版社，1996：22.

③ 曾昭璇. 广州历史地理[M]. 广州：广东人民出版社，1991：398.

④ 曾昭璇作。图片来源百度，http://gzdaily.dayoo.com/gb/content/2003-10/26/content_1266524.htm.

斗阁、缥步仙祠诸胜。[①]足以证明当时泛舟珠江，能方便地游经海山仙馆。潘氏常座"专用"水上交通工具于商馆区、黄埔港，甚至远赴虎门、澳门办理公务。

9.1.3 从自然地理角度看：海山仙馆是珠江水系总汇区域的海湾水景园林

水是人类乃至万物生命的源泉。岭南地区属于珠江流域，多数地方的年降水量为1500～2000毫米，是全国雨量最丰沛的区域之一，蒸发率较低，地质上又多为不透水的花岗岩、流纹岩和变质岩系，所以地下水位较高，水源充足。珠江是我国第五长河，由西江、北江、东江汇合而成，以西江为干流。此外，粤东地区还有韩江、榕江、漠阳江、鉴江、九洲江、南渡江、昌化江等许多独流入海的河流。珠江的入海处，是一块富饶的三角洲。洲内河汊极多，水道纵横，交错密布，呈网状水系，形成了岭南地区生命的脉络。正是这些河流、湾汊构成了岭南葱郁秀美的自然环境，为一切经济、文化和社会生活，提供了充足的水资源，也是讲究融合自然山水的中国古典园林必备元素。

位于珠江口的海山仙馆，"泛沙棠而沂珠江兮，乃放棹乎荔湾。何繁林之嶒嶙兮，抱明漪以漩还。"[②]紧邻珠江，处于湿地湾汊的荔湾之边，有着充沛的水源。"乐百卉之荣滋，值林为苑，因河为池。"[③]"遂乃风举云摇，奄薄水渚，烟霏雨散，分背迴塘"[④]的景象。有了珠江不息的水源，海山仙馆就有了生命线，"导清流而为治兮，擢千茎之菡萏。区方塘而作田兮，蓄百亩之菱芡。傍回堤以启路兮，乍断岸而架梁。"[⑤]完全符合计成提出的"水浚通源，桥横跨水"[⑥]城郊造园理念，成为了典型珠江水系总汇之处水景园。由园林再进入城市化阶段将是迟早的事（图9-2）。

19世纪中期，美国人亨特所著的《旧中国杂记》更是清楚地讲道："珠江的一条支流，我们管叫它北江，从园子的整个西边流过。沿江

图9-2　海山仙馆遗址由河海江湾走向城市化[⑦]

① 符实. 爱国诗人张维屏在芳村. 芳村文史第六辑，花地集[EB/OL]. http://www.gzzxws.gov.cn/qxws/lwws/lwzj/fcd6.
② 曾昭璇. 广州历史地理[M]. 广州：广东人民出版社，1991：398.
③ 黄汉纲. 海山仙馆文物查访记[M] //罗雨林. 荔湾风采. 广州：广东人民出版社，1996：96.
④ 谭宗浚. 荔村草堂诗钞·六自注.
⑤ 张维屏. 艺谈录. 广州：粤东富文斋.
⑥ 陈以沛，陈秀瑛. 潘仕成与海山仙馆石刻[M] // 罗雨林. 荔湾风采. 广州：广东人民出版社，1996：109.
⑦ 郑梦玉. 南海县志[M]. 卷1，第2页，宣统三年. 来源于国家图书馆数字方志. http://mylib.nlc.gov.cn/web/guest/search/medaDataObjectDisplay?metaData.lId=954072&metaData.id=949591&IdLib=40283415347ed8bd0134833ed5d60004&pagenum=13.

很宽阔的地带铺了石头，作为登岸的码头。"①清代珠江江面广阔，西关地区江面，可在今黄沙大道以西。潘园之北延至泮塘。清人谭宗浚道：建于墨砚洲、郑公堤之上有荔枝园，"其地后入潘氏园，今村人亦罕能认其故址者"②。郑公堤位置，见曾昭璇《广州历史地理》一书附图，南北走向，大体与荔湾涌平行相近，其北段应在今荔湾湖公园西南部。唯东界（低洼隔离带）待考。

9.1.4 从气象地理角度：海山仙馆是亚热带季风气候北回归线上的经典园林

地球北回归线上植被较好的地区不多，唯有岭南是块山清水秀之地。岭南指"五岭"以南，包括广东、广西东部、海南、南海岛屿。这里最冷月平均气温≥10℃，极端最低气温≥-4℃，日平均气温≥10℃的天数在300天以上。多数地方年降水量为1400～2000毫米，是一个高温多雨、四季常绿的热带-南亚热带区域，滋养着青山绿水及生灵万物。气候是伟大的缔造者，自古以来，不仅人类的文明仰赖于气候的恩赐而形成、发展与变化，气候也塑造出千姿百态的自然风貌。岭南的气候，在全国有着独特的优势。地表侵蚀割裂强烈，丘陵广布。在长期高温多雨的气候条件下，丘陵台地上发育有深厚的红色风化壳。在迅速的生物积累过程的同时，还进行着强烈的脱硅富铝化过程，成为我国砖红壤、赤红壤集中分布区域。河流是气候的产物。珠江流域年降水量为1500～2000毫米，比长江流域几乎多1倍，径流量大，河汊密布。珠江三角洲兼具多种地形，有孤山、丘陵、台地、谷地，为人类开发活动提供了多种资源和空间。丰沛的降水、多样性的地貌，丰富的植物种类，为追求"虽有人作，宛自天开"的中国古典园林提供了优越的自然环境。"我闻罗浮四百四十峰，峰头都作青芙蓉；又闻粤江三十有六重，江边香草多兰蔻。"③海山仙馆在此峻山秀水的粤东，顺应自然、师法自然，凭借着"真水真山，不徒以楼阁华整、花木繁缛称也"，却达到了"以我之自然，合其物之自然"④的境界，符合中国古典园林"境仿瀛壶，天然图画，意尽林泉之癖，乐余园圃之间"⑤的造园主旨。北回归线从市区横穿而过，海山仙馆名副其实为南亚热带季风气候北回归线上的特色园林代表。

9.1.5 从世界地理角度看：海山仙馆是海洋文化圈与大陆文化圈的相切点

"文化圈"作为文化传播形成的文化场，指具有相同文化特质、文化结丛的文化群体所构成的人文地理区域。海洋文化，就是缘于海洋而生成的文化，也即人类对海洋本身的认识、利用和因有海洋而创造出来的精神的、行为的、社会的和物质的文明生活内涵。

海洋文化中崇尚力量的品格，崇尚自由的天性，具有其强烈的个体自觉意识、竞争意识

---

① 威廉·亨特. 旧中国杂记[M]. 沈正邦，译. 章文钦，校. 广州：广东人民出版社，1992.

② 谭宗浚. 荔村草堂诗钞·六自注.

③ 钟俊鸣，曾宝权. 走进西关[M]. 广州：广东人民出版社，2001：8.

④ 同③。

⑤ 同①。

和开创意识，都比内陆文化更富有开放性、兼容性、冒险性、神秘性、开拓性和进取精神。海洋文化含商品意识、交流意识以及由航海、造船等因素引起的对天文、气象、数学的重视直到对自然科学的重视等等。

大陆文化是指以大陆为背景的文化。大陆文化是农业文化，海洋文化则是商业文化，两者代表人类文明两个不同的发展阶段与发展水平。海洋文化无疑更具有人类生命的本然性和壮美性：其硬汉子强人精神，其崇尚力量的品格，其崇尚自由的天性，其强烈的竞争冒险意识和开创意识，其激情与浪漫，值得颂扬。

人们常说海洋文化是"蓝色文化"，"蓝色"的"色彩"属性就是海洋文化的属性。海洋文化与海洋密不可分，但并非凡是沿海地区的人群都具有海洋文化精神，沿海只是具有海洋文化精神的必要条件，但还不是充分条件。它还与特定的历史传统、特定的生计方式及产业结构相联系。即使同属海洋文化区域，其海洋文化精神也有强弱之分。海洋文化与大陆文化是相互影响、相互融合、相互促进的。

如果把大陆以外的海洋假想成一个广义的"圆"——"海洋文化圈"，那么把大陆也可假想成一个广义的"圆"——"大陆文化圈"。当这两个"圆"发生"相切"关系的时候，这个"切点"在哪里呢？发生第一次相切的时候是清朝十三行"一口通商"时期，第二次相切的时候是"改革开放"的初期。这两个时期的"切点"都是广州，在此发生文化的碰撞、贯通、交流、融恰的现象，再以"切点"为辐射中心或衍射中心，以一定的"梯度"向内、向外传播海洋文化和大陆文化。第一个时期，产生了融合海洋文化特色的海丝贸易和行商园林，第二个时期，出现了岭南园林与外来园林充分交流，大量"进出口"的盛况。这种文化传播地理学现象是很有研究价值的。

9.1.6 从植物地理赏析，海山仙馆沿袭了戏剧性的千年的荔枝文化景观

荔枝是我国的特产，今南昆山、海南还有野生荔枝为证。据记载，南越王尉佗曾向汉高祖进贡荔枝，足见当时广东荔枝已为世上佳果。它的栽培，迄今已有长达2000多年的历史。古代记载荔枝的书，现已知的共有13种。蔡襄的《荔枝谱》不仅是我国，也是世界果树志中，著作年代最早的一部。荔枝生长于亚热带，常绿乔木，高可达20多米，偶数羽状复叶，圆锥花序，花小无瓣，绿白或淡黄色，有芳香。果圆形，果皮多鳞斑状突起，颜色多呈鲜红色或紫红色，果肉半透明凝脂状，味香美。属无患子科植物，我国海南、广东栽培最多，其次是福建、广西、台湾；四川、云南、贵州和浙江南部也有少量栽培。

我国荔枝品种有140多个，尤以广东荔枝为佳，正如白居易在他的《荔枝图序》中曾描述的那样："壳如红缯，膜如紫绡，瓤肉莹白如冰雪，浆液甘酸如醴酪"。荔枝果的直径一般3～4厘米，重十几到二十几克，温度保持在1～5摄氏度，可保存30天左右。

有关荔枝的故事很多早已家喻户晓。汉武帝曾筑扶荔宫，企图把荔枝移植到长安。魏武帝因不曾尝到荔枝味而被明代屈大均笑话。唐朝东京洛阳千门万户次第开，"一骑红尘妃子笑，无人只是荔枝来"。宋徽宗时，福建"以小株结实者置瓦器中，航海至阙下，移植宣和

殿"，成功与否再无记载。明代文征明有《新荔篇》诗，说常熟顾氏种活了几株，"仙人本是海山姿，从此江乡亦萌蘖"。但究竟活了多久，并无下文。只有身入种植区现场的苏轼有口福，诗云："罗浮山下四时春，卢橘杨梅次第新。日啖荔枝三百颗，不妨长作岭南人。"

史上留有荔枝诗（文）的诗人特别多。汉代司马相如、东汉王逸，唐朝杜甫、白居易、杜牧、韩偓、徐夤、薛涛，宋代曾巩、苏轼、王十朋、宋徽宗、李纲、张元干、陆游、杨万里、黄庭坚等。明清两代，作品更多。如广州荔枝湾唐荔园落成，开园结社征诗，便有咏荔诗1000多首。荔枝俗称"百果之王"，荔枝树木和果实被作为审美对象，是当之无愧的。

海山仙馆所在一带唐代开辟有"荔园"，有唐末诗人曹松于咸通年间（860—873年）《陪南海郑司空游荔园》诗为证。五代时期，荔枝湾更有南汉国的皇家御苑——昌华苑，每年荔子熟时大摆"红云宴"的故事史上有名。北宋开宝年间（968—975年）南海主簿郑熊著有《广中荔支谱》。清代，潘园所在地原有虬珠圃（又称虬珠园，罗雨林《荔湾明珠》1998）。清嘉庆末年，"荔枝湾有南海丘氏（即邱熙氏）所构竹亭瓦屋，外护短墙，为游人擘荔之所。道光初年，阮福（阮元之子，后任甘肃平凉府知府）惜唐代广州名园'荔园'"，"不彰也，因更名之曰'唐荔园'"[1]。阮福款识中有"甲申（1824年）夏唐荔园落成，偕同人来游"[2]句。时任广东佛冈司狱的清代著名书画家陈务滋于道光四年（1824年）绘有《唐荔园图》两幅。其一唐荔园全景，附陈务滋楷书《唐荔园记》。另一图为纸本设色，绘唐荔园一角，同卷有黄鹄举《唐荔园图》。后卷有两广总督阮元题跋："红尘笔墨宴红云，二百余载荔子繁。十国只知汉花坞，晚唐谁忆咸通园。"[3]

唐荔园落成于道光四年（1824年），鼎盛期为道光六年（1826年），至道光十年（1830年）以后易名，为潘仕成之产业。潘园守住了广府荔枝文化地理圈的边界，很好地继承了广州的荔枝文化。学海堂学长谭莹有诗，刻画了荔枝湾的水乡风情："霞树珠林今何在？岭南从古荔枝多；凭君载酒村村去，绿叶蓬蓬隔一河。"

9.2 海山仙馆珠三角的地理文化景观特色

中国古代园林发展至清代，已高度成熟。从总体布局、空间组织、建筑风格上，形成了不同特色的三大类型，即：南方类型，又叫扬子江类型，集中在长江下游的苏州等地；北方类型，又叫黄河类型，集中在北京、西安等古都；岭南类型，又叫珠江类型，集中在广州、潮州等地。陈泽泓先生这一提法正与先前北方皇家园林、江南私家园林、岭南商家园林分类相对应。但许多园林史专著，记述前二类者多，或虽记述后者，却言必称广东清代四大名园（清晖园、余荫山房、梁园、可园）。其实，海山仙馆较之岭南"四大名园"，不仅各有千秋，而且在更多方面集中体现出了岭南珠江文化与海洋文化交汇的特色。

---

① 阮福. 唐荔园记[M]// 阮元. 揅经室集. 上海：商务印书馆，1937.

② 同①。

③ 同①。

岭南园林虽后起于北方、江南园林，但在总体布局、空间组织、水面运用、花木配植等方面，既吸收了北方、江南园林的一些技巧，又有自己独特的个性。这正是岭南文化善于吸纳四海之精华，荟成一家之特色的具体表现。海山仙馆就是这样的一个典型代表。

9.2.1 直接与江海相连的园中水系

因海潮可直达荔枝湾，园中不免要有克服海潮水文现象的景观设施。控制水闸就因地制宜出现了。利用近海靠江及当地西关河涌网络之利，园中整理出"一大池，广约百亩许，其水直通珠江，隆冬不涸，微波渺弥，足以泛舟"[1]。潘园水广为足，另有造山之举。一池三山，因势而成。这里既出现海水倒灌的现象，又有珠江泥沙淤积沉淀的现象，为此园内设置高架游廊就是自然而然的事了。由高架廊生成的水景别有一番风味，长且高，傲立于水上，构成了潘园最为突出的、富有动态感的一道风景。这是潘园较其他岭南名园较特殊之处，"真山真水，不徒以有楼阁华整、花木繁缛称也"（俞洵庆《荷廊笔记》）。

9.2.2 无需小中求大的湖海景观

雍正十一年（1733年）至乾隆三年（1738年），广东省府的海图状况如图9-3所示。潘氏精心布设园林中的建筑，其实地处"南滨潮汐地，岛屿浮如鹜"[2]的河海湾地带。

原先的唐荔园，"构竹亭瓦屋""编竹为篱、依村为幄"[4]，虽有野趣，但与扩建后的大园显然风貌气势不符。因此，潘氏在江海水阔基础之上，始营园林建筑，以壮其雄，以增其妙，为之达到我国古典园

图9-3 海山仙馆故址为古河海大湾区[3]

林造园家所提出的"可行、可望、可游、可居"的艺术境界标准。为什么园中能建高数百尺的"雪阁"，耸于树丛之上，就是因为园林水面辽阔"轩窗四开，一望空碧。""东有塔，高五级，悉白石所砌。西北一带曲廊洞房，复十余处"，俯仰、借对、联络、开闭之景观关系组织得恰到好处。"如画林亭花四壁，真山楼阁海三山"。潘仕成在园内布景，独创岭南园林直接师承之渊源。园内建眉轩、雪阁、小玲珑室、文海楼等，以小桥、长廊贯串，点缀有致。即使遍游天下胜景的文人何绍基，对海山仙馆亦赞赏为："第一名园，海山仙馆，好景

---

① 俞洵庆. 荷廊笔记·卷2，清光绪十一年，羊城内西湖街富文斋承刊印，第12页。

② 录自陈恭尹《独漉堂集·小禺初集》。

③ 广州古城历史地图，http://www.360doc.com/content/10/0409/17/161879_22278739.shtml.

④ 张维屏. 艺谈录. 广州：粤东富文斋。

无数包藏"。并且屡将潘园与苏州园林相媲美，其诗注谓："园景淡雅，略似随园、邢园，不徒以华妙胜，小艇（曰'苏舸'）也仿吴门蒲鞋头样。"[1]

9.2.3 适宜气候特点的生物地理

海山仙馆毕竟有别于江南园林，特具岭南气候植物审美特色。比如，庭园中喜用水，因有广阔的水面，建筑物组合方式灵活，通过轩、阁、室、楼、廊的命名与布局，相对开放通透；园林与住宅结合为一体，不仅可以游赏，还可以供客人住宿。更为突出的是园中林木观赏的岭南特色。在唐荔园的基础上扩建的荔香园，其得名就源于园内依然遍布荔枝。海山仙馆内有副楹联："海上有三山，风景依然，玉箫何处？岭南第一景，黄梅时节，红荔湾头。"可见荔枝为此馆一大风光特色。从总体上看，此园不同于江南园林的小巧玲珑、精雕细琢，而在于返璞归真，追求一种源于自然、高于自然的海山仙境。《荷廊笔记》谓凉榭"三伏时，藕花香发，清风徐来，顿忘燠暑。园多果木，而荔枝树尤繁"。其楹联曰："'荷花世界，荔子光阴'，盖记实也"，又谓："在宽敞花园里，遍种荔枝树，绿荫处处，丹荔重重，高阁层楼，曲房密室，掩映在绿树丛中，仿如世外桃源、人间仙境。"内外环境良好的园林建筑设计和安排就有更大的自由度，因为处处有景可借、有绿可衬、有荫可依、灵心秀韵、浑然天成[2]。

9.2.4 看好种殖地理的果木特色

岭南典型的水果有荔枝、龙眼、橄榄、香蕉、柑橘、芒果等，还有观赏性木本花卉等。如此丰富多样的植物，是人工造园不可多得的原料。海山仙馆在"广州城外濒临珠江之西多隙地"的荔湾，"攒布水蔌，侧生荔枝，杂天采于柔荑，越香掩掩，曜朱光于白水。珍树猗猗，息彼长林，羡芳之远畅，临此洪渚，嘉美名之在兹。则有阴林巨树，轮囷离奇，素叶紫径，倾崖倚伏，野每春其必华，木即繁而后绿，殊品诡类。"[3]海山仙馆借助多样的植物种类，构成了"翠樾森以翳日兮，风篁摎蔼而蝉蜎。莳杂花之狼藉矣，铺秀卉之芊眠"[4]的美景。佳果良禽入园妙有江烟水意。

美国人亨特是这座馆园的亲见亲历亲知者，其所著《旧中国杂记》说："这是一个引人入胜的地方。……这里到处分布着美丽的古树，有各种各样的花卉果木，像柑桔荔枝以及欧洲见不到的果树如金桔、黄皮、龙眼，还有一株蟠桃。花卉当中有白的、红的和杂色的茶花、菊花、吊钟、紫莞和夹桃。跟西方世界不同，这里的花种在花盆里，花盆被很有情调地放在一圈一圈的架子上，形成一个上小下大的金字塔。碎石铺就的道路，大块石头砌成的岩洞上边盖着亭子，花岗石砌成的小桥，跨过一个个小湖和一道道流水。"在浓荫绿水之间，

---

① 陈以沛，陈秀瑛. 潘仕成与海山仙馆石刻[M]// 罗雨林. 荔湾风采. 广州：广东人民出版社，1996：109.

② 钟俊鸣、曾宝权. 走进西关[M]. 广州：广东人民出版社，2001：8.

③ 许祥光. 选楼集句·卷2，清道光二十年，第7-8页。

④ 广州市荔湾区文化局，广州美术馆. 海山仙馆名园拾萃[M]. 广州：花城出版社，1999：41.

构筑"有白鹿洞，麋鹿（当时为野生动物）数头。复仿都中辘车制为数车（辆）来往园中"动态赏景。还养有孔雀、鹤鸟、鸳鸯等各种各样的鸟类，更使园林增添一种山林活趣。

客住海山仙馆的何绍基，深得此园韵味，其词写出此园意境："寻荔枝香处，醉倒金波""一片荷花如海，有无限绮丽风光。重携酒，慢摇苏舸，贪为荔支境"。他的"妙有江烟水意，却添湾上荔支多"，一语道出此园与江南园林的最大不同点。而冼玉清撰文描绘该园，"缭绕四周，广近百亩。芰荷纷敷，林木交错。亭台楼阁无多，而游廊曲榭，环绕数百步，沿壁遍嵌石刻，皆晋、唐以来名迹"。道出园之广、林木繁密，且文化氛围浓郁，实乃学者之眼光也。

9.2.5 中西合璧的地域建筑文化

作为行商园林，多珍多宝，既有传统民族形式的建筑陈设，又引进了西方的建筑装饰手法，尤以海山仙馆最为典型。亨特在《旧中国杂记》中记述了泮塘潘园：砖墙围绕，暹罗柚木做的双重厚重大门上画有两个和生人一般大小的古装人像，一文一武两个"门神"，"弯弯的屋顶上边有雕刻的屋脊，屋脊的中央有一个大大的球形或兽形的东西，看上去很醒目"。这些屋脊装饰是中国式屋顶之特征。"房屋通常是三间并列，用间壁隔开，有时也用镂花木雕，雕刻着花鸟或乐器。相通的门都挂着富丽的门帘，三间房中，有一间是作为书房，里边有布面装订的书籍，放在一些式样奇特的书架上。那书架很像我们工字形装饰"，房中各处还点缀着一些古代的青铜器、香炉、昂贵稀有的瓷花瓶，此外还收藏有古钱、书画、兵器、乐器。乐器中有一架"天蠁琴"是唐代四川雷氏名师所造，当年著名诗人韦应物使用的遗物，被尊为"广东四大历史名琴"之一。这些古玩陈设以及空间分隔的手法，都有中西文化结合的元素和互相包容的情调。园宅藏古辑今，崇文好艺乐技。

9.3 海山仙馆粤港澳大湾区地理文化景观

以粤港澳大湾区为背景，海山仙馆具有大湾区地理文化特色，其中的动因在于其文化机能涉及我国澳门、香港。文化是人地关系的具体表现形态。文化地理学是研究人类文化的空间组合、人类活动所创造的文化在起源、传布方面与环境的关系的学科。它具有历史的延续性，同时在地球上占有一定的区间，是人类社会环境的组成部分。[①] 海山仙馆文化地理学的研究，旨在探讨与此相关的地域人类社会的文化定型活动，人们对其地理景观的开发利用和影响，园林文化精神在改变社会生态环境过程中所起的作用，以及该园所在区域的文化继承性、人类文化活动的空间变化特性。以研究地球表面园林文化为对象的园林文化地理学，既是文化学的一个组成部分，也是人文地理学的重要分支。

海山仙馆是在岭南帝王苑囿遗址地带，集中了岭南园林艺术最高成就，吸收了西方制造

---

① 迈克·克朗. 文化地理学[M]. 杨淑华，宋敏思，译. 南京：南京大学出版社，2005：8.

技术成果而建成的集养殖、种植、观赏、交游、居住、著述、刻石、印刷、出版、收藏、宴宾、商务、外交谈判等多功能于一园的大型园林，是岭南古典园林发展史上最后辉煌的杰作，中西园林技术相互交流的首批样板作。它在中国社会制度转型期，于上层社会活动、上层文化活动，中外交往活动中发挥了积极的作用。

9.3.1 南国一隅的海山仙馆成主流文化的热土与皇室权力涉足的场所

粤港澳统属一个地理大湾区，当时名义都属大清管辖。海山仙馆极富文化韵味，自能吸引文人名士。冼玉清谓"一时墨客骚人，文酒之会，殆无虚日"。游园方式有绿荫陆路连廊无数。有水道香舟漫游湖涌"直通珠江"。水上游艇曰"苏舫"；陆上有类似京城的"出租车"：骡游。翁同书为此撰联：

> 珊馆迴凌波，问主人近况何如，刚逢官韵写成，丛书刊定；
>
> 珠江重泛月，偕词客请游莅止，最好藕花香处，荔子红时。

与潘仕成来往的，不但有岭南名士张维屏等名流，也有入粤学者，如前文多次提及的何绍基。何绍基曾两次入粤，第一次是道光二十九年（1849年）以副考官身份来广东主持典试，应潘仕成招饮海山仙馆，一口气作诗四首，表达了对潘仕成之治学与为人的推崇。

与潘仕成来往的不止文人墨客，更有不少政界显达。仅《尺素遗芬》收入与他书信来往的贵交即有111人，全是鸦片战争前后当朝名宦显贵、地方政要和科第才子。钦差大臣、海关总管都是皇亲国戚，把控"天子南库""天下珍宝"。据潘仕成之子潘国荣对手书人的注释统计，其中有相国王鼎等8人、太史6人、尚书8人、侍郎10人、制军（总督）如林则徐、邓廷桢、祁项等18人、方伯（布政使）11人，中丞（巡抚）13人，曾在翰林院任殿修、修撰和编者59人等。这些人与潘仕成多有公、私往还，过从颇密。海山仙馆成为吏官文化活动场所与主流文化热土势在必然。

9.3.2 海山仙馆在粤港澳国际社会舞台上扮演了重要的角色

外国人来华大多先达港澳再进广州，离穗必过港澳再回国。海山仙馆在当时的国际社会舞台上扮演了重要的角色，说它是个"国宾馆"、涉外招待所也不为过。清代来华的美国人亨特很敏感地注意到："外国使节与政府高级官员、甚至与钦差大臣之间的会晤，也常常假座在（潘园）这里进行。"[①]

潘氏出书极有务实精神，主动吸收西洋文明技术。他收入西洋译著利玛窦《几何原本》李之藻《同文算指》《圜容较义》等，也有传教士编的《外国地理备考》、医书《医药经验良方》等书籍。澳门、香港作为西方的交接据点，不仅来华的人员、货物均需由此接驳转

---

① 威廉·亨特. 旧中国杂记[M]. 沈正邦，译. 章文钦，校. 广州：广东人民出版社，1992.

船，且在信息传播、书籍进出口方面，海山仙馆跟港、澳不无瓜葛。海山仙馆石刻《尺素遗芬》收有清代名流显达林则徐、吴荣光、邓廷桢、骆秉章等96人与潘任成来往手书[1]，可考鸦片战争前后广东海防、武器引进系等方面，海山仙馆与港澳的来往情况。

9.3.3 园林新型材料技术开风气之先的国家前沿地理口岸门户

值得指出的是，海山仙馆还有一些不同传统的建筑装饰。"地板是大理石的，房子里也装饰着大理石的圆柱"；"走廊都有圆柱和大理石铺的地面"；"极高大的镜子、名贵的木料做的家具漆着日本油漆。天鹅绒或丝质的地毯装点着一个个房间。……镶着宝石的枝形吊灯从天花板垂下来"。[2] 这些新型材料、设备皆因广州为开风气之先的国家前沿地理口岸门户，有对外物资、技术交流的方便优势，得以最先用于行商园林之中，表现出海山仙馆具有时代风格承上启下转型的特征（图9-4）。

海山仙馆部分遗址地带

图9-4 当今公园管理应有国际化的思维方式

这一时期的中国园林，只有北京皇家圆明园和广州商家园林是大陆最早引进西方机巧器物和新型材料的典例。然而，两者又各有不同的思想背景和设计手法，值得进一步比较研究。北方是西人亲自参与设计施工，一切概从西式，自立一隅，形成异域风光；岭南商家园林则吸收外来文化，由中国工匠灵活运用于中国园林自我本体之中，形成新的艺术特色。

9.3.4 同宗同源的大湾区岭南园林文化滋孕生长不衰的发祥地

自秦汉南越国始，陆贾驻扎泥城培育泮塘五秀，栽培荔枝，带有建设性的治理活动，经南汉开辟皇家御苑，延至明清私家园林荟萃，港澳200年来也保留或出现了类似的园林作品和景观元素（图9-5）。上下2000年，岭南园林艺术的繁花硕果滋生蔓延，几无停歇。伴随着城市化的进程，岭南园林在此不断新生焕发、延绵不绝，不可不令人思考这个中的园林地理机制在发挥内在的作用。尤其海山仙馆时期，虽然本身乃其昌也速、其败也速的悲剧个案，但其生生死死前前后后却构成了一个岭南园林的生长期或文化圈大系统（表9-1）。

① 陈玉兰. 尺素遗芬史考[M]. 广州：花城出版社，2003.
② 威廉·亨特. 广州番鬼录[M]. 广州：广东人民出版社，2009.

图9-5 澳门三名园之一的卢廉若私家花园

海山仙馆时期西关荔枝湾私家园林（彭伟卿制）　　　　　　　　　表9-1

园名	修建者（身份）	修建时间	位置	出处（著者）
虬珠圃	邱熙（富绅）	道光	城西荔湾，前身为唐荔园	《番禺县志》（任果）； 《广东新语》（屈大均）
海山仙馆	潘仕成（行商）	道光	今荔湾湖公园海山仙馆遗址	《广州城坊志》（黄佛颐）； 《广州通志》（阮元）
小田园	叶梦龙（文官）	光绪	与海山仙馆相邻	《番禺县续志》； 《广州城坊志》（黄佛颐）
彭园	彭光淇（文官）	道光	原为海山仙馆的一部分，今广州市第二人民医院后	任果《番禺县志》； 《广州通志》（阮元）
陈园	陈花村	道光	原为海山仙馆的一部分	《番禺县志》（任果）
君子矶	李云谷	道光	建于荔枝湾莲塘上，唐广十三亩，有"卍"字桥架于莲上	《番禺县志》（任果）
荷香别墅	招书	—	柳波涌近珠江处	《广州通志》（阮元）
吉祥溪馆	熊景星（举人）	—	柳波涌附近的吉祥溪上	《岭南史地与民俗》（曾昭璇）
磊园	颜时瑛（行商）	—	今十八甫	《广州城坊志》（黄佛颐）
天开图画阁	叶梦龙（文官）	—	沙基西，今六二三路以西黄沙附近	《广州通志》（阮元）
听松园	张维屏（诗人）	道光	今荔湾松基直街	《番禺县志》（任果）； 《岭南杂记》（吴震方）
西畴	吴光禄	光绪	城西荔湾	《番禺县志》（任果）； 《广东新语》（屈大均）
景苏园	杨守敬	光绪	城西荔湾	《广州通志》（阮元）
环翠园	蔡廷蕙（行商之子）	光绪	今荔湾区环翠园小学一带	《广州城坊志》（黄佛颐）； 《广州府志》（戴肇辰）
小画舫斋	黄景棠	光绪（1902年）	龙津路逢源大街21号	《番禺县志》（任果）； 《岭南史地与民俗》（曾昭璇）

广州"一口通商"体制的运作，体现了清政府欲把中国农耕地理经济与西方海洋地理经济的互动控制在特定范围内，实行防夷与抑商抑民结合的政策。但迅猛发展的中西贸易也使中国产品第一次成为全球性商品，大规模、全方位的中西交往须进入深化开放阶段。广州港属"河海港"的地理特征。海山仙馆在这个海上丝路东方河海港的文化地理体系中扮演了有趣的角色。

10

时空意象景观特质与相地分析

海山仙馆的时空范围正处在中国门户开放城市的扩张地带，其间包含了我国古代史与近代史交接的两次鸦片战争。其园林特色较之岭南"四大名园"，不仅各有千秋，而且在更多方面、更大规模上，体现出岭南地域性文化承上启下的特色、海洋文化开放性特色，更显重要的文化建树和历史地位。

海山仙馆由十三行行商潘仕成始创并精心经营了大半辈子，作选址相地分析，所生时空意象就是一座多姿色、多内涵的艺术家园。清道光、咸丰、同治年间，曾赢得"蓬岛仙山、花林秘宝，珠江之胜、岭南之冠"等美誉，堪称南国罕有的文化瑰宝。又因该园与十三行外贸、外交活动有关，率先融汇中西文化、备尽华夷所有，一时声驰朝野、名动中外。

10.1　海山仙馆的时空坐标

时空是时间与空间的简略集合名词，时空是物质运动的方向和速度。在力学和物理学中，这些概念是从对物体及其运动和相互作用的测量和描述中抽象出来的。时、空都是绝对概念，是物质存在的基本属性；但其测量数值却是相对于参照系而言的。"时间"表达事物的生灭排列；"空间"表达事物的生灭范围。在哲学上，空间和时间的依存关系表达着事物的演化秩序。涉及周易里的"乾坤"，道家的"道"以及儒家的大成智慧。[1]

时空条件本是事物存在的基本形式和重要的客观依据。对事物进行历史地理的时空界定，在人文科学研究领域，有时能产生某种背景烘托之美的作用；在工程技术研究领域，也可起到表现某种纵横比较发展动态之美的效果。

10.1.1　海山仙馆的兴废时间

海山仙馆始筑年代未见明确文献记载。《荔湾大事记》谓："嘉庆道光年间，绅士潘仕成于广州西郊荔枝湾建'海山仙馆'。"[2]清嘉庆道光间历时55年，此说不够精准。陈泽泓先生考：原置海山仙馆内的石刻"德畬七十小像"（今存越秀山广州美术馆碑廊），题记下款为"同治癸酉夏日荣禄大夫潘德畬自记"。癸酉年为同治十二年（1873年），潘氏自叙70岁。习以虚岁计，则潘仕成生卒年当在清嘉庆九年（1804年）至同治十二年（1873年）。嘉庆末年，潘仕成年纪只在十五六岁，尚没考取"功名"，未成绅士，嘉庆年不太可能经营海山仙馆。至道光十二年（1832年），28岁的潘氏那年才考中顺天乡试副贡，同年钦赐举人，特授刑部郎中后，方始有所作为经营海山仙馆。据此说来潘仕成亲自经营此园当为1832年之后。

海山仙馆所在一带原有虬珠圃（又称虬珠园）[3]。清嘉庆末年，"荔枝湾中有南海丘氏（邱熙氏）所构竹亭瓦屋，为游人擘荔之所，外护短墙，题曰'虬珠圃'"。道光初年，阮福（阮元之子，后任甘肃平凉府知府）因唐代广州已有名园"荔园"，"福惜唐迹之不彰也，因更

① 中国大百科全书编委. 中国大百科全书[M]. 北京：中国大百科全书出版社，2009：91-93.

② 荔湾区志办. 荔湾大事记[M]. 广州：广东人民出版社，1994：4.

③ 罗雨林. 荔湾明珠[M]. 北京：中国文联出版社，1998.

图10-1 《唐荔园图》原生摹本景象

名之曰'唐荔园'"[①]。更名之后，对原有虬珠圃有一番修葺，故阮福款识中有"甲申（1824年）夏唐荔园落成，偕同人来游"句[②]。时任广东佛冈司狱的清代著名书画家陈务滋于道光四年（1824年）绘有《唐荔园图》两幅，加上题跋，成两卷。其一为绢本设色，绘唐荔园全景，并附陈务滋楷书《唐荔园记》；另一图为纸本设色，绘唐荔园一角，黄鹄举题《唐荔园图》（图10-1）。后一卷有两广总督阮元题跋："红尘笔罢宴红云，二百余载荔子繁。十国只想汉花坞，晚唐谁忆咸通园。"[③]赞唐荔园诸题跋下款时间在道光四至十年（1824—1830年）。从题跋内容看，唐荔园落成于道光四年，至道光十年易名，为潘仕成之产业。

潘氏自述，海山仙馆石刻施工时间，"自道光九年（1829年）至同治五年（1866年）止，前后延续三十七年"。按此推算潘仕成在道光九年为25岁，海山仙馆辟馆本不应迟于石刻开工时间，只能解释为由潘仕成家族在道光九年（1829年）之前已购下唐荔园，并着手准备辟园大兴土木[④]。此说如成立，则海山仙馆辟馆构思当在道光十年（1830年）之前抑或就在道光九年（1829年）。

海山仙馆废于何时，也未有确切记载。同治二年（1863年），诗人何绍基第二次入粤曾客住海山仙馆，其笔下记述之园林秀色可人，咏园诗词未见有苍凉之感，说明园林仍有生机。[⑤]据《荔湾大事记》讲道：同治十年（1871年），钟觐平等人以白银38000两购潘仕成故宅以倡建爱育善堂，说明园始破败。园主获罪之时，已为风烛残年的古稀老人，"未几卒"。潘家被抄，全园被拍卖瓜分，"未一二年，则园舍已犁为平地，所余惟颓垣败瓦。"[⑥]由此推断海山仙馆的存在时间，从道光十年（1830年）至同治十二年（1873年），四十余年耳。

① 阮福. 唐荔园记[M]// 阮元. 揅经室集. 上海：商务印书馆，1937.

② 同①。

③ 同①。

④ 陈以沛，陈秀瑛. 潘仕成与海山仙馆石刻[M]// 罗雨林. 荔湾风采. 广州：广东人民出版社，1996：115.

⑤ 宣统年番禺县续志·卷三。

⑥ 莫仲予. 籍没后之海山仙馆[M]// 李俊权，等. 粤海挥麈录. 上海：上海书店，1992：101.

10.1.2　海山仙馆的位置印象

首先，看历代文献对位置的推想。宣统年《番禺县续志·潘仕成传》谓潘仕成"创筑荔香园于西门外泮塘，颜曰'海山仙馆'，依据缘于园门额题"。李小松谓潘园"旧址在广州荔枝湾，今市二人民医院后院。民国初年为彭园与荔香园一溪之隔。"[1]后二两者皆为潘园遗存部分。

宣统年《南海县志·杂录》说潘园"在泮塘"。台湾祝秀侠的《海山仙馆与清晖园》则讲：潘园"在城西（南汉）昌华宫苑旧址"。《广州市文物志》"海山仙馆丛帖石刻"则记潘园"在泮塘荔枝湾"。新《番禺县人物志·潘仕成》中记载：潘园"在西关外宝珠炮台西南"。《羊城今古》有李云谷"海山仙馆的盛衰兴废"一文云：潘园在（今日）荔湾颜家巷至莲庆桥一带。荔湾文史集体创作室编的《荔湾文史》说潘园"在荔湾之西，即今市二人民医院及对岸的一大片地方。也就是民国时期著名的荔香园、彭园、陈园、刘园、小画舫斋等地方。"台湾《广东文献·荔枝湾长忆》却道潘园"在荔枝湾头"。广州《荔湾文史·荔枝湾史话》则又说："在现今多宝路，即原时敏路段内，恩宁路以西，蓬莱路以北，黄沙大道以东一带。"北至龙津西路尾及恩宁路以南，都成了海山仙馆所在地的范围。1844年法国人埃及尔·于勒从园内望民宅区拍摄的照片应为入口反方向的景象（图10-2）。

"由海山仙馆向西看，是珠江和来往不绝的船只；向东望是西关民居和古老的广州城墙；北面是绿色的田野、起伏的山峦和分散的村庄；南面是叶氏小田园和停着外国商船的白鹅潭。"[2] 今荔湾湖水域面积为17.1万平方米，折约260亩。而海山仙馆水域为"一大池，广约百亩许"[3]。水面面积不及今荔湾湖水面之半，且现状荔湾湖乃1958年人工挖竣而成，所以海

图10-2　从潘园内望园外东北向景象
（1844年于勒 摄）

---

① 李小松. 潘仕成和海山仙馆[Z]. 政协番禺县委员会，1986：173.

② 卢文聪. 海山仙馆初探[J]. 南方建筑，1997（4）：36-44.

③ 俞洵庆. 荷廊笔记. 广州：羊城内西湖街富文斋，1885（清光绪十一年）.

山仙馆不等于今之整个荔湾湖，因为陆地面积没有详细考虑。

其二，以邻园为参照坐标判断。当时荔湾湖的园林，不只潘园，与之比邻的就有叶兆萼的"小田园"[1]。寻找海山仙馆方位的，可考小田园地址。曾昭璇谓："叶兆萼有小田园，与海山仙馆齐名，又为毗邻（在今逢庆大街一带）"，"朱庸斋告知，民初在银龙酒家门口（即谟觞酒家），晚上仍可见叶家大门的灯笼云云"[2]。由于小田园所在的今逢庆大街一带，已属荔枝湾之南端，与之相邻的海山仙馆只能在小田园之北，如是潘园的南界不可能达到今蓬莱路，至多在逢庆大街之北。张维屏所著《游荔枝湾诗》很能说明两者的关系。"游人指点潘园里，万绿丛中一阁尊。别有楼台堪远眺，叶家新筑小田园。"诗中"一阁尊"即潘园白石砌筑成的、高凡五级的"白塔"，又名"雪阁"（值得商榷）。小田园虽远不及潘园，但建筑布置错落有致、别出心裁。园内有"风满楼""醉月楼""鹿门精宅""水明楼""梅花书屋""心迹双清轩""耕霞溪馆""停月楼""借绿楼"等人文雅士经常殇咏之所。小田园存活的时间较海山仙馆长，延至清末。

其三，以荔湾涌为参照坐标轴。类似乾隆年间盐商的私家园林沿扬州瘦西湖延绵十公里分布，清道咸年间广州行商园林沿柳波涌—昌华涌—上西关涌隔涌分布颇有相似之处。潘氏家产被籍没入官后，分为彭园（今第二人民医院及院后地方）和陈园（荔香园园址大部分在今昌华涌之西）[3]等。对照叶兆萼所言方位拟为图10-3所示地段。小型河涌有可能将潘氏居住区与园林区相分隔。陈花邨的荔香园，延续到抗日战争时期尚有亲睹者，言其故址在今荔枝湾公园南端。

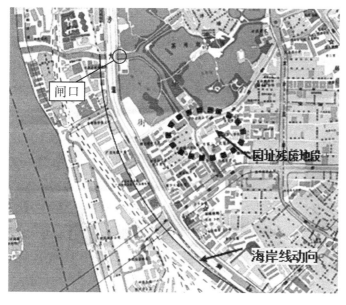

图10-3 分裂后的残垣遗址地段后遇城市化

---

① 叶兆萼于《小田园古今体诗》自注："予小田园与潘园比邻。"

② 曾昭璇. 广州历史地理[M]. 广州：广东人民出版社，1991：398.

③ 黄汉纲. 海山仙馆文物查访记[M]// 罗雨林. 荔湾风采. 广州：广东人民出版社，1996：96.

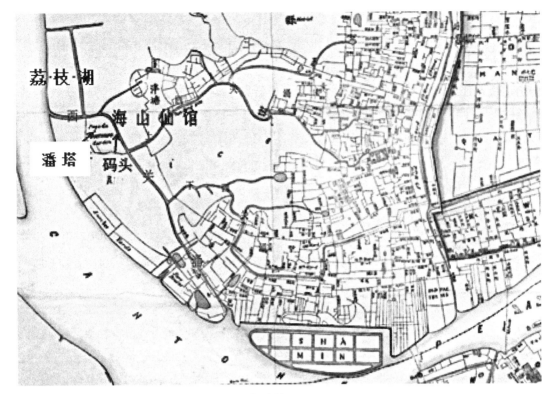

图10-4　1860年广州地图局部（"PUNTINQAS Garden"即海山仙馆）

　　其四，以荔湾涌入海闸为参照点。清人张维屏有诗记述："九月十四日偕内子泛舟花棣，载酒东园，儿女暨诸孙皆侍。越日遍游大通寺、翠林园、五眼桥、海山仙馆、贝水斗阁、缯步仙祠诸胜"①，证明当时泛舟珠江，通过闸口可进入河涌内码头游海山仙馆。19世纪中期的美国人亨特所著《旧中国杂记》更是清楚地讲道："珠江的一条支流，我们管叫它北江，从园子的整个西边流过。沿江很宽阔的地带铺了石头，作为登岸的码头。"②由此可证潘园两幅全景图皆趋上北下南布置。清人谭宗浚说道建于墨砚洲、郑公堤之上有荔枝园，"其地后入潘氏园"③。郑公堤位置，见曾昭璇《广州历史地理》一书附图，南北走向，大体与荔湾涌平行相近，其北段应在今荔湾湖公园西南部（图10-4）。

　　其五，以古园遗址方位为参考面。据文史专家冯祖沛介绍：海山仙馆"园址范围甚广，约东至今南北段的龙津西路，西、南至黄沙大道，北至今荔湾湖公园南部一带，大致包括了唐代时的墨砚洲、郑公堤、荔枝园等处。今广州市第二人民医院一带即其故地。"④

　　陈泽泓先生综上所述多种考证推断，认为海山仙馆之范围，当包括今荔湾湖之西南部，逢庆大街以北，黄沙大道以东，龙津西路以西。而今小画舫斋（图10-5）既可能为海

① 符实. 爱国诗人张维屏在芳村[EB/OL]. http://www.gzzxws.gov.cn/qxws/lwws/lwzj/fcd6.

② 威廉·亨特. 旧中国杂记[M]. 沈正邦，译. 广州：广东人民出版社，1992：88.

③ 谭宗浚. 荔村草堂诗钞. 羊城刻本，1890（清光绪十六年）.

④ 冯祖沛. 广州古园林志[M]. 北京：中央编译出版社，2008：187.

图10-5　小画舫斋船厅外立面现状

山仙馆旧址，也可能存在邻里关系和风貌特色影响。就这一片区域之广，也可与今荔湾湖公园相伯仲，称得上辟地数百亩了。现荔枝涌以东因原有建筑基础，故城市化较快，估计原潘园的住居区在此。因当年河涌湖泊界限不明显，潘园的园林部分可能位于现荔枝涌西、南岸。

　　对于遗址考订的种种说法，陈以沛等认为虽然是在今荔湾区的地域范围之内，但这些"圆圈"有的相互交叉、有的重叠、有的相切、有的相离，均未具体指明所在地的四周方位与边界。整合思考：海山仙馆的范围可以广及西起泮塘荔湾湖边以东，南至黄沙大道以北，东至蓬莱路颜家巷以西，北至龙津西路尾及恩宁路以南，都成了海山仙馆所在地的范围。其中心地区约在原南汉昌华宫苑旧址所在地，即至今仍以"昌华"二字命名的所在地，如昌华涌的南北沿岸，即民国时代的荔香园、彭园及昌华桥、昌华大街、昌华横街、昌华南街、昌华东街等地。这些说法，是出自街坊父老相传、史志学者见解和早年史实记载，不是全无依据的。只因缺少考古发掘证明，学界没有权威性的定论，有待深入调查研究。①

　　近期，吕兆球的《广州海山仙馆故址考》②一文，以大视野、多视角探讨了海山仙馆故址的地理位置与面积范围。比较历代11幅广州地图，其中有8张地图为海山仙馆尚存于世时出版的，绘制者均为中外名家。按地图比例推算，基本肯定了潘园"广近百亩"的真实性与相对准确性。吕氏讲道：该园囊括现荔湾湖公园如意湖及其南部、西部地块，东、北以荔湾涌为界，西边以黄沙大道西侧边线，园区向东南延伸到荔湾涌与上西关涌交界点。潘园故址东西长315米，南北长295米，周长1000多米，占地约6.5万平方米，约100亩。

　　本书作者认同莫伯治、陈泽泓先生所圈定平面区划形状。古人云："水令人远。"水面宽阔的自然地形地貌，借景又平远，往往给人有过高估量面积的效果。荔湾涌乃当时当地最大

①　陈以沛，陈秀瑛. 潘仕成与海山仙馆石刻[M]// 罗雨林. 荔湾风采. 广州：广东人民出版社，1996.

②　王美怡. 广州历史研究：第一辑[M]. 广州：广东人民出版社，2021：337.

的航运游赏、排洪入海之河道，以此为界较易、跨河营园不便。故潘园只宜偏于一侧经营，只有小河涌尚可纳入园区造景。

10.2 海山仙馆的相地分析

曾昭璇、曾宪珊所著《西关地域变迁史》云：西关是古时低丘平原不断向珠江北岸淤涨的结果。海山仙馆的选址刚好就选在这块不断生长发育的江海连接地段。这是很特别的，但也是很科学的。因为任何大江大河的出海口三角洲，总在发育中。据河流动力学原理，一是河流凸岸冲刷力小会不断淤积泥沙；二是河流入海口，水流放缓，也会有泥沙淤积。

《园冶·相地篇》篇幅不短。计成详细分析了选摘山林地、城市地、村庄地、郊野地、傍宅地、江湖地造园各自的优势、特点、注意事项及其基本原则。从不同角度比较可知：海山仙馆的选址可属江湖地、郊野地、傍宅地，同时还是古代园林遗址地。荔枝湾是两千年前的海湾湿地，距离广州西门有相当距离，当时城市化正向西北方向发展，属于郊野地带。明清两朝荔枝湾是"羊城八景"之中最有生气的"荔湾渔唱"一景，所以此处又可谓风景名胜之地。

10.2.1 江湖地特色分析

之前海漫滩涂、江沙淤淀，由河流动力与人工培育水下沙堤围垦种荔而成湿地湾区，珠江与荔枝（湾）涌有了水系分界和交汇口。后来荔枝涌从北江引入淡水，灌满荔枝湾后经黄沙出珠江，基本上是并联的水体体系，但难免出现咸潮倒灌与淡水冲刷交替的水文现象。接着由众多水洼、平堤、海堰、河坝、林带网络交叉形成如此浩瀚的水乡泽国（图10-6），东

图10-6 古代西关荔枝湾为河海湿地地貌
（图片来源：羊城晚报）

南背靠一口通商的港埠城区，西北可见低矮的土丘或远山，西南可遥望无际的海洋海岛，显然是一种略呈园林雏形的地形地貌之地理境况。此地是一个平静的"湾"：既可说是"海湾"，她有咸潮沙洲滩头之特质；又可称之为"江滩"，她有河堤内缘之滩头种植地的特质。当时涨潮退潮尚不能完全由人工控制，出现一种多岛式海滩状的水文地质现象。人们为开垦种植，利用水下沙堤层层推进，形成平顺相行于（江）海岸的"沙堤"与人工填筑垂直岸线的围垦堤道组成"湖、涌、塘、潭、湾、汊"的网络结构系统，进而由（江）海—成湖—成田—成陆地演变下来。

正如明代造园家计成所言："江干湖畔，深柳疏芦之际，略成小筑，足微大观也。悠悠烟水，澹澹云山，泛泛渔舟，闲闲鸥鸟，漏层阴而藏阁，迎先月以登台。拍起云流，舫飞霞仁，何如缑岭，堪偕子晋吹箫？欲拟瑶池，若待穆王待宴。寻闲是福，知享即仙。"[①]真所谓面对这样的环境，何必非如缑岭，定要偕同子晋跨鹤升仙？又何必自比瑶池，定要等待穆王陪侍酒宴？人生寻得悠闲就是幸福，只要懂得享乐就是神仙了！

在江湖地的演变过程中，低洼水深之处、水流幽沉之段，自然成陆一定较晚，保有水体必然时间较长。早期园林靠户不会太远，尽量依地基较好的高埠，后期定会成陆的地段。最后剩下来的水面（湖、涌）往往是最低洼、最深沉、过水流量较大的地方，或者是距离城区最远、最不方便接近的河道段。

10.2.2　郊野地特色分析

海山仙馆的选址具有"郊野地"特色，计成的经验体会与此颇多相似："郊野择地，依乎平冈曲坞，叠陇乔林，水浚通源，桥横跨水，去城不数里，而往来可以任意，若为快也。谅地势之崎岖，得基局之大小；围知版筑，构拟习池。开荒欲引长流，摘景全留杂树。搜根惧水，理顽石而堪支；引蔓通津，缘飞梁而可度。风生寒峭，溪湾柳间栽桃；月隐清微，屋绕梅余种竹；似多幽趣，更入深情。两三间曲尽春藏，一二处堪为暑避，隔林鸠唤雨，断岸马嘶风；花落呼童，竹深留客；任看主人何必问，还要姓氏不须题。需陈风月清音，休犯山林罪过。韵人安亵，俗笔偏涂。"[②]顺其自然，不必大兴土木工程。似乎潘仕成就是如此——使此地经历了郊野景观到城市郊外公共景观，再到私家园林荟萃景观次序，极力彰显古人"天人合一"的生态文明观念，不愧对人居环境营造的杰作。

曾昭璇、曾宪珊认为，西关是古时平原不断向珠江北岸淤涨的结果，2000多年前，从今光复中路以西到黄沙路华贵路的下西关仍在水下；到了1500年前的六朝时期，今天的上下九一带已有较多陆地出现；到了唐代，今天的西关地区大部分已成陆地，从宋代到明代继续再往南"长"，才有了今天西关的轮廓。如果我们尝试用"蒙太奇闪回"的方法，来回想西关的模样儿，想象它从水鸟低飞、荒无人烟的沼泽变成"烟水十里、荷塘处处"的田园

---

① 计成. 园冶·相地篇·江湖地[M]. 南京：江苏文艺出版社，2015.

② 计成. 园冶·相地篇·郊野地[M]. 南京：江苏文艺出版社，2015.

（图10-7），再渐渐拥有"十里红云、八桥画舫"的繁华绮丽，直至今日车水马龙的现代都市，难免会有沧海桑田的感慨。① 估计出广州西门，古代园林往往"去城不数里，而往来可以任意，若为快也"。"探奇近郭，远来往之通衢；选胜落村，藉参差之深树。村庄眺野，城市便家。"②

10.2.3　傍宅地特色分析

傍宅地多偏城乡接合部，《园冶》对此相地评价十分中肯："宅傍与后有隙地可葺园，不第便于乐闲，斯谓护宅之佳境也。开池浚壑，理石挑

图10-7　荔枝湾近代水塘密布的情况

山，设门有待来宾，留径可通尔（迩）室。竹修林茂，柳暗花明；五亩何拘，且效温公之独乐；四时不谢，宜偕小玉以同游。日竟花朝，宵分月夕，家庭侍酒，须开锦幛之藏；客集徵诗，量罚金谷之数。多方题咏，薄有洞天；常余半榻琴书，不尽数竿烟雨。洞户若为止静，家山何必求深；宅遗谢朓之高风，岭划孙登之长啸。探梅虚蹇，煮雪当姬，轻身尚寄玄黄，具眼胡分青白。固作千年事，宁知百岁人；足矣乐闲，悠然护宅。"③ 以此对比海山仙馆中的场景，难道不是很相像吗？

在古文献里，人们常满含深情地把荔枝湾涌称为"西溪"。这条溪流的源头在北江，从今西郊游泳场入口，蜿蜒流过西关，经黄沙而出珠江，"一湾春水绿，两岸荔枝红"成了代代流传的诗句。在清代文人樊封笔下："是溪也，近带两村，远襟南岸，水皆漂碧，滑若琉璃，即古所称荔枝湾也。背山临流，时有聚落，环植美木，多生香草。榕楠接叶，荔枝成荫，风起长寒，日中犹暝……"④清幽宁谧，如山水画一样的风景，给炎炎盛夏带来几许清凉。虽早期成陆的地块已出现渔村，不少泊泊、河涌被人工改造成鱼塘荔林或稻田，但仍不乏乡村水郭之美。甚至因来此建园工匠之多而出现专业新村宅。

"红云十里"的水乡风光自然吸引了许多富豪过来"买地置业"，修起了一个个清丽雅致的园林，而且名字都很好听，像"听松园""杏林庄"之类。选摘这样的"傍宅地"兴建新园林可谓"强强联手"，这许多"红蕖万柄，风廊烟溆，迤逦十余里"极尽奢华的私家园林可谓当时"高档社区"。如潘园内有一湖，方圆近百亩（约6.7公顷），湖上种满荷花，园内古木参天，广种荔枝。"荷花世界，荔子光阴"是最得大家欢心的风景。

---

① 曾昭璇，曾宪珊. 西关地域变迁史[M]// 罗雨林. 荔湾风采. 广州：广东人民出版社，1996：22.

② 计成. 园冶·相地篇[M]. 南京：江苏文艺出版社，2015.

③ 计成. 园冶·相地篇·傍宅地[M]. 南京：江苏文艺出版社，2015.

④ 王月华. 诗意千年荔枝湾[J]. 畅谈，2019（14）.

10.2.4　古迹遗址地分析

从人文背景来看，这里已有深厚的历史文化积淀，发生过许多传奇故事。公元前206年，汉高祖刘邦派遣陆贾来广州劝降赵佗，以今天的西村为驻地，沿着溪湾，种植荔枝，开辟莲塘，栽种"五秀"……与"泥城"相映，怡然一幅水景风光。唐代"荔园"很著名，南汉御苑大摆"红云宴"，元代又是御果园，可谓古迹遗址丰富多彩。

海山仙馆的范围很广，其中心地区就是唐代荔园、南汉昌华宫苑旧址所在地。至今乃以"昌华"两字命名的大街、横街、桥梁、河涌比比皆是。海山仙馆选址这样的地方，传承其优秀的园林遗产，被赋予丰富的文化内涵，不能不说具有无限的艺术魅力。佳木葱笼、长廊卧波、玉茏塔高耸、层台叠翠，后来的园林的确更为辉煌，不愧成为岭南园林的佼佼者，集历代文化艺术之大成者。

10.2.5　风景名胜地分析

明清之际，由于水系不断拓展，蜿蜒的细川溪流已呈河网纵横的动态走势，荔湾活水涌涌漫向白鹅潭江面，幻化出水乡泽国的汪洋景致。湖光浩渺，"荔湾渔唱"更列入羊城八景。

清代众多私家园林为跻身风景区的优美大环境而趋之若鹜，荔枝湾更以容纳"海山仙馆"而锦上添花、声名远扬。明清至民初，许多画舫游艇，每每在荔红荷香的夏夜，月明风清的傍晚，在媚影般密匝枝桠眨闪摇曳的水波里，悠悠荡漾。游客们坐在八桥舫里、轻舟荡河上，往来穿梭于钟灵毓秀的荔枝湾，一面临水凭风饱吮沿途荔夹岸、荷田数蜜香，一面品尝荔枝、西瓜，还有鱼片粥、艇仔粥、炒田螺等风味小食……于是，荔枝湾在众民心中更成了一处公共怡然的风景名胜旅游区（图10-8）。

计成对造园相地选址还有许多技术上的经典论述，用在海山仙馆几乎完全可以对号入座。

计成主张："园基不拘方向，地势自有高低；涉门成趣，得景随形，或傍山林，欲通河沼。"潘园最充分地顺势利用了天然地理水文等资源特点。计成要求："探奇近郭，远来往

图10-8　荔枝涌景区的游艇

之通衢；选胜落村，藉参差之深树。村庄眺野，城市便家。"潘园选择了最恰当的城乡位置构建园林。平时水陆通勤上班、不时接待外宾来访、闲时文人谈笑雅会，颇为方便。计成强调："新筑易乎开基，只可栽杨移竹；旧园妙于翻造，自然古木繁花。如方如圆，似偏似曲；如长弯而环璧，似偏阔以铺云。"潘园的圈定既考虑到先期的历史状况，尊重古迹遗风和刚买下的荔香园现状，加以统筹经营，并不追求外形轮廓的完整。计成对设计施工力荐："高方欲就亭台，低凹可开池沼；卜筑贵从水面，立基先究源头，疏源之去由，察水之来历。临溪越地，虚阁堪支；夹巷借天，浮廊可度。"从潘园中的湖池水面、堤、埂的布设看，可见按计成的思路重新分理融通恰到好处，建筑立基处理也多巧妙得当。"倘嵌他人之胜，有一线相通，非为间绝，借景偏宜；若对邻氏之花，才几分消息；可以招呼，收春无尽。架桥通隔水，别馆堪图；聚石叠围墙，居山可拟。"计成对于古树名木的植物保护思想十分难得。"多年树木，碍筑檐垣；让一步可以立根，斫数桠不妨封顶。斯谓雕栋飞楹构易，荫槐挺玉成难。"海山仙馆有30多个园艺工匠，相信他们完美地掌握了这些造园原则。

10.3 海山仙馆的总体布局

"相地合宜，构园得体"，可谓因果关系。古代园林或有景观意向图，或有总体鸟瞰图，真正意义上的专业性平面图，则出现在梁思成、刘敦桢、童寯那一代研习西方建筑学成回国的大师之手。园林的总平面图具有特定的内容与用途，它是表现规划范围内的各种造园要素（如地形、山石、水体、建筑及植物等）布局位置的水平投影图，它是反映园林工程总体设计意图的重要成果，也是绘制其他施工（大样）图纸及施工营造的依据。

有一个类同海山仙馆的案例：明末清初太仓的"乐郊园"为当时江南地区首屈一指的名园。由于历史材料的局限，以及研究方法的缺失，学界对此园的研究尚不深入，这与此园的历史地位很不匹配。现通过几种材料的综合比对判断，在获得历史材料间的关系认识基础上，参照两篇园记分别做出示意平面复原，并综合3种材料绘制出总体示意平面图。以此为基础，进一步对乐郊园的布局构成、景物配置、营造过程等基本特点进行分析，从而对这一具有重要历史价值的园林做出了认识上的推进。[1]

到目前为止，由于历史的过失、遗址遗产保护的不力，学界对海山仙馆的研究，也只能停留在上述那样的水平。文史资料只讲道"占地面积辽阔"，不明具体数据。或说"俯临一大池，广约百亩"；或说"湖广近百亩"；或说"占地数百亩"；或说"周广数万步""十数万步"；等等。海山仙馆到底有多大面积，平面形状如何还是不得而知。下面从文字书画材料着手，建立对海山仙馆的总体印象。

---

① 顾凯. 明末清初太仓乐郊园示意平面复原探析[J]. 风景园林，2017（2）：25-33.

10.3.1 从诗词楹联的刻画中了解园林总体的结构

文人雅士喜爱玩弄的楹联、诗词、匾额等文学体裁不仅可以用来表现私家园林中一花一草、一事一物等微观景物，还可以韵文、散文、长短句、杂文等倾情描写海山仙馆大院大落、群山群岛、大湾大湖等多彩多姿的宏观景象。何绍基贵为太史，著名诗人，他留下多首绝句、律诗，且步苏东坡诗韵极赞潘园胜景，然而却也潜伏着一种莫名的心绪。如三首七律之一：

> 看山欲遍岭南头，送尽人间烂漫秋。
> 花气化云成宝界，海光如镜照飞楼。
> 千林暮色生凉思，一发中原感客游。
> 风浪无声天浩荡，可能容易着闲鸥。

涉及潘园的大环境：有河流三角洲尾的山脉走势，有海湾海（江）岸线的景象，有周边林带植被秋暮时刻的丧感，有水禽水鸟的翻飞活动等概况。第二首：

> 桂子香余菊正开，朋簪回首廿年怀。
> 木奴坐看千头熟，楂客谁期万里来。
> 云水空明入图画，海天清宴好楼台。
> 面纹未觉观河皱，一笑何曾岁月催！

诗人描写仲秋桂子、九月金菊的姿色，却自谦自己的行踪不期而至，与"云水空明入图画，海天清宴好楼台"的潘园形成一种隐隐"未觉"反比。其第三首：

> 修梧密竹带残荷，燕子帘栊翡翠窝。
> 妙有江南烟水意，却添湾上荔枝多。
> 萧斋旧制多藏画，吴舫新裁称踏莎。
> 万绿茫茫最深处，引入幽思到岩阿。

何绍基除了描写潘园文酒宴集之盛，嘉宾贵友往还之众外，还细致描写了海山仙馆山光水色之美，及园景布局之巧，位置靠海（江），荔林浩瀚。加上附记，特别称颂"园景淡雅，略似随园、邢园。不徒以华妙胜。小艇亦仿吴门蒲鞋头样"[①]。何氏诗文对人们了解潘园水体空间的形象构成、花木栽培的摆布格局、苏式游艇特色很有帮助。

清代文人袁枚的随园位于南京五台山余脉小仓山一带，原为曹雪芹祖上林园，是著名的

---

① 陈以沛、陈秀瑛. 潘仕成与海山仙馆石刻[M]// 罗雨林. 荔湾风采. 广州：广东人民出版社，1996.

私家江南园林，有很多与海山仙馆的共通之处。如园林边界不定式与周边大环境融为一体，都可以借景古城、远山、远水及其壮景建筑物，构图尊重自然要素，园林色调统一淡雅，两园主人均乐于开放待客，颇为相似。

10.3.2　叙文、题跋和纪事中的总体布局

有一批对海山仙馆的叙文、题跋和纪事，传扬中外，对海山仙馆的山水格局、亭台楼阁娓娓道来，引人入胜。李宝嘉《南亭四话》有"海山仙馆图跋"入载，跋文是对潘园总体架构最好的释读：

"园中为一山，层峦以下，松桧爵森，石蹬百盘，拾级可上。闻此山本一土阜，当建园时，相度地势，搬石担土，期年而成。俯临大池，广约百亩。其水直通珠江，足以泛舟，有舟曰苏舫"。

"正面一堂极广，左右缭以廊庑，距堂数十武[1]，一台峙水中，每奏歌则音出水面。由堂而西，接以小桥，为凉榭。轩窗四开，一望空碧，夏时荔枝、荷花最繁。"

"东有塔，高五级，悉白石所砌，西北一带曲廊洞房，复十余处。有白鹿洞，蓄鹿数头。复仿都中骡车制为数车（辆），来往园中。主人以豪侈好客名一时，凡城中大吏显绅，及四方知名人士投刺游园者，咸款接有加礼。以故丝竹文酒之会，殆无虚日。"

这是所见有关海山仙馆全景记述时间较早、所见园林组成要素最为全面具体的记载。它与俞庆洵的《荷廊笔记》，黄佛颐的《广州城坊志》所载录文字大体相同，而更完整。只有清代宣统年《南海县志》中的参观游记"杂录"则有若干补充。说：该园"垣绕四周有游廊曲榭，环绕数百步，沿壁遍嵌石刻，皆晋唐以来名绩，暨当代名流翰墨，贵交来往手牍。如游碑廊，目不暇给"等等。这些记载，都足以互为引证，相信是园中实有的景物。[2]不仅能使我们得以窥探海山仙馆的园林建筑特色与风貌，如"园景淡雅""不徒以华妙胜"等等，还能就海山仙馆全景的记述有助于我们分析该园的总体平面图特色。[3]

10.3.3　古画旧影可提供总体平面参考图

我们静心品读袁起的《随园图》画卷（图10-9、图10-10），但见昔日园内的亭轩阁廊，依山势而建，小桥流水，曲径通幽，林木花草，清秀葱郁，借景生境，别具妙意。悠然登访南楼，启窗纵情四眺，感慨八面来风：钟山、鸡鸣山、清凉山、四望山、卢龙山、莫愁湖、玄武湖、冶城、长干塔、雨花台……金陵山水诸胜尽收眼底，令人沉醉于山色乐趣之中，尽享林泉幽胜清福。该园的另一特点是不起墙垣，深融于山野间，附园还有水田、菜畦百亩，四季景色变幻，相映成趣，颇具田园风韵。《随园图》左侧除有袁起的跋语外，右首还题有

---

① 武（wu）的发音出自于舞。舞是先于武出现之前，用于彰显身强力壮、矫健灵活的行为。后来，因为出现争斗，继而立武：停止争斗的行为。六尺为步，半步为武。武，即界定了人的安全范畴。

② 陈以沛、陈秀瑛. 潘仕成与海山仙馆石刻[M]// 罗雨林. 荔湾风采. 广州：广东人民出版社，1996.

③ 同②。

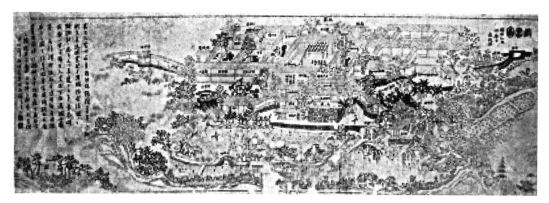

图10-9 袁起《随园图》

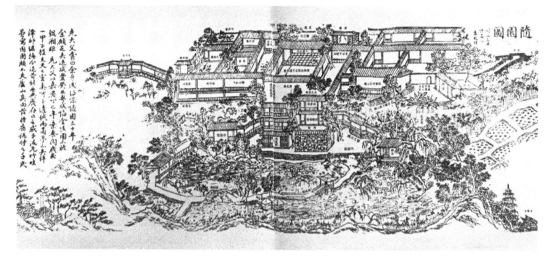

图10-10 《随园图》的线描图

"随园图。同治乙丑（即同治四年，1865年）仲春日，袁起画"的款识。袁起还在《随园图记》中将该园春日胜境娓娓道来："入大院，四桐隅立。面东屋三楹，筦龠全园……"①

《随园图》作者袁起（生卒年不详），号竹珪（一作"畦"），自幼承继家法，随父袁烺习画，尤擅山水小景。他在该画创作中采用俯瞰视角及近乎"白描"（中国画的表现技法之一，意指只用墨色线条精心勾描所绘形象而不施加色彩的画法）的手法，严谨构图，精工细写，用绘画叙事方式倾情描绘昔日随园的形胜美景。"放鹤去寻三岛客，任人来看四时花"（袁枚自题的随园对联），如今人们欣赏该画卷时，仿佛依然能够感受到故园的鸟语花香，以及文人骚客的酬唱袅音。

海山仙馆的施工图样并不多见，反映其真迹史况的珍贵资料，主要有广州美术馆收藏的清代著名画家夏銮应潘仕成之邀所绘的《海山仙馆图》（图10-11），它为今人提供了昔日海山仙馆形象的全貌。该图属多视点的鸟瞰图，作者从该园的东北位俯瞰全园，相对全面地刻

---

① 袁起. 随园图记[EB/OL]. [2018-12-23]. http://blog.sina.com.cn/s/blog_147baa4430102ynm3.html.

图10-11 （夏銮）海山仙馆长卷

画了园中突出的景点景区及其相互间的联系，同时将重要水面水系作了交代。与此相关的还有19世纪中叶十三行画商庭呱所作的纸本水粉画《广州泮塘之清华池馆》，介绍了海山仙馆的主题景观的局部园林景致。另外，法国人于勒·埃及尔于1844年拍摄的一组海山仙馆亭台楼阁的照片，对该园中心景区的中观透视尺度提供了证据。

夏銮所绘《海山仙馆图》让人们能比较直观地看到全园的空间梗概。依据画家写意图恢复历史原貌只能按拓扑原则来实施——不求线条实长、平面面积实形大小、体积形态完全相同，只求各种几何要素的逻辑关系不变，就可以说实现了还原反映。这些元素之间的逻辑关系主要指相串、相并、相切、相套、互含、互否之关系，追求完型之关系。将水面作为主要要素分析，可见珠江在画面以西，荔枝涌在画面以北，潘园靠城区一侧有围墙的住居组团在画面以南。这一设想：假定整个潘园位于荔枝涌东南侧，或为宅—园一体方案。如果将荔枝涌设想在图面之南，宅—园可能被涌分隔，是为宅—园分离方案。考虑当时城区的范围尚没漫延至此，荔枝涌成型演变的复杂性，现涌东岸尚有充分的园林用地，本书倾向取宅—园一体方案较为合适。海山仙馆覆没后，该住宅地块则将加速城市化。

10.3.4 外国人著作所描绘的总体印象图

海山仙馆往往使外国人更为赞服而难忘。如美国人亨特，就认为到潘氏"泮塘的美丽住宅去游玩和野餐是一个宠遇"。他是这座馆园的亲见亲历亲知者。其所著《旧中国杂记》（1885年首次出版，1993年在香港再版）说："这是一个引人入胜的地方。"[①]

"从楼上游廊看到广州北城的城墙，距离大约有四五英里。珠江的一条支流，我们管它叫北江，从园子整个西边流过，沿江很宽的地带铺了石头，作为登岸的码头。"——这段话告诉人们潘园相对广州古城的方位呈现出怎样的地理环境和交通道路设施。

---

① 威廉·亨特. 旧中国杂录[M]. 沈正邦，译. 广州：广东人民出版社，2002：282.

"整个园子由一道八九英尺的砖墙围着，加上用暹罗柚木做厚厚的双扇木门。大门上画着两个和生人一般大小的古装人像，一文一武，表示这是个官宦人家。这围墙内的一大片地方，包括几处各自分离的住房，风格轻松优美，是中国富裕人家居住的那种特有的样式。"——这是近距离观赏潘园居住区入口景观的叙述。该园的入口大门显然属岭南西关大屋模式，贴着门神像的实木大门十分高大。围墙上排列开着各种镂空图案的花窗，墙体上盖有瓦屋顶，这是典型的岭南园林围墙样式。

"弯弯的屋顶上，还有雕刻的屋脊，屋脊的中央有一个大大的球形或兽形的东西，看上去很醒目。这些房子有的是平房，有的是两层，房子周围有宽阔的游廊。房屋的布局令人想起（意大利）宠贝的房子，互相之间由开放的天井和柱廊隔开，天井可以张设凉篷。从外面穿堂接着宽阔的道路，两侧设有杂役的小屋。门也是双扇的，跟大门相似。房间通常是三间并列，用间隔开。有的也用镂花大雕，雕着花鸟或乐器，相同的门都挂着富丽的门帘。"——院落式组团是中国民居最基本的规划模式。厅堂多是"三间两廊"，构成院落天井，房屋附设陈列丰富。潘园中住着150余人，其居住模式就是他们的宗族社会关系、家庭生活地位的空间投影。

一组"三间房中，有一间是作书房，里面有布面装钉的书籍，放在一些式样奇特的书架上。那书架很像我们Z字形装饰，样子难以形容。房中各处还点缀着一些古代青铜器、香炉、昂贵稀有的瓷花瓶，其中有些是很古老的。收藏有极珍贵的古今中国铜钱，有圆形、方形和刀形。有丝织的画，也有画在纸上的画和刺绣人像，还有古代兵器和其他引人注目的古物。"——亨特这段话是目前所见史料中最为详细的白话文记述。通俗易懂，确实可帮助人们认识海山仙馆收藏室的具体真相。官商家庭住房室内的装修：雅致家具陈设、精美赏玩摆供，亨特记载得如此仔细，看来他对广府西关居住文化不是一般地了解。

综合上面文字的描述，海山仙馆的总体布局试可归纳为如下几点：

（1）前部（园东南面）以陆地为主，是为住宅区；后部（园西北面）以水面为主，是为园林区。

（2）全园共有大小五湖，可划分10个水面景观空间。水堤遍植白荷红荔。南部湿地为入园后的前景区，左右可见两塔。

（3）园中偏西一大湖，面积约100亩，即约合七公顷，湖中有三个小岛，象征海上蓬莱、方丈、瀛洲三神山。湖面上有游艇穿行。

（4）中部湖区为主体景区，采用了高楼手法以高取胜。置于湖中构图中心，形成有配景的中轴线上以壮其形象，作为动态向心的焦点。

（5）东部湖区中心也建造了水上房屋组群和水上曲屈长桥，构成东部景观中心。

（6）西北部有多组建筑，或用于饲养异兽珍禽，或另辟一处水榭式屋宇，起造景和观景作用。

（7）有水上高架长廊将各个湖区的建筑相联系，形成有机整体。潘园周边有行马车的游路。东北部有与其对望、偏安一隅的景观小岛。

10.4 海山仙馆的景观生成

中国古代园林发展至清代，已高度成熟。广东明清四大名园（清晖园、余荫山房、梁园、可园）是为岭南园林的代表。岭南园林后起于北方、江南园林，在总体布局、空间组织、水面运用、花木配植等方面，既吸收了北方、江南园林的一些技巧，又有自己独特的风格。这正是岭南文化善于吸纳四海之精华，荟成一家之特色的具体表现。海山仙馆就是这样的一个典型。较之岭南"四大名园"，不仅各有千秋，而且在更多方面集中体现出岭南地域性文化特色。

海山仙馆是怎样形成了自己的特殊景观呢？有一条基本的逻辑思维方式，时时事事、明明暗暗、自觉或不自觉地在影响着园主、施工者、欣赏者、评定者。在此不妨做些分析拔梳。

李格非在《洛阳名园记》中分析裴度集贤园时这样写道："洛人云，园圃之胜不能相兼者六，务宏大者，少幽邃；人力胜者，少苍古；多水泉者，难眺望。兼此六者，惟此'湖园'而已。予尝游之，信然。"这说明在处理园林空间的宏大与幽邃、人工景物与自然景物、低处的水与高处的山这三对矛盾方面，须独具匠心的。

后世园林艺术有"兼六论"，即在设计园林时，要处理好这六个方面的三对美学辩证关系。这正像中国画中的留白理论，留白太多显得空旷，留白太少显得拥挤，讲究疏密相间，浓淡相宜。园林亦是如此，人工建筑太多，自然有损苍古；宏大与幽邃也要兼顾；山水亦要相宜。日本江户时代的"六义园""兼六园"就是因心领此道而依此命名的。[①]

造园是一种创作活动，是一个景观逻辑生成推演的过程。潘园属湖园类（非湖园亦同理），与李格非所论述的裴园本质上自有共同之处；不同之处仅在具体构成要素上的差异。潘园并没偏离其创作活动本源，也没有异地复制、主观臆造。景观生成符合"兼六论"的原理。揭示其延续性、系统性、独特性、动态性四大整体特征，筛选出本底资源、地域人文、服务功能、人本关怀、空间形态、美学风格等六大生成要素，并阐述各生成要素间的拓扑关系，推演出景观生成方法，探究其设计施工原委，发现使用者的满意度，很有必要。[②] 如无其他因素作怪，实现潘园的永续利用和可持续发展，不是不可能的。

10.4.1 坚持延续性、尊重故园——水广为足，好景天然包藏

从自然生态到人文生态的转变，即为"自然的人化"。原始的自然在叠加了人的活动之后转变成了一种人文的自然。唐荔园转变为海山仙馆，保留了旧有的人文生态图景——一个健康的、人与自然和谐的人文生态图景，故在短时期内就很顺利地实现了特色景观的生成与创造。

---

① 刘永娟. 裴度集贤园：独具匠心的水景园[N]. 洛阳日报，2019-07-02.
② 张浪. 论风景园林的有机生成设计方法[J]. 园林，2018（2）.

从历时性的角度来看，人文生态的形成与变迁是人类长时期进行有意识的社会活动和生存经验融入当地自然生态的结果。在漫长的人类社会进程中，历史景观中的人文属性逐渐地超过了它的自然属性，并向着适应时代特征的新的人文生态持续演进。

海山仙馆与四大名园同属私家宅园，均建于此前此后的嘉庆、道光、咸丰、同治年间。但在经营布局上有明显不同之处。四大名园面积都不大，虽在尺土寸地上曲意经营，总不免有局促之感，但都属于平地开工新建。而海山仙馆延续其前身唐荔园的特点，巧借地形，以达到宏大而不粗疏，融山水园林与住宅园林于一体，颇具"虽由人作，宛自天成"的意境。

潘仕成从大处着手扩建已具规模的唐荔园。首先是充分利用园近珠江及当地西关河涌网络之利。园中基本保留"一大池，广约百亩许，其水直通珠江，隆冬不涸，微波渺弥，足以泛舟"。潘园水广为足，另有造山之举。一池三山，因势而成，象征"蓬莱、瀛洲、方丈"。"当创建斯园时，相度地势，坦土取石，壅而崇之"。遂使"园有一山，冈坡峻坦，松桧蓊蔚。石径一道，可以拾级而登"。"闻此山本一高阜耳"，高则再如高，低则再挖低，十分符合《园冶》的造园精神。"潘园之胜，为有真山真水，不徒以有楼阁华整，花木繁缛称也"（俞洵庆《荷廊笔记》）。李宝嘉《南亭四话》也窥得园景的自然属性之妙。

潘氏精心布设园林中的建筑。原先的唐荔园，"构竹亭瓦屋""编竹为篱、依村为堳"[1]，虽有野趣，但与扩建后的大园显然气势不符。因此，潘氏在此山水基础之上，始营园林建筑，以壮其雄，以增其妙，使之达到我国古典园林造园家所提出的"可行、可望、可游、可居"的艺术空间的境界标准。山上建有高数百尺的"雪阁"，耸于树丛之上。

10.4.2 坚持系统性，巧用自然——轩窗四开　山水廊庑回缭

《广州城坊志》记："面池一堂极宽敞，左右廊庑回缭，栏盾周匝，雕镂藻饰，无不工徵。"距堂不远处，"一台峙立水中，为管弦歌舞之处。每于台中作乐，则音出水面，清响可听。由堂面西，接以小桥，为凉榭，轩窗四开，一望空碧。"园林建筑小品与园中山石巧妙配合，体量不大，尺度感强。"东有塔，高五级，悉白石所砌，西北一带曲廊洞房，复十余处。"俯仰、借对、联络、开闭之景观关系组织得恰到好处。"如画林亭花四壁，真山楼阁海上三。"潘仕成在园内布景，借鉴名甲天下的江南园林，反映了直接师承之渊源。园内建眉轩、雪阁、小玲珑室、文海楼、浮碧轩等，以小桥、长廊贯串，点缀有致（图10-12）。致使遍游天下胜景的文人何绍基对海山仙馆亦十分赞赏："第一名园，海山仙馆，好景无数包藏。"并且屡将潘园与苏州园林相媲美，其诗注谓："园景淡雅，略似随园、邢园，不徒以华妙胜"[2]。

---

①　张维屏. 艺谈录·二卷. 清刻本. 集部，诗文评类。

②　陈以沛、陈秀瑛. 潘仕成与海山仙馆石刻[M]// 罗雨林. 荔湾风采. 广州：广东人民出版社，1996：109.

10.4.3　坚持地域性，大湾景观——岭南绝色　红荔白荷绿荫

海山仙馆毕竟有别于江南园林，特具岭南特色。比如，庭园中喜用水，因有广阔的水面，建筑物组合方式灵活，通过轩、阁、室、楼、廊的命名与布局，相对开放通透；园林与住宅结合为一体，不仅可以游赏，还可以供客人住宿。更为突出的是园中林木的岭南特色。在唐荔园的基础上大为扩建的荔香园，其得名就源于园内遍植荔枝之故。海山仙馆内有副楹联："海上有三山，风景依然，玉箫何处？岭南第一景，黄梅时节，红荔湾头。"可见荔枝为此馆一大风光特色。从总体上看，此园不同于江南园林的小巧玲珑、精雕细琢，而在于返璞归真，追求一种源于自然、高于自然的海山仙境。《荷廊笔记》谓凉榭"三伏时，藕花香发，清风徐来，顿忘燠暑。园多果木，而荔枝树尤繁。其楹联曰：'荷花世界，荔子光阴'，盖记实也。"又谓："在宽敞花园里，遍种荔枝树，绿荫处处，丹荔重重，高阁层楼，曲房密室，掩映在绿树丛中，仿如世外桃源，人间仙境。"内外环境良好的园林建筑设计和安排就有了更大的自由度，因为处处有景可借、有绿可衬、有荫可依，灵心秀韵、浑然天成。①

10.4.4　坚持生态化，尊重生命——佳木良禽　妙有江烟水意

运用景观生态学基本理论的规划似乎是现代的事。②但通过对海山仙馆生境单元集合体、景观生态优化法的考察和分析，可梳理出潘园植物生态景观的规划，自觉不自觉地已将景观生态学的相关理论引入到了该园的建造之中。

被一系列诗词楹联肯定的事件，还是值得认可的。尽管当时没有园艺工程师，但是数十个工匠的经验，他们用耕耘农作的精神构成潘园各种生态景观，无疑会自觉不自觉地运用古代传统技术，值得当今对其经验知识造景技能加以总结提升，不能因当时缺乏景观生态规划的系统理论，就抹杀其历史意义。

美国人亨特，亲见亲历亲知者。他说：潘园"到处分布着美丽的古树，有各种各样的花

①　钟俊鸣，曾宝权. 走进西关[M]. 广州：广东人民出版社出版，2001：8.

②　吴明豪. 浅析应用景观生态学理论的风景园林规划方法[J]. 建筑与文化，2016（2）：174-175.

卉果木，像柑桔、荔枝以及欧洲见不到的果树如金桔、黄皮、龙眼，还有一株蟠桃。花卉当中有白的、红的和杂色的茶花、菊花、吊钟、紫荆和夹桃。"盆景艺术更是"国粹"："跟西方世界不同，这里的花种在花盆里，花盆被很有情调地放在一圈一圈的架子上，形成一个上小下大的金字塔。"①

碎石铺就的道路，大块石头砌成的岩洞上边盖着亭子，花岗石砌成的小桥，跨过一个个小湖和一道道流水。在浓荫绿水之间，构筑"有白鹿洞，麋鹿（当时为野生动物——著者）数头。复仿都中辇车制为数车（辆）来往园中"动态赏景。还养有孔雀、鹳鸟、鸳鸯等各种各样的鸟类，更使园林增添一种山林活趣。与动物相关的笼、舍、洞、池、冢、墓、山、林也都构成了景观。

客住海山仙馆的何绍基，深得此园韵味，其词写出此园意境："寻荔枝香处，醉倒金波"，"一片荷花如海，有无限绮丽风光。重携酒，慢摇苏舸，贪为荔支境。"他的"妙有江烟水意，却添湾上荔支多"，一语道出此园与江南园林的最大不同点。而冼玉清撰文描绘该园，"缭绕四周，广近百亩。芰荷纷敷，林木交错。亭台楼阁无多，而游廊曲榭，环绕数百步，沿壁遍嵌石刻，皆晋、唐以来名迹"。道出园之广，林木芰荷之繁密，无需建更多亭台楼阁。留意到园中遍嵌石刻之高架廊文化氛围，实乃学者之眼光也。

10.4.5 坚持文学性，意境生成——文学景观 一部南国大观园

文学景观不是先天存在的，它有一个从无到有的生成过程，其生成需要具备一定的条件。文学景观是客观实体的形式存在，于一定的地理空间展开与呈现的。文学景观的生成必须有文学的切实加入，如神话故事、历史传说、传奇人物、诗词散文，包括音乐、绘画等艺术。文学景观是客观的，并不是"虚拟性"的，也不是景观一进入文学作品就能生成文学景观。类似许多影视作品外地取景地，因与文学作品缺乏内在的有机联系，故而形不成文学景观。文学景观是地理空间与文学审美交互作用的结果，且具有鲜明的文物性。②

作为行商园林，多珍多宝，既有传统民族形式的建筑陈设，又引进了西方的建筑装饰手法。藏古辑今，崇文好艺乐技。亨特在他的著作中记述了潘园里的建筑艺术和文学成就：这些屋脊具有"二龙戏珠"中国式装饰屋顶之特征的西关大屋，"房屋雕刻着……花鸟或乐器。相通的门都挂着富丽的门帘，三间房中，有一间是作为书房，里边有布面装订的书籍，放在一些式样奇特的书架上。"③海山仙馆编辑印刷出版的书籍包括中国古籍和西洋科学书籍硕果累累。进入21世纪而构成"广州学"内涵的海山仙馆丛书有120册。海山仙馆藏书数十万册，为岭南四大藏书楼之首。天下藏书楼关乎著名风景园林的故事有如海山仙馆者并不多。仅凭"文海楼"就可以形成岭南一大名胜风光。吟诗作对的文酒雅集，"一池三山"的神仙生活，

---

① 威廉·亨特. 旧中国杂记[M]. 沈正邦，译. 广州：广东人民出版社，1992.

② 高建新. 文学景观的生成及其条件——以巫峡神女峰为考察中心[J]. 西北民族大学学报（哲学社会科学版），2019（9）：126–132.

③ 威廉·亨特. 旧中国杂记[M]. 沈正邦，译. 广州：广东人民出版社，1992：84.

还有他与50个老婆、80个仆人的风流往事，最后都是一部"悲金悼玉"的"红楼梦"。园主人在鸦片战争中的武器制造传奇经历以及他代表中方的外交谈判活动，也是一部有趣的史志作品。

室内装饰：海山仙馆室内房中各处还点缀着一些古代的青铜器、香炉、昂贵稀有的瓷花瓶，此外还收藏有古钱、书画、兵器、乐器。乐器中有一架"天蠁琴"是唐代四川雷氏名师所造，当年著名诗人韦应物使用的遗物，被尊为"广东四大历史名琴"之一。这些古玩陈设以及采用挂落分隔空间的手法，也是中国优秀的建筑传统手法。海山仙馆就是一处南国商都文化大观园。

10.4.6 认识传播性：文化交流——杂交景观体现中西合璧

人类在长期的历史进程中，根据不同的自然生态条件，创造和发展出不同类型的文化景观。这些文化景观可突破以往文化遗产的范畴，与更具生机的要素结合成为更复杂的文化内涵，在更大尺度的自然地理环境背景中进行拓展和延伸。[①] 本地与外地文化通过语言交流、商品交流、人员交流，实现异质文化的互动、结合，可产生混合式的互为包涵的文化景观。特别是语言承载着文化，语言文化交流有利于打破文化之间的物质壁垒和隔膜，形成世界文化碰撞、交融和互动的局面。语言景观具有高度的可体验性。[②] 这些景观历久弥新，为广大民众所熟悉，成为反映多种文化与自然的和谐关系、具有重要的美学价值。行商文化的西去，给欧洲带来了"自然式中国园林热"，瑞典国的"中国宫"景区就是一例。

"西风东渐"给广州的城市带来了中国第一道西洋建筑风景。如十三行时期，西方来华贸易的商船带来大批洋商、洋货、洋物，这些器物所蕴藏的外洋文化或迟或早都会与本土文化发生互补、互惠的现象，最后形成某种代表性的景观。海山仙馆是中国最早引进西方器物和思想的开放式美好家园，吸收西方建筑文化体现在很多地方，如采购西式的照明设备，大量马赛克、彩色玻璃的运用，普遍镶嵌的"满洲窗"，让人联想到教堂玫瑰窗的神秘色彩。巴洛克式的柱式、山花图案用于室内、走廊，大理石的地面带来了园林的新景象。

---

① 单霁翔. 相土形胜 文脉绵延——浅析城市类文化景观遗产保护[J]. 中外文化交流，2010（7）：4-17.

② 马春华. 挖掘语言景观的文化交流功能[EB/OL].[2018-11-23]. news.cssn.cn/zx/bwyc/201811/t20181123.

11

海山仙馆叠山理水艺术特色

营造风景园林常以自然山、水地形为基本骨架，通过人为有意识的改造、调整、加工、剪裁，再按一定的使用功能布置园林建筑、栽培植物，以某一特定地域的风格特色，折射出某一特定历史时期的社会生活情调和环境艺术审美观。诗词、歌赋、绘画中的人文思想与园林掇山置石理水造景艺术具有异质同构的美学特征，[①] 必然会出现山水园林的营造与人文精神的展示互为贴合的历史现象。研究潘园掇山理水的成就，对海山仙馆经典园林的恢复建设具有总体结构性的意义。

11.1 "真山真水"的总体架构

海山仙馆所在荔枝湾，自古以来就是珠江出海口广植荔枝的自然风景区。历朝历代，无论帝王苑囿和私家园林均乐于选址此地，原因就是它的地理区位优良、天然景观条件好。如郑公堤江边的唐荔园，泮溪（塘）一带刘王花坞，荔枝涌畔的小画舫斋，昌华涌边的小田园，等等均是。"荔湾渔唱"是明代羊城八景之一，这里还有"千里红云，八桥画舫"之称。《乾隆南海县志》记载：该境域"广四十里，衰五十里"。总面积约12公顷的海山仙馆，就诞生在这些"真山真水"之中（图11-1）。

海山仙馆建设期乃园址"由湾而涌"变化的初始期。其间池沼甚多，

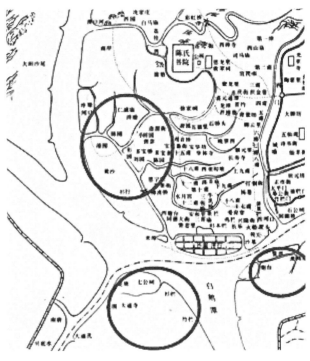

图11-1　三大园林集中区与周边山水环境（光绪十四年，1888年）

荔香园、海山仙馆、张氏听松园、邓氏杏林庄、李氏景苏园、叶氏小田园等均利用池塘地形兴建，且船只可由涌入园、入城。这些池塘有成排成带分布的特点。泮塘以西即五列池塘、平行河岸、成串排列，这是农民利用水下沙堤沿江岸不断向前淤积成堤围垦浅水滩地的结果。如此由荔湾涌到如意坊即有五道堤围，四列池塘和一涌的水系构成。这一特定的地理环境及其变迁时段承托了一个相应的大地景观文化的历史，具有戏剧性情感趣味和学科价值。荔枝湾平地起造的众多园林，注入人文因素之后，景观效果就会有"质"的变化，其审美价值也会上升到另一个层次。

---

① 彭国豪. 中国古典园林置石艺术在现代园林景观中的应用[J]. 河南农业科技，2018（11）：48，50.

叠山和理水是两个不同的语支。相对叠山，潘园理水表现得尤为突出，起着决定性作用。这里又分水位高程控制工程和水面平地划分工程。前者须将园区乘雨面积、流域范围之径流特征数据摸清楚，设置控制水位、流量、流向的进、出口涵洞闸门等水利工程，泄洪排涝尽量避免咸潮的浸湿，力保园林消灾与景观安全。相对珠江而言，潘园处在外凸岸线一侧，有利于地段的巩固或扩展。

水平面的划分工程也要切合水文条件，可针对性地对某些固有的水景要素——堤、岛、田畴、涌塘，加以保护、改造、调整、加工、剪裁，从而因地制宜构建成既具有一定安全性，虽由人作、宛自天开的自然式水体水系，又便于建构成园林化的整形艺术品。其结果就使园区面貌如《番禺县续志》所述："池广园宽，红藻万柄，风廊烟溆，迤丽十余里，为岭南园林之冠"[1]；又有："跨波构基，万荔环植，周广数十万步，一切花卉竹木之饶，羽毛鳞介之珍，台池楼观之丽，览眺宴集之胜，诡形殊状，骇目悦心，玮矣，侈矣"[2]的效果！

潘家收买唐荔园前后统筹规划之时，面对原有山水地貌如何处理？历史地理学家曾昭璇考察认定"池塘大逾百亩，它利用原来水池建成，挑土积石成岗，松桧蓊蔚，拾级而登。回廊300间，嵌石刻。"[3]这里记录了一个简单明确的施工过程，尚没交代理水的意境追求。

试看夏銮"海山仙馆全景图"，其中可以发现全面竣工后的潘园，残留有将水中堤埂仅作适当改造的痕迹，有的地方挖断，"疏水若为无尽，断处通桥"（《园冶》）；有的培土设为道路或"点以步石"，有的地段使其淹没消失而为扩大水面。对原有高出水面的岗地，地形高处就更高之，或"积土成山"、或孤悬水中填置成岛。低洼之处使其更低之，或"延而为溪"作为短程沟通水渠、或潴水"聚而为池"、或汇积于大湖泊，成为潘园水体主景。陆地部分的形状也仅作适当改造，便于布置建筑院落、游赏通道或成疏林场地即可。吞吐珠江之水的"闸口"拟重点加以调节控制，如此堤、岛、洲、渚、石矶、驳岸、林带、桥洞等水体地形地貌都有了。潘园整个主体工程，却不会仅仅如此而已，还有内在意境追求。

首先从山水布局看海山仙馆的总体特色：以宏阔水景为主的是园林区；以西关大屋建筑组群为主的是住宅区，当然住宅区内也会布置各种庭院。如梁天宝行西关大屋、同文行河南潘家大院均为住宅区可作参考认定。

海山仙馆的主题意境是什么？潘园主人的构想体现在哪？前者可从"事物""叙事""风格属性"等方面加以分析考证。后者属于"人物""思想""美学精神"等方面问题，须围绕人物加以研究。潘仕成缺乏关于园林方面的著作，但他朋友们的诗词、参观者的体验可作代表。到历代文史记载中搜寻，可供今天的我们加以阅读认知——海山仙馆好一派"仙"气了得！

潘园（海山仙馆）有厚实而绵长的围墙，开在东南一带墙中的大门横匾"海山仙馆"四字是当时在任的两广总督耆英亲笔所书。大门两旁有一对联："海上神山，仙人旧馆"。进

① 番禺县续志·卷四十，《故迹园林》宣统年。

② 蒯威. 荔枝湾荔红渺邈，菁菁物华休[N]. 南方都市报，2006-07-13（5）.

③ 曾昭璇，曾宪珊. 西关地域变迁史[M]// 罗雨林. 荔湾风采. 广州：广东人民出版社，1996.

入大门之后分两条要道达两处集结点。① 这也暗示园中主旨有一水三山仿海上神山，有曲径通幽之山水楼阁荟萃佳处，使来者不是神仙，胜似仙人。

潘仕成家族在建园之初，就打算保留原唐荔园的荔枝林，欲使文化传统、地方特色和田园景致融合为一。何绍基赞海山仙馆"园景淡雅""不徒以华妙胜"，妙有江南烟水意，却添湾上荔枝多。可见，海山仙馆贵在有自然的真山真水，贵在有网状分布的一条条堤埂种植着一排排、一丛丛荔枝林——前期乡民为生计自发性栽种的果木林和"泮塘五秀"②，却就成了潘园原址的一个显著基础特色。

潘园前区入口大门处的景观，亨特似乎说得更详细："整个园子由一道八九英尺的砖墙围着，加上用暹罗柚木做厚厚的双扇木门。大门上画着两个和生人一般大小的古装人像，一文一武，表示这是个官宦人家。这围墙内的一大片地方，包括各处分布的住房和景点，风格轻松优美，是中国富裕人家居住的那种特有的样式。……从楼上游廊看到广州北城的城墙，距离大约有四五英里。……北江，从园子整个西边流过，沿江很宽的地带铺了石头，作为登岸的码头。"③ 亨特这段话通俗易懂，以珠江为参考轴，确实可认识海山仙馆的具体环境方位。

除了对联、诗篇之外，还有一批对海山仙馆的叙文、题跋和纪事，将造园意图传扬中外。它们娓娓道来，引人入胜。园后部为陆地，内有一座较大的土石山。在李宝嘉《南亭四话》有"海山仙馆图跋"入载，文中说："园中为一山，层峦迭下，松桧爵森，石蹬百盘，拾级可上。闻此山本一土阜，当建园时，相度地势，搬石担土，期年而成。俯临大池，广约百亩。其水直通珠江，足以泛舟，有舟曰苏舫"。

卢文骢《海山仙馆钩沉》，发现有这样的总体布局：前部（园南面）以水面为主，后部（园北面）以陆地为主。园南面为一大湖，面积约100亩，即约合七公顷。湖中有三个小岛，象征海上蓬莱、方丈、瀛洲三神山。湖面上有游艇，另外，湖上也建造有房屋和架水游廊④（图 11-2），这些都是以画代园的目驰神游所不能替代的"真山水游观体验"⑤。冯纪忠说："到了元明清叠石才成为塑造空间的重要手段。加上墙体的运用，使得小中见大成为可能。"⑥ 但海山仙馆没必要采用小中见大的叠山做法，这可能导致"游之者钩巾棘履，拾级数折，佝偻入深洞，扪壁投罅，瞪盼骇眩"⑦ 的感受，毕竟眼前之"景"足以令人身临其"境"了。但是，用叠石旷中取幽、划分景区倒是很有必要的。

① 广州市荔湾区文化局，广州美术馆合编. 海山仙馆名园拾萃[M]. 广州：花城出版社，1999（画页）.

② 荔枝湾以盛产"五秀"而闻名中外。"五秀"即指莲藕、马蹄、菱角、茭笋、茨菇。俗称"五瘦"，意指这五种水生蔬食都是瘦物。清光绪初年，有几位文人来泮塘看龙船，建议改称"泮塘五秀"。

③ 威廉·亨特. 旧中国杂记[M]. 沈正邦，译. 广东人民出版社，1992：88.

④ 卢文骢. 海山仙馆初探[J]. 南方建筑，1997（4）：36-44.

⑤ 顾凯. "知夫画脉"与"如入岩谷"：清初寄畅园的山水改筑与17世纪江南的"张氏之山"[J]. 中国园林，2019（7）：124-129.

⑥ 冯纪忠. 人与自然——从比较园林史看建筑发展趋势[J]. 中国园林，2010（11）：25-30.

⑦ 吴伟业. 吴梅村全集[M]. 上海：上海古籍出版社，1990：1059-1061.

图11-2　海山仙馆"一池三山"的神仙世界

《荷廊笔记》记载：水上音乐台"距堂数十武，一台峙立水中，为管弦歌舞之处，每于台中作乐，则音出水面，清响可听。""面池一室极宽敞，左右廊庑回缭，栏盾周匝，雕镂藻饰，无不工徵。"[①] 按翁祖庚有联曰：

珊馆回凌霄，问主人近况如何，刚逢宵韵写成，丛书刊定；

珠江重泛月，偕词客清游莅止，最好荷花香处，荔子红时。

从翁联所藏馆名为"凌霄珊馆"，是主人接待客人之所，水环境为其增色不少。

美国人威廉·亨特的《旧中国游记》中，转引了《法兰西公报》1860年4月11日登载的一封来自广州的信。信中谈到海山仙馆"整个建筑群包括三十多组建筑物，相互之间用走廊连接，走廊都有圆柱和大理石铺的地面……水潭里有天鹅、朱鹭以及各种各样的鸟类。"戏台、鸟宅、三十多组建筑群都与水结有不尽情缘。

海山仙馆的建筑与京城、江浙园林不同，保有自身岭南风格。皇家苑囿建筑雍容华贵，乃官式做法；江南园林建筑轻盈活泼、潇洒飘逸，营造发源"香山风格"。潘园建筑轻巧、通透而又刚直挺拔，虽说学习吸取了不少江南园林建筑的技艺，但也在某些局部，难免脱离不了南粤土籍建筑的某些特征。园内主要建筑物有凌霄山馆、文海楼、清华池馆、贮韵楼、雪阁、眉轩、小玲珑室、东西两塔以及水上音乐台等，讲究法式极富水景风味。另传潘园有两栋西式建筑，尚待考察研究。[②]

潘园原藏历代书法石刻一千多石，为收藏这些石刻，筑了许多回廊。方睿欣《二知轩诗钞》自注云："海山仙馆筑回廊三百间以嵌石刻"。[③]嵌有书条石的回廊构造如何，与理水的关系又如何？值得探讨。

图11-3只用来表达基本的山水格局。水面是在围垦沼泽地原始田垄分布的基础上，进行人工调整、因"水"制宜划分的，难免保留有原生堤埂的痕迹。所谓"真山真水"意味，并没有对原生态的地形地貌大搞兴师动众的上方工程，劳力劳神地加以没必要的"土地改

① 高彬. 海上神山, 仙人旧馆——广州清代名园海山仙馆[J]. 广东园林, 2011: 55-58.

② 易建萍. 海山仙馆钩沉[J]. 岭南文史, 2006（2）: 46-49.

③ 陈以沛、陈秀瑛. 潘仕成与海山仙馆石刻[M]// 罗雨林. 荔湾风采. 广州: 广东人民出版社, 1996: 109.

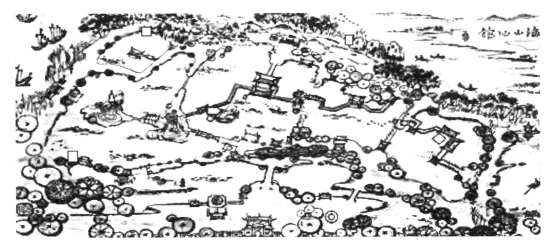

图11-3　海山仙馆湖堤结构图

造"，而直接将河海湾或珠江口的自然山水作为审美对象进行组织处理。直到今天，我们仍然可以从其古典园林的叠山理水之中领略古人的智慧和享受其中自然遗迹的风趣。

11.2　"一池三山"的仙人境界

"三分工匠、七分主人。"私家园林最基本的主题思想或深邃意境，当出自园林主人的追求。其一为追求自身长生久视，其二为其母祝福祝寿。故海山仙馆的核心主题布局就是"境仿瀛壶，天然图画"的"一池三山"建构模式。

单从园名"海山仙馆"，就可以意识到秦汉以来的"神仙思想"已深入到海山仙馆之中。海山仙馆是"海上神山，仙人旧馆"的简称。"海上神山"，意指蓬莱神话里的"三山"飞来人间，一定会给他潘仕成带来神仙般的生活和好运。

海上仙山形如壶状，所以也叫作"三壶"。《拾遗记》卷一记载："三壶则海中三山也，一曰方壶则方丈也，二曰蓬壶则蓬莱也，三曰瀛壶则瀛洲也，形如壶器。"[1]"海上三山汗漫游，荔枝洲畔跨飞楼。"[2]潘氏喜爱的董作模诗点出了海山仙馆"广约百亩"大湖中的"方丈、蓬莱、瀛洲"三神山。

这样的园林意境，赢得了游园的知心朋友们的高度赞赏，等于该项优秀工程被全面验收通过。应邀来访的诗人鲍俊，撑着新裁的苏舸吴舫，"荡漾轻桡画鹢来，此身疑是到蓬莱"[3]，似乎身临其境体验很深。马上又有另一诗人赵昀赋，发出更激动的"三神山在海东极，舟将及之风引回。兹游展齿恣幽讨，何以入海求蓬莱"[4]的感叹。诗人们对海山仙馆中的"海上三山"赞叹不已，认为求仙何必再入海，在此处踏着游屐就能"恣幽讨"了。海山

① 转引自王其钧. 中国园林[M]. 北京：中国电力出版社，2012.

② 董作模诗. 见：广州市荔湾区文化局，广州美术馆. 海山仙馆名园拾萃[M]. 广州：花城出版社，1999：42.

③ 鲍俊诗. 见：广州市荔湾区文化局，广州美术馆. 海山仙馆名园拾萃[M]. 广州：花城出版社，1999：42.

④ 赵昀赋诗. 见：广州市荔湾区文化局，广州美术馆. 海山仙馆名园拾萃[M]. 广州：花城出版社，1999：40.

仙馆"水流云在，令我心源活泼，此间妙境拟壶中。"[1] 如此化宇宙于一壶的艺术境界，赢得"平生足迹满天下，似此林壑将毋魁"[2] 的广大文人墨客高度美誉，潘园主人难道能不高兴、引以自豪吗？

神仙信仰是道教的核心思想。《山海经》里有关不死的传说、《老子》长生久视之道、《庄子》的神仙色彩以及秦汉时期盛行的方仙道等等，都为道教神仙信仰的形成提供了有益的思想资源。[3] 相应的神仙思想境界先是西周西巡寻觅"昆仑弱水"，"上有木禾，其修五寻"（《山海经·地形训》）之王母瑶池圣境，后奉汉东行入海求仙构思"蓬莱仙境"。

受道家思想或神仙思想影响的"一池三山"，在中国园林规划设计中的体现手法，有一个首创、发展的过程，各个时期各有特色。作为私家园林潘园中的"一池三山"有何特点？为什么在世界商品经济大潮来袭中的行商阶层，也附有强烈的道家思想、神仙意识？这些问题也足以惹人关注。腾讯道学有篇文章谈到历代道家神仙思想对园林的影响[4]，从中我们可以了解到海山仙馆主人也一定具有这一核心思维观念。潘仕成对文字书法绘画诗词的喜爱，与对东、西方科技、军工制造的实践活动并不冲突，以及办事为人豪放的性格作风，可知他是个性情中人，崇尚自然科学、颇富仙道修养是灵犀相通的。

中国古代的堪舆术是研究环境和宇宙规律的学问，古时候的建筑格局都希望符合堪舆的标准。"一池三山"是中国一种常见的园林模式，源于道家思想，并为以后各朝的皇家园林以及一些私家园林得以继承和发展。从皇帝到百姓社会各阶层，这一景观体现了人们向往长生、珍惜生命、祈愿基业长久的精神。这种精神也可能一致贯穿在潘仕成"造园孝母"的实践中。

据《史记》记载，秦始皇妄想长生不老，曾多次派人寻仙境、求仙药。因毫无结果，只得借助园林来满足他的奢望。秦始皇修建"兰池宫"时为追求仙境，就在园林中建造一池湖水，湖中三岛隐喻传说中的蓬莱、方丈、瀛洲三神山。受此启发，汉高祖刘邦在兴建未央宫时，也曾在宫中开凿沧池，池中筑三岛。

汉武帝在长安建造建章宫时，在宫中开挖太液池，池中亦堆筑三座岛屿，并取名为"蓬莱""方丈""瀛洲"，以模仿仙境。此后这种布局成为帝王营建宫苑时常用的布局方式。北魏洛阳华林园中有"大海"，宣帝令人在其中作蓬莱山，上建仙人馆。隋炀帝杨广于洛阳建西苑。《隋书》记载："西苑周两百里，其内为海周十余里，堆蓬莱、方丈、瀛州诸山，高百余尺。台观殿阁，罗络山上。"北宋徽宗赵佶在汴京城郊营造寿山艮岳，立蓬壶于曲江池中。南宋高宗也在临安德寿宫中凿池注水，叠石为山，坐对而生三神山之想。[5] 金人灭宋，

① 李棠阶诗。见：广州市荔湾区文化局，广州美术馆. 海山仙馆名园拾萃[M]. 广州：花城出版社，1999：38.

② 赵畇赋。见：广州市荔湾区文化局，广州美术馆. 海山仙馆名园拾萃[M]. 广州：花城出版社，1999：40.

③ 刘固盛. 论道教神仙信仰的思想渊源[J]. 兰州道教协会网站. 时间：2015-12-28. http://www.daoisms.org/article/zatan/info-20718.html.

④ 道艺. 道家神仙思想影响中国传统园林建筑[EB/OL].[2014-11-15]. 腾讯道学，https://rufodao.qq.com/a/20141115/010874_all.htm#page1.

⑤ 杨宏烈. 道家思想推动下魏晋南北朝园林的历史跨越[J]. 中国园林，2009（4）：54.

迁都北京，在西苑太液池的蓬莱山上建广寒宫。

元代大内御苑太液池中三岛布列，由北至南分别为万岁山、圆抵和屏山。明以元大都为基础重建北京城。将元代的太液池向南扩展，形成北海、中海、南海三海，并以此作为主要御苑，称为"西苑"。西苑改万岁山为琼华岛，改圆抵为半岛，并连屏山建团城，南海中堆筑大岛"南台"，从而构成了琼华岛、团城和南台更大更新的"一池三山"模式。

颐和园也将"一池三山"的艺术发挥得淋漓尽致。清漪园没有照搬在一个水面中设立三岛的做法，而是筑堤圈成三个小湖泊，每个湖中各建一岛，形成以湖、堤、岛为特色的"一池三山"模式。更精彩的是，颐和园还在南湖大水面上增添了三个小岛——知春岛、小西泠和凤凰墩，多重性地体现了"一池三山"的魅力与奇妙。

实例不胜枚举，类型无数。如杭州西湖、苏州留园、拙政园，承德避暑山庄等均有"一池三山"的杰作。我们相信，这些数千年的历史与明清时代大规模的园林兴造活动，肯定对海山仙馆产生过巨大影响。"一池三山"的思维模式与"道生一、一生二、二生三，三生万物"的生长观、发展观、自然观巧妙默契，使追求海上仙境的题材便应运而生、繁衍无穷了。

潘园是个私家园林，但因规模较大、水面宽广，具有公共园林的某种特质，其"一池三山"与上述案例具有一定的可比性。因原初地形特点和施工的因地制宜，很有个性特色：三山各有重点，两两相互联系；岛堤廊桥颇多、配合得当，雅俗共赏。

三山之首"蓬莱"似乎成了专门名词。因神仙文化和景观天象，使山东蓬莱成了"人间仙境"、东方神仙神话的发源地、"东方神仙文化之都"。"蓬莱"源于"三神山"，"三神山"则源于"海市蜃楼"。《史记·天宫书》首载："海旁蜃气像楼台，旷野气成宫阙然；云气各像其山川，人民聚集所谓楼台，所谓海市。"古代帝王的寻仙盛举，更赋予了"蓬莱"神秘的色彩，至今仍常为园林中的盛景。

如果说秦皇汉武，把第一个模拟海上神山的构筑，扩大完善为"一池三山"的组合形式，那么将漂浮在浪漫海空并诉诸幻想的传说，终于来到了在现实之中。如果说将皇家宫苑中的"三神山"可望而不可及之伟岸，变成可望、可及、可居、可游的"一池三山"园林文化景观，那么蓬莱神话就实现了在士大夫和民间的誊写。如果说"一池三山"最后能在私家园林中表现出来，那么这一凝固着"神话—宗教"文化心理的园林景观，则得到了艺术生命的可持续性发展。[①]

若将汉宫"一池三山"与潘园"一池三山"两相比较（图11-4），格式很相像，蓬莱山与瀛洲山有桥相连、大池中都设有"渐台"及联系"栈桥"。后者的重点为"蓬莱仙岛"形象，故高于、大于其他二山，唯方丈山位置有所调整。山上除了置石，更多的是茂密的植被跟建筑物的配置。"蓬莱仙岛"是座艺术性很高、山体构造十分生动丰富，山顶配置有浴日望山之"道观"（仿南海神庙浴日亭）、半山有半山亭、山脚巧立"怀圣式"光塔。山体东

---

① 杨宏烈. 海山仙馆魂兮归来[J]. 南方建筑，2002（4）：67.

图11-4　汉宫太液池"一池三山"与潘园"一池三山"的构思比较

侧有摩崖石刻和落水瀑布、深潭、汀步，水际设有山门、亲水平桥、水泊"苏舸"。好一个的宏观"大盆景"，外围所设项目有意与全园其他景区景点遥相呼应，如大湖西北角的小品亦为百亩大池水景风光频添异彩。

　　诚言之，热爱园林的人都多少信点道，信道的人免不了喜欢园林。身处国际商品经济大潮中的潘仕成因思想开放，信奉"儒释道"的综合互补，向往长生高寿、也祈愿基业永久。如果说这是他的思想基础、指导园林设计的理念，如此才能取得叠山理水的艺术成就。

11.3　"河海湖涌"的水系网络

　　水，在中国艺术、哲学、文学、风水中代表相当多的涵义。理水，是中国园林中的一个主题，有时又称作水景处理艺术。明清，园林筑造达到鼎盛时期，理水艺术也上升到了一个高峰。明代文震亨"一峰则太华千寻，一勺则江湖万里"(《长物志》)之以小见大、以假见真的手法传承不息。计成在《园冶》中也表达了"虽由人作，宛自天开"的造园追求，理水要"真善美"，合乎自然物理逻辑。行商园林海山仙馆的出现，因真真切切地落实，刷新了上述的造园理水思想。在前朝唐荔园的基础之上，放大了建筑尺度、放大了建筑与河涌湖塘的比例尺度，不但注入了新型的人文思想，还以开放的姿态融进了世俗商品社会生活。

　　水资源的珍惜利用。海山仙馆位于的荔枝湾，乃今天的荔湾涌于泮塘口下的上西关涌与珠江连接的水道及其周边的湿地部分。[①]水资源的丰富和形态的特殊性，为园林理水提供了得天独厚的机遇和条件。潘园多以静态的水出现，如湖泊、池水、水塘等，常用曲桥、沙堤、岛屿、汀步、水廊分隔水面；以亭、台、榭、廊划分点缀水面；以山石、树木、花草倒影水面；以芦苇、莲荷、菱、蒲环护水岸，一般构成安静的风景院落或庭院。动态的水景如溪流、喷泉、泻流、涌泉、叠水、水梯、水涛、水墙等当时不是很多，一般出现在水势水态、水位高低变化处。

　　以水为主灵活构图。自然中的山水多以相依相衬，互为补充而为美。山体硬朗的轮廓衬托出水体柔媚的气质，山的深沉衬托水的明快，山的静谧衬托水的灵动，山的内敛衬托水的

①　曾昭璇，曾宪珊. 西关地域变迁史[M]// 罗雨林. 荔湾风采. 广州：广东人民出版社，1996.

开合。在中国古典园林造景中，山水的和谐关系是园林景观优雅的前提，山水的布置决定了园林的整体结构。潘园的水体构图原则灵活，虽缺少山体也不失逻辑平衡，茂密的林木"堆积"如山，起到了替代作用。

高林围合远山借景。 写意山水园林脱胎于山水画。中国古典造园理论与中国画论一脉相承。"山因水活，水随山转；溪水因山成曲折，山溪随地作低平"的园林理论与宋代郭熙"山以水为血脉，以草木为毛发，以烟云为神采。故山得水而活，得草木而华，得烟云而秀美。水以山为面，亭榭为眉目，以渔钓为精神，故水得山而媚，得亭榭而明快，得渔钓而旷落"[1]的画论异曲同工。尊崇这一构图原理，潘园的运用实践体现在水与林木的组景和借景远山之关系上。荔枝的林带、林区，发挥了隔水、分水、围水、藏水、泄水的作用。

水面重组顺其自然。 海山仙馆仅用改造沙堤、田埂的方法，处理正交方格网式湖塘水面。分散用水、化整为零的方式是把大块的水面划分为若干相互贯通而又独特的水面，因而形成了水的多种艺术形态，以及源远流长、变幻无穷、隐约迷离的系统景观效果。[2]"石令人古，水令人远。"并不十分宽大的水面，也能给人深远、幽远、平远的景观层次。动辄"水池百亩"的说法，是否让学者们多估计了潘园的真实面积范围？

水—堤—植物动态画。 约翰·汤姆森的著作描写了堤柳水岸的风景："看到的是典型的中国园林，如低垂着枝条的柳树、树影荫蔽的人行道、反射着阳光的荷花湖，洒金边的游船在湖面上漂流。这是一个非常宽阔的湖面，其上跨立着一座著名的柳波桥，桥的旁边还有一个亭子。我们发现有两只……小鸳鸯鸟，正用着蹼脚跟在我们的后面很悠然自得，好像跟着手拿着灯的母亲后面的小女儿，也像跟在握着曲把手杖的老牧师后面的小女孩。"[3]海山仙馆的水面是如此的富有诗情人意，可以想见当年园内闲逸的生活气息。

划分水面聚散得体。 有陈其锟楹联写道：水潭水溪，"曲槛巧分丁字水"[4]。海山仙馆在"疏水—通桥"的原则指导下，巧用小桥、汀步、湖堤、水廊等把园内的水域分成了若干独立又相连的部分。如此，园内的主要建筑物都能近水，达到了"香中舫咏境中游，柳畔亭台水畔楼"[5]的良好效果。可以说，海山仙馆的海滩性湖泊处理是中国古典园林理水的佳作。顺其沙堤灵活改造使湖泊呈自然不规则状，面积大小配置，驳岸起伏凹凸，岸边垂柳拂水；草披入池，绿荷无际。正是："水面大则分，小则聚；分则萦回，聚则浩渺；分而不乱，聚

---

① 郭熙. 林泉高致. 转引自曹林娣. 中国园林艺术概论[M]. 北京：中国建筑工业出版社，2009：183.

② 王其钧. 中国园林建筑语言[M]. 北京：中国建筑工业出版社，2007：181.

③ John Thomson, F. R. G. S: Through China with a camera. P74, Westminster A. Constable & Co. 1898. 本章采用的译文来自卢文骁. 海山仙馆初探[J]. 南方建筑，1997(4)：44. 原文如下："Here we see model Chinese gardening; drooping willows, shady walks and sunny lotus-pools, on which gilded barges float. Here, too, spanning a lake, stands the well-known willow-pattern bridge, with a pavilion hard by. But we miss the two love-birds; there is no dutiful parent, with the fish-tail feet, leisurely and with lamp in hand pursuing his unfilial daughter as she, with equal leisure, makes her way after the shepherd with the crook."

④ 广州市荔湾区文化局，广州美术馆. 海山仙馆名园拾萃[M]. 广州：花城出版社，1999：39.

⑤ 金菁茅诗. 见：广州市荔湾区文化局，广州美术馆. 海山仙馆名园拾萃[M]. 广州：花城出版社，1999：42.

而不死；分聚结合，相得益彰"①。

大水面营造大景致。海山仙馆中"一大池广约百亩"②——园中面积最大的水面——此乃规划有意进行水面重新划分的结果。这一手法同圆明园、颐和园、留园等名园对水面的处理同出一辙。何绍基赞曰水面之阔："妙有江南烟水意，却添湾上荔枝多。"③ 具有层次浩渺荡漾之感的效果。在海山仙馆百亩之湖中，构成了"雨翻荷叶绿成海，日映荔枝红到楼"④ 的美景。使人"到门四顾色先喜，万柄荷花千荔子"⑤，真是"荷花世界梦俱香"⑥。深得"曲曲一湾柳月，濯魄清波；遥遥十里荷花，递香幽室"⑦ 的理水精髓。

江—湖—园林内外统筹。据亨特记载："珠江有一条支流，我们管它叫'北江'（North River），从园子的整个西边流过。"此记述与《海山仙馆图卷》相符，正好说明了"江—园—湖"的内外关系。姑苏沧浪亭有著名的"园外借水"一例，借的仅仅是条小河。而海山仙馆借的是大江大海宏观远景，反衬园内小景，"导清流而为治兮，擢千茎之菡萏。区方塘而作田兮，蕃百亩之菱芡。"⑧ 海山仙馆"许其水，直通珠江，隆冬不涸。微波渺瀰，足以泛舟。"通过引珠江上游淡水到园中，活水水量丰富，即使在冬季枯水期也依然能保持烟波浩渺，足以行船。

根据"卜筑贵从水面，立基先究源头，疏源之去由，察水之来历。临溪越地，虚阁堪支；夹巷借天，浮廊可度"⑨ 的理水理论，海山仙馆数十组建筑群落，有的好似水上浮城，其亲水、近水、用水、玩水的功能设计，将会有十足的活水源头及无穷的微观景观效果。

水上游路联络通勤。从《海山仙馆图卷》中可以看出，海山仙馆的水体与园林各要素的关系是和谐的。湖水环绕着建筑，可谓"名园环绿水，羡坐花醉月，胜吾家北海琴尊。"⑩ 除却万柄荷花，尚有吴舫、金鱼、禽鸟等。据记载："房子的四周有流水，水上有描金的中国帆船。流水汇聚处是一个个水潭，水潭上有天鹅、朱鹭以及各种各样的鸟类。"⑪ 园主人设有专门的游艇通勤出入、携妾水面荡悠、潇洒自娱。文人们来此交游，触景各抒情怀。

11.4 垒土叠山点石的工匠精神

不同园林系统的区别在于基本风格的差异，不能仅看建筑风格，山水的风格也是园林风

---

① 雷亚伦. 江南园林与岭南园林之筑园理法比较研究[J]. 设计，2019：9.

② 俞洵庆. 荷廊笔记：卷2[M]. 羊城内西湖街富文斋承刊印，1885（清光绪十一年）：4.

③ 何绍基诗. 见：广州市荔湾区文化局，广州美术馆. 海山仙馆名园拾萃[M]. 广州：花城出版社，1999：39.

④ 耆英诗. 见：广州市荔湾区文化局，广州美术馆. 海山仙馆名园拾萃[M]. 广州：花城出版社，1999：38.

⑤ 赵畇赋. 见：广州市荔湾区文化局，广州美术馆. 海山仙馆名园拾萃[M]. 广州：花城出版社，1999：40.

⑥ 潘仕成诗. 见：广州市荔湾区文化局，广州美术馆. 海山仙馆名园拾萃[M]. 广州：花城出版社，1999：37.

⑦ 计成. 园冶·卷2·立基，载赵农. 园冶图说[M]. 济南：山东画报出版社，2010：85.

⑧ 黄恩彤赋. 见：广州市荔湾区文化局，广州美术馆. 海山仙馆名园拾萃[M]. 广州：花城出版社，1999：41.

⑨ 计成. 园冶·卷2·立基，载赵农. 园冶图说[M]. 济南：山东画报出版社，2010：85.

⑩ 孔继尹诗. 见：广州市荔湾区文化局，广州美术馆. 海山仙馆名园拾萃[M]. 广州：花城出版社，1999：38.

⑪ 威廉·亨特. 旧中国杂记[M]. 沈正邦，译. 广州：广东人民出版社，2008：285.

格的重要影响因素。不同文化圈中有不同类型的园林山水文化。近代之前，中国城市基本上都属于山水城市，中国园林多为山水园林。叠山理水成了中国古典园林艺术的"基本骨架工程"。中国人崇尚自然，具有与自然和谐共生的山水文化精神。所以，中国古典造园的理论和实践就是追求"境仿瀛壶，天然图画，意尽林泉之癖，乐余园圃之间"的艺术境界。无论是写实性的还是写意性的作品，均源于自然、又高于自然。黄佛颐《广州城坊志》说潘园施工时"相度地形、担土取石、壅而崇之"①。此与明代造园理论大师计成的"相地"法则②一脉相承。作为大型土石方工程的"叠山理水"更应如此。

11.4.1 海山仙馆土石叠山的造景艺术

中国古典园林造园的主旨意在模仿自然，景致的构成源于自然界的风景构成。广袤的中华大地上巍峨的高山、奔流的江河、浩渺的湖海、幽深的洞壑，都是园林所模拟的原型。在有限的地域空间和物质条件下，通过改造、调整、加工、剪裁自然界的山水，从而表现出一个高度概括、典型化的自然。造园就是运用叠山和理水两种手法，描摹再现自然界中真山真水的形态。海山仙馆的叠山和理水，似乎做到了"结茅竹里，浚一派之长源；障锦山屏，列千寻之耸翠"③的效果。

山石在中国的传统文化中有着特定含义，象征厚重、桀骜不屈。《诗经·小雅·车辖》所说"高山仰止，景行行止"，有山才会有这种感觉。"虽不能至，而心向往之"（司马迁《史记·孔子世家》）。计成说："园中掇山，非士大夫好事者不为也。为者殊有识鉴。缘世无合志，不尽欣赏，而就庭前三峰，楼面一壁而已。是以散漫理之，可得佳境。"④潘仕成"以豪侈名一时"，海山仙馆岂可无山。

俞洵庆《荷廊笔记》载："园有一山，冈坡峻坦，松桧蓊蔚，石径一道，可以拾级而登。闻此山本一高阜耳，当创建斯园时，相度地势，担土取石，雍而崇之，朝烟暮雨之余，俨然苍岩翠岫矣。"⑤这里的描绘与古今地理学家的看法颇为一致："积土成山，风雨生焉"。

这属于写实性假山。同古代绘画一样，园林中写实假山也是对客观物象的实际描述，其特点是强调物象的自然特性和本身气质的渲染。海山仙馆能够有如此"苍岩翠岫"之山，与它的因地施工有莫大的关系，完全符合《园冶》的施工基本程序要求："园林惟山林最胜，有高有凹，有曲有深，有峻而悬，有平而坦，自成天然之趣，不烦人事之工。……搜土开其穴麓，培山接以房廊。"⑥

① 黄佛颐. 广州城坊志[M]. (1948年初版)，广州：广东人民出版社，1994.
② 计成. 园冶·卷1·屋宇，载陈植. 园冶注释[M]. 北京：中国建筑工业出版社，1988.
③ 计成. 园冶·卷1·园说，载赵农. 园冶图说[M]. 济南：山东画报出版社，2010：48.
④ 计成. 园冶·卷3·掇山，载陈植. 园冶注释[M]. 北京：中国建筑工业出版社，1988.
⑤ 俞洵庆. 荷廊笔记·卷2，羊城内西湖街富文斋承刊印，清光绪11：4.
⑥ 计成. 园冶[M]. 卷1·相地，载陈植. 园冶注释[M]. 北京：中国建筑工业出版社，1988.

海山仙馆遵循上述原道，根据地形特点，按"高阜可培，低方宜挖"①，因地制宜，方才取得如此成就。不仅如此，通过石径一道，"石磴百盘"②，可拾级而上，登临山顶，西览可观"珠江江上云水浓，谁驰北辙尘软红"的江景。山顶远望可见"游处青山白浪，晴岚千里，尽银蒜押帘，玉绳低户"③之山景。海山仙馆把园外的珠江、越秀山等风景，近引远借纳入了园中，获得了"潮推明月槛边出，人与白云天际飞"④的景观效果。

磴道是利用山石砌成的，也是古典园林中改变视线高度、获得开怀驰目，丰富观赏情趣的一种土建道路工程。为攀登方便，必然要设置台阶或磴道。海山仙馆中的磴道随山形折转起伏而变化，上至山顶，下通园池。石磴成为此山很生动的一部分，也是园林的一道有特色的风景。与南海神庙的浴日亭山有异曲同工之妙。

此山还有山洞，"穿过假山洞，那些长满苔藓和蕨类植物的砌石路面把我们引导到一些小亭和长方亭里去"。⑤《旧中国杂记》中也有记载："碎石铺就的道路，大块石头砌成的岩洞上边盖着亭子。"⑥在山脚，"东有白塔高五级，悉用白石堆砌而成。"⑦秀山、岩洞、白塔相结合，形成了一个完美的组合体（图11-5）。

图11-5 "海上神山"蓬莱仙境

这种造山手法，深合计成"洞宽丈余，可设集者，自古鲜矣！上或堆土植树，或作台，或置亭屋，合宜可也"⑧的论述，仍是"师法自然"的结果。对此有诗曰："为山不费力，造物还为假。随势起丛林，依然是山野。"显然，这座山属土石相夹的山。按山顶建筑的尺度估算，相对高度起码也有20多米，山体另含平岗、盘径、陡崖、石罅、滩头、石矶、瀑布、沟壑、峰顶、林带等要素。山下有白石塔，山脚有"龙潭"，潭上有瀑泉，从岩洞檐前泻下，潭口设有点状步石跨越两侧。进山的路从东侧的平板桥开始。或弃船登岸，沿坡有磴道，山腰有半山亭，最后登上山顶，山顶有微型"海仙观"（图11-6）与神仙对话。沿山配置适当的绿化植被，可与周边水体相映成趣，真可谓一处"蓬莱仙境"！

① 计成. 园冶·卷1·相地，载陈植. 园冶注释[M]. 北京：中国建筑工业出版社，1988.

② 李伯元. 南亭四话[M]. 南京：江苏古籍出版社，2000：196.

③ 鲍俊诗. 见：广州市荔湾区文化局，广州美术馆. 海山仙馆名园拾萃[M]. 广州：花城出版社，1999：38.

④ 何若瑶联。见：广州市荔湾区文化局，广州美术馆. 海山仙馆名园拾萃[M]. 广州：花城出版社，1999：39.

⑤ John Thomson, F. R. G. S: Through China with a camera. Westminster A. Constable & Co. 1898: 74. "Their winding paths conduct to cleverly contrived retreats; and tunnels cut through mossy fern-covered rocks, land us in some pavilion or theatre."

⑥ 威廉·亨特. 旧中国杂记[M]. 沈正邦，译. 广州：广东人民出版社，2008：282.

⑦ 俞洵庆. 荷廊笔记·卷2，羊城内西湖街富文斋承刊印，清光绪十一年，第5页.

⑧ 计成. 园冶·卷3·掇石[M]// 陈植. 园冶注释. 北京：中国建筑工业出版社，1988：261.

蓬莱山山脚迎向宽大水面一侧采用大型景石砌筑，有利于抗击风浪；靠近堤埂一侧采用土方衔接，因地形地貌架桥开道、贴切自然。精熟的叠山、掇石造园手法，实现了这"朝烟暮雨之余，俨然苍岩翠岫"[①]的神山美景。虽说相对百亩水面，仅为几座池中"孤岛"，但山的构成要素文化内涵十分丰富，符合山水美学的哲学要意，实乃潘园中须臾不可少有的山景作品。

图11-6　置于山顶的某微型寺观小品

11.4.2　海山仙馆庭院置石的艺术成就

中国石文化历史悠久。园林叠石掇山，突出反映了中国美学思想和文化内涵，总体上与历史传统信仰习俗是一脉相承的。叠石掇山展现的是艺术创造的自然山势山态，通过设计家的构思，把自然美与人工美结合为一体。

随着历史的发展，人们的审美取向和园林石文化，虽在各方面会发生一些变化，然而古典园林传统的掇山置石理论再返辅于现代园林设计依然具有极其重要的实际指导意义。历史事物的发展总是在原有基础上起步的，并通过对古代经典作品的借鉴，才真正得到提升和实质创新。

中国古典园林中的置石、塑山造景往往倾注了园主深厚的情感，实乃中国传统生活中拜石、爱石、赏石文化活动的集中体现。成功的佳作堪称得上是世界文化遗产的宝典。中国园林最讲求意境之美，而意境必借助某实物来蕴涵表达。石既有具象之美，又具抽象之意。以石构景，常以创造出美的意境为圭臬。难得有几块行商园林历史上遗留下的石头，为此提供了分析的史料。

岭南地区的英德石（又称英石）、黄蜡石、海石（花岗石蛋）、黄水石，为岭南园林提供了丰富的石景原材料。石在园林，特别是在庭院中是十分重要的造景素材。素有"园可无山，不可无石""石配树而华，树配石而坚"等说法，可见园林中对石的运用是很有讲究的。各种特置、对置、群置、散置等类型的置石作品，常常令人陶醉不已。

石头，是古代园林留下的遗产中相对较多的构件。然而，除了越秀山广州美术馆旧址有一百余方海山仙馆石刻，真正行商园林的造景遗石确实不多。以下三种叠石造景文物遗存难能可贵，拟作简要分析。

第一种　搁置家具奇石——"软云"。海山仙馆园林中有一块为游赏舒适性而搁置的坐石，或供石名叫"软云"（图11-7），供日常游园活动中室外闲坐之用，或游人临时存放物品（如衣物、茶杯）之用。"软云"石产自端州，为水成岩，长1.5米，宽1.1米，高0.47米，石形似一朵黑中带白纹的浮云，石质坚硬、色泽光滑发亮，因外表纹形像流动云彩而得名，

---

① 广州市荔湾区文化局，广州美术馆．海山仙馆名园拾萃[M]．广州：花城出版社，1999：39．

图11-7　外销画中的软云石

图11-8　软云石题刻

侧面刻有篆书"软云"二字，故称"软云"石。该石上面一面较平整，夏日坐其上，暑气全消。传说林则徐到访潘家也坐此盘桓歇息、聊过天。海山仙馆湮没后，奇石星散，今天仍然能够看到的，就只有这块"软云"石了。① 此石几经辗转，到解放初期，只落得在广州市西关西来初地一间杂架店里出售。当时有人想购运出国，未果。今日摆放在烈士陵园湖边，却任人摩挲。②

十三行时期广州销往欧洲的外销画中，就有与这块石头相关的美术作品（图11-8）。十九世纪中叶，传为庭呱（关联昌）所作的纸本水粉画——清华池馆，误传为潘正炜在广州河南的花园住宅。分析证明，这幅画应是海山仙馆的一道建筑景观，越华池馆实清华池馆之误。因它与夏銮的《海山仙馆图卷》中的一部分图景极为相似，与法国人于勒·埃及尔在1844年所拍的海山仙馆主楼建筑也十分相像；且该画题目所指地点在广州泮塘，图中侍女旁还有一块十分酷似海山仙馆原藏的"软云"石，因此，可推定它应为海山仙馆的遗产。③

本人曾通过人大代表、政协委员建议政府将该文物——"软云石"请归故里——荔枝湖，选定合适地点搁置，并在其上建一纪念亭，曰"软云亭"，以此标志海山仙馆遗址，是为一景，可供游人缅怀当年"岭南第一名园"传奇的故事。

第二种　石山奇景——"石上飞榕"。原名为"风云际会"（图11-9）组石假山，有一棵长在假山上的细叶榕，据说是早年燕雀带来的种子撒落在石山上长成的。时过近百年，树干气根和山体盘绕结合，形成了今天这样蔚为壮观的天然大盆景，可以称得上是岭南盆景一绝。这种婀娜多姿的假山石既轻又薄，尺度上可大可小。石块之间可用金属丝勾连，可构成许多奇异洞壑、丰富多彩的造型。

图11-9　潘园遗址地带石上飞榕假山

① 罗雨林. 荔湾风采[M]. 北京：中国文联出版社，1998：23.

② 黄汉纲. 海山仙馆文物查访记[M]// 罗雨林. 荔湾风采. 广州：广东人民出版社，1996.

③ 清华池馆. 广州政府网[EB/OL]. [2014-10-05]. https://baike.baidu.com/it.

"石上飞榕"现坐落在陈廉伯公馆。陈廉伯、陈廉仲是中国近代民族工业的先行者陈启源之子。陈廉伯在民国时曾任广州商团团长。陈氏兄弟均建有豪华公馆，当年广州洋务、工商界头面人物组织的"荔湾俱乐部"就设在陈氏兄弟的公馆内。这里既有西式别墅，又有中式庭园。庭园面积达一千多平方米。公馆内有仿罗马的柱式、巴洛克式拱璇门、亭廊、路桥等，又有由峰峦、岩洞组成的、被誉为"岭南石山奇景代表作""风云际会"的石山及"石上飞榕"奇景。据说石下有池，池水通江湖，游艇可至石山脚下。[①]

这种假山石虽没可靠依据说它一定来自海山仙馆，但是有理由推测潘园里出现过。其一，此地乃海山仙馆故址边沿，修建潘园时正值"西风东渐""洋灰洋钉"等建筑材料日渐普遍，园艺技术水平大增，审美方式多元化，极容易被中国工匠接受实践。与海山仙馆自然天成的宏观尺度的大景观相比，该种假山景观用到小型庭院、花间窗下、当空露台之隅，倒是很恰当的。其二，外国来华考察团的随团画家作品，出现类似这种假山的很多，可表明该种中西合璧的叠石艺术有可能或迟或早用在了潘园及其他私家花园中（图11-10）。

当年外国人观察到潘园离奇古怪的假山、"弯弯曲曲的小径使你不敢前行，只得原路返回；沿着在长满青苔的假山石内穿过的石洞，能引导你登上人工湖边的亭台或戏楼"（参见在中国摄影出版社2001年5月出版的《镜头前的旧中国——约翰·汤姆森游记》，杨博仁、陈宪平译）。穿过假山洞，长满苔藓和蕨类植物的砌石路面把游人导入各式各样漂亮的亭子里，视线、空间收放强烈对比，往往给人极大的惊喜。

第三种　太湖石型硕——"猛虎回头"。行商园林立石造景的样板是当代尚有遗存的伍家花园核心景区万松园的"猛虎回头"石。花园正门在今溪峡大街，门前为一石街。伍氏后人伍卓余在《万松园杂感》中描述到："有太湖石屹立门内云头雨脚，洞穴玲珑高丈余。"该

图11-10　广东古典园林中的假山植物培植

① 关炳辉. 石上飞榕[J]. 源流，2002（8）：91.

石上大下小，上飘下逸，有宋代著名书画家米元章题名。鉴赏家称之为"云头雨脚"，是为石中奇珍妙品。今海幢寺入口大门处景池中的"猛虎回头"石即为伍家花园遗物（图11-11）。

图11-11 伍家花园遗存文物

据载，该石乃伍秉鉴之第五子伍崇曜（道光十三年接掌洋行怡和行）斥巨资从外地购得，当年藏置于园中小苑"藏春深处"，即其爱妾居停之所。《万松园杂感》描述了万松园景貌："池广数亩，曲通溪涧，驾以长短石桥，旁倚楼阁，倒影如画。水口有闸，与溪峡相通，昔时池中常泊画舫。苑内有水月宫，上踞山巅，垣外即海幢寺大雄宝殿。内外古木参天，藏有这一奇石珍品，仿如仙山琼阁之境。"

类似伍家花园立太湖石造景，海山仙馆"犹有当年红蜡石，剑痕划处血斑存。"被命名为"试剑石"的供石刻字"永镇潘园"，遗存后移于彭园，与画卷一起也可为证，潘园置石艺术高超。其他行商园林肯定也有这种置石独立造景，只因实物消失而已。

11.4.3 置石假山是点缀风景的艺术小品

园林中的山石，经过设计者的巧妙叠置，在咫尺石体上就能表现出名山大川的奇、幽、险、秀、雄的艺术效果。造园家常依据不同地形空间位置，因势就势、巧妙布立，即可造就出雄奇、峭拔、幽深、平远等丰富的园林艺术境界来。[①]

婀娜多姿的山石叠置于园林之中，石峰轮廓跌宕、参差变化，姿态玲珑奇特，立之可观、卧之可赏，使人犹如步入丘壑，神游名山。园路边、水池岸、墙角屋檐、土山各部位，甚至在景观过度转折处，假山和石景都能作为园林小品，用来点缀风景、增添情趣，起到造景与题名的作用。自然界的奇峰异石、悬崖峭壁、层峦叠嶂、深峡幽谷、泉石洞穴、海岛石礁等景观形象都可以通过塑造假山石景在园林中再现出来。

图11-12 旷地"番"字形景石

营造置石假山还有极其浪漫的手法。海山仙馆"番"字假山（图11-12），乍看好一座构图完美、晶莹剔透的湖石假山，仿佛飞来了著名的"玉玲珑"，完全符合如上陈述的优秀作品的标准。但仔细看又仿佛十分规范的一个"番"字，或潜藏着一条膂力惊人、能量充沛、盘伏欲飞的"蟠龙"。该石大可成为潘园的镇园之宝。

---

① 张炜，蔺宝钢. 点石成景宛然如画——论园林石景艺术[J]. 长安大学学报（社会科学版），2003（2）：78-79+87.

如同中国的书法、篆刻、绘画等艺术的创作一样，置石假山有的如行云流水；有的则风骨刚健；有的用石数块，高低曲折地构置，犹如危崖直下数十丈，岩壁苍苔，古树根盘，又有悬瀑飞注，极富自然情趣。石头虽小，但能起到"以小镇大"的作用。写意性假山如同绘画中的写意手法，通过简练的笔墨，写出物象的形神，表达园林主人想要的意境。图11-13就是潘园写意性庭院假山，立此一石，似乎使庭院有了"主心骨"。夏銮所绘这一独石的品质（石质、形态、色泽）是十分优秀的，石表简练、有上升力，颇具"冠云峰"架势，似乎将黄蜡石的光亮、圆润、浑厚的特色，尽情表现出古典的神韵。

图11-13　廊旁水际立栽景石示意图

园林假山可创造出山路的流动空间、山坳的闭合空间、山洞的拱穹空间、峡谷的纵深空间等各具特色的空间形式来。园林假山能够生成丰富多彩的环境类型，产生不同坡度、不同坡向、不同光照条件、不同土质、不同通风条件的环境，为不同生态习性的动植物提供适宜的生长条件，有利于提高假山区的生态质量和动植物景观质量。

布石于建筑庭院，或随势而置，或在嘉树之下，或在水池岸边，既不必求其线条整齐划一，也不需严谨对称，而只要求高低错落、权重平衡要素即可；可分得大小不同、形状各异、富于变化的各种园林空间，构建呼应、取向、穿插、遮挡、探望、围合、聚汇等传情示意的关系（图11-14）。假山还能够将游人的视线或视点引到高处或低处，展示仰视和俯视空间景象；一般所言对景、夹景、引景、障景等功能都能实现。

假山的优劣，除了选材及堆叠的技巧之外，艺术构思是重要的环节。计成在《园冶》中言："夫理假山，必欲求好；要人说好，片山块石，似有野致。"他又说："有真为假，有假成真，稍动天机，全叨人力。"质言之，"野性""天机"是藏在园林假山中的精神内涵。如

图11-14　潘园建筑水池边布置的各种景石

图11-15 附近磊园假山置石及其基础处理状况

能感同身受，方才领略阅读欣赏的无穷趣味。[1]

自然景观有哲理：山因水而幽，水依山乃活，二者相辅相成。人工山水园的叠山与理水也是相得益彰的，一方失去了另一方都会造成缺陷。水池一般都濒临着假山，或以水道弯曲而折入山坳，或由深涧破山腹而入水池，或山峦拱伏而曲水漾流。凡此种种，都合于"山脉之通按其水境，水道之达理其山形"的画理。海山仙馆以仙境取胜，定然符合山水之"太极原理"。

图11-15是外销画水上立假山的"特写"。假山造型可能用了钢丝铁件"洋灰"辅助与桩基承台结构。荔枝湾水多面阔，水下沙泥积淀，为节省假山建筑材料，且为节省工期，采用桩基承台的方案是可行的。此法也奠定了地板、楼板上立假山的技术基础，如图中右边假山就是一例。桩基承台施工法在岭南地区历史悠久，南越国时期宫殿建设就大肆采用过木质桩基。

如果说南汉国宫苑"九曜石"以九尊大石取胜，佛山梁园的十二石斋以十二袖珍小石点石见长，大小各为经典案例，那潘园的建设实践告诉我们：山水是风景式园林的重要构景工程要素。造园绝非一般地利用或简单地模仿山水的原始状态，而需有意识地加以改造调整，加工剪裁，从而再现一个精练、概括、典型化的自然。一切本于自然而又高于自然，实现人工的自然化，自然的人工化。[2]如"海上神山"不是照搬真山的尺度和样式来营建构筑的，而是对众多真山真景进行概括，提炼后的浓缩、相对水面的形状大小而定。这类假山既有山的形态和气势，又有石的变化和趣味；山含石性，石贯山脊；令人遐思，意境无限。[3]

---

① 梁明捷. 岭南园林叠山探析[J]. 美术学报，2014（2）：82-87.

② 同①.

③ 王劲韬. 论中国园林叠山的专业化[J]. 中国园林，2008（1）：91-94.

12

海山仙馆园林艺术边界效应

园林景观设计中有很多元素和细节，以及空间环境需要关注。园林边界就是其中一个非常重要的组成部分，并非可以马虎应对的事。边界处理的好坏有时会直接影响景观设计的空间容量、艺术品质①和多种功能价值，不仅仅只涉及产权或土地纠纷问题。据说，海山仙馆入口大门曾嵌有"海上神山，仙人旧馆"对联，正对景城市来路方向。潘园内地广百亩，范围大致在现今的荔湾湖公园东南一带，南至蓬莱路，北望泮塘河涌，东至龙津西路，西至珠江边，一时水木清华之胜、烟云神仙之境，四围边界美景叠出，素有岭南园林之冠的美称。今天，遗址园林的边界处理，本质依然是基本的园林景观设计问题或城市景观设计问题。除了传统的"佳则收之，俗则摒之"的手法之外，应改革消极的各自屏闭界面模式为积极的景观空间共和模式，内外互相借景、模糊边界，变有界为无界，如此更有利于改善园址及其周边范围内的境域联系、扩大园内园外的景观空间深度广度，有利于弘扬传播名园景观之历史文化主题和提升景观原貌复兴规划设计效果。

12.1　园林边界的概念及类型特征

园林外部边界（Site Boundary）是指园林地块和外界环境之间的界限关系、使用功能关系以及同质景观互动互补关系，或是园林有关要素与外界所形成的异质性对比、隔断、屏蔽或过渡关系。有时即使不存在形态上的介质界限，也会有某种观念行政上的边界。这是权力和限制得以施行的合法范围。然外部空间地皮属他人控制的产权要素，如何统筹处理景观效应是个多元性关系问题。

任何不规则的平面图形，所有边界切线的集合就是边界线。园林边界具有一定的长度、形状、曲率、材质、虚实、疏密等特性。有时候界线是清晰的，有时则是模糊的；有时是实的，有时则是虚的；有时仅呈物质空间，有时含有空间场所精神。园林边界可以是一条线，也可以是一个面，还可以形成一个园林化空间。园林边界的形象一般不像景观设计那样由人而为、刻意加以营造，常常在不自觉、不期待之中形成一定的景观效果（边缘地带，Fringebelt），又或者是一道被拥堵的屏障（固结界限，Fixationline）。有时或因双方努力互借互衬、相辅相成，随机而形成一道有空间深度、有影响表现力的城市标志风景。在对边界如此认知的基础上所进行的园林整体景观设计，将会使双方皆大欢喜，更加具有美感。

中国园林对外界环境所持的观点是融园内、外景物一体，巧于因借，又注重保持园内景观的相对独立性。"佳则收之，俗则摒之"是处理园林外部环境最基本的做法。然而现代城市和乡村的建设千变万化，尺度超大、非自然性景观工程、非人性化原材料，使园林外界环境恶化而复杂，使外部较"俗"的景观无法摒之，只用园林外部边界这个概念无法解决问题，须在有效影响范围内，用一系列可行的、综合性技术和艺术手法进行视觉设计，使整个园林景观及双方环境符合人文审美取向。

---

① 刘磊. 园林边界的概念和类型规划设计[EB/OL]. [2011-04-17]. https://www.yuanlin8.com/guihua/5718.html.

古典园林的边界有多种：

12.1.1　园林水体边界（The Water Edge）

园林水体边界是指在园林实体环境中由内外共有水体以不同的形态所形成的边缘。水体边界更适宜互相借景。

由于水是具有可塑性的液体，其本身没有固定的形状，它的形状是由盛载它的容器所决定的，对这个容器边缘的设计就几乎成为设计水体的全部。因此，进一步明确水体这个容器边缘的特殊性和重要性，希望双边合理地设计出优美的水体景观和岸线景观来。另外，由于园林边界水体（如河、溪、涧、湖、池、塘等）的存在及地形地貌的影响，土壤中的水分也将出现边界的变化，这种变化影响植物景观的设计，需对园林边界土壤水分的分布和水湿边界的变化加以研究。

12.1.2　园林植物边界（The Plant Border）

园林植物边界是指不同类型或种类的园林植物与其所在外部环境之间所构成的界限关系。

不同的园林植物，由于所在区域生态因子不同，如水湿条件、光照条件、温度条件等的不同，因而园林植物的生长发育及景观效果也不尽相同；此外，不同植物对这些影响因子的适应性也具有差别，因此在进行园林植物景观设计时，须根据边界的具体条件合理地选配植物，是获得理想景观效果的关键措施。故熟悉当地植物的生态特性很必要，如属于阳性植物、阴性植物还是耐干旱植物等。

植物种群间的边界效应也是不能忽略的问题。有研究表明复层边界栽培植物可以抑制杂草、易于管理，边界环境中植物所需要的温度、水分、光照条件和土壤条件，在人工调控下都能得到满足。植物之间的竞争常使植物的生长发育有所改变，这种改变因人为因素而各异。在植物景观设计中人们可以改变植物之间的位置、比例、方向等，使其适应生长条件。

12.1.3　园林建筑边界（The Building Boundary）

园林建筑边界是指园林由各种建筑要素形成的界线，对视线影响较大，也容易形成可见的建筑内部和外部空间景观。

一般来说，园林建筑在园林中起到点缀风景、提供观景场所、组成园林空间和组织游览路线的作用，这些功能的存在使园林建筑在边界处理上可发挥内外相互的沟通、过渡、转换或者是隔断作用。因此不论在平面上还是在立面上园林建筑边界都是显而易见的。园林建筑边界与其周边其他要素之间的联系，既是实的，也可以是虚的，应实现与边界各种地形地貌、植物、水体相互融洽的关系。

12.1.4 园林硬质边界（The Hard Landscape Edge）

园林硬质边界是指由硬质材料组成的园林景观要素与外围空间分隔所形成的异质性边界。

相对于软质的植物材料来讲，这里的硬质要素包括除建筑、园路以外的园林铺地、小品、构筑物等。园林硬质边界对植物设计的影响是非常重要的，如对树池植物的种植方式、植物的选择、植物的生长发育都有较大的影响。在滨海园林中，由于气候、土壤条件，植物的生长需要起保护作用的硬质边界。在热带园林中，硬质景观需要软质素材的辅助使硬质不表现得太"硬"。如在巴厘式的庭院中，水池的硬质边界需要软质材料的帮助，呈现自然的风格。硬质边界可为植物的生长增加空间控制和基质维护，这也是热带园林的特色之处。

12.1.5 内外道路边界（The Garden Path Bounds）

当园路对内外空间进行分割时，或者说园路的两边出现了景观差异时，就构成了道路边界。道路两边的景观应按原则合理地安排。在植物景观的设计中，应使边界两边的植物在种类、色彩、形态上有差异，有时甚至种植的风格都应有变化。特别是当园路在园林观赏中起到途径作用时，对边界切线和法线方向景观的安排可采用有障有透的手法，以使边界的两边景观有序地、有节奏地、有韵律地展现给游人。

12.1.6 生态因子边界（The Ecological Factor Border）

园林生态因子边界是指园林环境中各种生态因子与外界生态因子存在差异而形成的界限关系。在园林营造中主要生态因子有土壤因子中的水分和矿物质，气候因子中的光照、温度和风，地形因子的坡度等。于是，把握园林土壤边界、水湿边界、光照边界、风边界和坡度边界及其动态变化很有必要。

12.2 海山仙馆历史边界的模糊美

陈以沛、陈秀瑛两位史学家对海山仙馆的范围、边界问题做过综合考证。[①] 他俩指出：馆园面积，一般以"占地面积辽阔"之说为多，但无具体数据。或说"俯临一大池，广约百亩"；或说"湖广近百亩"；或说"占地数百亩"；或说"周广数万步""十数万步"等。假定以两步半为一米，周广四万步计，实可推算周沿边界漫长约达十余公里，边界类型于是繁多：

（一）有说：潘园"在泮塘"（见宣统年《南海县志》"杂录"）；"在西门外泮塘"（见宣统年《番禺县续志》"潘仕成传"）。由此构成古村落边界。

（二）有说：潘园"在城西（南汉）昌华宫苑旧址"（见台湾祝秀侠"海山仙馆与清晖园"），"在西关外宝珠炮台西南"（见新《番禺县人物志》"潘仕成"）。此乃古迹遗址边界。

---

① 陈以沛，陈秀瑛. 潘仕成与海山仙馆石刻[M]// 罗雨林. 荔湾风采. 广州：广东人民出版社，1996.

（三）有说：园"在泮塘荔枝湾"（见《广州市文物志》"海山仙馆丛帖石刻"），"在荔枝湾头"（见台湾《广东文献》"荔枝湾长忆"），以河湾、海湾水景为界。

（四）有说："在（今日）荔湾颜家巷至莲庆桥一带"（见《羊城今古》李云谷《海山仙馆的盛衰兴废》），此乃以城郊为界。

（五）有说："在荔湾之西，即今市二人民医院及对岸的一大片地方"，亦即各个时期著名的荔香园、彭园、小画舫斋等地方（见荔湾文史集体创作室编的《荔湾文史》）。这里有一连串古典园林。

（六）有说：潘园"在现今多宝路，即原时敏路段内，恩宁路以西，蓬莱路以北，黄沙大道以东一带"（见《荔湾文史》"荔枝湾史话"），此地乃道路边界。

（七）有说："在今泮溪酒家一带地方"（访泮溪酒家负责人的回答）。看来此边界与河涌相临。

以上种种，说明海山仙馆中心地带约在原南汉昌华宫苑所在地，即至今仍以"昌华"命名的昌华涌南北沿岸。民国时代的荔香园、彭园及昌华桥、昌华大街、昌华横街、昌华南街、昌华东街等地带正值河口海湾—沼泽湿地—池塘连群—水郭山村—水景园林等多种地形地貌的景观演变过程中（图12-1）。

图12-1　海山仙馆周边是不断变迁的沧海桑田

由此可见：潘园其景含湖、含江、含涌、含塘，借沃野远山之恢宏，与西关民居和古老城墙铺陈一片。正如建筑师卢文骢于1997年《南方建筑》期刊上的《海山仙馆初探》一文中所述："向西望是滚滚的珠江和来往不绝的船只；向东望是西关民居和古老的广州城墙；北面有绿色的田野和起伏的山峦；南面是叶氏小田园和停着外国商船的白鹅潭。"海山仙馆风水宝境，四周辽阔轩昂，得天独厚，占地面积大，边界绵长，可谓阵压群芳的"南园范典"。

以上边界云云，多出自街坊父老相传、早年史志有载、文史学者公认阙如，不是完全没有依据。仅因原馆地上遗存已无影无踪，现缺少考古发掘和出土文物证明，致使周沿位置不清，四方边界仍然是个"模糊问题"。历代文字记录只能如此用来描述潘园的大致边界范围，所存某种朦胧之美，却也丰富多彩。

12.2.1　邻园边界

若以邻"园"互为边界论，与之比邻的有叶兆萼的"小田园"[1]，可互相寻找方位。曾昭

---

[1]　叶兆萼《小田园古今体诗》自注："予小田园与潘园比邻"。

图12-2 唐荔园古荔枝林带边界

璇谓："叶兆萼有小田园，与海山仙馆同时代，又为毗邻（在今逢庆大街一带）"，"朱庸斋告知，民初在银龙酒家门口（即谟觞酒家），晚上仍可见叶家大门的灯笼云云"①。如小田园所在今逢庆大街一带为真，与之相邻的海山仙馆只能在逢庆大街之北。河网地带的私家园林隔河涌两两相望，在此习以常见。

张维屏的《游荔枝湾诗》很能说明两者的关系。"游人指点潘园里，万绿丛中一阁尊。别有楼台堪远眺，叶家新筑小田园。"②一墙之隔的小田园布置错落有致、别出心裁。均为人文雅士经常殇咏之所③。诗中"潘园""一阁尊"：即馆内白石砌筑成的、高凡五级的"白塔"。小田园虽远不及潘园，但也别出心裁、园亭丰盛。卢文聪先生体验到：海山仙馆"南面是叶氏小田园和停着外国商船的白鹅潭"④。

如今小画舫斋很可能在海山仙馆旧址范围内。潘氏家产被籍没入官后，分为刘园、彭园（今第二人民医院及院后地方）和陈园（荔香园园址大部分在今昌华涌之西等）。尤其是陈花邨的荔香园，延续到抗日战争时期尚有亲睹者，言其故址在今荔枝湾公园南端。

南端原先的唐荔园，"构竹亭瓦屋""编竹为篱、依村为堰"⑤，虽有野趣，但与扩建后的大园显然气势不符，须进行改造，统一风格风貌（图12-2）。

12.2.2 江海边界

城墙脚下的珠江就是小海。清人张维屏偕内子泛舟珠江，可直至海山仙馆。19世纪中期

① 曾昭璇. 广州历史地理[M]. 广州：广东人民出版社，1991：398.
② 张维屏. 国朝诗人征略[M]. 广州：中山大学出版社，2004.
③ 叶兆萼《小田园古今体诗》自注："予小田园与潘园比邻".
④ 卢文聪. 海山仙馆初探[J]. 南方建筑，1997（4）：36-44.
⑤ 荔湾区志办. 荔湾大事记[M]. 广州：广东人民出版社，1994：4.

图12-3 隔江望海山仙馆围墙（关联昌绘
作于1850—1870年间）

图12-4 在海山仙馆可以看到的景观

的美国人亨特所著《旧中国杂记》更是清楚地讲道："北江，从园子整个西边流过，沿江很宽的地带铺了石头，作为登岸的码头。"[1]

清中叶江面就在今黄沙大道以西，与潘园一堤之隔。"向西望是滚滚的珠江和来往不绝的船只（图12-3）；南面是叶氏小田园和停着外国商船的白鹅潭。"[2] 每当晨曦来临，巨大的帆影从江边滑过（图12-4），透过树枝疏影或婀娜多姿屋顶观赏，那将是一种什么样的景观动势？夏銮海山仙馆长卷图亦能让人体会到这一点。

若以珠江为参照坐标，海山仙馆西临珠江边的水闸也属景观设施，是个比较活跃的景点。当时泛舟珠江，进出自由，能够深入海山仙馆游经诸多园中之园。阅读夏銮图卷，似乎还有动物景观设施隐于绿林之中。院内尚有临水建筑群构成"百亩大池"西北向的重要对景。清人张维屏赋诗小引，越日遍游芳村、河南及海山仙馆，足以证明他一定穿越过潘园这一水上出入口。

---

① 威廉·亨特. 旧中国杂记[M]. 沈正邦，译. 广州：广东人民出版社，2008：23.

② 卢文骢. 海山仙馆初探[J]. 南方建筑，1997（4）：36-44.

图12-5　古词古诗之印象

12.2.3　荔荷边界

陈泽泓先生说道：以荔湾"湖"为参照物，今湖水域面积为17.1万平方米，折约260亩。而海山仙馆水域为"一大池，广约百亩许"①。潘园水面面积虽不及今荔湾湖水面之半，但海山仙馆借景湖水、扩大视域，有纳今之整个荔湾湖于其内的效果，其边界当为湖泽荔荷边界风光。

客住海山仙馆的何绍基，深得此园韵味，其词写出此园意境："寻荔枝香处，醉倒金波""一片荷花如海，有无限绮丽风光。重携酒，慢摇苏舸，贪为荔支境""妙有江南烟水意，却添湾上荔支多"。冼玉清撰文描绘该园："缭绕四周，广近百亩。芰荷纷敷，林木交错。"也道出了园之广，荔林芰荷之繁密的边界景象（图12-5）。

钦差大臣耆英很赞赏潘仕成的造园能力，曾有这样两句诗："雨翻荷叶绿成海，日印荔枝红到楼。"生动地刻画了潘园此种边界的景象。

12.2.4　城郊边界

卢文骢先生初探海山仙馆："向东望是西关民居和古老的广州城墙。"②亨特在《旧中国杂记》中记述了潘园砖墙围绕，暹罗柚木做的双重厚重大门上画有两个和生人一般大小的古装人像，一文一武两个"门神"，"弯弯的屋顶上边有雕刻的屋脊，屋脊的中央有一个大大的球形或兽形的东西，看上去很醒目。"③这是海山仙馆中的门式建筑，再向东去即为广州西关和西城墙。正如亨特所言："从楼上游廊看到广州北城的城墙，距离大约有四五英里。"古代城市都是山水城市，建筑不高，对园林并无压抑感，倒是特殊一景（图12-6）。

宣统《番禺县续志》谓潘仕成"创筑荔香园于西门外半塘，颜曰'海山仙馆'"。故海山仙馆居住区人口的主要出入口方向应向东，面向城区。舟艇进出水道靠西北湖涌通江、海潮入闸口处。钱仲联为黄遵宪《人境庐诗草·游潘园感赋》注："潘园东至小画舫

---

① 俞洵庆. 荷廊笔记·卷2. 羊城内西湖街富文斋承刊印，1885（清光绪十一年）：12.

② 卢文骢. 海山仙馆初探[J]. 南方建筑，1997（4）：36-44.

③ 威廉·亨特. 旧中国杂记[M]. 沈正邦，译. 广州：广东人民出版社，1992：88.

斋，西至珠江边这一范围之内。"①李小松谓潘园偏东"旧址在……今市二人民医院后院。民国初年尚有分解后的彭园，与荔香园一溪之隔"。② 因此接近东部市区，故这一带城市化很快。

12.2.5　村野边界

潘园"北面是绿色的田野和起伏的山峦"（卢文骢，1997年）。这种自然地理景观正是园林壮大时的扩展用地，或延伸方向。此时的村庄并不大，并不多，对地形地貌、水系景观均构不成严重威胁破坏，"天地生"倒是和谐的整体。

1855年的广州地图用外文标有"稻田"（rice grounds），估计这是潘园东南角分隔闹市区尚未街区化的一块低洼地。此处广袤的田地、密布的河涌，藕花香处、荔子熟时，野趣盎然。这种地带的村庄本身就具有园林美感。正如计成《园冶》所述："古之乐田园者，居于畎亩之中……团团篱落、处处桑麻，凿水为濠、挑堤种柳。门楼如稼、廊庑连芸。"③

有的村庄本身就是因参与园林建设的工匠就地落户聚集而成。顺涌遥指新生的园艺工匠村，隔湖相望雨里文塔泮塘渔村，恰可与潘园互为呼应对景（图12-7）。

泮塘是古村，潘园之北到不了泮塘，会有一定距离。清人谭宗浚道：建于墨砚洲、郑公堤之上有荔枝园，"其地后入潘氏园，今村人亦罕能认其故址者"④。郑公堤位置，曾昭璇教授说明：南北走向，大体与荔湾涌平行相近，其北段应在今荔湾湖公园西南部。潘园西南边界是个有变态的滩头地带，难免不无模糊性。

① 何丽珍. 海山仙馆与潘仕成[M]// 荔湾区. 荔湾名胜. 广州：广东地图出版社，1996：22.
② 清宣统年《番禺县续志：卷三》。
③ 白兆球. 广州海山仙馆故址考[M]// 王美怡. 广州历史研究. 广州：广东人民出版社，2021：337.
④ 谭宗浚，《荔村草堂诗钞》六自注。

图12-7 河涌、古村、西山、荷塘均是潘园的边界景观要素

12.2.6 河涌边界

广州艺术博物馆的黎丽明研究员曾解读夏銮的全景图，从中可了解到潘园东北一带的河涌边界与西北江海边界的情况：画面起首，是大片留白处理而成的辽阔渺茫的水面（图12-8a）；接下来出现几片稀树低丘、似断似连的小洲；洲后一道宽阔水道，两条乌篷小船荡桨而行；水道左岸，临水是绵延绿树，大木葱茏，形成天然堤堰，围起湖水一泓；一条曲曲折折的长桥凌水而过，将观者的视线引到园林主体之前；一道平堤之后又是宽阔碧波，环湖一周，楼阁、廊桥、亭榭、庭轩……因地而建形成园中之园，周遭尽是大树繁花；湖左近岸处有一绿树掩映的沙洲，洲旁停着一画舫、一小舟，似乎是个小码头；登湖岸前行不远，一座小桥通往一水中孤峰兀立的"海山仙山"，山顶有小阁一座，山麓有四柱草亭一间，亭侧有座造型特异的白塔；过假山，又是一道半弯的围堤；堤外斜陂缓缓，延伸至水边，并与另一侧之长堤，造成一条小小水道；陂上，以淡墨渲染出烟雾一般的芦丛；沿长堤而行，过木桥，

图12-8a　夏銮全景图中的东北边界景观

图12-8b　图中左上为珠江水面局部

逸笔草草勾勒而成的几团树丛，将视线拉至淡远无尽的远方；只见轻帆数点，几抹轻云，遥遥江天，水岸一色，画面到这里就结束了（图12-8b）。[①]

　　破落后的潘园东部的河涌边界情况可从英国摄影师约翰·汤姆森于1870年末游历广州时曾拍摄的几幅照片略知一二。他于1898年出版的《中国游记》中记载：有一条"小河绕过广州城西，流经许多奇形怪状的建筑物。平静的水面上横跨着一道不很结实的防波堤，将河流一劈两段。女人们在河边洗衣服，孩子们坐在防波堤的台阶上玩耍，真让人为他们的安全担心；狗在门前狂吠，一群家猪、家禽面向着过往的船只；男人们正在忙着把深蓝色的棉布泡在河水中。眼前的这座三级塔告诉我们潘家花园到了。"从夏銮的《海山仙馆图卷》，也能感受到有若干条河涌形成了海山仙馆的边界，它们的水系是相通的。有些河涌将几组

---

① 卜松竹，王晓云. 清代夏銮《海山仙馆图卷》完美重现曾经的"岭南第一名园"[N]. 广州时报，2011-01-18.

景区相连，或伸入西园区内。至于园林跨涌发展，是否有碍泄洪和航行，须具体问题具体分析。

12.3 名园遗址边界效应美的创造

边界是个有张力、易变化的部位，这里具有生长因素和发展潜力。所谓边际效应就是一种增长效应。某种意义上，边界模糊才是美的，将园林有界衍生为无界而扩展名园效应所谓模糊哲学，是一个新词语。它是从厚黑学中或中国古代哲学中引申出来的，如老子里的"大智若愚"，郑燮的"难得糊涂"等处世哲学。模糊的是艺术，清晰的是哲学，意境就在其中。

艺术本身也就是描述内心，描述一种感受。比如音乐是模糊的声音。当我们清楚表达的时候，就不是音乐，而仅仅是动物叫，风在吹。我们的语言清楚表达的时候叫朗诵，而模糊表达的时候，才是歌唱。又比如画画，模糊的叫艺术，清晰的叫作图。有些模糊需故意地突破具体，通过模糊来对一种本质的意识表达。意识是高层次的，因此形成了模糊。模糊哲学，就是研究事物的模糊现象及其内在本质关系的哲学。[①]

看中国的太极图，在阴阳中间的那条线，就是一个模糊地带，即阴与阳的分界线，并牵系着各个边界。探讨园林边界模糊美的表现，很有意思。中国传统建筑空间模糊美的表现是多方面的。[②] 不仅表现在园内的方方面面，也表现在园林的边界部位。

园林边界并不是一条非黑即白的线，也不是分隔沙漠绿洲的一堵万仞高墙，它是一片具有互含互否多种园林要素的景观界面，或互借互享的人文成果积淀的模糊地带。它具有使内外生态空间"一损俱损、一荣俱荣"的相关影响作用。海山仙馆的美是因为她与整个荔枝湾的边界是模糊难分的，内外要素有机共生的、不分你我大一体的。有了荔湾湖的边界借景，海山仙馆才显得大而"园广池宽"；有了荔湾湖的平远淡雅，遂使"园有一山，冈坡峻坦""朝晖暮雨之除，俨然苍岩翠岫矣。"[③] 海山仙馆之所以成为"岭南第一名园"，园林边界模糊性的美发挥了一半的效能。

当代园林管理范围之外的自然环境被破坏，城市高楼化逼压园林时，园林边界可谓鲜明矣、景观性质对比可谓强烈矣，然而园林本身的艺术价值、生态价值将大打折扣。如何考虑收效园林边界模糊美，这个问题并不存在于古代的海山仙馆，倒是当今城市海山仙馆遗址的风景园林边界问题较为突出（图12-9）。作为一个建设山水生态园林世界名城的课题，更需要积极加以调研和实践。其目标就是尽量扩大城市园林绿地比例，尽量保护好历史名园文化遗址，尽量实现现代城市文化景观的地域性传统特色的美化。保护拓展历史名园的遗址园林化景观，则是一项重要的原则性措施。海山仙馆遗址园林边界的确证、补救工作，优化、美化工作，则是一项不可等闲视之的工程。

---

① 模糊哲学，https://baike.baidu.com/item /7577878?fr=aladdin.

② 汝军红，等. 中国传统建筑空间模糊美的表现[J]. 沈阳建筑大学学报（社科版），2010（2）：108-111.

③ 俞洵庆. 荷廊笔记. 羊城内西湖街富文斋，光绪十一年（1885年）出版。记"潘氏园"。

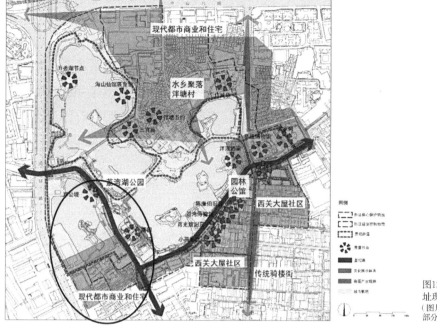

图12-9　海山仙馆部分遗址现状分析图

（图片来自百度，西南角应保留部分潘园遗址以待考证发掘）

12.3.1　保护名园历史格局的文化遗存

当年海山仙馆的住宅大院所在历史街区位于现遗址公园南大门以南、以东，面积肯定不会小。现荔枝涌以南已被大量西关古民居占满。它们是与潘园时间差值最小的"历史建筑"，而且其中还有与海山仙馆存在近亲血缘传承关系的名园如"小画舫斋"。宜将计给予这些传统民居成片保护，相当于保护了海山仙馆居住区的部分遗址，并有意把荔枝湾遗址园林看成其"后花园"，那么这一古典私家名园"宅—园"两大结构体系（图12-10）就基本解决了。这将是一个巧妙而模糊的手法——但也是一个积极的决策。既保护了传统"西关大屋"历史街区（定格为西关民俗文化慢节奏游览区），又明晰了潘园的东侧边界，完善了海山仙馆的"整体概念"，扩大了历史文化景观的信息范畴。

图12-10　保护开发潘园遗址东边的西关大屋群，模拟潘园住居区

12.3.2　营造边界建筑景观的虚实层次美感

　　将实现园林空间模糊美的一些手法：隔、曲、隐、藏，虚实相生等，大可运用到边界景观设计上来，由此营造边界景观的模糊美感。对边界景观的观赏可分外观与内观、动观与静观。沈复在《浮生六记》中讲："虚中有实者，或山穷水尽处，一折而豁然开朗；或轩阁设处，一开而可通别院。实中有虚者，开门于不通之院，映以竹石，如有实无有也；设矮栏于墙头，如上有月台，而实虚也。"这些手法皆从心理上扩大了空间感（图12-11）。"景乎贵深""景佳选藏"。云墙既"围、阻、隔"，又"引、导、透"。《园冶》谓"曲折多情"。布颜图道："山水必得隐显之势，方见趣深。"临水架石留凹穴，形同水口，望之有幽邃深奥，水源有不尽之感。用模糊手法营造园林边界，自是溢美、模糊之美，有的可构成城市老街、小巷、古道之对景。

　　以上模糊手法经济可行。或将现有传统民居建筑的边边角角进行细部处理，做成一个个"哑巴院"、口袋公园，重新演绎私家园林空间，极易获得海山仙馆艺术的溢出效应。公园内现有景观特色因历史、地理等缘故，仍多多少少保留有当年海山仙馆"妙有江烟水意，好景天然包藏"的环境遗韵；在此基础上"略成小筑"加以标点，就能使水景空间"足征大观"（图12-12）。

图12-11　对建筑界面的处理

图12-12　对水体界面的艺术处理

图12-13 潘园文物"软云石"可立亭保护构成地标性景点

12.3.3 凭借古迹遗存构建标志性景观小品

其一，地标性景观小品。比如设置原海山仙馆代表性的历史景物小品作为象征符号标志，"喜从新构得陈迹"（清·阮元《唐荔园赋》），亦是很理想的事。海山仙馆文物——"软云石"，应物归园主，将其置于潘园遗址，特意选定的地方，立亭摆供，构成海山仙馆的历史地理标志（图12-13）。潘园遗址周边尚有许多园林地带的"消极空间"，本来可以营造出许多美丽小游园，但现状不能让人亲近，且任其"垃圾化"成"臭角落"，亟待处理。

其二，线型标志景观带。借用古迹遗存要素可解决遗址园林边界景观动线美。流动性是景观模糊美的真实表现。[①] 遗址园林被新型城区包围，更应注意建构外向型的边界风景，传达应有的历史文化信息。有观赏性的线型空间——街、巷、道、路、河涌应有意创造出有节奏美感的观景点或景观点。只要选定一系列恰到好处地点，哪怕仅仅摆了几枝盆花的小平台、小阳台，都能给人们以海山仙馆的某种"暗示作用""揣测作用"。同时我们也有条件按人性化公共尺度，每隔20米竖立一根工艺小品式盆花音响彩灯电杆雕塑，即可产生幽长明析的边界效应。柬埔寨金边于某公共设施场地采用古迹式栏杆，精神纪念意义和视觉效果极佳。线性流动性的美虽是一种模糊美，但可创立意境美，很强烈地表达"边界"概念。

12.3.4 依托潘园邻里文物古迹营造边界联想氛围

海山仙馆同历史时代的园林邻居"小田园"或有遗址可寻、从潘园分化出来的珍贵遗构尚存，应充分发挥这些文物要素的现实作用，让游人由此及彼产生对海山仙馆超越时空的联想。地处河涌边的"小画舫斋"应办成一个历史园林博物馆（图12-14），场馆面积可以借周边建筑加以补充。如果让这笔宝贵的历史文化资源长期被抛弃、不被重用实在可惜，且使其中许多有文物价值、有纪念意义的细部元素或袖珍空间埋没殆尽。

---

① 李泽厚. 华夏建筑美学[M]. 天津：天津社会科学出版社，2001.

图12-14 "小画舫斋"应办文物古迹型博物馆

图12-15 海山仙馆长廊与骑楼的渊源

12.3.5 引申海山仙馆突出的园林要素造景

这一点荔枝湖公园自觉或不自觉地做得较好。海山仙馆最为显赫的景观是长廊。长廊是一种复合空间，具有模糊美的模糊空间。在"天人合一"精神的支配下，这种空间启发人的自身内在修养，实现人的内在价值。"自然被内定为人的存在，而人被认定是内在于自然存在。"[①] 因广州"一口通商"早期的开放性，先行接受世界商品经济的思想，重在"内在超越"的长廊文化促进了后期遍布全城的骑楼商业街的形成（图12-15）。长廊和骑楼的复合空间、灰空间或模糊空间，因凸显了人文精神而具备了"内在的美"[②]。保护日益被破坏的骑楼景观，唤起人们对历史名园长廊的记忆，很有效应。

---

① 刘良海. 人文精神的文化主题. 转摘自张铁群. 传统聚落的人文精神——解读和顺乡[J]. 规划师，2002（10）：45-47.

② 杨宏烈. 岭南骑楼建筑的文化复兴[M]. 北京：中国建筑工业出版社，2008：224.

12.3.6 整合潘园遗址园林毗邻的古村落之美

泮塘是海山仙馆的毗邻地，从事渔业捕捞、水生植物"泮塘五秀"种植的古村落。明清两朝羊城八景"荔湾渔唱"，生动地概括了全部的景观印象。为了既保护海山仙馆历史文化景观遗产，又能利用好当今的名园遗址荔枝湾公园，将很快要拆迁的传统古村落并入公园规划整合发展是为符合科学发展观、符合全民长远利益的上策（图12-16、图12-17）。当今公园需要补充陆地面积，并形成完整的园林边界，扩大景观容量和旅游客容量。古村落的许多文化遗产遗存需要园林化环境加以保护生存，并提升内涵档次，同时构成优美的景观景点使之"近水楼台皆入画，宿花魂梦亦生香"。[①] 另外，还可从一个侧面映衬海山仙馆当年与泮塘古村景观相互关照的特定历史意蕴。此方案的现实意义同样厚重匪浅，可大大丰富广州世界名城的文化旅游价值，打出一张"粤海大湾区"强有力的文化品牌。

12.3.7 文明化的园林边界防御性景观设计

防御是人生存的一种本能活动，它推动了人类居住空间的发展与演变，促成了园林空间体系的形成。随着人类的文明进步，防御需求也在不断发生变化，常常经过文化、艺术的外

图12-16 泮塘古村与荔枝湖公园的位置关系

图12-17 泮塘古村并入荔枝湖公园的规划方案

---

① 关启明. 广州荔枝湾文钞[Z]. 广州市荔湾博物馆编，2002：61.

图12-18　文塔成了海山仙馆的参考坐标

图12-19　新建具历史风貌的园林建筑

衣包装，使我们忽视了它的防御功能。[①] 就防御性论，城邑、村落、院落、园林均具有"异质同构"的特征系统。园林空间的防御功能的弱化或丧失，并且演变为以审美为主要功能的艺术特性，往往可为园林边界所运用（图12-18、图12-19）。如"可望不可及""无限风光在险峰""隐蔽的阻拦""暗示保护功能""令人心仪不宜破坏的美"等等防御拒绝措施也是也是一种"美"，更是一种传播美的造景手法。边界防御设施文明化、景观化，也许就是一道优美的风景。"佳则收之，俗则摒之"对内对外都适宜，大都市中的历史文化遗址园林边界如是处理好。

---

① 刘源. 传统园林空间防御特性分析[D]. 郑州：河南农业大学，2013.

12.3.8 开发民间动态性的旅游文化景观

旅游产品中的文化含量的多少，品位的高低是决定旅游地吸引力大小的重要因子。文化旅游被认为是较高层次的旅游。曹诗图等人认为，文化是旅游开发的灵魂，缺乏文化内涵与文化品位的旅游产品是很难有吸引力和生命力的。[1]天人合一，君子比德，神仙思想正是中国古典园林朝自然式山水园方向发展的3个文化要素。民间艺术活动也是促进造园建设的思想基础，同时也是开展民间旅游活动的重要内容（图12-20）。三月三、五月五、六月六、七月七，……都是岭南人的节日，也是中国古典园林可以深厚的文化底蕴推动旅游业发展的生产力要素。海山仙馆的文化沉积构成了岭南广州商都旅游地吸引力的内核。潘园的神仙意境亦是文化复兴发展提升的动力机制，"壶中天地""蓬莱仙境"均为园林的艺术魅力所在，也符合现代生态美学思想。

海山仙馆遗址园林本身已具一定的知名度，好的营销策略可以给旅游资源带来新形象和新地位，带来新的游客市场。所以，营造边界景点的扩散传播营销功能，这是旅游开发成功的关键。[2]如有恢复重建的机会，体现园主的精神本质，从而展现出丰富的文化内涵和真实的历史背景，则具有更高的旅游价值。如位于浙江的"红顶商人"胡雪岩故园，由于见证了晚清严酷的世道变更内情，其复兴之举极大地促进了当地旅游的发展。

图12-20 潘园遗址地区动态的民间旅游景观

① 曹诗图，鲁莉. 非物质文化遗产旅游开发探析[J]. 地理与地理信息科学，2009（4）：113.

② 撒光耀. 中国古典园林文化内涵的旅游开发[J]. 知识经济，2009（9）：47，42.

13

第13章

海山仙馆园林建筑艺术成就

清代十三行末期，被誉为"岭南第一名园"的行商园林——"海山仙馆"，前身为唐荔园，亦即更早的清嘉庆年间南海绅士邱熙所建的"虬珠园"。最迟道光九年（1829年）富商潘仕成将唐荔园购入园宅，基于岭南本土、学习江南园艺、遵循中原主旨、借鉴西洋技术，经过不断修葺和扩建大小建筑组群三十余处，边建边用共花了十多年时间，于道光二十四至二十七年（1844—1847年）之间遂使一代名园大功告成。晚清文化名人何绍基盛赞海山仙馆"园景淡雅"，"不徒以华妙胜"，贵在一个广布红荔白荷的大海（河）湾，颇具岭南典型的海滨水乡特色。其建筑与京城、江南园林相比，自有风华。如果说皇家苑囿建筑雍容华贵，官式做法；江南园林建筑潇洒飘逸，香山法式；岭南园林建筑则轻盈通透而又刚直硬挺，是为超越土籍幼稚式样、中西合璧初创期的产物。作为猎奇，园中或有西式小品洋房。①

海山仙馆虽赢得"南粤之冠"的美誉，成为岭南首屈一指的人文园林，可惜好景不长，很快便灰飞烟灭了。遗址地带至今尚没发掘出什么建筑遗存或珍贵文物，好在留下众多碑刻、诗词、书文、游记、留题、匾联、绘画和摄影图片等非物质文化遗产能为其立传作证。且许多资料均出于高官要员、才子名流之手，很多文物来自世界各通商国国家博物馆，见仁见智，各显精彩。流行在学界的一些潘园"形容词汇"：如连房广厦、宏规巨构、栏楯周匝、藻饰工徽、重楼复阁、曲房密室、高楼层阁、曲廊洞房等等，基本上可以落实到建筑的实物名称上：如凌霄珊馆、文海楼、越华池馆、贮韵楼、雪阁、眉轩、小玲珑室、东塔、画舫、乐台、荔红小谢、苏轲（游艇）等等。今学界已对该园有了一个基本的认识，兹选录若干资料，拟对潘园的建筑组群分布、室内装饰、建筑特色及其园林艺术作些探讨，以抛砖引玉、求证方家。目前虽难进行田野考古，尚有望依靠国外有关史料进一步查对。

13.1 入口大门：内外景观逻辑链接

潘氏园林入口大门内应不包含潘家住居区、家族办事区、对外公务区、刻板印刷作坊区等几部分在内。大门横匾"海山仙馆"四字的书写者——耆英，当年身为清廷钦差大臣兼两广总督，全权处理两广军政财文事务和负责对世界各国的夷务外交，是手托"圣旨"执事的人。有这样一员钦差大臣的青睐和倚重，潘园自然声威远播。这馆园的大门，有以"海山仙馆"四字嵌成的门联，曰：

> 海上神山；
> 仙人旧馆。

这寥寥四言联，以语意浑成，对仗工巧而备受主客喜爱，为人传诵。大门对联点明：园中主旨景观就是"一池三山"的海上神仙之境。蓬莱神山乃"三山"杰出代表，山上有琼

---

① 深圳刘志刚先生有幅门洞图片（见图13-3），可否傍证为西洋楼特区，待考。院内似有西式墙垣一角，院外立有一挂裙摆的摩登女士。

阁、下有白塔、山腰有登山道、半山亭，另有瀑布、深潭等岭南园林要素，与荡漾东吴游艇的百亩水面构成海山仙境，是实现山水畅游的胜地。仅仅一座园门，就能暗示这座仙境与人间合之为一的艺术园林，天上始有、人间罕见。人们情不自禁地就会夸赞园景的美妙，主人的非凡。

"整个园子由一道八九英尺的砖墙围着。"[1]亨特所描写的入口大门属南粤趟栊门形制，实木大板门上贴有真人般大小的门神画像，与家族居住工作活动区会有一个不大不小的距离，游人可以直接入园。从1875年广州英文地图可发现：进入海山仙馆的城市道路位于昌华涌之北，东南走向，接着沿上西关涌有桥过昌华涌进园，大门设计可能开向南方。入口至主景区尚宜设置有启承过渡的景观段落，只因基地未垦作罢。如果说昌华涌以西为园区，昌华涌以东为住宅区，可谓"跨涌发展"。夏銮等人所绘《海山仙馆图卷》多为身处住居区所引鸟瞰构图所为。

那潘园（海山仙馆）正大门到底在什么地方呢？目前没有文献能准确地加以交代。有一潘园瓷器（图13-1）是否刻画了海山仙馆的入口大门的景观，值得探讨。

本来较大的园林出入口不只一个，其他次要园门按内外实际情况统筹设置即可，但主要入口大门往往有所讲究，是为主人和重要来访人物设置的。估计位置靠近住宅厅堂群屋不远，方位宜避风向阳，

图13-1 "潘瓷"上的潘园入口大门

前接游览来客的通衢大道，内启正常的景观序幕，且备有必要的集散场地。除了要满足各种实需功用，还要考虑前瞻、后望、左顾、右盼的景观美学设计要求。因潘园较大，随意性地直接入园者人次频繁，为不影响正常的生活习俗、公务要事，独立设置园门也将是很有必要的。事实是：入园门正是南部景区，一条宽堤道路对位方向正好为贮韵楼。虽能遥望屋顶崔巍，但不能见全景，还须通过一道屋宇式园门，方进入能观赏水上戏台的空间，形成兴趣高潮。

在《镜头前的旧中国——约翰·汤姆森游记》中有题为"中国花园的入口"拍摄于1870年的历史照片，网上作《花园里，广州》，也有可能摄于海山仙馆。但一定不是我们这里说的外围"大门"（图13-2）。还有一幅"院门入口"的图片（图13-3，刘志刚供稿），灰塑构件较多，似乎为特定的"园中之园"西洋人招待所。

一般来说，公务性、礼节性的迎送，须先登门礼仪厅堂区、再进后花园。此大门宜作为厅堂的一个组成部分。贵宾客来，清理大道、大开中门、列队恭迎。过门厅、落轿厅、歇茶厅、最后进大厅正厅……公务要事完毕，放松之后，喜见厅堂回廊之上，有横匾"入境"的

---

① 威廉·亨特. 旧中国杂记[M]. 沈正邦，译. 广州：广东人民出版社，2008：282.

图13-2 "中国花园的入口"（约翰·汤姆森《（镜头前的旧中国——约翰·汤姆森游记》）

图13-3 似有西方女士光临的院门

月洞门（或曰"腰门""侧门""傍门"），……贵客被尊敬地引入园林——宅园合一比较融洽的小型园林，别有洞天、宾主欣然。

然而潘园应是具有相对独立性、带有公共性的大型风景园林，入园乃是：

> 仙山琼阁；
> 世外桃源。

喜观遍池荷花、满垅荔枝，点配知鱼槛、听荷轩。叹荔处有入景槛联（黄爵滋手撰），正是：

> 荷花世界；
> 荔子光阴。

潘园范围很大，水广园阔，有舟船、车马伺候。诗性正要上来，只见凉亭一联（翁祖庚手撰）：

> 荷花深处，扁舟抵绿水楼台；
> 荔子荫中，曲径走红尘车马。

这些对联，均是针对大型馆园超世脱俗、至高至贵的"海市蜃楼"般的天象环境所抒发的感想。每当盛夏季节，荔枝如红云，清风送荷香。此情此景，惹人陶醉，能不激发文人雅士勃然兴趣，挥毫洒墨，留下真迹墨宝吗？

13.2 以湖分区：水上院落琼宇瑶台

有关海山仙馆全景布局记载较为全面细致的有俞庆洵的《荷廊笔记》、黄佛颐的《广州城坊志》、宣统年《南海县志》等，互为引证，可信园中实有之景物。以湖分区，水上建院，并没大兴土石方工程填塘筑坝，而广泛采取了桩基方案，形成空中楼阁、琼楼玉宇的景象，悠然导致园主所寻求的意境。

威廉·亨特的《旧中国杂记》，转引了《法兰西公报》1860年4月11日登载的一封来自广州的信，信中谈到海山仙馆"整个建筑群包括三十多组建筑物，相互之间用走廊连接。走廊都有圆柱和大理石铺的地面……水潭里有天鹅、朱鹭以及各种各样的鸟类。园里还有九层的宝塔，非常好看。有些塔是用大理石建造的，有的是用檀木精工雕刻出来的"①。

不知道亨特是如何查点潘园"三十多组建筑物"的，只是统计园林部分的建筑物呢，还是包括园林之前区的居住建筑？从亨特另外一段精彩的描述中，估计那是一群传统民居型的"三间两廊"天井相续的居住建筑群，或者是一套公共集体型的居住建筑。因为潘园的居住人口特征表明，基层"姬妾成群"、再加上家丁佣人一共150多口，其中同类型身份的人多，适宜采用某种特殊的集体居住模式。中层、高层的人口也不知其数，宜居住三世、四世同堂的家族式"西关大屋"和多开间、多进深式的大祠堂等建筑配套使用。这一点我们可以从行商同文（孚）行潘启官在河南漱珠涌西岸园林化住宅区的组成要素得到侧面旁证。那里除了有"西关大屋"式的大祠堂、大规模园林之外，还有著名的"潘家大院""老夫人楼"、八字形大开间并列围合式的居住建筑以及其他大大小小服务性的建筑，甚至还有小型商业、农产品、加工业、守卫、文化娱乐性建筑。如此说来海山仙馆有"三十多组建筑物"其实一点都不为多，仅园林部分的单体建筑（组群），经初步估查也只有近30个（或组群）。

园林是一种集居住、游赏、休息、娱乐、舞文弄墨为一体的综合性场所，因此园林建筑也因使用功能的不同而呈现出丰富多彩的建筑形式。无论是实用性建筑、观赏性建筑、还是连接景点与贯穿交通的建筑等，类型多样、体量不一、形象可爱，颇具游赏价值。

道光年间，画家田石友画了一张海山仙馆的全景图。下面一段文字描述了那幅全景画，或是那位画家根据这段文字进行了全景画的创作，总之两者非常贴切（历史记载有先后）。

"湖面宽阔，由廊桥、堤岸分隔成六七个湖区。湖的周边，均有蜿蜒曲折以石铺砌而成的堤岸，堤岸上栽满绿树繁花。式样各异建筑错落花园之间，并有跨水筑起的大小道路、回廊台榭及大桥、小桥、拱桥、曲桥、平桥相连。湖上有停泊或正在行驶的艇舸及扁舟几只，园内路上有马车正在奔跑。"②

"岸边的海山仙馆，由一道高墙围绕。"——这是走出园林站在珠江凭眺潘园所言的总体印象。随之对进园后的第一景象作了描绘：

① 威廉·亨特. 旧中国杂记[M]. 沈正邦，译. 广州：广东人民出版社，2008：282.
② 邓辉粦. 海山仙馆：清代广州最大的私家园林[EB/OL]. 原载羊城晚报. 来源：中国政府网，http://www.gzzxws.gov.cn/dmtwsg/tsws/201612/t20161213_39647.htm.

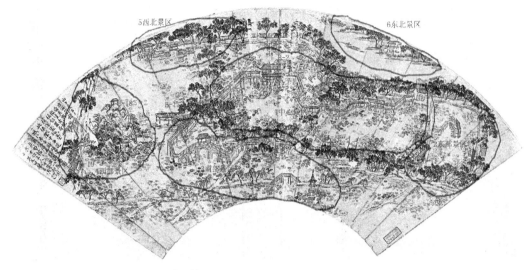

图13-4 海山仙馆扇面图分区（清·田石友 画）

"高墙之内是一浩瀚的大湖，内有一山、二塔和为数众多的亭台楼阁，长廊曲榭，临水屹立在湖的四周。有两座大型建筑坐落在湖水之上，居于园区的中心位置。画面的左侧，那环绕流过的茫茫江水就是珠江，远处是沉沉苍山。"[①]

类似夏銮的海山仙馆全景图，田石友的扇面画（右下角有作者长型印章），透视度不及前者，而"平面"性强，着重描写了潘园的水景建筑，图中还显现出原址地形田畴阡陌的痕迹。另有人以此当作为总平面用，进行了组团分区，重点建筑编号（图13-4）。这个研究手法是有价值的，值得肯定。

13.2.1　中心组团景区

此区由两个大湖面组成，景观项目有10个之多，分布较广，构成4个水上庭院（图13-5）。俞洵庆在《荷廊笔记》中仔细描写过A景区的风光特色。主楼在此A区，曰"贮韵楼"，二层大殿五开间、五进深，卷棚屋脊歇山顶；后有配楼，由水上廊道连接，也是两层歇山屋顶，只是体量稍小。主楼连有东高架长廊、西水上廊桥。分别与东西两个湖泊沟通，东北向有一组小型建筑构成半开放水院，长廊出入口终端还有一组园庭小筑作收束处理。大鸟笼、双层廊、东侧堤埂等围合起楼前含戏台、瀛洲岛的水景空间，另有后堂水面景区和长廊东延而串接的多个水院（图13-6）。

荔红小榭对应在"D"院落。贮韵楼堂高气爽，"由堂而西，接以小桥，为凉榭"[②]——不系舟船舫。若"由堂而东"偏北，对得上田石友的折扇图，是为南北两个水院。

"雪堂"是这里吗？因建筑高耸、曲折、穿透，冬暖夏凉。黄恩彤深有体会，赞曰：

① 邓辉粦. 海山仙馆：清代广州最大的私家园林[EB/OL]. 原载羊城晚报. 来源：中国政府网http://www.gzzxws.gov.cn/dmtwsg/tsws/201612/t20161213_39647.htm.

② 引清代俞洵庆《荷廊笔记》. 见：黄佛颐. 广州城坊志[M]. 广州：广东人民出版社，1994：82.

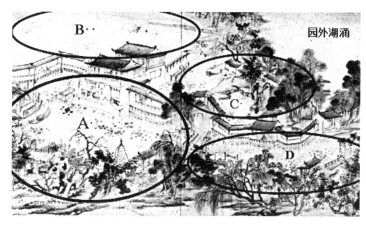

图13-5　中心组团的水上空间院落

图13-6　分解四个水上空间

"曲房婵娟而冬燠兮，高馆燎阒而夏凉。"①

　　庚公楼在哪？鉴于卢福普题诗"披览新图忆胜游，雅宜觞咏庚公楼"②，可认定有此楼为宴饮咏唱之处。另翁祖庚撰的长联：

> 珊馆回凌霄，问主人近况如何，刚逢官韵写成，丛书刊定；
> 珠江重泛月，偕词客清游莅止，最好荷花香处，荔子红时。③

　　显然这是针对"凌霄珊馆"而撰的，珊馆在哪？

　　高伟、卢颖梅认为一个靠岸临水的建筑群就是"凌霄珊馆"。图面左侧的主体建筑酷似船舫，贴水空廊可停靠接驳画舫，二层有平台、三层有望楼、内侧有大厅，此馆距离潘园大门旁的印刷作坊不远（待考），作为一个缥缈浪漫的"天上人间"，仿佛"珊馆回凌霄"，正好可与百亩大湖上的"蓬莱仙岛"遥相呼应，命之曰"凌霄珊馆"实至名归。英

①　黄恩彤赋。见：广州市荔湾区文化局，广州美术馆. 海山仙馆名园拾萃[M]. 广州：花城出版社，1999：41.

②　卢福普题诗。见：广州市荔湾区文化局，广州美术馆. 海山仙馆名园拾萃[M]. 广州：花城出版社，1999：40.

③　翁祖庚联。见：广州市荔湾区文化局，广州美术馆. 海山仙馆名园拾萃[M]. 广州：花城出版社，1999：40.

国人托马斯·阿罗姆（Tormas Allom）以低视平线绘制的"画舫"位置于中心水景区倒是相像。

13.2.2　东部景区

该区有4组园林建筑。以湖面为范围，东岸有一组滨水建筑，是为水榭风貌，水中央有呈"L"型的景观建筑组合体，体量较大，是为东区景观视觉焦点。南北各有一组景观小品，共同围合成相对独立的一个景区。

文献资料说明，眉轩在花树掩映下错落布置有小玲珑室、文海楼等建筑。"高楼层阁，曲房密室"十余处。潘仕成《满庭芳》词："看眉阁写黛，雪阁凝霜。"赵昀题图诗："仙之人兮乐，谁凝，坐我玲珑五里云。"[①] 该处或是坐落在湖水之上的"两座大型建筑"之一？东湖之妙与曲屈九折的水上长桥关系甚大。从此岸到彼岸有九曲九折，不仅将东湖划分成了东北与西南两大片湖区，且在"曲折"之处还形成了许多小型的开敞式和半开敞式水上院落或水面，配置不同的水生植物，定会产生不同意味的水景院落之美。两大湖区的划分还有意避免了南北划分的雷同，而丰富了东西向的景观层次。

13.2.3　南部景区

该区"东有塔，高五级，悉白石所砌"。实为四层的楼阁式东塔、三跨石板桥、五孔石拱亭桥，以及进入戏台景区的屋式院门（二道门）跟叠石大假山的组景。估计耆英题联的主一号园门离此不远（落于画外）。出自《海山仙馆 名园荟萃》的鲍俊题诗："摘艳薰香纪胜游，南星高护白云楼"[②]，提到"白云楼"。不知斯楼在哪区？从田石友扇面画看，四层宝塔应耸立在此区之南偏东。

13.2.4　西部景区

此区景观丰富，"一大池广约百亩，许其水，直通珠江，隆冬不涸；微波渺弥，足以泛舟"[③]。简要归纳景点三处。一是"一池三山"中的"蓬莱神山仙境"；二是以花藤架作引导的通达神山的平板小桥；三是对景神山，偏置水池堤角一隅的曲身小水轩数间屋宇。另有百亩水面将此3项工程及其他植物要素融洽成仙山楼阁海天一体。何处是"雪阁"？"诗人指点潘园里，万绿丛中一阁尊。"张维屏《松心十集》诗：说它高百尺，"别有亭台堪远眺，叶家新筑小田园。"[④] 说明此阁可与"小田园"为邻不远互望。"阁"与"塔"是有区别的。"邀山阁"邀西山，但阁在哪？在"蓬莱山"上邀白云山吗？"白塔"史志有此一说（见《广州城

①　赵昀题图诗。见：广州市荔湾区文化局，广州美术馆. 海山仙馆名园拾萃[M]. 广州：花城出版社，1999：40.

②　同①，鲍俊诗.

③　黄佛颐. 广州城坊志[M]. 广州：暨南大学出版社，1994（12）：320.

④　张维屏. 听讼庐诗抄[EB/OL]. http://www.litchi.cn/html/cn/lizhiyuan/2006/1204/950.html#.

坊志》暨南大学出版社，1994年），但画中形象却是类"广州唐代光塔"的建筑艺术小品，吸收了伊斯兰文化的造型艺术。

13.2.5　西北景区

浙江人俞洵庆曾于咸丰初年（1851—1861年）两游海山仙馆。同治癸酉（1873年）三月再去，潘园已毁。俞氏笔记写道："西北一带高楼层阁，曲房密室，複有十余处，亦皆花承树荫，高卑合宜。"[①] 从当时情况看，此"西北"应指"一大池"西北一带所配置的大大小小园林建筑或小品。"高楼层阁，曲房密室"应出在园林东部地段的家族住宅区。

此区有养鹿精舍可观可信。另有一间水上架设的厅室，或轩或榭。此谓"越华池馆"吗？这里有江、靠海，能眺望远山，正如黄爵滋撰联：

> 海色拥旌幢，但招南极仙来，箫管催传江上月；
> 山光回锦绣，恰对越华馆在，莺花并作汉家春。[②]

有如司马光的得意之哦："明月时至、清风自来，行无所牵、止无所柅；耳目肺肠，悉为己有。踽踽焉、洋洋焉，不知天壤之间复有何乐可以代此也。"[③]

13.2.6　东北景区

该区陆地仅为靠近此岸的附属小洲岛。洲岛上虽只有一组小型建筑用于管理或守卫，但孤悬园外，有水郭孤村朦胧烟雨景观滋味，可似仙馆本部遥指呼应的"杏花村""诗意和远方"的芦花荡之意境？这里肯定不会设置大型礼宾宴饮厅堂之类。或可孔翠亭、瘞鹤墓在此区？李仕良的悼念诗："树影尚离披，泉声仍潺诉。""熟是孔翠亭，熟是瘞鹤墓？"不免为潘园中动物的没落消亡而伤感不已。

诗、画与园林本为同构艺术，但毕竟质体相异。"诗"乃文学化字词，国画乃写意式的平面艺术，难免带有夸张浪漫的情感和意到笔不到的地方。它们原本就够不上工程师的语言或施工蓝图，缺少很多规划建筑方面的信息，不可能100%还原昔日的历史风貌。目前的研究只能停留在这一层次，有待学界共商园是，取得共识。犹如红楼梦的大观园，永远不会有唯一的标准答案。即便如此也丝毫不掩其中感人至深的园林艺术。海山仙馆理念上存在唯一的答案，但客观上只能是个无法收敛的极限值。只要选取极限函数有限项加以研究，已能产生理想化的社会效果了。

---

① 黄佛颐. 广州城坊志[M]. 广州：暨南大学出版社，1994（12）：320.

② 黄爵滋联。见：广州市荔湾区文化局，广州美术馆. 海山仙馆名园拾萃[M]. 广州：花城出版社，1999：41.

③ 司马光. 独乐园记[EB/OL]. http://wyw.5156edu.com/html/z4839m3968j2457.html.

13.3 园中之园：水上组团追求三界

童寯先生在《江南园林志》立言：园有三界，一曰疏密得宜；二曰曲折尽致；三曰眼前有景。尤其组团布置，应落实三界。[①] 海山仙馆在不同尺度范围内做到了水空间的多层次的配置组合：要素—组团—大湖，各具平远—深远—高远之景观效果，值得传承。用北宋山水画家郭熙对山水画"三远法"审视海山仙馆，我们可以体会到：自低而仰楼阁高远之色清明、高远之势突兀；自前而窥院落深远之色重晦、深远之象重叠；自近而望湖岸，平远

图13-7 绘有海山仙馆景观的外销瓷盘

之色有明有晦、平远之意充融缥缈。[②] 具有"三远""三界"艺术的园林可否从一张瓷盘画加以佐证（图13-7）。[③] 左下近景为燕红小榭亭，远为"贮韵楼"，右为带气窗屋顶的临水轩，远处中心湖西北远景。

13.3.1 中心景区有控制全盘的枢纽作用

海山仙馆全图所绘园林核心景区，不少文献作了定性的文字描述，美术作品与摄影图片各有三四张。审视上述图画和照片，结合清代李宝嘉的《南亭四话》、俞洵庆的《荷廊笔记》、李仕良的《过海山仙馆遗址》诗、何绍基的对联等文献，可见海山仙馆大概的形象及其环境艺术是这样的：

海山仙馆位于今天荔枝湾区颜家巷至连庆桥附近一带，面积数百亩，馆门悬"海上神山；仙人旧馆"对联。馆内"培阜为小山，山上松柏苍郁，登山石级，曲折迂回。山旁有一湖，广逾百亩，与珠江水相通，隆冬不涸，微波荡漾，可以泛舟。湖面有精致游船一艘，名曰'苏舸'，供游湖用。湖中植荷、藕等水生花卉。"[④]——此段部分景物虽属西部景区，但与中心景物建筑距离很近。确定了园（馆）门与馆内对景的关系，可推测园林入口大门距此不远。

"湖旁有大殿一座，回廊曲径，雕梁画栋，有如仙山琼阁。离大殿十数步外湖中水面，满植荷花，上有戏台一座。当台上唱戏、奏乐时，歌、乐声经水面反射，飘渺回环，倍添美韵。……馆内回廊曲径，环绕数百步，壁中遍嵌石刻，皆晋、唐以来名迹和当代名流

---

① 李敏，等. 广州古典名园海山仙馆造园艺术探析[J]. 广东园林，2007：46-51.

② 曹天彦. 山水画的"三远法"在现代景观设计中的运用[J]. 戏剧之家，2017（2）：175-176.

③ 这幅作品又好像是根据两幅摄影作品再创作的。近为燕红小榭亭，远为"贮韵楼"，右为带气窗屋顶的临水轩。

④ 俞洵庆. 荷廊笔记·卷2，羊城内西湖街富文斋承刊印版，清光绪十一年。

翰墨。"①——水景中央有戏台、殿、轩、桥、榭、大鸟笼、长廊、金字塔式的花盆造型摆置等园林要素环围，倘徉其间，如游碑刻博物馆。

（a）夏銮图中的"船舫"　　（b）田石友画中的"船舫"

图13-8　海山仙馆之"船舫"

"园内花果繁茂，以荔枝为主，布置得花承树荫、高卑有序、绿荫处处、丹荔重重、曲房密室、掩映绿树丛中。景致既富丽堂皇而又清幽绝俗。"——这段描写似乎就是"离大殿十数步外湖中水面"的此岸植物景观的种植情况，正好围合形成水中舞台的背景。

［清］李宝嘉《南亭四话》说"正面一堂极广，左右缭以廊庑。距堂数十武，一台峙水中，每奏歌则音出水面。由堂而西，接以小桥，为凉榭，轩窗四开，一望空碧，夏时荔荷最繁。有联曰：荷花世界；荔子光阴。"《荷廊笔记》载："大殿之西有一水榭，与大殿有小桥相通，为舟形，轩窗四开，视界空阔，六月暑天，荷花香发，清风徐来，使人顿忘炎暑。"

——这两段描述相差无几，很接近全图的景象。不尽相同的是，后者补充强调大殿之西的水榭"为舟形"。为舟形的水榭不就是"船舫"吗，夏銮全图用工笔刻画出了轮廓（图13-8a），坐落在主楼西戏台水空间靠近"方丈岛"处。田石友扇面画也有在贮韵楼后的北部湖区的"船舫"（图13-8b）。

关于水上音乐台，《荷廊笔记》载："距堂数十武，一台峙立水中，为管弦歌舞之处，每于台中作乐，则音出水面，清响可听。"（图13-9）这里重点描写了音乐的质量优美，是为欣赏音乐的人特意设计的。类似大观园里的贾母，喜欢月夜隔着花荫水面听洞箫一样。而《旧中国杂记》讲道"妇女们居住的房屋前有一个戏台"，可供百人演出，那规模肯定不小，相比水上看到的要大。戏台的位置安排在居住区，考虑到"在屋里"的人就能毫无困难地看到表演。这是些什么样的人呢？估计为"上有老、下有小"的潘仕成还有50多个年轻的老婆。这种戏台是何模式？

中心景区的主题建筑是贮韵楼（图13-10），匾额"云岛瑶台"，其屋顶为歇山卷棚顶，相对全园是最高的等级。水上承台、房高二层、正五开间、纵五间进深。清代俞洵庆《荷廊笔记》记载"大堂"楼的西侧有一个大鸟笼。从历史图片上可以看出，该建筑为"池中堂"特色，有诸友次韵题诗于夏銮全景图上。一句"良宵筵开贮韵楼"②，说明这里还是一处会友宴集的地方。

① 陈以沛，陈秀瑛. 潘仕成与海山仙馆石刻[M]// 罗雨林. 荔湾风采. 广州：广东人民出版社，1996.
② 广州市荔湾区文化局，广州美术馆. 海山仙馆名园拾萃[M]. 广州：花城出版社，1999：40.

图13-9　行商园林中的音乐生活（外销画）

图13-10　海山仙馆厅堂正面图（赖阿芳 摄）①

图13-11　主楼东侧长廊（约翰·汤姆森 摄）

图13-12　长廊标准段（华芳照相馆）

　　图13-11是主楼的东半部分，右侧可见连接园内各建筑的廊桥。这是从主楼西北方向拍摄的，可见主楼及其西边的双层廊桥，廊桥二层直通主楼二层背面。图13-12是建在某堤埂段的二层廊道。主楼东南边廊桥的一段屈曲生动，透过廊柱可以看到主楼的立面（见于勒·埃及尔摄）。

13.3.2　以水划区、水上组团组景有"三界"

　　图13-13所拍摄的是主楼所在湖区与东边的另一湖区（姑且称为第二湖区或东湖区）的分隔湖堤，分隔处的堤岸上有一座长廊小桥横向跨越，桥下孔洞为南北向湖堤路面。图中长廊蜿蜒在东西两个湖面上，向左通往主楼。南北向湖堤穿越桥洞，如此艺术性地划分了水面，沟通了立体正交的两道游路。这本来就是很美丽的节点，可惜园林没落，图面一片狼藉。图13-14是中部第二湖区（东部景区）水中景象。左边有一小亭一角，即"荔红小榭"，这是一座玲珑别透的漂亮小品建筑。透过小榭，可以看到湖区北部的廊桥和其他建筑。可图

①　图片来源：http://www.gzzxws.gov.cn/gxsl/gzwb/201107/t20110707_21381.htm.

图13-13　堤埂的闸口与柳波桥廊（来自约翰·汤姆森《〈镜头前的旧中国——约翰·汤姆森游记〉》）

图13-14　荔红小榭隔水望东侧长廊所串水榭建筑景区（右图为赖阿芳 摄）

示当年中部湖区水面已被淤塞。荔红小榭位于水面南岸，图右左边框处局部影像即是这一卷棚歇山顶的小亭位置。远处高大的建筑是中心主楼，也是卷棚歇山顶形制。原开有荷花的湖中，现成了一片水稻田。显然这是花园被抄没入官后，附近的农民偷偷跑进去种的。

　　图13-15所示第二湖区和第三湖区的相隔处，右边是分隔堤岸上的小桥，小桥背后是

图13-15　东、中部湖区水体景观的埋没（汤姆森 摄）

第二湖区北部的廊桥；图中露出屋瓦的建筑是孔雀房；近景是第三湖区，也种上了水稻。[①]

———————————

① 邓辉燊. 海山仙馆：清代广州最大的私家园林[J]. 原载《羊城晚报》，来源：中国政府网，http://www.gzzzxws.gov.cn/dmtwsg/tsws/ 201612/t20161213_39647.htm.

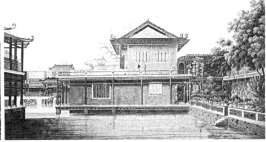

（a）东湖中央建筑无水无生机（汤姆森 摄）　　　　（b）丽泉行水庭空间的体验（来源：南方都市报网站）

图13-16　东部景区的湖中之院水上建筑

13.3.3　东部景区"湖中之院"具相对独立性

该组建筑位置不详，可能是第三湖区多折平桥中间的"L"型水上建筑组合（图13-16a）；水面大，建筑组群聚集水中央，依然园广池宽，向内向外均有大尺度的空间层次感。水面小，建筑密集宜围合水面，使水面相对集中，形成尺度较好的内向水庭空间（图13-16b）。这是对潘长耀花园（见第5章）水庭加以真实体验的再创作作品。由此可见行商园林多楼层化趋势。

图13-17中的建筑尚不知区位何方。其屋顶与廊道的配置，让建筑景观顿生精彩。从地基与基础的结构处理方式来看，这是一栋置于水面上建筑，或起码多边形屋身这一端会延伸到水中。另从窗台开设较低、满洲窗窗扇较多这两点看，此建筑多属水榭，或半水榭性质的建筑。体量较大、规格较高，属公共活动景观建筑类，可惜在萋萋的草丛中就失去了仙家的灵气和风采，珍贵的亲水建筑艺术成就不幸被毁弃。类似这种屋身的建筑用在园林中丰富室外景观造型效果很好，可满足不同方位的形象要求。内部空间的安排也有灵活性，可满足多种功能要求。无独有偶，广州翠林花园也有这种模式的建筑，只是规模不及潘园，屋顶处理手法一致而造型有别。图13-18偏右的亭式建筑，半个八边形身躯的背后就与矩形的厅堂构成了"连体儿"。有人指出这是一种半截船舫式的园林建筑，只有半个"八角形"船头已伸入水中，以半概全。

图13-17　"仙家之宫"没水就没生气和动感[①]　　　　图13-18　翠林花园的八角型体船舫景观建筑

---

① 图片来源：约翰·汤姆森广州海山仙馆照片[EB/OL].[2010-11-20]. http://blog.sina.com.cn/s/blog_4be4a7f10100ms6v.html.

13.3.4　蓬莱仙境与主楼密切却又独立成景

清人李伯元暇日偶检敝筒,得潘德畲都转《海山仙馆图》,并有跋云:"荷花深处,扁舟抵绿水楼台;荔子阴中,曲径走红尘车骑。"[1]图中为一山,层峦以下,松桧郁森,石磴百盘,俯临大池,广约百亩。其水直通珠江,足以泛舟。有舟曰"苏舫"。上述景观要素与贮韵楼主景区是统筹规划的。

清代俞洵庆《荷廊笔记》用文字这样描述过海山仙馆规模宏大,以台榭水石构成优美境界是其最显著的特点。园西边有一座小山,山上松柏苍郁,有一道曲折迂回的石径通往山顶。朝烟暮雨之余,俨然苍岩翠岫矣。这就是潘园叠山理水的杰作——"一池三山"中的蓬莱仙岛全园最高处的景观。

之所以蓬莱仙景与主楼靠近、有小桥联系,却又独立成景,是因为"以湖划区"突出了高大"蓬莱仙境"与"百亩大池"共生形象的整体性。

13.3.5　南部景区即大门入口内侧序幕启景

据文献载,南部景区以东有楼阁式塔,高五层,全部用白条石精砌而成。但从照片看,实为四层。该塔的世俗实用性表现在各层开窗大而采光通透,适宜登临、停留、开展小型活动。佛教塔的装饰符号和组成要素已淡化或取消,封闭神秘感减少,人性化、生活化气息充分。尤其是能自由平开的窗扇,非常近人情,说不定镶嵌满洲窗的玻璃、小五金还来自海外呢(图13-19)。

荒芜中的宝塔给人荒凉的美感,给人方向不明、定位不清,既无定力,也无张力的观感。夏銮图纸西南部景区尚有一片开阔地,与贮韵楼正向一致的"海山仙馆"围墙园门就设

图13-19　潘园南部景区楼阁式塔
(赖阿华 摄)[2]

① 李宝嘉. 南亭四话[M]. 上海:上海大东书局, 1925.

② John Thomson, F.R.G.S: Through China with a camera[M]. Westminster A. Constable & Co, 1898:74-75.

置在这一带，只是画面没有必要交待。夏銮将潘园的陆上交通运输工具马车画在了此处，似乎暗示这里就是交通枢纽、出入口地段。

13.3.6 西北是借景珠江（海）的最佳水景园

沧浪亭借水，拙政园借塔，寄畅园借山。潘园借山不显，借水易。"西北一带，曲廊洞房，复十余处。有白'鹿洞'，豢鹿数头，复仿都中骡车，制为数车（辆），来往园中。主人以豪侈好客名一时。凡城中大吏显绅，及四方知名人士投刺游园者，咸款接有加礼，以故丝竹文酒之会，殆无虚夕。"[1] "西北一带，还有十余处高楼层阁，曲房密室，皆由花径树阴相连，屋舍高矮相宜。整座潘园，胜在有真山真水，仿如世外桃源，人间仙境。"这句话如针对全园而言倒是十分中肯的。不过这"十余处高楼层阁，曲房密室"具体怎样不得而知。因为潘园的"西北"是成陆较晚靠近珠江的一个景区，夏銮和田石友的全景画，不见"西北"有此规模的建筑群，可能多为兽宅、禽棚、杂屋之类。

13.4　宅园分明：三间两廊连房广厦

在夏銮绘制的《海山仙馆图卷》之外，起码还有两组建筑群，一组是岭南传统民居三间两廊天井式、多进多路组合的"西关大屋"群居住区，一组是用于制版、编印古今中外科技经典书籍、雕刻书条石并汇集《尺素遗芬》、出版分经、史、子、集四大部的《海山仙馆丛书》的民间印刷出版作坊。因它们都不在海山仙馆园林内，暂不在此讨论。潘家十八铺的建筑资应为早期的产业。

亨特在他的著作中说道：潘园"围墙内的一大片地方，包括几处各自分离的住房，风格轻松优美，是中国富裕人家居住的那种特有的样式。弯弯的屋顶上，还有雕刻的屋脊，屋脊的中央有一个大大的球形或兽形的东西，看上去很醒目。这些房子有的是平房，有的是两层，房子周围有宽阔的游廊。房屋的布局令人想起（意大利）宠贝的房子，互相之间由开放的天井和柱廊隔开，天井可以张设凉棚。从外面穿堂接着宽阔的道路，两侧设有杂役的小屋。门也是双扇的，跟大门相似。房间通常是三间并列，用间隔开。有的也用镂花大雕，雕着花鸟或乐器，相同的门都挂着富丽的门帘。三间房中，有一间是作书房，里面有布面装订的书籍，放在一些式样奇特的书架上。"[2]

亨特这段话是目前所见史料中最为详细的白话文记述，通俗易懂。若将中西方的历史记载对照阅读，确实可认识海山仙馆的许多具体真相。从上述文字中我们可以看出，亨特所描述建筑特色，就是广州传统西关大屋的特色。这种建筑样式在广府地区很有代表性。我们不妨将其归纳为以下几个讨论要点：

---

① 李宝嘉. 南亭四话[M]. 上海：上海大东书局，1925.

② 威廉·亨特. 旧中国杂记[M]. 沈正邦，译. 广州：广东人民出版社，2008：282.

图13-20　同文行潘振承家族的居住大院复原示意图

13.4.1　一栋主体厅堂建筑三开间、进深8～9个檩距

两侧用廊连接前后两栋南北向的建筑，偏南的一栋或可形成带有庭院入口大门的构造。"三间两廊"可围合成一个露天天井。两廊建筑有时采用平屋顶，说明当时进口了某些防水材料。外国学者以此对比联想：庞贝古宅也属于院落天井模式。

13.4.2　重复"三间两廊"建筑构成"鱼骨状"排列

根据需要可以南北向前后组合，也可以东西向并列左右排列延绵，形成鱼骨式的街、巷、胡同排列格局，适宜农耕族群聚居。至于潘仕成150人口"大家庭"的"三间两廊"房屋是怎么样组合的呢？我们可以参考潘振承家的布置格局（图13-20）加以想象。中间为"正房"，两侧为"偏房"。潘仕成装修"玻璃房"编号给妻妾们住而便于监督，估计就是在此基础上的创新成就——集体宿舍大院式建筑，或可从河南潘家住宅大院得到旁证。

13.4.3　装饰的屋脊使盖瓦有个收束、压缝不使灌漏雨水

屋脊的组成样式有龙船脊、博古脊、二龙戏珠等多种，高高的圆球即为戏珠。众多装饰要素有其寓意，并表示某些祈福愿望，如鳌鱼表亲水、避火灾。亨特暂没谈及潘氏大屋的山墙。山墙有五种样式，从鸦片战争时期的历史图片可见西关城区有一群一群的镬耳山墙民居。

13.4.4　潘氏家族建筑群的大门是否采用"趟栊门"样式

西关大屋厚木门为双扇平开门用于封闭门洞，另有栅栏式推拉活动的既通风又能安全防护的门，即趟栊门，还有一道遮挡视线而利于通风采光、向外平开的镂雕花纹的矮门。亨特只描述了潘园大门有两扇贴有门卫神画像的平开门。

13.4.5　潘园建筑的室内陈设装饰"古董收藏"确实不凡

亨特讲：书房陈列书架以示商而儒的身份，摆置瓷瓶、玻璃镜屏表示"平安静好"，钱币表商产多多"兴旺发财"，青铜器代表事业根基"永恒鼎盛"，挂乐器意味琴棋书画"高

雅文明", 竖立兵器表征 "力量和权威", 悬挂壁毯代表与阿拉伯地区有通商联系。这些装饰分别用在住宅、书房、祠堂、议事厅、家规训导堂等不同特性的房屋内。

13.4.6 特殊建筑古典翻新造型内部"中西结合"风格

但不能排斥潘园中另有一些特殊人员, 因受外来西人影响, 又有大量佣人伺候的情况下, 住宅样式会另有新式追求, 难免选取一些特殊模式: 如图13-21类似岭南古典私家园林中的"小姐楼"作为商住房使用。镂花大雕"乐器", 乃暗八仙图案。

13.4.7 具有戏台、印刷工厂等多种特殊功能建筑的规划

亨特说道: "妇女们居住的房屋前有一个戏台, 可容上百个演员演出。戏台的位置安排得使人们在屋里就能毫无困难地看到表演……大门外不远处有一个印刷所, 潘庭官在这里印刷他家族的传略, 以传之后世。"[1] 这"妇女们居住的房屋", 肯定内外有别, 此"戏台"并非水上彼"戏台"。因为彼戏台周围并无"妇女们居住的房屋"。估计这种供家眷、内人、祖辈消遣听戏的戏台应属于潘仕成家族居住建筑群内的配套组成。

13.4.8 潘园非园林区、非居住区, 是否还有一种公共院落

即变相的四合院、三合院式的"账房""银库""营业厅""哨楼"或家族"宗祠", 文字上暂没见具体描述, 民间的绘画倒是有其作品(图13-22)。这种寺庙模式虽并非特例, 但用在一般家族内, 肯定是极少见的。作为带有几分罗曼蒂克精神和崇仙思想的潘仕成, 要实现某种特定角色任务的他, 也可能做得出来, 或如河南潘氏大宗祠。

图13-21 1858—1859年Felice Beato拍摄的行商房屋[2]

图13-22 园林中的特殊庭院建筑[3](庭呱绘制, 1850—1870年)

① 威廉·亨特. 旧中国杂记[M]. 沈正邦, 译. 广州: 广东人民出版社, 2008: 282.

② 西方人眼中的老广州系列4——建筑与花园(1)[EB/OL].[2017-11-17]. 原始森微博. http://blog.sina.com.cn/s/blog_d649b80f0102 wyht.html.

③ 彭伟卿. 潘家园宅——清代广州行商园林个案研究[D]. 广州: 华南理工大学, 2009.

13.5 园林建筑：功能美学情理交融

海山仙馆处于岭南园林从古典走向近、现代之过渡阶段的艺术结晶。它的兴衰反映了广州行商集团兴衰的命运。同时，它也是中西方文化接触、碰撞、交融的地方，富有独特的历史文化价值。对海山仙馆的研究能够发掘、发扬岭南古典园林功能美学情理交融的独特艺术，促进岭南园林的发展。

潘园中的建筑类型很多，除了住宅，具有公共功能的文化建筑比例不小。如议事厅、客堂、宴会厅、书房、书斋、书馆、书楼、藏书楼、奇石馆、古董室、印刷作坊、祠堂、寺庙、动物棚等，不胜弥举。究其原因：简言之，实际生活功能需要；质言之，社会文化功能需要。具体分析时代背景，似有如下两点：

一是社会文化设施短缺、出版业不发达，没有图书馆、陈列馆、博物馆，有也数量极少、规模极小，且存在严重的身份歧视。长期的愚民政策、抵制先进文化政策，使有识之士、有钱阶层，只能在社会允许空隙内、自身经济范围内发展文化事业、交流互动。行商有条件经办一定规模的文化事业，生存与活动空间只能安排在自家的园林中。

二是国家直接抓考试选用人才，并不直接操办教育。教育由民间自办，故大户人家往往设立私塾，有的家族自筹办学堂。由私塾衍生的书楼、书房便应运而生。行商园林中书房书楼可能分为供幼辈读书学习，供成年人办公阅览写作会客等不同类型。于是私家园林中出现了诸多使用性建筑，并向景观化、园林化方向倾斜。

上述两点，实质上讲述了当时社会文化基础建设私园化的缘由。许多文化艺术上的成果或成就就是在这样的园林中诞生的。潘园的传奇故事同海山仙馆园林建设存在着某种微妙的关系，自然就毫不奇怪了。

13.5.1 主体建筑的公共性特征

厅堂是园林的主体建筑，规模大，规格高，是园主人进行会客、礼仪、治事的主要场所。计成说："凡园圃立基，定厅堂为主。"海山仙馆里，"面池一堂，极宽敞，左右廊庑回缭，栏楯周匝，雕镂藻饰，无不工徵。"主建筑"堂"紧依"大池"，建筑围绕中心水域分布，通过水体形成降温阴凉的小气候，是为岭南园林的典型特征。海山仙馆在此方面做得非常成功，达到了"曲房媚娟而冬燠兮，高馆燢闾而夏凉"[①]的效果。图13-23这是海山仙馆被抄没入官前的主楼全景，远处单廊起伏处即为柳波桥。

堂馆的门窗用通风采光性能良好的格扇，会使空间显得开敞通透，十分利于观景、赏戏。那时"大池"里百亩的菱芰，放眼望去，"四面荷花开世界，几湾杨柳拥楼台。"当"轩窗四开，一望空碧。三伏时，藕花香发，清风徐来，顿忘燠暑。"[②]

---

① 黄恩彤赋。见：广州荔湾区文化局，广州美术馆. 海山仙馆名园拾萃[M]. 广州：花城出版社，1999：41.

② 俞洵庆. 荷廊笔记：卷2[M]. 羊城内西湖街富文斋承刊印，1885（清光绪十一年）：4.

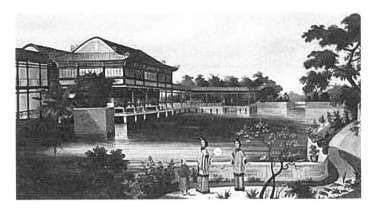

图13-23　海山仙馆贮韵楼（从瀛洲岛上透视远处为柳波桥）

黄恩彤说："荔支园者，番禺潘大夫之别业也，亦曰海山仙馆。"①何谓馆哉？"散寄之居，曰'馆'，可以通别居者。今书房亦称'馆'，客舍为'假馆'。"② 馆一般在园林中为会客的场所，建筑尺度不大，但多为组群建筑，且馆前有宽大的庭院。由本文第4章分析可知，海山仙馆有三馆——"越华池馆""珊馆""芙蓉馆"。"珊馆"当为潘氏宴客之所（图13-24），有联为证："花落逢君，珊馆壶觞蒲酒熟；竹深留客，画船箫鼓荔枝香。"③可见园主经常在"珊馆"宴请宾客，煮酒论诗。据翁同书诗云："珊馆迥凌霄，问主人近况如何，刚逢官韵写成，丛书刊定。"由此可见"珊馆"之高耸挺拔，有凌霄之势。"卧看翠壁红楼，春色三分，……，便乘兴，携将佳丽，芙蓉馆檀板金樽。"④ 芙蓉有多重意思，此处以"芙蓉"指荷花。海山仙馆"丝竹文酒之会，殆无虚日"。"芙蓉馆"园主"值春秋之嘉晨兮，

图13-24　官场招待宴会图景

---

① 黄恩彤赋。见：广州市荔湾区文化局，广州美术馆. 海山仙馆名园拾萃[M]. 广州：花城出版社，1999：40.
② 赵农. 园冶图说[M]. 济南：山东画报出版社，2010：119.
③ 史佩珩诗。见：广州市荔湾区文化局，广州美术馆. 海山仙馆名园拾萃[M]. 广州：花城出版社，1999：38.
④ 鲍俊词。见：广州市荔湾区文化局，广州美术馆. 海山仙馆名园拾萃[M]. 广州：花城出版社，1999：38.

要良朋而开宴。绿蚁注于金罍兮，登红鳞于玉案。"①良辰、嘉友、美宴俱备，怎可无丝竹、伶伎助兴，于是乎"肆征伶而召伎兮，猗歌舞以清歌。启丹唇而嘹亮兮，回朱袂以婆娑。"②

轩，计成在《园冶》中说："轩式类车，取轩轩欲举之意，宜置高敞，以助胜则称。"③在园林中，轩一般指地处高旷、环境幽静的建筑物。海山仙馆中的轩名"眉轩"，有诗曰："眉轩写黛"④。该轩既为眉，则定当在园中一处位置较高之地，应当是园山之上。"黛"一词则应指"眉轩"的颜色，即青黑色。从"停午飞雨凉，憩彼仙碧轩"⑤中，可知海山仙馆中还有"仙碧轩"。从轩中望出，雨后的海山仙馆"溪光杂树色，一洗无尘喧"⑥，是如此的纯净、静谧。

斋，《园冶》中说："斋较堂，惟气藏而致敛，有使人肃然斋敬之义。盖藏修密处置地，故式不宜敞显。"⑦海山仙馆中有"萧斋"，是潘氏用来收藏珍贵砚台的地方，所谓"萧斋旧辟惟藏砚"⑧也。此诗句委婉的点出了海山仙馆中收藏珍宝古玩、古籍名画的所在地。《广州城内》关于"萧斋"的记载如下："……潘仕成带领我们参观了他的书房和公署。若不是这些形状奇怪的家具、物品的奇特摆放、绘画上陌生的文字，以及书籍的古怪排列，我们还以为突然走进了本国一位藏书家或者古玩家的房间。……潘仕成私人房间的窗户面向我已描述过的一个小庭院而开。院子里柳树优雅的垂姿几乎伸进了这位学者的房间里，栖息在灰色树叶中的鸟儿毫无惧色地轻啄着家具和书架。"⑨可见，"萧斋"窗子面对着一个静谧、优美的小庭院，小院空间也成为书斋的一部分，具备统一完整的空间氛围。

13.5.2 观赏建筑的多功能特性

我国有四种类型的园林。即正殿所代表的豪华楼阁式园林，怡红院所代表的富贵型（金玉满堂）堂院式园林，潇湘馆与蘅芜院所代表的清幽型斋馆式园林，与为宝玉所不喜的稻香村所代表的朴实无华的田舍式园林，这是社会自上而下的一个纵断面：帝王、贵族、士、庶民的居住环境的统合。到了清代，都可成为园林中表现的主题了。⑩这种包容性与多样性是中国园林性格的直接反映。海山仙馆里四种模式都有。园林中的建筑最大的特点就是具备使用和观赏的双重性质，观赏性艺术价值较高。中国古典园林中的多数建筑都小巧精致，其中以楼、阁、榭、舫、亭类建筑的审美价值较为突出。

---

① 黄恩彤赋。见：广州市荔湾区文化局，广州美术馆. 海山仙馆名园拾萃[M]. 广州：花城出版社，1999：41.

② 同①。

③ 计成. 园冶·卷3·屋宇[M]// 赵农. 园冶图说. 济南：山东画报出版社，2010：134.

④ 何绍基词。见：广州市荔湾区文化局，广州美术馆. 海山仙馆名园拾萃[M]. 广州：花城出版社，1999：40.

⑤ 孔继勋. 岳雪楼诗存·卷4，国家图书馆藏本，清咸丰十年，第10页。

⑥ 同⑤。

⑦ 计成. 园冶·卷3·屋宇[M]// 赵农. 园冶图说. 济南：山东画报出版社，2010：114.

⑧ 何绍基诗。广州市荔湾区文化局，广州美术馆. 海山仙馆名园拾萃[M]. 广州：花城出版社，1999：39.

⑨ 伊凡. 广州城内[M]. 杨向艳，译. 广州：广东人民出版社，2008：136.

⑩ 汉宝德. 物象与心境[M]. 北京：生活·读书·新知三联书店，2014（5）：185.

中心湖区主楼水上院落属楼阁式园林。《说文解字》云："楼，重屋也。"楼，即纵向相加的房屋。园林中的楼阁多建在山麓水际，以壮其观。计成在《园冶》中云："楼阁之基，依次序定在厅堂之后，何不立半山半水之间，有二层三层之说，下望上是楼，山半拟为平屋，更上一层，可穷千里目也。"①海山仙馆中"但见重楼复阁交玲珑"②，可见楼阁之多、之精巧。海山仙馆中的建筑大都临水而建，从"香中舫咏境中游，柳畔亭台水畔楼"③中就可以看出，无论亭台，抑或楼阁都是依水的，登楼四望，一碧千顷，"云水空明入图画，海天清宴好楼台"④。海山仙馆中的临水楼阁与水面取得了协调统一的效果。

"贮韵楼"是海山仙馆中一座招待文士，饮酒作赋的公共建筑。叶应阳诗云："名园主客惯同游，良夜筵开贮韵楼。"⑤夜晚的贮韵楼是"灯辉皓月如相避，檐敝明河欲傍流"⑥般灯火通明，热闹非凡。从"摘艳熏香纪胜游，南星高护白云楼"⑦；"披览新图忆胜游，雅宜舫咏庚公楼"等诗句中可知，白云楼、庚公楼亦在海山仙馆中。

带阁楼的富贵式堂院潘园中也有。"阁"亦是一种多层建筑，造型上高耸凌空。计成说："阁者，四阿开四牖。"⑧海山仙馆中有"雪阁"，何绍基诗曰："雪阁凝霜"⑨。何绍基曾寓于海山仙馆玲珑室，"黎明盥淑，消受晨凉"，漫步园中。从何氏的观察角度推测，"雪阁"也应有相当的高度，才出现在较远的视线中。在《东洲草堂文钞》中，关于"眉轩""雪阁"词的描述如下："看眉轩霞皱，雪阁风长"⑩。何绍基《海山仙馆图卷》中的《满庭芳》一词，是为在该词基础上的改进版。关于"雪阁"，与何绍基一起游赏海山仙馆的方濬颐亦说："峻嶒雪阁倚晴烟"⑪，可见雪阁之高，几乎要接近天空中的云烟了。

清幽型斋馆式园林潘园中更多。潘仕成以好客闻名海内海外，海山仙馆是他招待宾客，宴集文人士子之处。"友天下士，要识可宗，滥交游，矜势利，谅不屑为。倘专论文章意气，恐或失之。"⑫园内时常仿效兰亭修禊事，以文会友，切磋文章。兹录数句以证之："雅集此名园，曾几番醉折红蕖，饱餐丹荔"。⑬"雅集"指文人雅士吟咏诗文，议论学问的集会。"红蕖""丹荔"指海山仙馆的百亩红荷、满园红荔。"差拟兰亭娱日永，思从洛社继风流。"⑭

① 计成. 园冶·卷2·立基[M]//赵农. 园冶图说. 济南：山东画报出版社，2010：90.

② 夏銮赋. 见：广州市荔湾区文化局，广州美术馆. 海山仙馆名园拾萃[M]. 广州：花城出版社，1999：37.

③ 同②，第42页，金菁茅诗.

④ 同②，第39页，何绍基诗.

⑤ 同②，叶应阳诗.

⑥ 同⑤.

⑦ 同②，第42页，鲍俊诗.

⑧ 计成. 园冶·卷3·屋宇[M]//赵农. 园冶图说. 济南：济南：山东画报出版社，2010：127.

⑨ 同②，第40页，何绍基词.

⑩ 何绍基. 东洲草堂文钞·卷5，续修四库全书. 转引自. 何绍基年谱长编及书法研究. 第173页.

⑪ 同②，第40页，方濬颐诗.

⑫ 同②，第38页，园主诗.

⑬ 同②，第38页，廖甡诗.

⑭ 同②，第42页，鲍俊诗.

兰亭、洛社的典故众所周知。"荔苑几更唐岁月，觞兰还续晋风流。"①指出了园址历史的悠久可以上溯到晋唐，也指出了该园从唐荔园拓建而来，延续了文士园林的风格。古时文人宴集，一般都会请歌妓、乐队助兴，或者就在青楼聚会。海山仙馆的文宴也不例外，有诗为证。"延年更结餐英会，排日笙歌喜屡陪。"②有乐队相陪。"云廊水榭摇银烛，鬓影钗光上镜台。"③"鬓影钗光"都专指女子而言，只能是歌妓陪客。"莫笑青莲徒傲视，须知红拂尚怜才。初秋合献黄花酒，高咏霓裳喜共陪。"④"青莲、红拂"都是史上名妓。士主在此院子与歌妓共唱名曲，向园主献酒。"一曲霓裳天上来，余音缭绕彻蓬莱。"⑤在这人间仙境的海山仙馆，诗人不尽叹曰："园亭主客知是谁，觞咏强于褉事修。红藕花深画舫来，恍疑仙馆既蓬莱。"

13.5.3　小品建筑的亲水性特征

榭，"《释名》云：榭者，借也。借景而成者也。或水边，或花畔，制宜随态。"⑥可见，榭是凭"借"着周围景色而构成的，它的结构也随着周围自然环境的变化而有不同的形式。由于岭南气候炎热，水面较多，榭一般位于水畔或完全跨入水中。海山仙馆中的榭，多属于水榭，诗曰："云廊水榭摇银烛，鬓影钗光上镜台。"⑦海山仙馆里的水榭是园主与友人在水边的一个重要休息和社交场所，"风廊与水榭，即景归讨论"⑧足证之。同为岭南园林风格的清晖园的澄漪亭小榭、可园的观鱼水榭、余荫山房的玲珑水榭等的平面布局与立面造型都力求轻快、通透，与水面贴近。这三处园林的建设时间均晚于海山仙馆，应该受到了海山仙馆建筑特色的影响，推测海山仙馆中的水榭也有同样的特点，有诗为证："楼台缥缈嵌空起，月榭风廊皆压水"。

关于亭，"《释名》云：'亭者，停也。人所停集也。'"⑨园林中的亭子，主要供游人休息和观景（或被观景）之用。《园冶》中说："花间隐榭，水际安亭，斯园林而得致者。惟榭只隐花间，亭胡拘水际。通泉竹里，按景山巅，或翠筠茂密之阿，苍松蟠郁之麓；或借濠濮之上，入想观鱼；倘支沧浪之中，非歌濯足。亭安有式，基立无凭。"⑩可见，园林中的亭子在"花间""水际""竹里""山巅"均可设置，亭子的形式可以根据不同情趣的自然景观而变化，并无固定的程式可循。

①　陈其锟诗。见：广州荔湾区文化局，广州美术馆. 海山仙馆名园拾萃[M]. 广州：花城出版社，1999：43.

②　同①，第42页，金菁茅诗。

③　同①，第42页，董作楝诗。

④　同①，第42页，鲍俊诗。

⑤　同③。

⑥　计成. 园冶·卷3·屋宇. 载赵农. 园冶图说[M]. 济南：山东画报出版社，2010：132.

⑦　董作楝诗。见：广州市荔湾区文化局，广州美术馆. 海山仙馆名园拾萃[M]. 广州：花城出版社，1999：42.

⑧　孔继勋，岳雪楼诗存·卷4，清咸丰十年，国家图书馆藏本，第10页。

⑨　计成. 园冶·卷3·屋宇. 载赵农. 园冶图说[M]. 济南：山东画报出版社，2010：128.

⑩　计成. 园冶·卷2·立基. 载赵农. 园冶图说[M]. 济南：山东画报出版社，2010：96.

从广东南海李仕良有文曾问："孰是孔翠亭？孰是瘞鹤墓？"可知海山仙馆中有孔翠亭。南海孔继勋太史说海山仙馆中的亭子是"翼然临水亭，磨铜更晶莹"①（图13-25）。此句诗给出两个基本信息，一、亭子为翼角形象；二、亭子乃临水而建。从《海山仙馆图卷》中可以发现，海山仙馆中的亭子很多都建在桥上。桥上建亭，是岭南古典园林的一个常用手法。图13-26是一张十三行时期的外销画。画中前排是一栋带有"侧天窗"或者"气窗"的多开间建筑。与图13-18对照，此建筑更具园林化韵味——通过艺术加工，可使画作比摄影构图理想。这两栋建筑是否就是海山仙馆的历史建筑？画中的置石和海山仙馆其他外销画类同，盆花的布置同约翰·汤姆森摄制的图片中排设类同，且有一幅瓷器画作将它们同贮韵楼画在了同一幅图上。而这样的屋顶在其他地方少见，是阁楼还是气窗，甚或特殊藻井构造，有待进一步考察。

图13-25　位于中心湖区南岸的"荔红小榭"②

图13-26　外销画的舫榭型建筑（外销画）

夏銮的长卷画和田石友的扇形画中，有几处点染的园林小品之作。从屋顶形象看似为西方的古典小亭（图13-27）。潘仕成为了邀请外国人作客，投其所好、显己所能，修几个体量小而隐蔽的罗马式、巴洛克式"奖杯亭"不是不可以的。登载于1883年英国杂志上的广州景观插图，就是一幅用轻质材料建造的西式双檐树皮凉亭（图13-28）。潘园主题水院周边，配有西洋园亭，外形结构比例与装饰甚为精美。其他行商园林中是否也有此案例，值得留心关注。

13.5.4　线型建筑的理景性特征

园林空间曲折回环，有着往复不尽的空间组织；众多小空间既彼此独立，又要相连通，这就需要园林内有起到连接、贯通作用的建筑。因为水面构院组群，缺少陆地上常用的"沙山"、绿带、风水林、石砌大假山、抄手廊、院墙等要素参与，则水上架空式的廊、桥、桥

---

① 孔继勋. 岳雪楼诗存·卷4，清咸丰十年，国家图书馆藏本，第10页。

② 图片来源：http://bbs.voc.com.cn/topic-1877064-2-1.html。

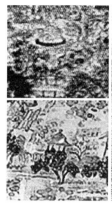

图13-27　古画中疑似西洋亭的建筑　　　　　　　　　　　　　图13-28　海山仙馆内的钢木西式凉亭

廊或廊桥等辅助构筑物便凸显了出来，同时发挥组团、围合、连接、分隔、分区、渗透、遮挡、框景、陪衬水体空间的作用。

　　海山仙馆水面占有相当大的比重，水景是园林中重要景观，与水面结合最紧密的建筑非桥莫属。水上架桥，起着划分水面、联系景点、组织游览路线等作用。从《海山仙馆图卷》可以看出，海山仙馆内至少有七座桥，它们造型各异，有平桥、亭桥、廊桥等。柳波桥（Willow-Pattern Bridge）[①]就属于亭桥一例。

　　在中国园林中，桥被经常用来划分水景景区，以增加水面的层次与进深。折线形平桥，是为了取得桥身变化，克服了长而直的单调感。从《海山仙馆图卷》中可以看出，海山仙馆用折线形平桥把东部湖面划分成了两大部分（图13-29）。东部湖面很宽广，以至于该折线形平桥足足九曲。如此，当人们在桥上行进时，可不断地变幻观赏视线的方向和角度，增加游人在水面上停留的时间，增加景观容量和游赏的趣味。另外，为避免湖面显得空乏，用障景手法，在桥的中间或转折处设置相应的景观小品，提供东张西望的视觉焦点或驻足点，增加园林空间的层次感、神秘感，很有必要。真实的潘园东湖景区水上亭榭厅堂的配置一定要比画中"L"型建筑丰富。东部湖区西边大堤上的设施可能是用来控制水位的涵闸。

　　海山仙馆中还有通往园内山——"蓬莱仙岛"的单跨平桥（图13-30），简洁、轻快、小巧、亲水、自然是其特点。该桥桥板一侧是否有低栏可坐，画图免以详细表达。然可感知此桥虽小，但地位重要。交通瓶颈、对景要塞、独立成景、组景构图，均须臾不可疏忽。

①　John Thomson, F.R.G.S: Through China with a camera. Westminster A. Constable & Co, 1898.

图13-29 九曲折形平桥① 图13-30 平板石桥②

廊，《园冶》中说："廊者，庑出一步也，宜曲宜长则胜。古之曲廊，俱曲尺曲。今予所构曲廊，之字曲者，随形而弯，依势而曲。或蟠山腰，或穷水际，通花渡壑，蜿蜒不尽，斯寤园之'篆云'也。"③可见，廊子愈曲愈长为妙，走势随地形的变化而弯曲，既可飞架山腰，又可飞跨水面。

廊在园林中通常布置在两个建筑物或两个观赏点之间，成为空间联系和空间划分的一种重要手段。它不仅具有遮风避雨、交通联系的实用功能，而且对园林中风景的展开和观景顺序的层次起着重要的组织作用。海山仙馆占地之广，建筑之多，需要"廊"来充当各分散"景点"连接"线"的要素。海山仙馆"面池一堂，极宽敞，左右廊庑回缭，栏楯周匝，雕镂藻饰，无不工徵。"④可证《海山仙馆图卷》长廊非虚（图13-31）。《旧中国杂记》说："整个建筑群包括三十多组建筑物，相互之间以走廊连接，走廊都有圆柱和大理石铺的地面。"⑤两则史料对海山仙馆中廊的记载相符，既有水廊、又有旱廊。

从夏銮图中可见，廊之盘桓，如蚁曲、蛇盘。左侧的廊，横跨水面，形态纤巧优美，如彩虹吸水；游走其上，清风徐来，使人有乘风而去之想。水上建廊，称之为水廊，供欣赏水景及联系水上建筑之用，形成以水景为主的空间。水廊有位于岸边和完全凌驾水上两种形式，海山仙馆中的水廊形式多属于后者，可谓"月榭风廊皆压水"。右侧的廊，底板紧贴水面，游人漫步其上，左右环顾、宛若置身于水面或水堤之上，别有风趣（图13-32）。

① 夏銮. 海山仙馆图卷. 载广州市荔湾区文化局，广州美术馆. 海山仙馆名园拾萃[M]. 广州：花城出版社，1999.
② 夏銮. 海山仙馆图卷. 载广州市荔湾区文化局，广州美术馆. 海山仙馆名园拾萃[M]. 广州：花城出版社，1999（彩页）.
③ 计成. 园冶·卷3·屋宇. 载赵农. 园冶图说[M]. 济南：山东画报出版社，2010：137.
④ 俞洵庆. 荷廊笔记·卷2，清光绪十一年，羊城内西湖街富文斋承刊印，第4页.
⑤ 威廉·亨特. 旧中国杂记[M]. 沈正邦，译. 广州：广东人民出版社，2008：282.

图13-31 海山仙馆主楼及两侧配廊①　　　　　　　　图13-32 海山仙馆主楼右侧的双层风廊②

海山仙馆的建筑类型繁多，质量上乘。早期的历史图片尚能隐隐约约观测到些许建筑细部。如上图于勒所摄海山仙馆长廊，檐口梁柱间的装饰构件挂落、雀替、扶栏、将军靠，主楼特色鲜明的屋顶造型及其飞檐翘角等，都应作为历史文化遗产来加以研究。

13.6 室内装修：中西合璧藻饰工致

清代"一口通商"时期的广州，不但是繁华的商业城市，更是西洋舶来品进入中国的唯一门户。《澳门纪略》中曾有诗云："广州城郭天下雄，岛夷鳞次居其中。香珠银钱堆满市，火布羽缎哆哪绒。碧眼番官占楼住，红毛鬼子经年寓。濠畔街连西角楼，洋货如山纷杂处。"得天独厚的国际化的环境条件，使得西洋器物首先在广州被接受、使用也就顺理成章了。

当时进口的西洋器物种类之多，从亨特记录的一份通关文件中可以看到有：洋酒、外国餐刀及叉子、玻璃杯及玻璃瓶、香水、玻璃镜、玻璃灯、洋香皂、望远镜、方头雪茄烟、白色毛毯等。③在十三行之前，洋货通常是奢侈品的代名词，正如道光年间的一首竹枝词所言："表可占时英吉利，炮能制胜佛郎机。奇珍异宝知多少，不是中华日用资。"在潘仕成与其友人的信件中，"钟表翠玩""洋烟""铁表""墨晶眼镜""洋镜"等时尚的洋货都有人托请他代购或直接索要。④

海山仙馆使用了大量的西方装饰元素。据中法《黄埔条约》的法方随团医生伊凡（Dr. Yvan）记载："这座迷人的宫殿，就像玻璃屋一样。……所有房间的装饰都体现了欧洲奢华与中国典雅艺术的融合：有华丽的镜子，英式和法式的钟表，以及本地特产的玩具和象牙饰品。"⑤

玻璃镜子、钟表都是通过广州十三行进入中国的，行商们利用自己的优势，率先把西方

① 夏銮. 海山仙馆图卷. 载广州市荔湾区文化局，广州美术馆. 海山仙馆名园拾萃[M]. 花城出版社，1999.

② 图片来自法国摄影博物馆网站http://collections.photographie.essonne.fr/board.php?PAGE=6.

③ 威廉·亨特. 广州番鬼录[M]. 冯树铁，沈正邦，译. 广州：广东人民出版社，2009：91.

④ 陈玉兰. 尺素遗芬史考[M]. 广州：花城出版社，2003：37.

⑤ 伊凡. 广州城内——法国公使随员1840年代广州见闻录[M]. 张小贵、杨向艳，译. 广州：广东人民出版社，2008：21.

物品应用到家居装饰中。"潘仕成那刚刚建成的豪华大厅……，不同颜色的木板做成的地板上放置着漂亮的设备；天花板就像个神龛那样镀了金。地板、飞檐和墙壁因涂了奇妙的清漆而亮光闪闪，这些清漆使得所涂之物看起来就像一块块被切割、打磨的大理石、斑岩或者其他的稀有石头。但所有的奢侈品都显得冰冷和不舒服；……。潘仕成把中国的华贵与欧洲的舒适有机结合在一起；或许他是为了不激起拜访他的外国高官带有偏见。"①

在亨特的书中有类似的记载："房子里……或是镶嵌着珍珠母、金、银和珠宝的檀木圆柱。"②海山仙馆使用了西方的地毯饰品装饰家居，尽管艺术水平还不很高，但已反映出中国建筑对西方建筑艺术的回应。

"住房的套间很大，地板是大理石的。房子里也装饰着大理石的圆柱。极高大的镜子，名贵的木料做的家具漆着日本油漆，天鹅绒或丝质的地毡装点着一个个房间。每个套间都用活动的柏木或檀木间壁隔开，间壁上刻着美丽的通花纹样，从一个房间里可以看到另一个房间。镶着宝石的枝形吊灯从天花板上垂下来。"③可见，其室内满眼多是西洋式的装饰和设施（图13-33）。照此推测，潘园中出现一两个西洋式建筑小品，作为猎奇、迎合洋人喜好，也是不足为怪的。

室内的陈设布置，一般还在几案上摆设古玩。古玩品类繁多：有瓷器、玉器、景泰蓝、供石、盆景、各式灯具等，这些摆设都是人们平时喜闻乐见的日常生活用品，具有很强的人性化特色。许多摆设既有艺术价值，又有历史文物价值。每栋室内陈设布置就是一幅充满生活味的家居风景。

说到花园里各建筑，有专供贵友嘉宾活动的"雪阁"；接待文人诗客作文酒之会的"贮

图13-33 八角厅内西式桌椅和大吊灯

① 伊凡著. 广州城内[M]. 张小贵，杨向艳，译. 广州：广东人民出版社，2008：133-134.
② 威廉·亨特. 旧中国杂记[M]. 沈正邦，译. 广州：广东人民出版社，2008：284.
③ 同②，第82页。

韵楼",和珍藏历代古籍书画的"文海楼"等。据外国人评价"它不止是东方式的华丽"。[1]
意指其内部的饰物家具、用品等,更兼有来自西洋的陈设。据亲历者所见:住房组团十余
处,布局颇有"庞贝"气派,即"三间两廊"庭院特色。内有大理石的圆柱或镶嵌珍珠金银
与宝石的檀木圆柱。还有高大的镜子、名贵木材造的家具,大门与窗户也用镂花木雕,刻有
美丽的花鸟虫鱼图纹。张挂锦绣门帘,并用天鹅绒和丝质的地毯铺地,上上下下都显示出一
个至高至贵的富豪世家。

马尔科姆(Howard Malcom)1840年造访伍家花园,看到室内"除了华丽的中式灯笼之外,
房间里还挂着不同规格和款式的各种荷式、英式和中式的吊灯,意大利油画、中国挂轴、法
国钟、日内瓦箱子、不列颠碟子等,一同装饰着同一个房间,并点缀着来自世界各地的自然
珍品,蜡制水果和耗资不菲的白镴制品。"[2]伍家洋货很多,但室内陈设似乎显得有点杂。

自乾隆十七年(1752年),英国园林艺术家钱伯斯两次来到广州。回国后于1757年出版
了两本书:一本是《中国建筑家具服饰机械和器皿图案》,一本是《中国寺庙住宅和园林》。
18世纪下半叶,广式家具的出口十分普遍。如图13-34所示室内的豪华红木家具必然吸引常
来潘园作客的西洋商人,无意之中举办了一次广式家具商品展销会。这张"海山仙馆厅堂内
景"系华辰影像收藏品。约翰·汤姆森《镜头下的中国与中国人》相册中有张"广州客厅内
景"的照片,通过辨认该厅的窗棂、灯笼等特征,可知其为广州富商潘仕成的海山仙馆一处
室内场景。

潘园内最多的建筑还是住宅。住宅的装修围绕居住模式展开。书房是一个家庭的"窗
口",可反映该户人家的文化修养和生活境况。多数"书房里面有布面装订的书籍,放在一
些式样奇特的书架上。那书架很像我们Z字形装饰,样子难以形容。"有些专门的陈列室"房

图13-34　遍装西洋玻璃的厅堂和出口西
洋的广式家具

---

① 威廉·亨特. 旧中国杂记[M]. 沈正邦, 译. 广州: 广东人民出版社, 1992: 94-95.

② Howard M. Travels in Hindustan and China[M]. Edin-burg: Chambers. 1840: 48. 见高伟、卢颖梅. 还君明珠[J]. 中国园林,
2015(8): 113.

中各处还点缀着一些古代青铜器、香炉、昂贵稀有的瓷花瓶，其中有些是很古老的。收藏有极珍贵的古今中国铜钱，有圆形、方形和刀形。有丝织的画，也有画在纸上的画和刺绣人像，还有古代兵器和其他引人注目的古物。"①亨特这段话告诉我们收藏陈列就是一种装饰。以上描述并非指某一单体建筑，可能是多个建筑的综合印象。不同的装修可能属于不同的展室。

青铜器，是一种世界性文明的象征。我国青铜器制作精美，大型青铜鼎乃国家象征，在世界上享有极高的声誉和艺术价值，代表中华民族4000多年的冶炼技术与文化。青铜器的收藏始于宋徽宗，常为资深藏家才能够玩得起的一种高规格藏品。史学家们称青铜器为"一部活生生的史书"。其独特的器形、精美的纹饰、典雅的铭文，向人们揭示了中华民族精美的铸造工艺、文化水平和历史源流。尤其是带有铭文的青铜礼器，更是收藏家重点追寻的对象，称谓立国传家的宝器，可分为食器、酒器、水器、乐器四大类，另有容易被人忽略的铜镜、兵器等。

园林与收藏是互含互融的正向关系。青铜器作为艺术品可提升园林的文化涵养，园林收藏可更好地保护展示青铜艺术之美。东周青铜器上就有园林的图像，其中的苑囿已有功能分区，并有亭榭、坛台、帐幕、池沼、动植物等构成要素及宴乐、祭祀、狩猎等活动。收藏是一种陈列，陈列就是一种装饰。陈列和装饰即是创建一种园林景观。

图13-35是否为海山仙馆园林区或潘氏家族住区入口大门？这种入口模式在岭南地区至今仍有一定的分布范围。这一入口门亭结构采用了新材料新工艺，显然中西要素和中西风格都双双具备，既便于独立成型，又很方便与传统大门对接。只要功能需要，"门亭"也能很方便地扩大为"门庭"或升格为"门厅"。

传统的木结构客厅须要装修对外营业做生意。除了地面、墙壁、板壁可按平常工艺、习惯进行外，还有一个重要的"天花板"——双坡屋面底板要装修。看，这间房屋室内"天花"是木结构的"露明造"，尽管木雕构件不少，却并不是表现的对象。为了表达生意理念，将题匾、格言、行业标志，都做到了屋面底板上（图13-36），字画水品不低，绘图似乎蛮不

图13-35　公共建筑入口门亭（汤姆森 摄）

图13-36　露明造屋顶的"天花板"装饰（汤姆森 摄）

① 威廉·亨特. 旧中国杂记[M]. 沈正邦，译. 广州：广东人民出版社，2008：282.

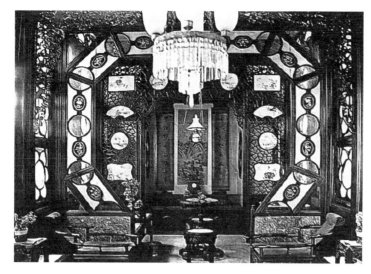

图13-37　游艇内部空间采用大量细木雕塑落地罩分隔与装饰（汤姆森 摄）

错的。做生意就要开张明义，老少咸宜均"不可欺"，签合同要有诚意，将心比心、见心见肝，合乎"天理人心"。行商们的职业道德和商业品牌那是千万要看好的，假冒伪劣等于欺人欺己。如此才能"算盘一响，黄金万两"。

大型游船是当时豪华"大巴"。潘仕成上下班就经常坐游艇，直接出园、进园，停靠位置接近起居室的码头。游艇内部的装修，一定程度上也代表了建筑装修水平。图13-37采用大量细木雕塑，用各种落地罩将船舱空间加以分隔，切实可行。彩色玻璃"满洲窗"以及汽灯或大吊灯的运用，使舱内富丽堂皇。

清末香港的华芳照相馆（赖阿芳, Lai Afong）给清末名人拍过照，也给海山仙馆拍过照，留下不少作品，实在难能可贵。如游廊檐下设有方胜纹，就是海山仙馆的一个装饰特征。[1]

清末岭南园林中常有一种追求"雪景"的装饰手法或类型。海山仙馆也不例外。可能是岭南少有飘雪的天气，炎热天气中，人们自然幻想老天爷下场雪就好。如是采用玻璃滤光、折光、反光等光学现象制造"漫天雪"的景观效果来陶醉自己。潘园同时还创造过局部风环境的手法，利用水面降温、垂直温差来改善微气候。楼堂馆所的特色命名，如"雪阁""凌霄""珊馆"，却是一种追求清凉的虚拟手法。

潘园生活区园林化，园林区生活化。建筑装饰既有十足的书香气息又有丰富的民俗气息。装饰重点部位是入口大门、屋脊、檐墙、犀头、窗扇、窗套和窗间墙部位。"三雕"作品常有石狮、瑞兽、壁龛、栏杆、封檐板等艺术性构件。玻璃艺术制品、彩色玻璃蚀刻画更是"珠光宝气"，与西洋灯具装饰相互生辉。题材或为民间耳熟能详的神仙故事和器物符号，或为花鸟鱼虫吉祥图案，精细生动程度令人叹为观止。作为文化遗产的一千多块石刻，镶嵌在独具风光的高架长廊、厅屋内外墙壁上，仿佛当今博物馆展示效果。

---

[1] 法国摄影师于勒·埃及尔摄于1844年的照片，是中国最早的；英国摄影师约翰·汤姆森与华芳照相馆的图片，均拍摄于1868年至1870年。

木质"梁板柱栅"是中国传统建筑内部围护、分隔、装饰所用基本要素。细木工艺则是高超的操作手段，根据室内分位、尺度，通风、采光，美学精神要求进行构件加工创作，然后拼接组装，十分雅致。屏门、隔扇、书画条、木刻格心画、花边束腰，支托雀替等都是细木雕刻的绝作，既是工程构造构件，又是工艺艺术品。当进口玻璃面积越来越大、种类越来越多，有效地改善了某些传统建筑结构、材料尺度大小和防水密封等难题，并使"满洲窗"得到了普及和发展。建筑上大可"以窗代墙"，改善"声光热"环境。在岭南画派的影响下，新型格心、窗心精美的玻璃蚀刻画为岭南园林建筑频添异彩。海山仙馆在此方面的表现：就是许多重要建筑造型（含体量、尺度、层数、类型）并不循规蹈矩而勇于大胆创新。"古而新"的内部装饰能充分满足当时公共活动需求。如彩色玻璃画的明度、彩度可以得到恰当的光色表现效果：

　　　　　招得紫云片，来嵌绛雪楼。朝晖看万变，雾月散千愁。
　　　　　绚灿新裁锦，聪明净涤瓯。文心传曲曲，传遍画阑收。[①]

---

① 广州市荔湾区文化局、广州美术馆. 海山仙馆名园拾萃[M]. 广州：花城出版社，1999：18.

14

潘园中的戏台、书楼、
船舫、雪阁

私家园林多为第宅之延扩，一般面积较小，玲珑雅致，内容却包罗万象，融居住、聚友、读书、听戏、赏景等诸多功能于一园。其营造原则是：在有限的园林空间内用艺术的手法细致地模仿自然，浓缩再现出自然山水之美，创造可游、可观、可居的城市山林，并刻意追求诗情画意的艺术境界，实现人与自然统一和谐的生活环境，同时滋生风雅的人生情趣。

　　潘园因处于城市之郊，水广池宽，纳真山真水，完全克服了用地的局限性，能在大尺度范围内划分景区，分派规划项目。因使用者特殊的巨商、官员、文化人，加之外国人身份，致使园林的兴造等级限制较少。又因特殊的功能需求，自然要增加一些特殊的组成项目。即使是传统园林建筑模式也会发生遗传或变异；挖掘其优秀基因、赋予新的形式内容，总能出现许多创新成果。海山仙馆中的戏台、书楼、船舫、雪阁、亭桥等风景建筑，均有值得单独研究的价值。

14.1　戏台

　　尽管广州是清代中期唯一的对外通商口岸，受到西方的一些影响，但总体上，世人的生活方式还是传统的。曾在同治十年三月初六（1871年4月25日）至同治十三年三月二十五日（1874年5月10日）担任南海知县的杜凤治在日记中记载：即使在鸦片战争后的二三十年内，广州一般官、绅、民的物质生活与战前生活方式相差不大。[1]官绅们的娱乐方式依然以看戏（图14-1）、"官场狎游"、聚会等为主，尤

图14-1　Scene from the Spectacle of 'The Sun and Moon'[3]
（By Thomas Allom）

其是戏剧成为"省城文化生活、特别是官员文化生活不可缺少的内容。"[2]

　　私家园林为看戏、聚会、赏景提供了优雅的环境，同时也成为园主夸耀财富和社会地位，博取清高雅士的途径。官绅们是不轻易"与民同乐"的，他们只愿与同阶层的人一同看戏。潘仕成曾对法国人说：

　　"哎！当你看戏的时候，你必须混入人群，会被人推挤着呢。而对于我来说，当我想看戏时，我可以把演员请到家里来，同时邀请我的朋友们……那么，在那正举行舞会的庭院里你能找到什么样的快乐呢？受人尊敬的人是不会参加此类娱乐活动的……"[4]为了听戏，他

---

① 邱捷. 同治、光绪年间广州的官、绅、民——从知县杜凤治的日记所见[J]. 学术研究，2010（1）：97-106.

② 同①。

③ 图片来自http://www.1st-art-gallery.com/Thomas-Allom/Scene-From-The-Spectacle-Of-'the-Sun-And-Moon',-From-'china-In-A-Series-Of-Views'.html.

④ 伊凡. 广州城内——法国公使随员1840年代广州见闻录[M]. 张小贵、杨向艳，译. 广州：广东人民出版社，2008：123-124.

在海山仙馆中建了水陆两戏台。

戏楼常指大型戏台而言，其实未必采用楼阁形式。一般呈院落形态，有戏台、扮戏房和观戏房等组成部分。如北京恭王府园、醇王府园、俊启宅园中都有戏楼之设，那家花园、马家花园在园之侧也有这类建筑，体量较大，金碧辉煌，最有富贵之气。[①]

南方的民间戏台较为朴素。海山仙馆中的戏台建筑，似乎不只一处，而为两处。一处为中区核心景区的水上戏台，一处为居住区的陆上戏台。

水上戏台相当于一个现代公园里的音乐坛。俞洵庆是这样描写潘园水上戏台的："面池一堂，极宽敞，左右廊庑回缭，栏楯周匝，雕镂藻饰，无不工徵。距堂数武，一台峙于水中，为管弦歌舞之处。每于台中作乐，则音出水面，清响可听。而西接以小桥为凉榭。"[②]把戏台建在水中，可谓匠心独运，似蓬莱仙乐飘然而至，能不乐而忘忧乎？"踏遍红尘后听一部山林丝竹"[③] 享福感真名至实归了。

夏銮、田石友等画家的刻画，就那么寥寥数笔，我们大可粗略知晓水上戏台的概貌，同样也离不开美的分析和思考。法国人于勒·埃及尔的摄影作品中有一个被破坏了的平台，估计那不是真正的戏台遗址。

海山仙馆的水上戏台是个露天的矩形平台（图14-2）。平台的支持形制估计为砖木梁柱结构，因垂直高度存在两层连系梁组合关系，不大可能是石砌大平台。其台面用密肋小梁承大理石作不透水铺面处理，面上刻有花纹，似有可能。

另外，也许是石砌架空的底座和木质台面的组合。木质虽易腐，但有弹性适宜做舞台，至今尚能得到不少人的青睐。栏杆是与人们直接接触的构件，当加工精细和牢靠。高度适宜

图14-2　潘园水上戏台

①　贾珺. 北京私家园林的掇山艺术[J]. 中国园林，2007（2）：74-77.

②　俞洵庆. 荷廊笔记·卷2，羊城内西湖街富文斋承刊印版，清光绪十一年，第4页。

③　蔡锦泉诗。见：广州荔湾区文化局，广州美术馆. 海山仙馆名园拾萃[M]. 广州：花城出版社，1999：39.

表演为是，方向正对贮韵楼，"距堂数武"，半步三尺为"武"，意为相距不远。采用什么构造和风格，则需要认真考虑。台口栏杆虽小，却极影响观赏效果。演员进退，上下平台的台阶则要安全，也是一种影响美观的要素，精要精美，拙要拙美。

从观览设计考虑，戏台与主要观众席位的位置、距离、角度等关系，须做到舒适、优化、完美的效果，让观赏者得到最好的视觉、听觉以及精神享受。戏台的背景、哪怕是露天舞台的背景，除了服务演出，观赏要求也必须认真考虑：是否配建化妆室、舞台附加建筑小品及其植物种植？海山仙馆水上戏台似有背景建筑的，只怪我们体会不真切而已。夏銮的全景画于戏台的背景方向明显有一栋砖石材料的后台建筑物，虽然前台后台距离较远，那仅仅是写意画的笔触问题。

美国人亨特所讲道的一处戏台好像坐落在潘园住居区："妇女们居住的房屋前有一个戏台，可容上百个演员演出。戏台的位置安排得使人们在屋里就能毫无困难地看到表演……大门外不远处有一个印刷所，潘庭官在这里印刷他家族的传略，以传之后世。"[①]

此处住区"戏台"并非彼处水上"戏台"。因为彼戏台周围并无"妇女们居住的房屋"。此"妇女们居住的房屋"，肯定有特色。估计这种供家眷、内人、祖辈儿孙四世同堂消遣听戏的戏台，应属于潘仕成家族内眷的居住建筑群之配套设施，具有屋顶的亭式戏台。此处距离大门入口并非太远，附近还有一个印刷作坊，属生产性建筑，应方便经营管理和上、下班。这里并无大面积景观水面，当然不会过度开敞对外开放。

此戏台是什么样？具体形象无法让人一目了然。因为画家没有画到此处，摄影师也没拍照下来。即使如此，悠久的戏剧发展史和分布天下的民间戏台遗存，却给我们留下了广阔的想象空间与丰富的艺术形象。戏剧、戏台与行商园林的关系也有动人心弦的故事（图14-3）。

盐商的总部在扬州。老扬州人喜欢看戏、听戏，扬剧、京剧、昆曲等，皆百看、百听不厌。唱戏、演戏离不开戏台，

图14-3　1860年比托（Felice Beato）拍摄的行商戏台

在"千家养女先教曲，十里栽花算种田"的扬州城里，可以说是一道永远的风景。即使时至今日，城里、城外仍能看到许多风格独特、形式多样、大小不一的戏台。

财力雄厚的扬州盐商们为迎驾下江南，可谓殚精竭虑、花费巨资，搭台唱戏、以示歌舞升平。李斗在《扬州画舫录》中如此描述："华祝迎恩，自高桥至迎恩亭，两岸排列档子戏台，盛装彩唱，家家争奇斗艳，美不胜收。"扬州现存最古老的永宁宫寺庙戏台，属平民戏台。园林戏台亦较普遍。保存较好的刘庄园林戏台，呈L形，北部前伸，悬山顶；南部

---

① 威廉·亨特. 旧中国杂记[M]. 沈正邦，译. 广州：广东人民出版社，2008：282.

退后，歇山顶；翘角飞檐，形制颇美。"画阁阅尽沧桑感，台榭笙歌日渐新。依旧扬州明月好，何妨再赋永和春"（清·史琴山诗）。独一无二的何园水心亭——壶上春秋是一座水上戏台，亭中演戏唱曲，借助水面回声，自然清澈绵柔。戏台的东南北都是长廊，上下两层，可坐百人，在廊上品茶观戏、悠闲怡情。个园花局里的戏台小巧精致，一为亭式，颇类浙江社戏舞台；一为台式，犹如北方民间戏台小巧雄劲。[①] 园林与戏曲有不解之缘，她们有共同的艺术境界和同构规律。难怪陈从周教授主张作为世界遗产的古典园林亦采用"昆曲"作为背景音乐的。

晋商所在的山西是戏剧业的发祥地，故山西各类戏台很多。江南水乡地方剧种丰富，古戏台也很多。古戏台都有演员出入的通道，一般的叫"出将""入相"，也有叫"出风""喝月"或"春华""秋实"的。戏台两边的台柱都有对联，正中上方悬挂横额。古代没有麦克风和音箱，戏曲的音响效果靠戏台上方精美的"藻井"（图14-4）发挥共鸣混响作用，让演员发出的声音向上聚集，变得洪亮且圆润，产生余音绕梁的效果。一般江南古镇总有几个公用的戏台。会馆是科举制度和商业活动结合的产物。凡是有会馆的地方，多有戏台。[②] 而一些私家花园，往往建有私家戏台，如苏州严家花园、虹饮山房，太仓张溥故居等。独立、简单者，为戏台；建筑庄重复杂、有走马廊的，为戏楼。这些私家戏台还分室内与室外、单面与双面。苏州忠王府的戏台是江南最大的室内戏台。除了陆上戏台，浙江绍兴、柯岩、鲁镇等水乡还有水上戏台。鲁镇水上戏台是双面的，可在正反两面同时上演不同的戏剧（图14-5）。

发源于民间的粤剧，早期戏棚内设置神像、安放神坛供奉神明。香港的戏棚大多在神诞和佛诞日演神功戏，以供奉神明

图14-4　三山会馆古戏台的"藻井"

图14-5　小镇、私园、风景区的戏台

---

① 红豆居士. 舞台春秋 歌吹扬州——扬州古建筑中的戏台古建园林[EB/OL]. [2015-08-30]. http:www.360doc.com/content/15/0830/21/11548039_495889478.shtml.

② 傅学斌. 湖广会馆：百年戏楼再现辉煌[J]. 中国电视戏曲，1997（1）：32-34.

图14-6 香港历史博物馆的粤剧戏棚场景

图14-7 岭南水乡的各种戏台

和酬神等（图14-6）。再后来的戏台越来越讲究，样式越来越丰富（图14-7）。岭南水乡的戏台同"红船"戏班本身呈现的就是一道人间浪漫沧桑悲喜剧的风景。

行商私家园林里的戏台是否同粤剧有关？这是难免的。如西关颜家园林常常高朋聚会、笙歌不断。祖籍是福建的行商难免怀念家乡的闽剧，但落户南粤总得感染上地方粤剧的风韵。不过正当海山仙馆兴造时期，粤剧因太平军起事受到连带镇压禁演，潘园中的戏台自然不敢有粤剧的声腔和身影。事过境迁，河南的潘家、伍家却扶助了地方戏剧的生存与发展，在广州南华西街一带兴造了越剧剧院和红船码头，算得上是一项得民心的文化基本设施建设，仿如当年徽商扶助了黄梅戏。

海山仙馆居住区的戏台到底是怎样布局规划的？图14-8是几种参考形制：第一种院落式布置（左上）、第二种延伸廊外布置（右上）、第三种天井的布置（左下）、第四种旱船式布置（右下）；另外还有祠堂会馆式布置（图14-9），如此等等，园主与其父辈儿孙及众多家属"在屋里就能毫无困难地看到表演"了。行商园林中的戏台到底演了一些什么戏呢？有人正在研究。

因为粤剧能满足十三行行商的娱乐需求，粤剧伶人常受邀进行商园林出演。当时，流动演出走水路比在陆路要便利。荔湾西关一带，既靠近十三行，方便戏曲艺人到行商家中出

图14-8 戏台的各种布置形制

图14-9 会馆式戏台布置

演，又靠近水路，方便乘船出外演出。因此，戏曲艺人便集中聚居在西关地区，直到现在，荔湾西关的粤剧气息依然浓郁。1855年（咸丰五年），因当时知名粤剧艺人李文茂响应洪秀全号召，召集粤剧班中会武功的人抗清起义。粤剧也因此被广东总督叶名琛禁演10年，粤剧戏班被官方解散，一度濒临沦亡。幸好，粤剧艺人在十三行行商伍崇曜家中花园开设粤剧童子班，粤剧的火种才得以保存。后来潘、伍两家还为街区民众搭建剧场，漱珠涌边设有粤剧红船码头和道具库房，好一套文化善举也。

戏和楼相依为命。舞台小天地，天地大舞台。大舞台无边无沿看不见，小舞台有棱有角摸得着。你在台上演，我在台下看；你演的是戏中戏，我想的是戏外戏；演员越演越上瘾，观众越看越痴迷。①

14.2　书楼

万卷书藏最上头，墨庄文囿足风流；
有时抛卷看山色，诗思远随云水浮。
石家金谷习家池，镜里楼台画里诗；
最好平章管风月，碧纱笼处句争奇。
一重花木一楼台，窗牖玲珑透座开；
影浸绿波流不去，太湖移得绉云来。
半爱豪华半野闲，又添余地买青山；
菜畦稻陇斜阳外，少个牧童驱犊还。

——［清］潘恕《海山仙馆诗》

以上这首诗，写的就是潘园书楼。室内室外、楼上楼下、近身远景，写得十分逼真，并感受联想颇为深刻和纠结。这充分说明潘仕成的书楼很有环境艺术魅力和某种场所精神。

美国人威廉·亨特的《旧中国杂记》中，多次谈到海山仙馆"整个建筑群包括三十多组建筑物"②。园内主要建筑物有凌霄珊馆、文海楼、越华池馆、贮韵楼、雪阁、眉轩、小玲珑室等，不像东西两塔、水上音乐台等，其用途直截了当。然这些"馆、阁、楼、室、轩"似乎建筑功能各异，但从有关文字记载看，大都是书房、陈列室、宴会厅等文化活动用房。

据《荷廊笔记》载："面池一室极宽敞，左右廊庑回缭，栏盾周匝，雕镂藻饰，无不工徵。"明显说的是海山仙馆主楼"厅堂"形象。"厅"属于小型公共建筑性质，用以会客、宴请、观赏花木，因此室内空间开敞门窗装饰考究，造型典雅端庄，前后多植花叠石。曰

---

① 马中原. 谈天说地话戏楼[A]. 北京档案，2005. 来源：DOI: CNKI:SUN:CUIY.0.2005-02-027.
② 威廉·亨特. 旧中国杂记[M]. 沈正邦，译. 广州：广东人民出版社，1992：88.

"堂"，则为较高大的房子。如果说是"贮韵楼"可以指认为"面池一室"的第一层，但二层或二层以上之重屋为"楼"，常位于厅堂之后，作卧室、书房、观景之用，因相对高敞，易成为目标主景。该处后配楼作"贮韵楼"也说得过去。

按翁祖庚联："珊馆回凌霄，问主人近况如何，刚逢官韵写成，丛书刊定；珠江重泛月，偕词客清游茌止，最好荷花香处，荔子红时。"[1]可知这"凌霄珊馆"，也是主人接待客人之所，应该属于读书刊订会客建筑类。此馆位于贮韵楼第二层吗？二楼檐额"云岛瑶台"，两者均仙气十足、高处并非不胜寒。

《园冶》称："凡园圃立基，定厅堂为主。先乎取景，妙在朝南。"[2]我国南北园林基本上都遵循这一原则。厅堂一般都是园林中的核心建筑，处中轴线重要地位，为一家之主居住正房，特殊时作为举行家庭庆典的场所，往往占据最为庄重的位置。厅堂体型严整、室内装饰瑰丽，常用隔扇、落地罩、博古架分割空间。北京私家园林多于院落正北设厅堂，通常为三至五间，可带前廊，屋架高举，最为轩敞。王公府园，正厅常作歇山顶。海山仙馆"贮韵楼"正符合这一要求，其他书房之楼堂馆所也遵循这一规则，只是不同于"旱院"而是一系列的"水院"罢了。

14.2.1　商人的藏书楼

中国新兴商人阶层多效仿文人阶层兴建园林，并高度重视书房空间打造，以实现外界对其兼有文人身份的认同。

晚清广州四大藏书楼的主人，骨子里透着被传统士人精神熏陶的痕迹，藏书之多亦令读书人羡慕不已。当时广州四大藏书楼——盐商孔广陶的岳雪楼（三十三万卷楼）、行（盐）商潘仕成的海山仙馆、行商伍崇曜的粤雅堂、维新人士康有为的万木草堂——除了康有为之外，其他人都是显赫一时的大商人。藏书读书在广州，看来不仅仅是文人学子们的专利。

四大藏书楼今天还能找到旧址的，当属位于北京路附近的万木草堂。万木草堂的图书来源，大约可分为康有为的个人收藏及其学生、社会捐赠。万木草堂宣称最早的"学院图书馆"。据估计，康有为一生所积图书不下数十万卷，仅宋元明善本古籍就有6000余册。万木草堂成立时，康有为的藏书除了留在故居延香老屋一部分外，多存于草堂间。为了扩充藏书，他大量购书。上海制造局译印的西学新书，三十年间售出量为1.2万本，而康有为一人就购了3000多本。万木草堂的藏书实行学生自主管理，轮流值班制。

岳雪楼的位置在如今的太平沙。主人孔广陶出生于盐商家庭，在朝中做过编修。相传他爱书如命，斥巨资搜罗典籍。为了收藏这些宝贝，他建起了岳雪楼。因为岳雪楼中收藏的书籍达33万卷之多，所以孔广陶又将它称作"三十三万卷楼"。其中"钦定殿本"和"乡邦文

---

① 陈以沛. 海山仙馆的文化成就与影响[M]//广州市荔湾区地方志编纂委员会. 别有深情寄荔湾. 广州：广东省地图出版社，1998：123.
② 计成著. 陈植注释. 园冶注释[M]. 北京：中国建筑工业出版社，1981.

献"抄本颇负盛名。

粤雅堂位于白鹅潭畔，主人是当时广州首富伍秉鉴的儿子伍崇曜。伍氏友人谭莹（1800—1871）为清末举人，熟悉地方掌故，凡粤人著述，搜罗而尽读之。在谭莹劝说下，崇曜雇人广集粤人著述，选择书坊罕见版本，延聘谭莹担任编订刊刻、评别博考。先后刻有：《岭南遗书》收入岭南先贤著述4集，总59种，348卷；《粤十三家集》182卷；《楚庭耆旧遗诗》74卷；《粤雅堂丛书》180种，千余卷。此外，还翻刻元本王象之《舆地纪胜》200卷，总数共2400余卷。《粤雅堂丛书》卷帙浩繁，包罗了唐、宋、元、明、清几朝上百种的文献，堪称巨著，尤其在保存广东乡邦文献方面居功至伟。

海山仙馆素有岭南第一名园之盛誉。其在中国近代史上的地位，远高于普通私家园林。沿湖边有宽敞的环湖路，以利车行。馆中楼阁掩映，极擅台榭水石之胜。园内有接待嘉宾的雪阁、有举办文酒会的贮韵楼、有储藏古籍书的文海楼等，为开展公共活动提供了多样化的场所。

海山仙馆藏书数量难以精确考证，但其刻书、刻石则轰动一时，流芳后世。潘仕成运用雄厚的财力搜购古今善本、孤本，选优编纂成《海山仙馆丛书》，精工雕版印行，以"公天下而传后世"。并从清道光九年（1829年）起，耗费37年，将所藏历代名家手迹、古帖，择优摹刻勒石1000多方。这些刻石中最富价值的《尺素遗芬》中的一部分，现藏于越秀山上广州博物馆的碑廊里。

由于潘仕成兼涉东西方文化的独特眼光，他在《海山仙馆丛书》里收入了许多当时传入中国的西方科技著作，比如欧几里得的《几何原本》《测量法义》，意大利传教士利玛窦的《同文指算》《圜容较义》，英国医生合信所著的《全体新论》，德国传教士汤若望的《火攻挈要》等。有学者统计，500卷《海山仙馆丛书》中，新学书籍占了四分之一，在全国都是绝无仅有的。

事实上，这一时期，广州著名的藏书楼还有方功惠"碧琳琅馆"，李文田"泰华楼"等。这些嗜书如命，为收藏图书耗费巨资而在所不惜的藏书家，在规模、数量、质量上达到了当时全国的一流水平。他们跻身于全国赫赫有名的私人藏书家之列，名留千古。

14.2.2 书房功能别用

"万卷古今消永日，一窗昏晓送流年。"在以文为业、以砚为田的读书生涯中，书房既是中国古代文人追求仕途的起点，更是他们寻找自我的归途。[①] 有屋一间，无论大小，一桌一椅一卷书，一灯一人一杯茶，便有了于日常中沉思静悟、安顿心灵的所在，即文人的书房。这只是狭义的一般读书人的书房。潘园的书房是广义的，内容、规模、构成、功能却是多方面的，兼有读书、家教、会友、藏书、著作、编印、陈列展览、会议饮宴等用途。

古代文人士大夫对园林情有独钟，因为这里是他们修身养性、治学习业的风水宝地，雅

---

① 高峰. 浅谈古代书房与文人园林[J]. 职教通讯，2008（10）：110-112.

集聚会、孕育诗心、激发灵感的沙龙，更是寄寓生命、安顿身心的密室，所以他们非常热心自建、参修、享用、品评、关注园林，要的就是富有园林雅韵的书屋书斋，让书房活动与园林空间融为一体。古代社会的教育事业都是自己的事儿，所以私家园林也就成了文人进身之前的自我培训基地，诞生预备官员的摇篮。①

古代书房的意义不止藏书更是才华清灵的优雅天地。当一家之长不想进妻妾闺中过夜的时候，便会在书房歇宿，因此书房内一定会陈设舒适考究的床帐，或者干脆设置一间与书房相连的卧室。故而明人计成《园冶》有云："散寄之居，曰馆，可以通别居者。今书房亦曰馆，客舍为假馆。"②无论游览古典园林，还是阅读传统文学作品，往往会与"书房"相遇。人们一般会按照今天书房的概念，把设在名园内的书房理解成园林主人的"读书之所"，其实这是种想当然的误解。如果留意《长物志》等著作的相关内容，就不难发现，"书房"也称"书斋""山斋"，其功能并不局限于藏书、读书、写作，还是男性园主人单设的一处生活场所，是归他独自享用的卧室、工作室、藏宝室、文物陈列室以及小客厅的混合体。

海山仙馆内有许多个堂馆雅称，如文海楼、小玲珑室、越华池馆、眉轩、雪阁等。其中有一书楼雅号21个汉字如水蛇春般长——"周敦商彝秦镜汉剑唐琴宋元明书画墨迹长物之楼"——显然这是潘氏寓意收藏之丰、内涵之珍，深感自豪、值得骄傲的"图书馆"。

潘园的书房并非追求"独居一隅"，却是大家热闹的地方。如他的石刻成果并非深藏不露、孤芳自赏，而是"广而告知"、希望好书共赏、佳画共睹。潘仕成一生酷爱书法，海山仙馆乃石刻书法艺术的天地。他交游遍天下，书信来往甚多，留下不少名流翰墨。海山仙馆"尺素遗芬"刻石为广州著名石刻专题之一。原海山仙馆为收藏这些石刻，筑了许多回廊。方睿欣《二知轩诗钞》自注云："海山仙馆筑回廊三百间以嵌石刻。"这样的书房成了展览馆。

总之，潘氏海山仙馆真乃刻印藏真、公天下传后世的文苑书馆；雅集会友治学济世的艺术天地；中外贸易文化交流的政治舞台；吸纳西方技艺、首开风气之先的建筑典范。

14.2.3　书房幽处探访

"斋"，在园林中常作书房用。中国古代文人的书房：多设在园林一角。《园冶》称："书房之基，立于园林者，无拘内外，择偏僻处，随便通园，令人莫知有此。"③北京宅园很多书斋都符合这一原则，大多位于相对偏僻的位置，具幽静之感。如半亩园的娜缥藏书、那家花园的味兰斋等，以三至五间硬山建筑为多。④馆是相对独立用于园居生活的建筑，位置稍偏，也以三至五间硬山为主。北京那家花园吟秋馆，半亩园四面装着玻璃的绤云馆，均是此类建筑。有时"斋""馆"不分。

---

① 岳毅平. 论文人与园林之关系[J]. 安徽师范大学学报 (社科版), 2002 (1): 113-117.

② 计成著. 陈植注释. 园冶注释[M]. 北京: 中国建筑工业出版社, 1981.

③ 同②.

④ 贾珺. 北京私家园林的掇山艺术[J]. 中国园林, 2007 (2): 74-77.

按传统住宅空间的划分形式，内院是女眷们居住与生活的天地，如果条件允许，男性家长都会在花园一角自设一处起居场所。这处起居场所常冠以"书房"的名义，与内院半隔离，女眷一般不会轻易前来。这样，男性士大夫既避免被妻妾孩子打扰，又方便招待亲近朋友。对于古代文人来说，如此之"书房"乃日常消遣大部分时光的地方，所以在规划、设计、布置方面都特别用心。

约定俗成：书房总是深藏在园林一角的花木深处，保证足够的私密性。室内空间不宜高深，其前要有平阔的庭院，以便内部光线明亮，适于读书；窗下引水成池，蓄养金鱼、围植碧草，让斋中的读书人以养眼清心。书斋内立有书橱与古玩架，并安设书案与画案、琴桌。为了陈设上的整齐大方，须在书房之侧另设一间小小的茶室，将茶具尤其是炉、炭等杂物储放于此，随时供主人与朋友一起品茗长谈。

海山仙馆的总体布局为：前部（园东南）以陆地为主，后部（园西北）以水面为主。前者作居住区，后者作后花园，规划安排多处书楼，可满足多种社会交流、文化娱乐需要（图14-10）。

潘园地广园宽，有"红云弥盖，日夕荷香"的醉人景观。人们在此不但可以看到或体验到上述书院类似的景点景区，而且还能感受到文人荟萃、博雅共荣的排场氛围："文酒宴集之盛，嘉宾贵友往还之众。"

图14-10 主题功能建筑的枢纽位置关系（作者：黄若初）

水上游艇穿梭、陆上驴车奔驰，国人唱戏、洋人野炊，该园的客容量可不是一般的"大"，游客五湖四海非一般的"清一色"，但都和谐到了"江烟水意、海山仙境"之中。

14.2.4 书房室内环境

中国自古读书讲究环境，特别是明清时期独立的书房，多与园林相融共生。古代书房清简古雅、自然恬静的氛围，与文人园林穷幽极览、天人合一的环境互为呼应，共同体现出淡泊宁静的生活旨趣和忘形放怀的精神追求。如明代高濂在《遵生八笺·燕闲清赏笺》中所说："时乎坐陈钟鼎，几列琴书，帖拓松窗之下，图展兰室之中；帘栊香霭、栏槛花妍，虽咽水餐云，亦足以忘饥永日，冰玉吾斋，一洗人间氛垢矣。清心乐志，孰过于此？"[1] "寄情于山水禅悦，交友于书卷之间"的文化生活，哪能不亦乐乎？

按礼仪习惯，尊贵客人、初次拜访的陌生人会在正堂里与主人相见，但知音佳友则往往由仆人直引至花园书房。在这里，宾主一起进行士大夫独有的清雅消遣活动，如吟诗填词、赏鉴古董、品香抚琴等。所以，与正堂满铺"整堂"家具对称摆设不同，书斋中的坐具与几案宜高低错落，各有不同的艺术化造型，这样，朋友们坐起来可以随意无拘束，风雅有

---

① 罗文华. 复建水西庄要有一间真正的书房[EB/OL].[2013-01-19]. http://blog.sina.com.cn/s/blog_720083ab0102dzqw.html.

情趣。

书房传统至晚在唐代已经形成。历代文学作品中常出现曾经真实存在的著名书房，如白居易的庐山草堂，苏轼的雪浪斋，倪云林的云林堂、清秘阁，张岱的梅花书屋、不二斋，等等。一旦读到张岱自撰的《不二斋》一文，任谁也会对清雅的士大夫"书房"心生羡慕。文学家虚构出来的书房，如怡红院、潇湘馆以及探春所住的秋爽斋，其实都是高度理想化的所在。

然而关于海山仙馆建筑的室内装修，描述的多为集会宴请、哦诗听曲之厅堂馆所之属，公共规模的尺度感较强，个人生活私密性的居住氛围并不强烈。即使是商务空间环境也少有文字叙述。《旧中国杂记》中记载："住房的套间很大，地板是大理石的。房子里也装饰着大理石的圆柱。极高大的镜子，名贵的木料做的家具漆着日本油漆，天鹅绒或丝质的地毯装点着一个个房间。每个套间都用活动的柏木或檀木间壁隔开，间壁上刻着美丽的通花纹样，从一个房间里可以看到另一个房间。镶着宝石的枝形吊灯从天花板上垂下来。"可见，室内颇多西洋化的装饰设备，如相应出现西洋式建筑小品也是可能的。

何绍基有诗，曾细致具体描写了海山仙馆山光水色之美、园景布局之雅，文酒宴集之盛、嘉宾贵友往还之众。加上附记三条，特别称颂了园主独资赞助增修贡院、学使署和出版丛书及协助清廷外交事务的功绩。这对人们了解潘仕成的为人和馆园特色面貌有了更深的思想基础。

外国人对海山仙馆更是赞服难忘。如美国人亨特，就认为到潘氏"泮塘的美丽住宅去游玩和野餐是一个宠遇"。他是这座馆园的亲见亲历深知者。在他所著《旧中国杂录》中说："这是一个引人入胜的地方"。"书房，里面有布面装订的书籍，放在一些式样奇特的书架上。那书架很像我们Z字形装饰，样子难以形容。房中各处还点缀着一些古代青铜器、香炉、昂贵稀有的瓷花瓶……收藏有极珍贵的古今中国铜钱，有圆形、方形和刀形。有丝织的画，也有画在纸上的画和刺绣人像，还有古代兵器和其他引人注目的古物。"[1] 不同的装饰物、不同的装饰风格，可以反映出园林主人的身份、爱好、专长以及正在从事的事业和成就。亨特所述，就可告诉我们海山仙馆的主人崇文、好书刻、从事军工、尚科学技术、参与对外贸易，卓有成就。

1844年法国公使拉萼尼等人受行商潘仕成之邀，参观其宅园，同行随员记录了园内书房情况，"若不是这些形状奇怪的家具、物品的奇特摆放、绘画上陌生的文字，以及书籍的古怪排列，我们还以为突然走进了本国一位藏书家或者古玩家的房间。……房间的窗户面向一个小庭院而开，院子里柳树优雅的垂姿几乎伸进了这位学者的房间里。……潘仕成在跟诸如我们一样的鉴赏家打交道的过程中越来越激动，过分的自豪感使得他决定单独抽出一天向我们显示所有的宝贝。"[2] 这说明行商园林的书房陈列艺术，使西方人很感兴趣。西方的摄影技

---

① 威廉·亨特. 旧中国杂记[M]. 沈正邦，译. 广州：广东人民出版社，1992：88.

② 伊凡. 广州城内——法国公使随员1840年代广州见闻录[M]. 张小贵，杨小艳，译. 广州：广东人民出版社，2008：136-140.

术为中西的园林艺术交流带来了极大的方便。拉萼尼使团随员于勒·埃及尔所摄海山仙馆主楼、别墅全貌以及主楼局部的照片现已成为珍贵的历史文物资料。

14.3 雪阁

楼阁在北京王公府园中最为常见，以二层居多。楼阁尤还宜于观景，如什刹海附近的花园大都会临海构筑小楼，其中张之洞的宅园沿前海南岸一连建了3座楼阁。园林楼阁常以三五间组配，体量比一般建筑要大，常退居园之一侧。楼阁也经常与石台结合在一起，如明代勺园中即有这样的图景。半亩园中的斗室为单间小楼，属于特殊使用的建筑。[①]

"阁"，与楼近似，但小巧玲珑，平面方形或多边形，或多于两层，四面开窗，一般用来藏书、观景，也用来供奉大型佛像。其构筑手法：少数为歇山或悬山顶，大多为硬山房，而且多用卷棚屋顶。屋宇柱子多为圆柱，少数为方柱，而游廊的柱子均采用方柱，四角抹成海棠形。建筑的前廊以及游廊有吊挂楣子、下设坐凳楣子，也有少数安设"美人靠"的。建筑砖墙砌筑讲究工精料实，一般山墙、后檐墙都采用大开条砖丝缝的方法砌筑，下碱和槛墙位置用灌浆法砌成，上身多用丝缝勾勒，整体表现出稳重结实的风格，一般只在墀头部位有精美的砖雕。

图14-11 余荫山房的一扇"满洲窗"图案

与北方相异之处，除了风格，更多表现在适应气候设计手法方面。亚热带地区，夏天追求清凉。当时没有空调，除了摇芭蕉扇，有条件的则靠建筑设计实现通风降温。广东人很少看到雪，对雪很好奇、很欣赏。"雪"联系到凉快舒适、飘逸潇洒。通风凉快的房子称为"雪阁"，则将是很自然的事。后来的余荫山房可作傍例。山房的精华为深柳堂左侧的卧瓢庐。此楼是园主人为宾友小憩而设。庐内有镶嵌蓝白玻璃相间的"满洲窗"（图14-11），除了采光、调节风向，还有审美观感需求。双层"满洲窗"古色古香，透过一层蓝色玻璃看窗外，似乎一幅美妙的冬日雪景；而将两扇叠在一起，又仿佛是深秋降临见到满树红叶一般；若把窗完全打开看出去，南国之春夏景观扑面而来，如是被世人广为传称"一窗景色分四时"。

最亲近的典故是：行商潘有度之兄（有为），著有《南雪巢诗钞》。宅园所处之地曾为汉代杨孚故居所在。相传杨孚把河南洛阳的松柏移植宅旁，碰巧那年广州下起了大雪，唐代进士许浑有"河畔雪飞杨子宅"的诗句，故后人所建杨孚公祠即曰"南雪祠"[②]。

---

① 贾珺. 北京私家园林的掇山艺术[J]. 中国园林，2007（2）：74-77.

② 潘刚儿，黄启臣，陈国栋. 广州十三行之一：潘同文（孚）行[M]. 广州：华南理工大学出版社，2006：20.

潘氏海山仙馆楼堂馆所不少清代李宝嘉的介绍文字尚不能辨识以上建筑具体的规划意图和内部构造，我们只能作如下分析。

"高"也是获取凉爽效益的手法。岭南园林中的"小姐楼"就是典例。小姐楼或公子楼，可是一个"雪阁"，作书楼、琴楼、画楼、绣楼之用。一个大家族中，广厦百千，适宜从事文化学习创作的地方，就是高高在上的"小姐楼"了。

张维屏《游荔枝湾》诗曰："游人指点潘园里，万绿丛中一阁尊。"并自注："潘园有雪阁，高数百尺。"[①]海山仙馆的"雪阁"在哪？是哪个五层楼高的宝塔尖吗？那是一处登临望远的地方，不适宜众多人员聚集饮酒活动，服务工作也较不便。是在那个始于垒土而达九天之上的蓬莱岛顶端的阁楼吗？虽"园中有一小山，山上松柏苍郁，拾级而登，石径曲折迂回，俨然苍岩翠岫矣。"[②]但那儿只是个点缀景观的袖珍小品，成群结队上不了人；作为一个祭祀性的建筑倒还合适，比如做个山顶神仙观，则更添几分仙气。图14-12就是同类例子。任何一个游览地，众人游动的目光总希望投向一个美妙的目标，就是视觉焦点。这个目标的景观恰好构成一幅悦目清心的风景画，令人心旷神怡。海山仙馆吸收了大自然如此美丽的要素和天工造化，设计出类似孤峰蓬莱仙境，造就了亚热带地区人们向往的"雪阁"之清凉世界（图14-13）。广州的实例另有南海神庙建在浴日山上的"浴日亭"，与海相望成了"羊城八景"之一。究其实，这些都是登高借景、八面临风的基本造园之法理。后者是否借鉴了前者，试可探讨。此种景观模式可以回归到本书第2章"中国园亭"集成块，即此类景观的浓缩与袖珍化。

当然山顶设阁，不是无原则的。尚需总规构图理景、度量比例尺度等美学要义。与"雪阁"相对应的"清凉世界"还有水上廊桥、凉亭和厅堂组合重楼复阁、曲房精舍。潘园有好几组这样的"水上组团"，正好与那些"厅堂馆所"对号入座。"水"是当年的空调剂。

图14-12 自然山峰最美的一种景观构图

① 陆琦. 广州海山仙馆[J]. 广东园林，2008（5）：73-75.
② 俞洵庆. 荷廊笔记·卷2，羊城内西湖街富文斋承刊印版，清光绪十一年。

据俞洵庆《荷廊笔记》所载："该园……
山旁有一大池，广约百亩，与江水相同，
隆冬不涸，微波荡漾，可以泛舟。在池
塘之旁，又有一堂，回廊曲径，雕花栏
杆，……有如仙山琼阁，令人为之陶醉。
在堂之西面，接有小桥为水榭，轩窗四
开，一望空碧。三伏天时，藕花香发，清
风徐来，暑气全消。"此非"雪阁"胜雪阁。

图14-13　潘园山顶上"神仙楼"与南海神庙"旭日亭"

　　"绿荫"是清凉的微气候生成者。潘氏"在宽敞花园里，遍种荔枝树，绿阴处处，丹荔
垂垂"①。这密林仿佛空气滤清器，风从水面徐来，哪有不产生"冰肌玉肤"的效果。以处清
凉接待嘉宾似雪阁也。

　　"穿堂风"能降温祛湿带走暑热。你看："高阁层楼，曲房密室，掩映在绿树丛中，仿如
世外桃源，人间之仙境。"②"曲房密室"组织穿堂风，就是典型的西关"竹筒屋"气候原理。

　　上乃"海山仙馆建筑物理学"，可多年来史家倒是作潘园鼎盛时期的"游记"来读的。
南海李仕良的《狷夏堂诗集》作"回忆录"叙述："我步西城西，……旧是探幽处。主人方
豪雄，百万讵回顾。买得天一隅，结构亭台护。流霭降雪堂，金碧纷无数。佳气郁葱哉，森
然簇嘉树。……此乐信神仙，高拥烟云住。"此诗咏潘园由盛到衰衰婉动人，对昔日"流霭
降雪堂""高拥烟云住"的神仙环境却时时难忘。

　　20世纪80年代，陈从周教授谓："岭南园林，每周以楼，高树深池，阴翳生凉，水殿风
来，溽暑顿消，而竹影兰香，时盈客袖，此唯岭南园林得之，故能与他处园林分庭抗衡。"③
这不正是海山仙馆"雪阁"的秘诀所在吗？原来踏遍铁鞋无觅处，得来全不费功夫。真要弄
清到底那栋建筑是雪阁还有必要吗？

14.4　石舫

　　舫往往是指水上具有实用性、游赏性的真实船只，并非石造。画舫装饰华美、专供游人
乘坐，又称游舫。皇家园林中水面浩瀚辽阔，多设龙舟游船。姜夔在《凄凉犯》中写道："追
念西湖上，小舫携歌，晚花行乐。"④画舫是一道流动的风景。石舫却是中国古典园林中一
道凝固的景观，其下部往往用防水石材砌筑，故称石舫；因其固定不能移动，不必系缆故又
名"不系舟"（舟，多为小型船舫）。舫被引入风景园林的时候，已走过了艺术化处理之路，
成为了船状的舫式建筑，无水时称之曰旱船。如果说，园林中的水榭还只是部分的临近、支

①　俞洵庆. 荷廊笔记·卷2，羊城内西湖街富文斋承刊印版，清光绪十一年。

②　同①。

③　陈从周. 说园[M]. 上海：同济大学出版社，1980：45.

④　何建中. 不系之舟——园林石舫漫谈[J]. 古建园林技术，2011（2）：55-57.

架于水上的话，那么，多数的石舫则已经全部或者大部分建构于水上了。[①]

"舫"跟"水"有关、跟"鱼"有关、跟"渔"更有关。园林中的舫往往给人丰富的寓意联想，有乐观的一面，也有悲观的一面。庄子以"泛若不系之舟"来比喻人生的自由超脱，舫就成了古代文人雅士隐逸江湖、不受羁绊、怡然自乐的象征，也代表了园主人对洒脱生活的一种向往和追求。对于深陷十三行外贸活动中的行商来说，是否也有古代文人那种"渔隐之心""沧浪之濯"的感受？这一点可从语出行商"宁愿做条狗，也不想做行商（首）"的一句话中加以确证。众多史事说明入行不易，要退出行更不易，其结局均难以善终。

14.4.1 海山仙馆船舫景观疑析

李宝嘉《南亭四话》记："大殿之西有一水榭，与大殿有小桥相通，为舟形，轩窗四开，视界空阔，六月暑天，荷花香发，清风徐来，使人顿忘炎暑。"俞洵庆《荷廊笔记》载："面池一堂，极宽敞，……而西接以小桥为凉榭。轩窗四开，一望空碧。三伏时，藕花香发，清风徐来，顿时忘燠暑。"[②]

——这两段描述的景象相差无几。不尽相同的是，前者强调大殿之西的水榭"为舟形"。为舟形的水榭不就是"船舫"吗，夏銮全图用工笔刻画出了轮廓，坐落在主楼西戏台水空间靠近"方丈岛"处。田石友扇面画好像安排在贮韵楼后的北部湖区，或许是只能动的画舫（图14-14）。

中国园林强调"无水不成景"，有水就会有舫，有亭台水榭。相对于干旱少水的北京地区，作为水乡泽国遍布舟船的岭南地区更会兴建这一景点。如海山仙馆"广约百亩。其水直通珠江，足以泛舟，有舟曰苏舫"；"由堂而西，接以小桥，为凉榭。轩窗四开，一望空碧，夏时荔枝、荷花最繁"。这些描写就是较理想的石舫之情景。作为中心景区一个枢纽，来往"苏舸"需要有登陆落船的码头，石舫水榭可实现如此功能。

图14-14a 夏銮图中的真假"船舫"

根据园主人开放的性格与风流的人生，以及当时舟船时代的行动方式，不难想象潘仕成一定会很欣赏这样的景致。那么海山仙馆的船舫——"不系舟"是个什么样子呢？有几张类同的外销画刻画了行商家园中的石舫景观。图14-15a是一景，重点是中景敞露舱厅的船舫和曲折的登船水

图14-14b 田石友画中的"船舫"

① 管月. 解析园林中石舫的装饰形态[J]. 艺术研究：哈尔滨师范大学艺术学院学报，2019（2）：10-11.
② 俞洵庆. 荷廊笔记·卷2，羊城内西湖街富文斋承刊印，清光绪十一年。

图14-15a 行商园林船舫一景
（引自：Heaven is High, the Emperor Far Away Valery M. Garrett）

图14-15b 伍家花园船舫带有"巴洛克"山花造型（外销画）

埠桥道。图14-15b可能是上图跨水栈道的简化，压低了画面视平线，扩大了水上跳台的景观特色，将左石舫、右门亭通过五孔亭桥连接成一个整体。图14-16为伍家位于花埭的馥荫园一景，池塘右侧的建筑有研究者称之为船厅，当时有几个英军人员在游赏。这石舫体量高大，砖石结构，与上述两例造型结构相似，但中舱西化、尾舱带有明显的岭南民居建筑特色。

现代学者往往参考夏銮的全景画分析湖上游船之游路、考虑停泊埠头及穿越桥涵或高架游廊等可行性问题（图14-17）。石舫的设计规划地点，可能还要从全局水系构成加以综合权衡，使其航行方便且获得更多样的景观观赏面。

图14-16　伍家花棣园中的石舫建筑（克里兹 摄）

图14-17　可动的船舫（黄若初 作）

14.4.2　船舫的哲理美学意蕴

"船舫"源自江南。江南水乡河湖交错，篷舟画舫极为常见，有很多人家终日以船为家，于是江南园林常在水池一边设船厅。北京缺水，原本无此种风尚，但自明代起，出现了米万钟湛园之书画船、勺园之定航、李园之船桥，怡园之凫舟野航、听雨楼之绿天小舫、述园之红兰舫、淑春园之石舫、绮园之船轩，半亩园之不系舟等，大大小小仿江南船厅的建筑，"非舟复非陆，妙意寄所耽"（汤右曾诗）。①

吴江诗词网讲道："不系舟"一景很有道家仙味，常寓意自由而无所牵挂。《庄子·列御寇》载："巧者劳而知者忧，无能者无所求，饱食而放游，汎若不系之舟。"唐白居易一生追求自由、自然："岂无平生志，拘牵不自由。一朝归渭上，泛如不系舟"（《适意》诗）。宋张孝祥喜有惊无险，其《浣溪沙》词："已是人间不系舟，此心元自不惊鸥，卧看骇浪与天浮"。"不系舟"另表漂泊无定。李白豪放《寄崔侍御》诗："宛溪霜夜听猿愁，去国长为不系舟。"白居易从容不迫："去去无程客，行行不系舟"（《想东游五十韵》）。

作为海上神山，仙人旧馆主人的潘世成，对"不系舟"极富禅意的精神不会不感兴趣。他游历甚广，熟悉造船业，江河湖海去去来来驾船邀游，深谙"石舫"景物的趣味和寓意，哪有放弃这一景观兴造的可能！其实，石舫的空间还可满足多种文人书卷生活功能的需要。他用最宠爱的两个小妾之名命名豪华游艇，表明园主是非常钟情于石舫景观空间环境的。宋欧阳修有《画舫斋记》，以画舫命名书斋，"凡休于吾斋者，又如堰休于舟中"。陆上斋、水上舟，皆可爱者。王粲《赠蔡子笃》诗："舫舟翩翩，以溯大江"，给人居安思危或化险为夷之感。潘仕成与古文豪们是"心有灵犀一点通"的，何乐而不为？

石舫"依于水而不浮于水，处于陆而不止于陆"，介于似与不似之间；既是对船的模仿，又是对船的扬弃。在哲学美学观念上，它于动—静、旱—水、是—非、稳—颠之间具有双重性格。"以坐当航，以陆当水"；以静示动，以是当非，令人辩证思考。虎丘石舫曰驾轩名"不波之艇"，联曰："陆居非屋，水居非舟"，颇富哲理之美。青浦水曲园石舫有题额"舟居非水"，嘉定秋霞圃有"舟而不游轩"，十笏园有额"稳如舟"，等等，都极富趣味之美。②

① 三峡石. 不系之舟——园林石舫漫谈[EB/OL].[2013-06-29]. http://blog.sina.com.cn/u/3310493537.
② 陈水浩. 试谈中国园林中的舫类建筑[J]. 花卉，2018（4）：32.

14.4.3 船舫的造型手法分类

船舫在湖里荡漾、装饰精丽者称"画舫"。古舫有全用石构者称石舫。舫上部建筑常为木或砖木混合结构。整体造型大致有三种手法：

（1）象征性造型：清晖园以紫洞艇为造型元素，仅仅挑伸水面。联曰："楼台浸明月，灯火耀清晖。"岭南人称舫为"船厅"，是岭南园林中的景观中心建筑，常具厅堂、楼阁等多种功能要素。一般船厅临水或靠水。偶有把船厅筑于山上者，"一棹入云深"，以云为水，含蓄抽象，富有诗意。①

（2）集萃式造型：舫的基本形式同真船相似，宽约丈余，一般分为船头、中舱、尾舱三部分。船头作成敞篷，供赏景用。中舱最矮，是主要的休息、宴饮的场所。后部尾舱最高，一般为两层，下实为舱，上虚为阁，四面开窗以便远眺。中间舱顶作船篷式样，首尾舱顶为歇山式样，轻盈舒展，往往成为园林中的重要景观。拙政园的"香洲"、怡园的"画舫斋"即为典型实例。

（3）写实性造型：著名的如北京颐和园石舫——"清宴舫"。它全长30米，重建时改成西洋楼建筑式样。它的位置选得很妙，从昆明湖上看过去，很像正从后湖开过来的一条大船，又为后湖景区起到启景作用。

14.4.4 "小画舫斋"遗构的联想

建于海山仙馆遗址地的"小画舫斋"就是一道船舫式风景（图14-18），长期以来为广大文人所关注。但依据这一真正宝贵的历史文化遗址遗存，旅游部门或企业单位总难以复兴推荐出一个像"残粒园""十笏园"那样优秀的古典园林经典来。②山东潍坊市仅因"十笏园"的业主（也是企业家）藏有一些读书，现已以此为龙头开发成很大一片古典园林旅游街区。

图14-18 海山仙馆的伴生名园"小画舫斋"

从小画舫斋遗址遗存可知：船厅临荔湾涌而建，作为主人的书斋、文人雅士聚会之所。船厅高二层，卷棚歇山顶，靠近荔湾涌的外墙开有侧门，门上端有一块由苏若湖书的"小画舫斋"石匾。原一楼另入口的门厅悬挂有两广总督阮元题书"白荷红荔泮塘西"的木匾——珍贵的可移动文物，厅中设一冰裂纹的圆洞形落地罩。

船厅建筑面积约200平方米，两层砖木结构，一面临水，附有码头停靠游船，门外有一

① 《中国土木建筑百科辞典》总编委会. 中国土木建筑百科辞典[M]. 北京：中国建筑工业出版社，1999：32.
② 管月. 解析园林中石舫的装饰形态[J]. 艺术研究，2020（1）：10-11.

石阶梯，可登船外出。一面向着遍置花木石山的园林，现有九里香、白玉兰、荔枝树及米仔兰、茉莉花等。它是主人宴请会客及收藏欣赏古董字画的地方，四周设有客厅、花厅、书厅、画厅等。园内还有祖先庙、幽雅的楼阁和亭台，夏天凉风阵阵，花香扑鼻，别是一番情趣。

14.4.5 海山仙馆石舫景观探讨

从海山仙馆当年特殊的水体空间条件来审视，那里一定会有各种各样的船舫水榭景观建筑。

1. 历史文件的评估

现代学者瞿兑之，是清末军机大臣瞿鸿禨之子，是位见多识广的人。他说："园林之美，广州仅次于吴中（吴中是苏州）。"[1] 就潘园而言，这里"荔湾渔唱"唱的就是"船的世界"，造园之中不可能不借鉴"船"的题材。

吴中江南水乡，驾船看戏是家常事。潘氏"海山仙馆"是园林巨构，园地之大惊人，竟占了荔枝湾的很大部分。史载百亩大池塘遍植荷花，池中戏台演奏歌舞，渡水飘音，娱人耳目。[2] 歇舟观戏乃生活的一个侧面。一部分达官贵人在豪华厅堂看戏，一部分人可以驾船在水面上看戏。海山仙馆船舫就类似停靠在戏台附近的船，可供人们一面饮宴一面观赏。

《番禺县续志》记载，"海山仙馆，池广园宽，红渠万柄，风廊烟溆，迤逦十余里，为岭南园林之冠。"史证游廊画栋，更有临水而建露台石矶、水草水禽。这些都是水上石舫所能观、能体验之景，如此令人陶醉。

2. 设计思路的推想

最近高伟、卢颖梅等人发文认定[3]：在英国人托马斯·阿罗姆（Tormas Allom）集中参考多张照片而绘制的行商园林"凌霄珊馆"图中，"上有楼、下有榭，中间有平台，内部有厅堂"的建筑乃潘园船舫——一座华丽的水上楼阁（图14-19）。图画背景有一栋大屋顶式建筑，可能就是贮韵楼；背景中的园亭，可能就是蓬莱、方丈、瀛洲等"海上神山"上的配亭。画家不可能将背景、环境交代得十分清楚，但具体有哪几种类型的建筑没有搞错。特色鲜明的船舫单体建筑给人印象确是深刻的。具体位置应在中心景区无疑，观赏视线透视是散点式的。试看细部带有巴洛克风味的山花脊饰中式船舫，好像正要拔锚起航。

---

① 卜松竹. 夏蹇"海山仙馆"有复园可能[N]. 广州日报，2011-01-18.

② 赖寄丹. 海山仙馆文化遗产价值惜低估[J]. 广州日报，2014-08-18.

③ 高伟，卢颖梅. 还君明珠——探索历史图像中的广州行商园林[J]. 中国园林，2015（8）：113.

图14-19 外国人画中比例有所失措的船舫[1]　　　　　图14-20 关联昌（庭呱）绘海山仙馆船舫（1850—1870）

3. 外销画作的参考

有人将上图近画面的这组综合性建筑二层屋顶平台稍作拉长处理，一艘豪华型的中式船舫就立刻出现在我们面前（图14-20）。本来船舫应画出"船"这种模样来，只因作者没到现场，不了解实际情况，难免给人带来模糊感。从图中可以肯定的是船舫贴近水面，相对背景建筑（贮韵楼）位置较低，颇具亲水性。可以理解它停靠在湖上三山之一的"方丈"或"瀛洲"山脚。夏銮全景图中对此墨线表现简约，且尺度相对较小，观者不易发觉。

综观之，行商造园多设三开间狭长型船身，载有前中后三部分建筑集台、厅、室、楼、阁于一体；临水而建，靠山开门。各行商园林中常以"楼船式"船舫为主景建筑，甚至位处中轴线上。

4. 类似宅园的分析

绘画作品将各个单体建筑摆布得比较集中，看起来水上庭院不大，但样式丰富（亭、台、榭、厅、轩、馆、楼、阁、廊、舫）布置得紧奏灵活。屋脊、山墙、檐板、门窗、梁架与隔断，几乎都有装饰。图中建筑讲究内外空间景致融合、变换、掩映，整体玲珑雅致，具有鲜明的亚热带特色和外洋装饰线块。与此类似，有关丽泉行潘长耀园林的二幅图画，也可如是分析。

图中主要建筑为楼船式船厅，位置和体量较为突出，画面虽只刻画了船头一隅、两个侧面，但颇具船舫整体感。荔枝湾河网发达，舟船作为主要出行工具，可直通园内园外。因特定气候环境，船舫建筑常作为园中景观的主体角色，也是顺其自然的事了。行商船舫含楼、厅、台、廊一体，融合了厅堂、高台、水榭、楼阁等多种建筑样式和功能。上楼蹬阁入厅可借水岸跳板连廊或花木掩映的山石磴道遂洞到达，不必梯之。

---

① 托马斯·阿罗姆. 大清帝国城市印象[M]. 上海：上海古籍出版社，2002.

5. 中式船厅洋设备

行商园林船厅的设计装饰多以"中式为体、西式为用"，格调明快、通透开朗，器物多有洋化，兼具楼厅和船厅、陆上和水上功能。行商园林均与珠江息息相通，船厅的创作受珠江上的紫洞艇影响。紫洞艇俗称"花舫"，原为明代的青楼。清初，多为酒席宴饮游河之娱。较大的紫洞艇嵌有大花玻璃、悬挂大型汽灯、珠帘落地罩分隔厅室、酸枝家具可摆大几桌酒席。船头朱漆栏杆围成"船头"，门洞装饰颇多"巴洛克"意味。后舱楼阁可作眺望、储藏、厨房、登临屋顶平台之用。十三行时期，石舫仿花舫移植行商园林，常假船舫接待外宾、商讨业务、文友聚会、吟诗作对，这种生活情景是不难想象的。

14.5 亭桥

桥，水梁也，水中之梁也；亭，停也，人所停集也。桥既为路道之延伸或联系，又能作为水口关钥，雄镇一方。桥面是个停歇的好地方，但需要设亭遮阳挡雨。这里视野开阔，可登高望远，亦可凭栏观鱼、谈天说地、乘风纳凉。你在桥上看风景，风景里的人在看你。人和亭桥共同构成一道聚焦性很好的水上景点。

南方多水多雨，桥是园林中组景的重要元素，兼有交通和造景的双重功能。亭桥则是岭南园林中一种多见的特殊形式桥。它是桥与亭的结合，下部是桥，上面是亭，桥与亭相依相映，因此体量高度也就增加了，亭桥的形象更显生机勃勃、亭亭玉立，成为富有动态感的优美景点。

岭南最典型的亭桥是始建于南宋乾道七年（1171年）的潮州广济桥，全长约520米，东段13墩，西段10墩，桥上修筑楼阁12座，桥屋126间，历57年竣工。该桥还有"一里长桥一里市"之美称，这说明桥上可以举行商业买卖、成街成市。有些亭桥为祈求平安，亭间还设有神灵祭坛且香火不断。这一习俗后来还传到北欧并有实物遗存至今可观。建于明清时期的广东四大古典名园，均有亭桥所构成的景点。这些经典画面在整个园林之中的景观地位往往十分显赫，甚至成为代表性的景观（图14-21）。

浣红跨绿的亭桥成为岭南经典的造型；桥亭往往高于堤廊，形象俏媚。桥下有水、桥头有陆，水边绿植丰茂，配景生动。桥身划分水面，以增加水面景观的层次感。当曲折之桥跨越水面时，桥身一曲一折都有对景相对应，使游人在曲折行进之中领略移步换景之妙。岭南亭桥与岭南传统建筑的形态色彩相呼应，坡顶、黛瓦、栗（红）色柱、白石栏杆，形体上的孔洞对应不同的景观面，通透的廊亭立柱及玉砌雕栏，常引人细赏阅读并放眼远山、心旷神怡。亭廊之桥与山、水、植物、建筑有机配合情景交融，可构成优美的风景画卷。如扬州瘦西湖五亭桥就是景区构图中心。行商园林中亭桥的案例还真不少（图14-22），这说明岭南园林的水文化景观倍受人们青睐。

海山仙馆的湖面"微波渺弥，足以泛舟"，桥下孔洞必须考虑过船、框景。一座五孔拱桥，由于桥体较长，在空间上的划分作用和造景功能比较突出，把湖的西部与中部划分成两

清晖园　可园　立园

余荫山房　梁园　现代项目

始建于南宋的广济桥

图14-21　岭南园林中的古典亭桥

潘园亭桥　伍家亭桥

潘园亭桥　伍家亭桥

图14-22　行商园林中的亭桥

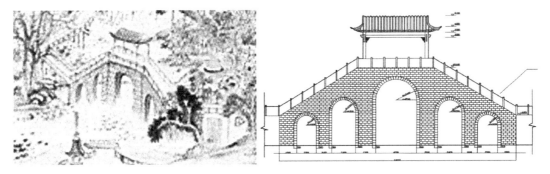

图14-23　石质连拱桥[①]

个景区，增加了水面的层次和进深且相互渗透。难怪画家将其刻画得十分醒目（图14-23）。

　　多数岭南名园与海山仙馆是同时代的作品，应该说相互之间多少存在一定的影响。如果拿海山仙馆的五孔拱式白石"亭桥"与上述四大名园的范例相对比，无论在场地规模、还是工程美学方面，海山仙馆都会大大领先。且其他有些范例还存在明显的弊病。要么是头重脚轻比例欠佳、大而无当、小而不精，要么是选址非其地而强为其地，要么是"亭桥水"的体量搭配拥塞、横向纵向陡失桥的风味，要么是亭桥与相关景点对应的视线空间方向大为不妥，"看与被看"难免遗憾。

①　夏銮. 海山仙馆图卷，载：广州市荔湾区文化局，广州美术馆. 海山仙馆名园拾萃[M]. 广州：花城出版社，1999.

15

海山仙馆塔的造景艺术欣赏

在海山仙馆存续期间，在正规的广州地图上，其中1855年、1858年、1862年的三张英文地图均标志有海山仙馆中的三层小塔。1855年的广州地图绘制者为传教士丹尼尔·富文（Reu. D. Vrooman，1818—1895），地图上标有"Puntinqua's Garden"，园内绘有三层小塔，标注为"Pagoda"。

塔的公共景观价值大于私人空间实用价值，所以一般私家园林很少有"宝塔"这种属性的建筑。除非在大型皇家园林或城市公共园林中，设有寺庙，须藏经、嵌佛、供香、安葬高僧、气壮山河而筑塔。私家园林虽设计有多种多样的景观建筑物，如袖珍式的绣楼、哨楼、香阁，或类似塔状物的石灯笼装饰点缀小品，但均无佛塔这一正规建筑样式。然潘氏海山仙馆却有形象迥异的多座宝塔。探讨这一现象十分有趣。

15.1 山脚水际 三塔竞秀

有关海山仙馆宝塔景观的文字记载多偏于诗词，能够让人知其宝塔具体形象的是几幅古画和历史照片。从夏銮《海山仙馆图卷》中可观察到潘园有两座宝塔：一座四层六方攒尖顶仿广州六榕寺楼阁式塔，一座圆锥顶仿广州怀圣寺光身式白色圆塔。从历史照片上可看到前者：三层加基座层共四层，正六方平面、攒尖顶，灰色砖塔身。另外，在亨特著作中还提到有一处"九层"宝塔。

15.1.1 楼阁式塔

李宝嘉《南亭四话》有"海山仙馆图跋"入载，文中有这样的描述，"东有塔，高五级，悉白石所砌，西北一带曲廊洞房，复十余处。有白鹿洞，豢鹿数头。复仿都中骡车制为数车（辆），来往园中。"[1]显然这是针对楼阁式塔而言的。在夏銮的全景图中，可以在前景部分看到其绘画形象（图15-1）。鸦片战争后，照相技术首先来到中国广东，给广州留下许多历史图片，从中可以寻得此塔旧照（图15-2）。两者对比似有差异，其实结构模式颇具一致性。

图15-3是潘塔另一张较早时期的照片[2]，同潘园破败后的塔影相比，屋顶、塔身、比例都相仿，环境也极其相像，明显不同之处就是墙体上的窗洞窗扇。后期为木质窗扇镶嵌玻璃，便于人为活动使用。前期为白色墙体

图15-1 夏銮长卷中的楼阁式塔

图15-2 香港照相馆摄楼阁式塔

---

① 陈以沛. 南粤园林之冠的海山仙馆[EB/OL].[2003-08-27]. http://www.gzlib.org.cn/lsms/51704.jhtml.

② 1873年海山仙馆文塔，"一塔湖图"风流褪尽，只剩离草。出自rosettaapp.getty.edu.

开窗处均为整齐排列的方孔小洞，似乎犹如有些资料记载的此塔通体为白矾石砌筑一样，但不宜人们外眺。

图15-3　潘塔的另一张图片

潘园楼阁式古塔以优美的造型、古朴的风姿、独特的装饰屹立水际，其建筑风格既受到中原文化的影响，又具有比较明显的地方特色，融汇着岭南建筑、景观艺术之美。

塔的最初目的是为了埋藏佛祖舍利、佛骨等圣物，之后也用于藏佛像、佛经等，成为佛教重要的标志物之一。一般佛塔有七层，每层佛龛供奉一佛，自下而上分别为"金轮王佛""弥勒佛""无量寿佛""多宝佛""药师琉璃光佛""龙自在王佛"以及"释迦牟尼佛"，七层共有七佛——所谓七级浮屠。供奉这些佛像都有各自的功德与利益，反映了当时建塔人及其当地民众消灾祈福的愿望，具有深奥的佛学意味。但随着佛塔中国化的发展，造塔的目的逐渐多样化。潘园楼阁式古塔绘画与历史图片都只有3层，加上底层半地下室有4层。有何代表意义，尚无任何文字记载和研究资料说明。

仅仅以改变风水为目的，置于水畔或置于山顶，或用以镇水怪，防止水患，或防范财运外流？不得而知。如若为以纪念为目的的纪念塔，则具体纪念什么人或事呢？尚不得而知。但有一点可以肯定：园林理景造景、丰富视觉享受，协调山水空间、颐养心里平衡，则是无可非议的实在功能。

15.1.2　光塔

潘园光塔的位置在一座土石相夹的山下临水而立。在清李宝嘉《南亭四话·海山仙馆图跋》一文中是这样描写的："园中为一山，层峦以下，松桧爵森，石磴百盘，拾级可上。闻此山本一土阜，当建园时，相度地势，搬石担土，期年而成。俯临大池，广约百亩。其水直通珠江，足以泛舟，有舟曰苏舫。"[①]上述对光塔的山水景观描写，可见证夏銮图中的光塔的周边环境是较真实的（图15-4）。

俞洵庆《荷廊笔记》记载了潘园内一座较大的土山，"园有一山，冈坡峻坦，松桧翁蔚，石径一道，可以拾级而登。闻此山本一高阜耳，当创建斯园时，相度地势，担土取石，雍而崇之，朝烟暮雨之余，俨然苍岩翠岫矣。"不言而喻，此段文字大概也是记述光塔山的。此山铺有石阶

图15-4　夏銮长卷中的"光塔"

① 陈以沛. 南粤园林之冠的海山仙馆[EB/OL]. [2003-08-27]. http://www.gzlib.org.cn/lsms/51704.jhtml.

可以登临，并可产生烟雨茫苍的景观效果。

夏銮长卷中的光塔，也是处在画面的前景区。山体的体量较大，起码承载了四种景观建筑物：水面平桥、水岸光塔、半山草亭、山顶望庐。塔的相对高度起码也有十多米高。至此，尚无任何资料对这一光塔加以构造研究、意义评说以及审美观照。

15.1.3　九层宝塔

威廉·亨特的《旧中国游记》中，转引了《法兰西公报》1860年4月11日登载的一封驻穗西方人来自广州的信，信中谈到海山仙馆"整个建筑群包括三十多组建筑物，相互之间用走廊连接，走廊都有圆柱和大理石铺的地面……。园里还有九层的宝塔，非常好看。有些塔是用大理石建造的"[1]。到过现场的亨特，白纸黑字写明潘氏"园里还有九层的宝塔"，至今却不见任何其他文史资料谈到此事，也没引起当代学人的特别关注。我们只能作为一条文物线索摆在这里，以期引起有关部门的考证。

"救人一命胜造七级浮屠。"塔多采用单数奇数九级（层）修造，是有来由的。不过，园林中的塔往往有不同的尺度。所言"九层的宝塔"并非如九层楼房那样高大，只是缩小了的九层宝塔。用单一石材刻制，仿佛一尊雕塑作品供人欣赏，好似一通纪念碑供人祭拜。这样的"袖珍宝塔"寺庙也能经常看到，有的因为刻写经文而被名其"经幢"或作一件塔式园林建筑小品（图15-5），或作路旁布置的石灯笼或作室外景观清供。还是亨特所说："有的是用

图15-5　潘园"九层密檐宝塔"（黄若初作）与装饰雕塑石塔工艺品

檀木精工雕刻出来的。花园里有宽大的鸟舍，鸟舍里有最美丽的鸟类……"这就同时直观地说明：类似这样的塔实际就是一种木雕工艺品。又因体量不大，相对景观并不突出，故夏銮海山仙馆全景图中并没作为一处景点画将出来。潘园中体量大的"九层密檐宝塔"或许是一处大型鸟笼。

15.2　外形生动　内韵丰富

明、清两代，广东各地建了180多座古塔。陈泽泓先生发现其中风水塔占十之八九，佛塔只有20多座。从这些风水塔中能见岭南民风民俗之一斑。塔本是佛教建筑。佛教传入岭南并不晚，早在三国时期已有印度僧人泛海到广州，西晋武帝时，广州城内就修建了岭南历史

---

① 威廉·亨特. 旧中国游记[M]. 沈正邦，译. 广州：广东人民出版社，1998.

上最早的佛教寺院。至于那段时间是否建造了佛塔，已无从考证。南梁大同三年（537年），广州刺史肖裕奉敕建造了一座宝庄严寺舍利塔，瘗藏梁武帝的母舅昙裕法师从真腊（柬埔寨）带回来的佛舍利，此为六榕寺花塔的前身。这座华丽的大木塔建塔的时间，比中国建塔史上赫赫有名的洛阳天宁寺木塔也只晚了20年。[①]

从南亚西域的窣堵坡到中国的楼阁塔，其间存在一系列变化的途径。风水塔与佛塔是构成古塔体系的两个重要类别。儒、释、道三教以及风水理论在思想根源上与风水塔的文化内涵相关密切。[②] 从风水塔和佛塔的现状与选址分布、数量与保存保护状况看，风水塔亦或佛塔均为山川大地、城镇乡村及寺院建筑群的风貌景观增添了无限生机和光彩，也为人们的精神文化生活注入了美的意念和善的希冀。潘塔建筑的竖向造型选址与昭示游路景观序列效应具有重要作用，古代建造佛塔除了供奉舍利子外，或者作埋葬高僧的纪念标志物。另外从风水学上来讲，塔可以起到镇邪禳灾之效，可以改变一个地方的气运。《阳宅三要》云：凡都省、府庭、州县、场市，文人不利、不发科甲者，宜于甲、巽、丙、丁四字上立一文笔峰，只要高过别山，即发科甲。或山上立文笔、或平修高塔，皆为文笔。文峰塔的分布，以南方最多，北方次之，东北及西北地区数量最少，这和当时我国科举的发展情况相对应。[③]

从建筑物理角度看，塔也可以起到避雷的作用，还可以供统治者用来歌颂自己的功德，借以流芳百世以资纪念。但到了后期，即明清两代时，塔开始大规模地从宗教世界走向世俗世界，成为堪舆学中常用的一种镇物。凡是有风水意义的塔，诸如镇山、镇水、辟邪、点缀河山、显示教化等都可称之为风水塔。风水塔一般修在水口，作为一郡一邑一乡之华表。有些塔也可用来弥补地形缺陷。潘园之塔作为填补地势虚空的风水塔，其形制与建筑构造，与整体造园思想是统筹考虑的。

从世俗角度分析，我们还可发现塔还有许多实际功能。河网地区，渡口附近竖立高塔，可为行路人指点迷津，告知过河的地方。江海夜航时，高塔上亮灯可作为灯塔，导航船舶有序通过急流险滩。战争时期，高塔可作为瞭望塔，瞭望敌方的军情动静。潘塔立于河涌纵横的荔枝林带的地标作用不可小觑。

建于明代的琶洲塔，高50多米，位于珠江中的琶琶洲上，既是风水塔——会城广州地户水口三塔之一，又是导航标志——海上丝绸之路的灯塔。明万历二十五年（1597年）开始动工建塔，三年后落成。相传江中"常有金鳌浮出，光如白日"，所以琶洲塔又叫"海鳌塔"。万历三十五年（1607年），顺德人黄士俊殿试第一、状元及第，人们都兴奋地归功于海鳌塔，并勒石铭碑传诸后世。诗人梁佩兰游览琶琶洲后，也被其景色所迷，醄然挥毫：

---

① 陈泽泓. 漫话广东的风水塔[J]. 岭南文史. 1993（2）：56.

② 赖传青. 广府明清风水塔研究[D]. 广州：华南理工大学，2007.

③ 孙群. 古塔的建构艺术及文化素养探讨[D]. 福州：福建工程学院，2013.

琵琶洲头洲水清，琵琶洲尾洲水平。

一声欸乃一声桨，共唱渔歌对月明。①

广州赤岗塔和琶洲塔都是风水塔（图15-6）。按广州风水塔的分析，可推析与古城异质同构的园林规划建设，也同样存在这种道理。建筑可用于堪山理水、补地势、镇水患、引瑞气。塔使"地脉兴""人文焕"。能看到塔景的古典园林有苏州拙政园。且严格来说，塔并不在园内，当年设计者通过借景手法，让游人在园内能看到园外的塔，这条景观视线至今没有受到破坏。有一个有塔的园林是上海松江方塔

图15-6　左为琶洲塔，右为赤岗塔，都是风水塔（历史图片）

园，这是根据现存方塔设计的公园，属于优秀的现代景观作品。颐和园的佛香阁起到了宝塔核心稳重主体的标志作用，但若真正在那里立上一个瘦长的孤塔，整个景观系统的效果却就不会如此佳妙。

如果说风水塔和佛塔都是大地景观或风景区的重要景观要素，那么私家古典园林中的塔又有何等造景艺术特色和文化意义呢？是否均在不言之中？

15.3　潘园建塔　情有独钟

1867年在中国香港出版的《中国和日本的通商口岸》（*The Treaty Ports of China and Japan*），记录了从北江江面远观潘园塔的景观感受：距离沙贝海出口（今大坦沙东南）不远的地方，可以看到在一片茂盛的水杉林树丛后，有一座三层高的小塔，标志着老行商的潘园所在。②

如今，无论是佛塔还是文峰塔，虽初始的目的都已渐渐被人们遗忘，但大多都成为地方城市的景观、标志和象征。中国人的精神灵魂萦绕在塔的世界里。只要眼界稍微远大一点，我们的景观世界里，无处不有塔。潘仕成热衷于在私家园林建塔，必自有动机。

15.3.1　楼阁式塔的构思背景

潘仕成的祖籍福建也是建塔很多的地区，无论官府还是寺庙，甚或民间都很关注塔的兴废及其精神上的价值意义。③清道光二十四年（1844年）十三行行商伍崇曜、潘仕成捐资重修过琶洲、赤岗两座塔。这两塔不能不给他们留下深刻的情感印象。起码可以说明：潘仕成

① 叶曙明. 广州这些"风水塔"，背后都有一段历史故事[N]. 羊城晚报，2018-07-18.

② 白兆球. 广州海山仙馆故址考[M]// 王美怡. 广州历史研究（第一辑）. 广州：广东人民出版社，2021：337.

③ 孙群. 论福建古塔的建筑艺术特色[J]. 福州：福建工程学院学报，2014.

是深谙中国楼阁式塔的，也许他将此情此景传染给了海山仙馆的设计建造者们，最后还能落实到施工中去。琶洲塔的塔身为八角形、塔高五十余米，外观九层，内分十七层。清代"羊城八景"之一的"琶洲砥柱"就在这里。沿着塔梯盘旋直登顶层，放眼四望，浩浩大江，仿佛从衣襟之下汹涌而过，拥雾翻波，鳞鸿杳绝。[①]

尽管"银钱堆满十三行"，潘园也不可能兴造如此规模的宝塔。作为私家园林只能追求欣赏这种楼阁式宝塔的风格形象，如是缩小比例、减少层数，将"巨构"做得精小玲珑，组织恰当的视线位置角度，观其风姿绰约，同样令人赞赏不已。塔，无论大小，针对不同情况，它可以同"柱、杆、笔、碑、峰"等高大上形象发生关联；它可示意"镇、压、标、表、扬"等行为方式，更多的还是表达"崇拜、纪念、登临、祝愿、题名"等观念形态。所以，塔于美景的意境创造、点染效应能起到十分重要的作用。

再说潘园所在的荔枝湾造塔，早有地方先例。荔枝涌中游靠泮溪酒家的文塔（图15-7）跟潘园楼阁塔一样，也建于清代，风格色彩十分相像，是一座民间风水塔，也是功名塔，寓意文运昌盛。据传，广东清代三位状元都到此拜祭后上京赶考中魁。传文塔求文礼、求功名相当有讲究，经过许愿、求礼、转塔三道程序。文礼中包含葱、芹菜、粽、包子、笔等物品，葱寓意聪明，芹菜就代表勤勤力力，粽和包子寓意"包中"。文笔象形，鼓励孩童勤奋攻读。这么生动有趣的好寓意，崇仰儒商精神的行商当然乐于接受，仿造文笔塔自然就是轻车驾熟的事了。

图15-7　荔枝湾头的文塔、功名塔、风水塔（历史图片）

不过两相比较，构造装饰上的区别还是必要的。荔湾文塔为公共建筑，但只有两层，高度不高，墙壁厚实感强，二层只有一扇小窗，洞门为拱形，室内空间不足，不适宜供人登临眺望。屋顶为六角攒尖，坡度较陡，为的是发挥增高"笔峰"的形象作用。泮塘文塔仅仅是一个远观点景，近距离只能提供室外空间让郊外学子环绕膜拜。海山仙馆六方宝塔为四层，底层为基座加高，室外台阶直通二层。二层以上各方墙面均设有向外平开窗，且窗扇较大较透明。平面六角是我国较为普遍的建筑形制，边缘线条曲折，有利于稳重抗震。楼层面积较大，且腰檐生动秀美，"轩窗六开"的塔楼，适宜登临、停留。且因高度、造型与环境的优势，潘塔"看与被看"的景观效益都是理想的。

---

① 叶曙明. 广州这些"风水塔"，背后都有一段历史故事[N]. 羊城晚报，2018-07-18.

15.3.2　潘园光塔的设计思想

为什么潘园出现光塔？是否受广州清真怀圣寺光塔影响？光塔（图15-8）原为呼礼塔，波斯语音读作"邦克塔"。据说因"邦"与"光"在粤语中音近，遂误称为"光塔"。又因塔呈光洁圆筒形得名。该塔日夜耸立江边，每晚塔顶高挂导航明灯，无论对外来商船还是水上人家，都是一道醒目亮丽的风景。

另一说法：塔表圆形灰饰，望之如光洁银笔，故名。寺院始建年代已不可考，相传由唐初来华的阿拉伯著名传教士阿布·宛葛素主持，为当时侨居广州的10多万阿拉伯穆斯林商人捐资所建。光塔在广州的历史最为悠久，意味着1300多年前的海上丝绸之路为广州带来了繁荣。长期从事外贸活动的潘仕成，对此情有独钟，在园中以此为创作蓝本，而构成了这一独特景观。

沿陆上丝绸之路到达西亚的人可能会看到沿途一些类似田石友扇面画中光塔式的特殊山体地形地貌景观（图15-9），这些景观可能会影响到阿拉伯商人。然后再通过经商传到广州影响造园者或园主。

图15-8　西亚古丝绸之路景观与广州怀圣寺光塔

图15-9　潘园扇面画中的白塔与西亚丝绸之路上的塔形山景

15.3.3　外国人很喜欢塔景

英国皇家植物园林——丘园（Kew Gardens），坐落在伦敦三区的西南角。植物园规模庞大，除了常规的园林设计，还有专门的野生动物保护区，该保护区濒临泰晤士河，具备良好的生态环境。公园里的很多道路都是一望无际的草毯。除了温室，丘园内还遗存有大量古代的建筑小品。其中有中国式宝塔，1762年建，由威廉·钱伯斯设计——作为他本人对中国建筑兴趣的一种纪念。宝塔高50多米，共十层，八角形的结构，塔顶的边缘有中国龙的图案，整座塔色彩丰富，为丘园宁静的南部创造了一个致高视点（图15-10）。据考，丘园的宝塔设计参照了广州的六榕塔。两塔外形相像，底层都设有抱厦，屋檐明显大于其他各层。

图15-10 英国丘园中的"中国宝塔"

自从丘园"中国宝塔"横空出世以后，欧洲各国王室与贵族纷纷投来了艳羡的目光，而依照钱伯斯"求真"原则设计的"英中园林"，也因之得到了各国王室与贵族的青睐。作为"英中园林"中的"宝塔"，也成了各国仿建的"保留曲目"。在接下来的近半个世纪中，一片又一片的"英中园林"在欧洲大陆上陆续兴起，一座又一座的中式宝塔也在这些园林间拔地而起——比利时的布鲁塞尔、瑞典的斯德哥尔摩、法国的安布瓦斯、德国的波茨坦与慕尼黑……在当时的欧洲各国，到处都能看到以丘园"中国宝塔"为模板的仿制品；甚至远在欧洲最东端的沙俄，也在叶卡捷琳娜女皇对"英中园林"的无限仰慕之下，展开了皇村（Tsarskoe Selo）"中国城"与龙塔的建设计划。想赶"中国热"时髦的上流人士，也在自己的居所之中增添"英中园林"的元素。①

西方人来到中国，首先登陆的广州，岭南大地珠江流域的众多的寺庙塔、风水塔以及各类纪念性塔，都给他们留下了深刻的印象。如18世纪末马戛尔尼使团、20年后阿美士德使团及其他各国使团画家描绘了很多逗人喜欢的中国宝塔图，后收入各种图集。图15-11为英国画家的类海山仙馆塔景图。从河涌行船的中景近景可推断这是在园外所视的宝塔意向。

外国人眼里的中国园林，塔的印象最为突出。法兰西皇家地理学家乔治·路易·拉鲁日（Georges-Louis Le Rouge）1776—1788年绘制的97幅中国园林铜版画，其中一幅鸟瞰全园图，

图15-11 国外水粉画：水乡所见"潘园式"塔景

---

① 从"中国热"到不列颠空战：伦敦"中国宝塔"的二百年传奇[EB/OL].[2018-07-14]. http://news.sina.com.cn/o/2018-07-04/doc-ihevauxk4269474.shtml.

图15-12　外国人笔下的中国园林非常突出塔的形象

图15-13　葡人早期绘"南海神庙"远景（右）有一宝塔

相对历史图片就使塔的尺度、比例大到令人惊讶的程度（图15-12）。图15-13中远景江边也立有一塔，葡人作者的出发点也是因对塔的特别关照。

园主喜爱"塔"，园中多用塔造景。宝塔本是外来之物，世俗化变异后的中国宝塔，排去了被引入国的宗教涵义，为山水景观频添气韵。老外驾船踏浪而来，各地高耸的宝塔对他们的航行与视觉冲击不无影响。当时的西洋画高频度地出现宝塔靓影，对频频与之打交道的潘仕成们来说，将宝塔作为特定的园林建筑，且用于多处，不能不说此乃人文因素使然。

海山仙馆刚刚被毁，1875年纽约就出版了《历史遗产》第二卷（*A Legacy of Historical Gleanings. Volume II*），著作者凯瑟琳那·V R·邦妮夫人（Mrs Catharina V. R. Bonney）记录了在1859年游览登塔的情景。"我们登上三层塔的顶层，从窗户向外眺望，周围的景物像一幅美丽的图画。"[1]

海山仙馆是外国人常去的地方。外国人跟园林主人不仅开展国际商贸活动，且在文化艺术、军事科技等方面均有密切联系。关于园林艺术肯定会有思想交流以及物质设备方面的推

---

[1]　白兆球. 广州海山仙馆故址考[M]// 王美怡. 广州历史研究（第一辑）. 广州：广东人民出版社，2021：337.

图15-14　外国画家对行商园林宝塔景观的体验①

介运用。外国人喜欢中国宝塔，一定会给潘仕成以极大地启发和促进，使之不妨在潘园首先加以实验性地兴建或补建，以满足相互之间的兴趣需求（图15-14）。仅此，不可忽视地会促进"塔文化"国际间的交流。

15.4　美化生活　振兴文运

考察与探究各地古塔，犹如在阅读一部厚重的史书。有许多地方志记载：堪舆学家认为某地"洼而地轻，地气外溢而难出人才，须建塔以镇之"。显然，更多的塔是为了振兴文运、振兴精神、寻求美感，创造优美的园林化景观，"以美引真至于善"，实现这一哲理的真谛。

海山仙馆二塔运用的成功具体表现在哪些地方呢？

潘仕成耗费巨资修建塔，除了对宗教文化以示虔诚、为家族祈福求安外，还具有浓厚的国际礼仪文化内涵，完成接待高官和外国人士的任务。如亨特所言"九层宝塔"即或能是一种大理石小品模式，亦可展示精湛的传统建筑技术水平、表现古人的三雕艺术成就，反映广府地区民间艺术之美。潘园由此渲染了古塔园林景观的审美意识与理景创新原则：

（1）塔在园林中的运用，改变了塔的初始功能。塔原是人们顶礼膜拜的神圣建筑，只可放高僧的舍利，现出现了世俗性的内容，促进了中国文化历史中独特的环境艺术思想，实现了"天人合一"理想生活的园林宗旨和证实了"地美则人昌"，"人杰地灵"的原理。

（2）塔在园林中的运用，超越了佛教、伊斯兰教的实际功能或涵义，吸纳了道教阴阳五行的思想观念，避免了大兴土石工程，仅用立塔就可弥补自然山水的缺陷而得到装点美化，众多俊秀挺拔的塔为原本平淡无奇的山水与园林，增添了全方位的美景。如惠州西湖塔就有此属性。

（3）塔在园林中的运用，可形成一个至高坐标点，成为园林构图中心或参照点。如此可

---

① 摘自19世纪旧中国风俗画。

方便布控和界定全园的众多组成要素的位置关系与趋向，形成系统的网络张力，加强整体逻辑性。虽然海山仙馆的画图当时并没给人这种明显的体验，实际环境一定具备这种效应。

（4）塔在园林中的运用，可与众多园内建筑组合成景，形成高低错落的景观构图。塔在园林中可独立成景，恰如许多孤立的风水塔一样，主要用来与大自然的地形地貌相配置，形成美丽的大尺度大地景观。明素波隐士有吟韵《闽侯庵塔》诗云："六六湾头第一峰，倚天青削玉芙蓉。远撑砥柱三江转，俯视凭陵七里冲。有客可仙时放鹤，无人谈诀日寻龙。巍巍秀洁东南镇，差胜罗浮四百重。"一塔联动"五湖四海"，如此才获得了大尺度的美景。

（5）塔在园林中的运用重点之一是作借景对象。塔在园内，中观、微观层次上的各种借景方式均能发挥得很好。塔建在园外，于园内进行远借、仰借也会产生很好的效果，且能扩大园林的空间视域。颐和园外的西山玉泉塔、拙政园外的北寺塔就是最好的案例。

（6）塔在园林中的运用，可方便开展有关特殊文化活动。如大雁塔的"雁塔题名"就是喜剧性的典故。"中秋登高""重阳赋诗""望海结社""焚香拜月"等都可试行开展。文人骚客登游，必定会留下了许多与塔有关的诗文、名联、题刻、碑记等，为园林频添了浓厚的文化内涵。如宋代诗人苏东波等曾游广州六榕寺，并留下"六榕"墨宝。

（7）塔在园林中的运用，可证明"寺、观、衙、宅、园本可一体"，互为转化只须换个匾额名称，已成为中国古建筑的基本特点。古塔建筑可以兼备多种功能，犹如一部史书，都记述着那个时代政治、经济、文化的发展水平，成为现代人研究历史的重要实物资料。海山仙馆以古塔营造出了别有风味的园林景观，作为中外文化交流成果，融汇着世界普适性的生活价值之美。

16

第
16
章

海山仙馆水上长廊美的探赏

花阴梦破衫痕碧，残荷冷摇苍翠。曲曲回廊，閒閒野鹭，不管游人停叙。风窗半启。占几叠湖山，几分烟水。垂柳萧疏，宵来渐渐有秋意。

年来游侣散尽，便诗筒酒盏，随分抛弃。雪阁吹箫，虹桥问月，风景依稀重记。荒凉若此。又玉笛声中，落红铺地。隔岸归鸦，冷烟飞不起。

清末·潘飞声《台城路·海山仙馆》

海山仙馆的水上长廊，总是那样逗人诗情、撩人画意。对此情此景，中国诗人写了许多感人肺腑的诗和词、画家留下了杰出的画作，外国人对此发表了不少报刊文章、摄影作品和专著。宣统年《南海县志》中的"杂录"则说："垣绕四周有游廊曲榭，环绕数百步，……如游碑廊，目不暇给。"这些记载足以互为引证，潘园之廊实有佳景无数。

14岁就到中国的美国人威廉·亨特也谈到海山仙馆"三十多组建筑物相互之间用走廊连接，走廊都有圆柱和大理石铺的地面……"[1]潘园空间曲折回环，有着往复不尽的效果。众多小空间既彼此独立，又相连通，这就需要园林内有很多起到连接、贯通作用的建筑要素，比如桥、廊、路堤通道和导墙等。

中国工程院院士孟兆祯先生很早就指出：海山仙馆的水上高架廊道，是适宜河湾、海滩、潮汛、林堤等特定环境而构成的景物。

潘仕成一生酷爱书法，藏有历代书法石刻，原共有1000多块。他交游遍天下，书信来往甚多，留下不少名流翰墨，摹刻于石上，每石约为32厘米×88厘米（石边未计），取名"尺素遗芬"，无愧为岭南石刻文化的珍品。潘园为收藏这些石刻，筑了许多回廊。如方睿欣《二知轩诗钞》自注云："海山仙馆筑回廊三百间以嵌石刻。"

这是一个什么概念？"一间"约3.0米计，共900米的长廊，串联起来也不小于颐和园的长廊。如每间嵌置4块石碑，大可满足潘园藏1000多块石碑的需要。所处位置和构造当有镶嵌石碑和观看石碑的环境条件。

廊在园林中通常布置在建筑物四周或两个观赏点之间，成为空间联系、空间围合、空间辅助和空间划分的一种重要手段。它不仅具有遮风挡雨、交通联系的实用功能，而且对园林景观顺序的艺术性展开和观景层次的组织都起着重要的作用。

海山仙馆以水划院，占地之广，建筑之多，水陆上下需要"廊"来充当连接、隔离、围合、分划、渗透、框景等中介作用，起到制作"电影胶片"连续镜头的作用。俞洵庆讲道：海山仙馆主楼"面池一堂，极宽敞，左右廊庑回缭，栏楯周匝，雕镂藻饰，无不工徵"[2]。夏銮《海山仙馆图卷》可证此言非虚也。

亨特的话从侧面说明：廊不是独立存在的园林要素，它要附连其他建筑设施。海山仙馆因为范围大、水面比例大，水空间丰富多彩，游览空间当然也利用这些水面水空间。除了许

---

① 威廉·亨特. 旧中国杂记[M]. 沈正邦，译. 广州：广东人民出版社，2008：282.
② 俞洵庆. 荷廊笔记·卷2，羊城内西湖街富文斋承刊印，清光绪十一年，第4页.

图16-1 海山仙馆长廊局部鸟瞰图

多景点景区——或为园中之园，或为建筑院落，或为组团集群——多靠近水边、坐落水上，免不了还要有水上的游赏联系要素——景观性或观景性长廊。水上长廊之长、之高、形制丰富，成了海山仙馆一大特色。广东岭南四大园林不曾有过，其他同时代的行商园林也不曾见过。苏州园林有长廊，但与海山仙馆相比，漂在"海"面上的长廊，实属罕见。放眼全国，有如此突出水上长廊的园林所见甚少。728米长的颐和园当为翘首，但她仅架在山脚。而架设在水上、颇有有动感的长廊唯潘园，并以此控制全园的尺度形象，构成了一幅幅蟠龙穿云走雾的总体印象图（图16-1）。

在学界尚有"晚清第一名园"（罗哲文题）——扬州何园，拥有"天下第一廊"之美誉，创造性地使用1.5公里长的廊道连接各个区域，使位于核心区的两层带西洋味的住宅楼上下空间都能舒适通达各种大小景点。这些双层廊道的使用，除了遮阳挡雨，而且还给人很多特色景观美感。[①] 然何园的"长廊"并没形成独立的外部景观形象，它只能巧妙地与其他建筑物隐蔽地融合在一起。

即使是真正的曲线形廊，它的微分段也是直线，曲廊亦即折廊。本书对海山仙馆之廊笼统冠以"长廊"名，并非认为潘园只有"直廊"一种形式。从材质构造、地形处理、视线艺术、使用功能等多方面审视，海山仙馆廊的种类形象实际上是极其丰富的。尚有隐蔽于住居建筑群、"垣绕四周"园林边界的游廊、茂密荔林中的"曲榭"有待考证发现。

16.1 海山仙馆廊的空间动态韵律

从海山仙馆的历史画卷中可知：园林中廊的形象是很突出的。那么廊在园林中的空间艺术发挥得怎么样呢？花样繁多、景观独特、作用巨大——这样的结论恐怕并不为过。

廊以其自身变幻多姿之美，在众多类型的园林建筑中获得了不可小视的一席之地。古代

---

① 秋叶. 扬州何园（四）复道廊水心亭[EB/OL].[2019-08-15]. http://blog.sina.com.cn/s/blog_520b11410102zgfr.html.

诗词对廊也多情有独钟的描述，白居易《池畔二首》诗中，开篇即有"结构池西廊，疏理池东树"。宋代张公庠所写《宫词》中亦有"人闲相约寻芳去，春困不禁千步廊"的佳句。这些诗词展现了园林游廊精妙的构筑形态，在园林环境塑造中具有独特的意味。

园林游廊可谓园林中的血脉筋络，在园林总体布局上亦处极重要地位。[1] 长廊特有的适应性离不开其自身长而曲的形态，更易与地形相谐，宜曲宜直，同时可与任何一种人工和自然园林要素组织配合，呈现出多变的自身形态或组合方式，像人体筋脉一样，将整个园林连成一个有机整体。这个脉络就是园林中的人流空间、序列架构、景观体系乃至社会人文活动运作次序。它对园林的生命活力的强弱、作品艺术规格的优劣、使用方便畅快有效、景观体空大小曲折变化美的渗透，影响极大。

颐和园的长廊背山面湖，实现了湖山巧妙的过渡和联系。乾隆重视廊，为的是让他母亲好从山上观赏湖上的雨景、雪景，好从湖上观赏山上的风光风景不致于截然分划开来。海山仙馆的长廊，大部都在水上，四周都是水景要素：莲花、水鸟、苏舸、渔船，远处有荔林、城村和山丘。荔林背后有时还有巨大的江中帆影无声地滑过。漫步在高架水面的双面空廊或碑廊之上可行、可歇、可观、可钓，遥想当时感受，足够令今人只能意会、不能言表。潘园长廊的东端收束很有意思，背湖一侧是个框景的月洞门亭，面湖一侧是一个小小的水埠头（图16-2），让逶迤西来的长廊就此打住，或让水上陆上的游人由此转换情绪，或随廊逶迤进入东去的水上庭院，十分惬意。

图16-2 水上长廊的收头处理

在中国古典园林中，长廊虽为线性空间元素，其规划布局对营造景观空间有着积极作用。就其围合、分割、联系、过渡、模糊空间而言，长廊的运用，使大空间被细分为数个小空间，院院相连，层层过渡。长廊两侧空间可以借此营造出不同大小尺度的景观品质，遂使小空间变大、单调变丰富。海山仙馆的长廊宏观上不必多说，属跨湖区的大手笔工程；中观上可以将某一个组团的单体建筑相互连接，或作大型庭院中的"三间两廊"的法式；微观上可将楼堂馆所的宽檐抱厦、眺望楼台、水际轩廊视为例证。岭南民居建筑西洋化的过程中，楼层或顶层建筑的廊式处理大概是较早受到十三行商馆区外来建筑影响的结果。

中国园林讲究含蓄之美，故园中障景、抑景手法的使用颇多。长廊在其中就可以起到近似的作用。长廊使两侧空间被分隔也被融通，游赏者透过长廊观看另一侧的景致则呈现出色彩朦胧感、层次深化感。沿长廊横向动观则呈现出十分美妙的"连环图画"的效果；沿长廊纵轴方向观赏会产生动态的一点透视景观趣味。

---

① 郭暧. 中国古典园林中的脉络——廊[EB/OL]. [2017-07-21]. http://chla.com.cn/show.php?contentid=262212&open_source=weibo_search.

长廊延伸空间的作用也体现在园林边界处，长廊在视觉上缓和了墙体边界的单调生硬感。再加上沿途设置复墙、水庭院（图16-3）、哑巴院，或是在外墙上开设什锦窗，从而营造出众多个性化空间，产生光影幻化、边界无定的视觉氛围和心理感受。另有高大实墙下的廊道可对墙体加以虚化处理或添加一道建筑群组景观轮廓线。

图16-3 长廊围合出多种"水庭院"

廊除了用于联系园中各组建筑外，还可供游赏与被观赏。可以说廊的规划布置决定了人的主要游览线路或观景动向。廊道强烈的纵向透视感，除了给人一种"推拉镜头"的效果，或给人一种向前退后的牵引力。两廊柱间的横楣与栏杆构成连续式的取景框，可用它来"剪裁"风景、达到步移景异的目的。廊的这些景观特征，大抵是通过对廊的流线选择、形制选择、曲折走向与相关建筑要素的特质来决定的。

廊的流线选择非常精妙，所穿行的区域一般都是园中精华所在，只要在廊中行走就可欣赏到园中主要景观景点。由于廊的庇护作用，其所营造的舒适流动空间，自然成为游人最喜爱、最心仪的观赏移动路线。换言之，长廊作为有意规划出的最佳观赏地点、观赏线路、观赏中介过渡，能给游人最好的享受和体验。

长廊的曲折走向为游赏者提供了多方位的视觉景观。沿着曲廊而行，游赏者因行走方向不断转换，一个不经意的转折，眼前豁然出现了变化的景致。这种迷宫式的空间景观效果，会给人一次次的惊喜和悬念，像捉迷藏一般的兴奋，疑无路处又一村。

造廊忌平直生硬，但过分求曲，亦觉牵强勉强。因此要追求"景到随机"，因地制宜，还要对现有环境进行修饰与提升。园林中建筑的布置讲究"花间隐榭，水际安亭""房廊蜿蜒、楼阁崔巍"。廊一般不单独出现，但廊具有独立的功能价值。海山仙馆为收藏许多书条石石刻，故筑了许多回廊。"随形而弯，依势而曲"（计成语），廊的适应性优于其他任何一种建筑，即能与各种建筑巧妙配置（图16-4、图16-5）。

图16-4 江南某镶嵌书条石的暖廊

图16-5 广东东莞可园单侧环碧廊

平地建筑直廊的走势比较平直。园林中的廊大多形体比较曲折，而且含有多种构造形制。此处"长廊"只是个泛指，它也是一切廊的基因或微元体。

16.2 海山仙馆廊的多元构造艺术

从夏銮图卷中可以看出，海山仙馆大堂左右的廊各有不同，堂左侧的廊是紧贴水面，右侧的廊则高出水面很多，类似双层廊。近水一层，柱脚高挑，可以通舟。右边的廊与堂的二层相通，而左侧的廊与堂的一层相通，运用起来各有其妙矣。

从平面图上看，廊可分直廊、曲（折）廊、回抱式廊或檐廊。从横剖面的构造特征看，廊可以分为六种类型：双面空廊、单面空廊、复廊、双层廊、单排柱廊、暖廊。从地形上分，有平地廊、山地廊、水廊、桥廊。从建筑材料看，有木结构、竹结构、砖石结构、钢结构、钢筋混凝土结构；从屋顶形式看，廊有坡屋顶、拱券形顶、平顶数种。从海山仙馆种种廊的文字图画中，我们不难看出它们并不适宜上述严格的分类标准，其本身就有可能是以上两者、三者、四者的综合体。

16.2.1 曲廊

《园冶》说：廊者，"宜曲宜长则胜。古之曲廊，俱曲尺曲。今予所构曲廊，之字曲者，随形而弯，依势而曲。或蟠山腰，或穷水际，通花渡壑，蜿蜒不尽，斯寝园之'篆云'也。"[①] 计成极尽"曲"字之妙用，为海山仙馆之"曲廊"提供了所含全部的理念。

"长廊一带回旋，在竖柱之初，妙于变幻"，"小屋数椽委曲"，"若大若小，更有妙境"。计成告知：通过曲折手法可丰富园林空间，随着境界层出不穷，给人以似有若无，似近若远之感，咫尺之地有"境仿瀛壶，天然图画"之境。

计成主张造园宜避简单敞露，而求刻意"曲隐"。客观上借以造成极其深远无穷的幻觉，而给审美主体上"玩味不尽"之感。曲廊和曲室要"任高低曲折，自然断续蜿蜒""随形而弯，依势而曲"；立基"深奥曲折，通前达后""曲折高卑，坚固而雅致""端方中须寻曲折，曲折处环定端方"，使两者相间得宜，错综为妙。

中国古典园林讲求廊宜曲不宜直，这自然是由于曲线较直线更拥有时空上的优势，无形中延长了游览线路和时间、不停地改变视线观赏方向，这也使廊在二维平面上或三维空间上有了丰富的动态。曲廊的曲处是留虚的好地方，随便点缀一些竹石、芭蕉，都是极妙的小景。它的营建不仅仅是在空间宽裕的条件下，即使受地界所限，紧邻直墙，也能人为造出曲折，自由精妙。如从同里退思园曲廊的形体走势上来说，它是园林中最为常见、也最富变化的一种廊子。曲廊形体曲折逶迤，在园林中自由穿梭，将园林分成大小和形状不同的区域，自然丰富了园林的景观空间。同此原理的潘园尺度相对要大（图16-6）。

---

① 计成. 园冶·卷3·屋宇. 载：赵农. 园冶图说[M]. 济南：山东画报出版社，2010：137.

图16-6 海山仙馆空中曲廊动感十足

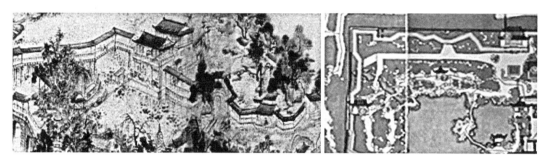

图16-7 潘园水廊与留园长廊的"运动"态式很有相通之处

潘园曲廊如同留园曲折走势手法,可圈出水上空间或半水半陆的院落空间(图16-7)。不同之处,前者为搭在空中的水上曲廊,尺度较大,节奏十分舒畅,但无围墙配置,只能与岸线景物围合景区;后者设立于陆上,尺度较小,一边空透、一边配有露空花窗的围墙,小小"哑巴院",就是"一壶天地"。

窗子在园林建筑艺术中起着很重要的作用。有了窗子,内外就会发生交流。窗外的芭蕉、竹子或青山,经过窗框望去,就会成为一幅画。连续的景窗就像一幅幅连环画或一张张电影胶卷,长廊连续的一个个开间同样也能产生这种艺术性的效果(图16-8)。

从海山仙馆可以体验到"曲"中增量,能扩展和丰富园林的有限空间。"曲"能延时,在迂回曲折中易形成渐进序列,峰回路

图16-8 同里退思园靠墙曲廊

转的意趣。"曲"多视角、多方位地观赏景观之美。"曲"中可藏,能给人以隐匿之感,达到幽深的审美境界。

16.2.2 空廊

空廊只有顶部用柱支撑、廊心两则均无墙。这样的廊既是通道又是游览路线,又可分划园林空间,让园林景致富于层次。其中属双面空廊两侧均为列柱,没有实墙,在廊中可以观

图16-9　广州番禺余荫山房空廊

图16-10　海山仙馆主楼及两侧的廊（卢俞琴 绘）

赏两面景色。双面空廊亦可用半实墙围合；一种是一侧完全贴在墙或建筑物边沿上，从而形成更多艺术性的趣味空间。靠墙的单面空廊廊顶有时作成单坡形，以利排水。

图16-9乃广州番禺余荫山房空廊，可以代表岭南园林的传统风格和工艺水平。清灰色的材质，没有烦琐的装饰构件，檐部梁枋镶嵌木雕。特殊段落可以用花罩挂落加以明显区别，美人靠用的地方很多，地面的铺装色彩鲜明。

从海山仙馆图卷中可以看出，建在水面上的长廊多为曲折的高架空廊（图16-10），或高高的廊桥，下可行舟，陆上的类似双层廊。[1]因为是曲廊，所以行走于廊中，时左时右，时高时下，景观与视野不断变幻，增加了游赏的情趣。黄恩彤有如此描写："外乌革而翚飞兮，内蚁曲而蛇盘。甫恍忽以迷方兮，睇危桥之亘空。似渴虹下吸夫清涟兮，忽凭虚而御风。旋周历以旁眺兮，聊逍遥而徜徉。"[2]可见，廊之盘桓，如蚁曲、蛇盘。廊跨水面，形态纤巧优美，如彩虹吸水；游走其上，清风徐来，使人有乘风而去之想。[3]

16.2.3　复廊

复廊为江南园林中常见者。廊系两面游廊中隔以粉墙，间以漏窗，使墙内、外皆可行走游览，故又称"内外廊"。内、外廊之间减少了相互的干扰，或使内外园林空间具有什锦窗围墙和单向廊的围合效应。此种廊可用于分区组景、景窗可双向窥视因借、给人悬念之美，并丰富了景观层次。如沧浪亭，该园原系一高阜，却缺水，而园外有河。造园家因地制宜，石驳河岸，沿河建复廊，既将园内山景与园外水景加以分隔，又使之相互窥探联系，形成"你中有我、我中有你"的整体效应。

复廊的运用或因园中欲使空间有所过渡、变化生趣，如怡园仿自沧浪亭的入门复廊，便是一例。复廊上有若干漏窗，使两面可相互泄景，萌生悬念。所以复廊一般须两边都有景物可赏，用在两边景物各有特色的园林中，效果极好。通过"一墙分两路"，来延长观景线路的长度，增加游廊观赏中的兴趣，达到变换时空的目的。因为复廊本身就是两廊连体，造型组合形象更为丰富美观（图16-11）。

---

① 夏銮. 海山仙馆图卷，载：广州市荔湾区文化局，广州美术馆. 海山仙馆名园拾萃[M]. 广州：花城出版社，1999.

② 黄恩彤赋. 见：广州市荔湾区文化局，广州美术馆. 海山仙馆名园拾萃[M]. 广州：花城出版社，1999：41.

③ 赵农. 园冶图说[M]. 济南：山东画报出版社，2010：9.

图16-11 苏州严家花园复廊 　　　　　　　　图16-12 带有栏杆的平顶长廊

海山仙馆的复廊在哪儿？史料没有交代。是否存在乃不定式。估计建筑群落的某个庭院采用过复廊，我们只能等待历史的新发现。复廊中间墙壁是否特装书条石代替或部分代替什锦窗，也值得关意。类似还有平顶廊，因受西洋影响，岭南地区平顶廊出现年代较早，后续运用也较普遍（图16-12）。澳门卢廉若花园的水榭厅春草堂，外观造型采用的是外廊式平顶建筑，其柱子采用了古罗马的混合柱式。广东潮阳西园门房造型也采用了西洋平顶柱廊。[①]潘园暂无法找到实例，但不等于绝对没有。起码"三间两廊"西关大屋之天井侧廊就会有平顶案例，如保留至今的河南潘家祠堂就是典型。

16.2.4　爬山廊

"蹑山腰，落水面，任高低曲折，自然断续蜿蜒。"[②]《园冶》似乎在描写爬山廊的动势。海山仙馆虽然没有较大的山丘，但人工形成的地貌或为连接高大桥梁尚有高下起伏的状况，有可能出现造型呈叠落式的爬山廊（图16-13）。爬山廊建在坡地，廊顺势起伏蜿蜒向山上爬故名。爬山廊犹如伏地游龙而成为一道美妙的风景，如果廊本身形体有所变化，造型更为丰富。爬山廊连接山坡上下的景观建筑，更显得有头有尾。爬山廊在苏州的狮子林、留园、拙政园等园林中，仅点缀一二，且大多位于园林边墙部分。

图16-13　潘园叠落式爬山廊与无锡愚公谷垂虹廊

---

① 邓其生，彭长歆. 潮阳西园——中西合璧的岭南近代园林[J]. 中国园林，2004（6）：54-57.

② 计成. 园冶[M]. 南京：江苏文艺出版社，2015：34.

16.2.5　双层廊

具有上下两（多）层游廊的廊称双（多）层廊，或称"楼廊"。双层廊可从不同层高的高度游览园林景观，或从两个不同高程连接景观建筑而组织竖向游览流线，或实现某种"天桥"景观的空间构图。如，北京北海琼华岛北端的"延楼"，就是呈半圆形弧状布置的双层廊。它东起"倚晴楼"，西至"分凉阁"，共60个开间，把琼华岛北麓的各组建筑群全部兜抱起来联成一个整体，景色奇丽完美。

图16-14　海山仙馆双层空廊

图16-14为建在堤埂上的海山仙馆双层双面空长廊的一个小小节点，在底层亭脚可方便亲近水面，在二层能够坐息眺望远景。图中45°斜支撑的长长木杆，显然是为加强长廊横向方面的稳定性，并发挥抗台风的作用。

16.2.6　水廊

海山仙馆的双层空廊底板要高出水面许多，这是为防咸水倒灌，水面涨落之故。廊上观赏湖光山色，廊下空间可让游船通过。这是高架空廊呢，还是水上廊桥？可能两种叫法、两种意向都行，这也正是潘园的特别之处（图16-15），行商伍家花园也有类似建构（图16-16）。

水上建廊，称之为水廊，可供欣赏水景及联系水上建筑之用，形成以水景为主的空间。水廊有位于岸边、半身侧悬水中和完全凌驾水上三种形式，海山仙馆中的水廊形式多属后者，可谓"月榭风廊皆压水"。水经过廊下底板相互贯通，游人漫步其上，左右环顾，高者宛若置身半空，低者宛若贴于水面，别有风趣（图16-17）。

图16-15　潘园内的高架长廊局部

图16-16　伍家花园内的双层桥廊

图16-17　贮韵楼一侧的高架水廊

图16-18　当代某贴水游廊（双亭处为一转折节点）

为保留水岸曲折的自然风貌，廊基一般也不砌成整齐的驳岸。架在水面上的廊柱，并不露出石台或石墩基础。在运用新型建筑材料的今天，更会出现很多别有一番情趣的水上游廊（图16-18）。中国古典园林中水廊的典型实例，如苏州拙政园里著名的"波形廊"和北京颐和园谐趣园中的折廊。[①] 艺术工匠将其体态与水环境实现了极其巧妙的安排。

16.2.7　桥廊

将以上水廊或双层空廊从另一角度看，也许还可称之为"桥廊"。只不过此廊桥与彼桥廊的桥身和廊身各有所长。桥体和廊体有时呈平折曲线或空间曲线。潘园的这种桥廊特别能丰富水面的垂直景观，不使水面过于平淡。同时，还能使水上空间半隔半连、高下曲折，增加水景深度，给人大有"水广园宽"、江烟水汽朦胧致远的生鲜意境（图16-19）。

一般"廊桥"，是相当独特的一种园林建筑，兼有桥梁与景廊的双重功能要素。桥廊的选址和造型一般优先考虑"桥"的地位特征，多位于水面关键瓶颈的部位。廊顶部分同桥身按力学原则有机配合，力求能形成完整美丽的侧立面与水中倒影景观，起到营造水体空间层次、组织水陆观赏游线的作用。如苏州拙政园松风亭北面的"小飞虹"就是中国古典园

图16-19　潘园古画廊桥与历史图片（Willow-Pattern Bridge）的对照

---

① 赵农. 园冶图说[M]. 济南：山东画报出版社，2010：9.

林中著名的桥廊佳例，动态性的景观具有强烈的视觉吸引力。岭南四大古典名园中的廊桥或多亭组合桥常常是园中主要景观焦点（因一桥两侧常有宽阔的水上视觉环境）。如果说廊临水而建，即称为水廊，那么跨水而建的廊就可叫廊桥了。图16-20潘园中的廊桥并非由两岸陆地起跳跨越水道，而是从两块水面上跨越分界陆路水堤。这里是潘园主楼所在湖区与东边的另一湖区的分隔处，分隔处的堤岸上有一座小桥，桥下的土堤小道划分两个湖区。图中桥廊纵轴线与土堤垂直（垂足之处的细节画家交代得较模糊）并跨越两个湖区。这就成了潘园里的一处"立交桥"。

图16-20　东西走向的廊与南北向的土堤立体交汇处

16.2.8 "楼廊"

这里定义为跟高楼结合在一起的廊，叫"楼廊"，俗称"檐廊""内外走廊""抱厦""廊庑"等。孟兆祯院士还注意到岭南古典园林中颇有特色的"楼廊"景观：讲道余荫山房原来有"蕉林夜泊"的一景，不做石坊和木坊，利用水边的攀延植物做缆绳，上岸后是楼廊，非常有诗情画意。现在廊全拆了，令人痛心。[1]

屋檐是从房屋檐柱、边柱或外墙向外延伸的部分屋顶及其檐下构件的组成。小型屋檐之下并不能构成檐廊。外部檐廊是设置在建筑物外围护设施（墙或板）之外的线性檐下空间。典型的檐廊就是在中国木构建筑统一柱网内大屋檐下形成的廊。有时称抱厦，清以前叫"龟头屋"，是为在原建筑之前或四周接建出来的小房子（廊）。开敞檐柱、边柱以内的走廊空间则为建筑外廊。外廊的上面是部分屋顶或部分楼板。檐廊、外廊一边有敞空的柱列，一边是墙体或木质门窗隔扇，构成了半开敞的过度空间、中介空间、灰色空间，常与厅、堂、楼、阁、宫殿、庙宇等公共建筑联系在一起，常于屋顶转角处轻盈活泼的飞檐翘角交织在一起。这是一种充满蓬勃生气向上的地方、令人惬意的半虚半实游览空间，既便于安全防护又方便送目眺望；既利于防寒防曝，又利于通风采光。图16-21是一张潘园厅堂之外廊的近景照片，其中承载了不少多姿多彩的装饰器物、配置了舒适的座板和美人靠，为自身及景区点染出耀眼的跳动色彩、营造出热烈的欢乐氛围。这是一

图16-21　潘园厅堂之前廊景观
（引自Fan Kwae Pictures.London:SPINK＆SONLTD）

---

① 谈健、郑毅. 孟兆祯谈岭南园林：继往开来 与时俱进[N]. 广东建设报，2005-08-30.

种宜停宜行、适宜看与被看，容易萌生美景美感的流动空间。海山仙馆的厅堂的檐廊或外廊常与双面空廊搭接。

16.3 海山仙馆廊的工艺美学特征

在园林中建廊，主要起引导人流行动、为游人遮阳、遮雨，提供倚靠、扶坐小憩和组织视线观景，陪衬、连接主体建筑或景观节点的作用。海山仙馆的长廊还有更显著的功能就是开辟许多别开生面的水上游览路线。园区用地湖塘较多，园林的地形地貌多是一些塘埂，水面的大小划分是在处理河堤、塘埂基础上形成的。为弥补大面积陆地的不足，须因水制宜，增添水上院落要素，既造景又建路，最后形成了自身的理景特色。

16.3.1 廊的工艺构造造型之美

廊是中国园林中最富特色的建筑之一，因廊的主要功能是游走，故又有走廊、游廊之称。按人机工程原理，廊道净宽宜1.2~1.5米，柱距宜3米左右，柱径宜0.15米粗细，柱高宜2.5米上下。居住区、公共区内建筑与建筑之间的连廊尺度控制须与主体建筑相适应。无论"五步一廊"还是"十步一阁"，须看对象是否"檐出一步是为廊"，还是"廊腰缦回，檐牙高啄"（唐·杜牧）等复杂情况综合考虑。海山仙馆长廊之所以给人以节奏美感、尺度合适，而无漫长单调之嫌，则为工法、材料、尺寸处理恰当，不以繁华取胜、颇具质朴之美。

长廊和园林空间的艺术处理，正是空间的尺度问题。跨越湖塘的长廊是用宏观的尺度将水面划分成恰当的比例和平面形状。景观建筑组团之间由连廊划分或围合的中型水庭，有全围合的、有半闭合的情况（图16-22）。

"廊贵有阑。廊之有阑，如美人服半臂，腰之为细"（陈从周《品园》）。这段话说明以廊为观景对象，其建筑构造须具有一定的造型美学价值——带有花纹的檐口滴水、富有韵律的梁柱比例、雕刻艺术精湛的勾栏、额枋下小巧通透的挂落楣子，加上各式彩绘的装点，虚实相映卧在水中的倒影，呈现出气贯长虹的景象，同样能给观赏者留下心灵的震撼（图16-23）。

图16-22 海山仙馆主楼由廊联系的另一组建筑群

图16-23 岭南古典园林连廊"美人靠"

廊的功能造型和选材尺寸关系处理得好，不仅可形成连续有韵律感的水上景观，更给人亲切、自如、舒适的生理、心理学上的美感。廊与围墙、房屋山墙、山石植物的有机结合，就能有"1+1＞2"的观赏内涵价值。

16.3.2　廊与建筑要素的配置美感

《园冶》中说："廊者，庑出一步也。"这说明了"廊"是由建筑派生、分划或拆空而形成的，原本就是建筑的一个组成部分，最简要的称呼常有"檐廊""外廊""内廊"以及"骑楼"等。这些种类的廊，海山仙馆的运用自然会花样翻新。

我国建筑中的走廊，不但是厅厦内室、楼阁、亭台的延伸或陪衬，也是由主体建筑通向各处的纽带；既起到园林建筑的穿插、联系、过渡的作用，又起到园林取景、观赏线路导游等作用。廊桥（图16-24）、廊堤、廊梯、廊墙、廊院、廊庭，均为廊与各种建筑要素的组配产物。廊与山石洞、水体、植物、小品、船舫、桥涵等关系，更会产生许多惟妙惟俏的景观对象。图16-25是英国人根据速写图集绘制的海山仙馆景观意向图。从中我们可以看到"水陆空"都有廊的元素运用及与各种造园要素匹配而生的艺术景观美景。

图16-24　圆明园龙月桥[1]

图16-25　建筑上、中、下、内、外"广义的廊"元素很多

古人早有感觉：正是外来之景如画一般镶嵌"窗框"之中，他人观我犹如我观他人都将构成一幅动态的美景画。类此，人行与立坐廊中，看与被看都有景。廊与窗、与檐、与走廊、与阶梯、与台阶、与假山、与桥梁等的结合是十分普遍融洽的。如长廊与什锦窗配合，天衣无缝、恰到好处。[2] 这是否正是孟兆祯院士所概述的"楼廊"？云游潘园水上楼廊，更别有列虞侯"乘风驾浪"的滋味。

16.3.3　廊与地形结合的造景艺术

纵观廊的营造史，是在中国园林"虽由人作，宛自天开"的品评标准上的不断升华创新的。其中既运用了障景、漏景、框景的传统造景手法，又巧妙地将廊与地形地貌、廊与人、

廊与景物进行合理安排，最终创造出独特的廊之风景，这也正是今天之造景构园所应学习的经验。[①]

明末的园林家计成在《园冶》中说："宜曲宜长则胜，随形而弯，依势而曲。或蟠山腰、或穷水际，通花度壑，婉蜒无尽。"这是对园林中各种廊的视觉形象最精练地概括。

园林建筑与自然绿地之间的过渡空间往往是廊。廊具有可长可短，可直可曲，随形而弯，依势而转的特点，以此可解决一系列的微观、中观、宏观等配景问题。高如宝塔、低如水榭，造型别致、高低错落；游人在其间可行可歇，可观可戏。廊的布置使观与被观的境况双向最佳，空间层次丰富多彩，成为园林空间联系与划分的一种常规手段，即构景、理景最灵活有效的手法。

我们虽然很难看到园林中廊的单独存在，但我们可以在任何一种建筑要素中，获得廊的存在艺术。越是基本的要素，越是到处都具备它的存在价值。越是名义上虽然不在的东西，越是在许多东西里都会有它的名义形象。廊的研究与文学、哲学、美学有关，与人生观、价值观、审美观有关，与超俗、高雅的品质有关。[②]

16.3.4 廊以虚补实的辩证法关系

廊是一种"虚"的建筑样式，常用来构成中国园林中的"虚空间"或"灰空间"。由两排列柱顶着一个厚实的屋顶就可把园内各单体建筑连在一起，造成别致曲折、高低错落的景观形象。廊的纵轴方向可形成具有透视感的景观通道，具有某种向前的牵引力。廊既是联系各类园林建筑的联络线，也是欣赏风景的导游线。廊的一边或两边通透，利用列柱、横楣、额枋、挂落、勾栏、坐凳、吴王靠背，构成了一个个取景框架，形成一个个过度的空间。这可起到让游人步移景换、剪裁景观的效应。这是因为廊的"虚"构特征所起到的框景作用，从一个大空间中延伸出无限多的景。廊墙门窗洞口等元素似乎限制了观赏者的视线，实际是引导观赏者从特定的角度观赏美景，使一幅幅优美的风景画跃然眼前，让观赏者置身其中。当游赏者在廊中移动时，只要留心，所看到的恰似一幅幅连续的画卷依次展开。

16.3.5 廊的借景、寻景、追景功能

为了丰富对于空间的美感，用廊来布置或组织景观空间，其手法就有借景、分景、隔景等。如借景分远借，得到远景；邻借，得到近景；仰借，得到仰视之景；俯借，得到鸟瞰之景；镜借，得到镜面之景。为了丰富对园景的关照，作为园林主体的人须方便在园林之中游动，能看到、接触到、体验到更多园林美的单元或要素。如此这般，园中不但须有被看的对象，还要有帮助看的设施，如各种供人停留、走动的建筑、廊道、舟船、车马等物质要素，

---

① 郭暖. 中国古典园林中的脉络——廊[EB/OL].[2017-07-21]. http://www.chla.com.cn/htm/2017/ 0721/262212.html.

② 杨宏烈. 岭南骑楼建筑的文化复兴[M]. 北京：中国建筑工业出版社，2012：321.

即可追踪航船风帆某种水上动态景观。

潘园长廊，常把一片湖区风景隔成两个，一边可能是近于自然的广大湖山，一边可能是近于人工的院落，游人可以位于长廊两边眺望，这是"分景"的佳例。

玉泉山的塔，并非是颐和园的一部分，却可以位于多处廊道上"借到"此景。苏州拙政园的"两宜亭"，突破围墙的局限，将园外的景色尽收眼底。其实在行商园林之中，"两宜亭"的名称倒是没见到，但"两宜廊"的"借景"观赏效果却是少不了的。

海山仙馆水上高架长廊，无论是"凌跨水上、浮桥可渡"的优雅，还是"香雾空蒙月转廊"（苏轼《海棠》）般的闲适，漫步其中总可以抓获"旷远、幽远、迷远"等多层次的水上景观，以及园外江湖渔舟唱晚、远山日月风帆滑动的美景。

16.3.6 "游碑廊"中嵌有书条石碑刻

有关海山仙馆全景记述最为全面具体的是俞庆洵的《荷廊笔记》、黄佛颐的《广州城坊志》。然宣统《南海县志》的"杂录"则对潘园廊的特色作了若干补充。说该园"垣绕四周有游廊曲榭，环绕数百步，沿壁遍嵌石刻，皆晋唐以来名绩暨当代名流翰墨，贵交来往手牍。如游碑廊，目不暇给"等。可令人相信这些都是园中实有之景物。书条石乃潘园中数量最多的、固定不宜移动的石刻作品，与廊的结合可供漫游细览，犹如阅读一部园林和园主的历史故事。

将石刻作品嵌在墙体上是种传统工艺，建筑物内外墙壁多有镶嵌的石碑。陆地上有隔墙的廊，或靠近围墙的廊是可以嵌砌一排排书条石的。然"游碑廊"到底在哪里呢？尚不清楚。大可估计在人口来往频繁地带。那么，木结构的水上高架空廊中镶嵌有书条石吗？没见图片。诚然，碑刻能镶嵌在建筑墙壁上较好；当代廊的混凝土结构工程可以很好地解决（图16-26）这些问题。

图16-26　混凝土结构廊方便嵌砌石碑

16.3.7　廊与曲桥的景观配置特征

潘园以自然山水为蓝本，与水相关最紧密的建筑非桥莫属。园中架桥，起着交通联系、构建景观、组织游览路线、分划水区，以增加水面层次与深远感的作用。从《海山仙馆图卷》可以看出园内至少有五六座桥，它们造型各异、大小悬殊，种类多样。廊与桥的配置总体来说有两种情况：一种是结构上联系，廊桥成为一个整体；一种是位置上的联系，构成园林空间关系。

园林中常以折线形桥身来架设亲近水面的桥，从而克服长且直的平庸单调感。"九曲桥"就是常出现的一个名词。到底折几折，到底如何折，需具体分析。需考虑水面大小、深度和形状，周边对应景物以及自身风格等而定。从《海山仙馆图卷》中可以看出，园主采用折线形平桥与建筑檐廊或外廊相连，把园中东部的湖水划分为两大部分，以至于该折线足足九曲！这种曲折形态与江南留园的长廊的弯曲态势也有异曲同工之美，由此产生了尺度大小不同的水体空间之美（图16-27）。从画图中可知"廊"结合在建筑之中，然后再与曲桥交联。

图16-27　折形桥连接"曲屋密室"[①]

如此，曲桥曲屋避免了湖面的空无，增加了东西向水面的层次和节奏，也加强了园子东部的重心与神秘感。东部湖区这种"巨无霸式的九曲桥"似乎为岭南类似的工程开了个头。

海山仙馆中还有通往园内"蓬莱仙山"的单跨平桥，以及多跨折行平桥，不必设置栏杆，或单边设置可坐憩的石条，简洁、轻快、小巧、亲水，十分自然。它们与附近的廊虽然没有严密的建筑关系，但不能排除相互之间存在景观规划关系。

16.3.8　廊与水庭院结合分划景区

南方多暴雨，水庭具有储水的作用，有利于院内、外水系的排泄。面积不大的水庭，往往因筑山而显得拥塞，也多用水局来扩大空间感。水乡地带水塘很多，围塘建院也是很自然的事。依此原理，海山仙馆五个主要水庭院也是由五个湖泊式的大水塘构成的，且具有量变到质变的特点。有些水庭院的各类围合建筑全部架设在水面上、体量比一般民居要高要大。总体上再用长廊连接，形成更大规模的建筑群划分湖泊水面，必然产生疏密独特的景观效果。

16.3.9　廊与植物的景观配置关系

有人研究了《海山仙馆图卷》中花木与长廊的位置经营关系，事实证明了中国山水画论与中国古典园论中的"虚实相生、疏密有致、藏漏互补、动静皆宜"的构图原则和手法，两

---

① 夏銮. 海山仙馆图卷，载：广州市荔湾区文化局，广州美术馆. 海山仙馆名园拾萃[M]. 广州：花城出版社，1999.

者在此表现出高度的一致性。

　　夏銮的图卷、外销画与某些摄影图片可从全局到细部看到：松树、荔枝与通透长廊的穿插经营，可营造出虚中有实，实中有虚的画意景致；用高大浓荫的花木掩映楼阁，用通透回廊显露花木佳景，用空灵柱廊借外景入园，于此藏露之间，令人兴味无穷。在蜿蜒曲折的长廊特定之处点种花木其间，大小水体水上水下配植各异水生植物，形成了动态韵律与静态物构美感的完整搭配。芭蕉、竹子这种清逸而碧绿的植物，呈现出色彩的滋润之美。曲廊栏杆外一阵黄昏雨打芭蕉，声声入耳，好一曲欢乐颂颇有动听之美。潘园长廊高低错落、曲折悠长，人的视线随着长廊的起伏而变化，移步换景；回绕院落之处，则好一派疏密有致、动定咸宜的场景。

17

海山仙馆"书条石"艺术景观

海山仙馆具有1000多方石刻书法艺术作品，构成了丰富多彩的"书条石"园林景观，同时也铭刻了影响中国"三千年之大变局"的有关历史事件。因园林迅即衰败，没留下任何实物景观遗构。宣统年《南海县志》"杂录"则有若干关于"书条石"艺术成就的补充，说潘园"垣绕四周有游廊曲榭，环绕数百步，沿壁遍嵌石刻，皆晋唐以来名绩暨当代名流翰墨、贵交来往手牍。如游碑廊，目不暇给"等。

潘园初造之前，园林主人及其建造者就曾到苏、杭园林进行过调研，借鉴、吸收了不少苏杭园林的经验，分类摹古、藏真、遗芬，镌刻上石，嵌于海山仙馆回廊沿壁，又拓存汇编为《海山仙馆丛帖》，供贵交知己赏观。海山仙馆的书条石景观规模庞大、有看头，惜毁之早矣。本文主张，若要回放欣赏潘园原汁原味之景观、体验真情真意之神韵，须再次借鉴苏州园林，复原海山仙馆及其"书条石"园林景观，保护、展示书条石艺术精品。

17.1 借鉴他山书条石的园林展陈景观艺术

海山仙馆建造之前和建造之中，无不受苏州园林的艺术感染。苏州古典园林是一个集萃式综合艺术王国，其文人写意山水园林的艺术特征，除了用山水、花木在营造景观方面达到了"虽由人作，宛自天开"的艺术境界外，还有一门独特的人文艺术景观，就是书条石。书条石是指园主用自己的小品文章或者收集的书法字帖勒石嵌砌在园林的廊壁上的书法石刻（图17-1）。一些风景园林的山岩绝壁上，直接刻写了历代名家的题词和诗文，仿佛贴上一幅幅书画作品，对此亦称作"书条石"（图17-2）。

苏州园林，大多是由文人建造的。长廊、粉墙黛瓦素壁单调的连续成片重复，并不能满足人们的审美趣味。为美化廊壁，长廊便有了花窗，四时景致一漏千里。为满足对于历代名家墨宝的珍藏意趣，于花窗之畔，挂上了书法名迹。江南温润多雨，长廊虽贯通却易受风吹雨打，纸本多不耐；于是，镌刻书法的小石板便应运而生，因其形多长条状，宛若古时候打开的竹简，故被称之为"书条石"。

书条石上所书的内容一般都是园主收藏的历代名人法帖的拓本、园记、名人卷册、名诗

图17-1　书条石陈列一景

图17-2　风景区山体上的书条石

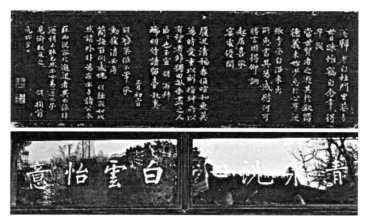

图17-3　书条石种种景观效果

名句、书札真迹，以及当时游园名流唱和的诗词。他们请著名的书法家书写后，又叫巧匠高手来进行摹刻，是为"双绝"。苏州各园中，晋代二王、唐、宋、元、明、清共有100多位名家流派作品；篆、隶、楷、行、草，竞相纷呈。有些书条石所嵌园记、诗词、题跋，更是研究园史变革的重要文字资料，有着重大的参考价值。园主也常常会将自己的小品文章或者书画勒石嵌砌在园林的廊壁之上。

苏州留园中的书条石品质高尚，多属上乘之作。其中绝大部分为清嘉庆年间，刘恕为园主时从别处寻觅所得，还有一部分系园主家中的历代收藏。留园内廊长、墙壁多，为安置书条石创造了有利的条件。嵌在留园"闻木樨香榭"游廊上的王羲之《鹅群帖》、"古木交柯"景点处的《兰亭序》等，都是十分珍稀的墨宝（图17-3）纪念品。

园林书条石大多采用石质上乘的青石，形状为矩形，规格略有差别。书条石安置于走廊墙壁上，以填补景观之空白。当走廊一侧墙壁不宜开窗取景时，往往将书条石镶于墙面上，拟或一幅幅图画、拟或一扇扇透窗（图17-4），供人驻足品赏，以作无景可观的一种补偿。

在一次展览会上，除了留园二王法帖书条石拓片，同时精选了7座世界文化遗产园林：拙政园、网师园、狮子林、环秀山庄、沧浪亭、耦园、艺圃及中国大运河（苏州段）遗产点虎丘山风景区、江苏省文物保护单位怡园的特色书条石、碑刻、摩崖石刻拓片。拓片汇聚了法帖、园记、图像等顶级精品，既是苏州古典园林"长留天地间"[①]的凭证，也是园林文化保护传承的重要内容和特殊载体。

图17-4　书条石的观赏效应

① 水墨生华书画院："天堂苏州·百园之城"——苏州古典园林书条石拓片特展，展览时间：2019年2月14日至2月24日，展览地点：越秀公园花卉馆上馆。

17.2 海山仙馆书条石创作成就与历史命运

海山仙馆并无高大石山，而多建筑庑檐游廊，所以少摩崖石刻，而多书条石碑刻作品。

据潘仕成自述，海山仙馆石刻施工时间，"自道光九年（1829年）至同治五年（1866年）"，即从刊刻《海山仙馆藏真帖》始至刊刻《海山仙馆楔叙帖》止，先后共37年。一般园林辟馆当在石刻开工之前。《荔湾大事记》载，初建海山仙馆，当由潘仕成的父（潘正威）祖辈经营。[①] 潘仕成系于道光十二年（1832年）28岁考中顺天乡试副榜贡生，同年钦赐举人；有了学位官位、有了文学修养、有了官宦交结，方着手编撰丛书、镌刻书条石。

潘仕成一生酷爱书法。他交游遍天下，书信来往甚多，留下不少名流翰墨，摹刻于石上，其中有相国、太史、尚书、侍郎、总督、布政使、巡抚、将军、太守、状元、榜眼、探花以及翰林院的殿撰、修撰、编修者等100多人的作品。是时，名之曰"尺素遗芬"。现存59石，每石约为32厘米×88厘米（石边未计），存法政路广州市委办公大院内。民国年间"尺素遗芬"石刻被汪精卫镶嵌于其别墅湖海亭壁上（现已拆除）。潘园另有历代书法石刻，共有千多石，现尚存118石，存放于越秀山的市美术馆新建碑廊内。当年海山仙馆为收藏这些石刻，筑了许多迴廊，构成了一种特色的迴廊景观。正如方睿欣《二知轩诗钞》自注云："海山仙馆筑回廊三百间以嵌石刻。"[②]

尺素遗芬石刻是海山仙馆石刻中最受史志学者珍爱推崇的专题石刻，无愧为岭南石刻文化的珍品。它在潘仕成破落后曾一度沉寂无闻，失踪了近百年之久。至1987年陈以沛关于海山仙馆石刻一文[③]公开披露才再引起人们的关注。书法则楷、行、隶、篆、草一应俱全，一般每字为指头大小，也有蝇头小楷，共有4万～5万字。

陈以沛先生指出：尺素遗芬专题石刻，仅属海山仙馆石刻之一，因长期室内保藏，未经风雨腐蚀，目前尚完好如新。据记载，海山仙馆石刻全数实可惊人。时序上起晋代王羲之书法，下迄唐宋元明清，包括苏（东坡）、黄（庭坚）、米（元章）、蔡（襄）历代书法名家，学者大师朱熹、阮元等名人石刻，均一一陈列于馆内回廊墙壁以供观赏。为供远地学者文人和亲友需要，还将这批石刻拓本印刷、装帧成书，称《海山仙馆法帖》（图17-5）。

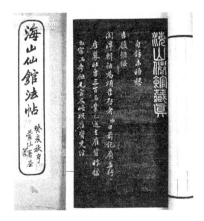

图17-5 海山仙馆书条石的拓本印装

按照潘氏的划分，除尺素遗芬类4卷外，还有藏真类、摹古类合为三类。每类各有编次和书卷。藏真类有藏真初刻16卷、藏真续刻16卷、藏真续三刻14卷和藏真四刻6卷；摹古类有12卷，加上卷首楔序2卷，共为70卷68册，可谓皇皇巨制。按其丛帖卷册面积估计，石刻总

① 许恩正. 荔湾大事记[M]. 广州：广东人民出版社，1994.

② 吴庆洲. 广州建筑[M]. 广州：广州出版社，2002：67.

③ 陈以沛，等. 海山仙馆尺素遗芬石刻考实[Z]. 广州史志，1987年第一期.

数有逾千石之多，未编入丛帖仍有石刻者，亦尚不可知。所谓藏真，是将古代名家手书真迹刻石和拓本；所谓摹古，是将古代著名的碑帖重刻于石并拓本。史学者称赞这样做，是首开碑帖藏真与摹古的先河。而对当代贵交名流的书信也刻石拓本则称遗芬，确有独创特色（图17-6），集历代名家书法"公天下而传后世"，功不可没。[①]

不幸的是，自潘家破产败落后，馆园即被拍卖瓜分，藏书被方功惠所购，石刻则支离失散。陈以沛等文史专家调研得知：新中国成立后曾由广州博物馆收集其石刻仍有400余石，在"文化大革命"中又被无知者肆意毁坏打碎，用作铺路石、筑步级，因而又毁之大半。现在剩下属藏真和摹古的石刻只有200

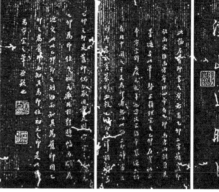

图17-6 海山仙馆书条石（拓片）

余石。1989年才由广州美术馆选出其中118石，新建了一座回环曲婉的碑廊藏之，由欧初题书匾额。廊内存有王羲之、欧阳询、颜真卿、蔡襄、黄庭坚、虞集、唐寅、董其昌、吴荣光等87位名家书法。这批手迹或一文多石、一石多文，或一石一文不等，几经劫难，多已残缺，难究全貌矣。如元代名书法家虞集书《刘垓神道碑铭》原文1100余字，因原石散失，只得700余字；又名人蔡琰《胡笳十八拍》仅得十一至十八拍，尚缺一至十拍。所幸如明代唐寅的五律一首是一文一石，尚能完整可见。总之，石刻短缺尚多，只能提供游人观众作书法的欣赏，对体现历史、文学、科学三价值不免大受影响。[②]

17.3　海山仙馆书条石的历史人文美学价值

海山仙馆属于当时岭南四大藏书馆。其藏书乃富商之最，刻板印书出版颇丰，刻石整年整月不间断。园主搜集天下精品，包括国外的科技艺术图书精品与人共享，从而推动了岭南园林流派的勃兴、南粤社会文明的进步，其高尚精神被历代文人传颂。

潘氏如此成就，乃经历数十年搜罗，长期雇请五华名匠邓焕平精雕细刻而成。据说每块刻工一两黄金，平日维修"在园中捶拓"。刻匠都是身怀艺术绝活的人。如《尺素遗芬》历

① 陈以沛，陈秀瑛. 潘仕成与海山仙馆石刻[M]// 罗雨林. 荔湾风采. 广州：广东人民出版社，1996.

② 同①。

时8年，仕成之子潘国荣在序言中说，他们"辛勤不息，积年累月，从事氈腊、岁无虚日"。由此可见要完成这批石刻和丛帖的工程之浩繁，耗资之巨大，以及劳神费思之艰苦，实为国中罕见。

就书法艺术美来说，手书者，大多久历科场，得中进士以上，膺任翰林编修者。他们各人的书法，诗文的功底深厚，更能引起学者、书法家入迷。如嘉庆状元蒋立镛，挥笔成文，早得"文句优美，书法秀丽"的好评。嘉庆状元陈继昌，则工书善诗，有大家风范，是连中三元的人物，即乡试秀才得了第一，称解元，省试举人得了第一称会元，上京殿试也得了第一称状元。尊为太傅的阮元出任两广总督也特此端礼上门，筑了"三元及第"牌坊，以示颂扬。在尺素遗芬石刻中能拥有这么多状元、榜眼、探花的诗文书法荟萃一堂，殊实令人向往。

核对行世的《尺素遗芬》四卷本，基本完整。计有手书者，全属"嘉、道、咸、同"年间与潘仕成有公私交往的人物，又是当朝的名宦显贵、高官要员、科第名流。论官职，有总督如林则徐、邓廷桢、祁贡、徐广缙、李星沅、黄宗汉、毛鸿宾、骆秉章等18人；有相国耆英、王鼎等8人，还有太史6人，尚书6人等等。论科第，有状元如陈继昌、龙启瑞、朱昌颐、吴其浚、蒋立镛、汪鸣相等6人；榜眼如廖鸿荃、祝庆蕃、贾桢、许乃普等4人；探花如蒋元溥、方国霖、张岳崧、何凌汉、罗文俊等5人；传胪如麟魁、何若瑶、殷寿彭等3人。其余亦多属进士以上，久任翰林院编修，然后出任清廷高官要员的人物。[①]

这珍贵书信内容，除了一般的祈福祝吉，往还问安之外，还涉及军事、政治、文化和经济等领域的具体史实也不少。这时正是鸦片战争前后时期，影响"中国三千年之大变局"的国际大事件多发生于此。如林则徐专函赞扬潘仕成捐款招募壮勇捍卫广州城，邓廷桢邀请潘仕成赴石门观看试炮，祁贡求助潘仕成谋划修筑虎门抗英海防工程等。众多鸦片战争时期的历史人物之真实形象从石上跃然而出，其素材十分珍贵。

17.4 海山仙馆书条石景观的再借鉴再规划

"广州城外滨临珠江之西，多隙地。富家大族及士大夫、宦成而归者，皆于是处，治广囿、营别墅，以为休息游宴之所。其著名者旧有张氏之听松园，潘氏之海山仙馆，邓氏之杏林庄等。其宏规巨构独擅台榭水石及碑刻景观之胜者，咸推潘氏园。"[②]再现海山仙馆书条石景观，再行借鉴江南园林经典很有必要。

留园书条石是苏州所有园林中数量最多的，品质上乘，其中绝大部分是清嘉庆年间寒碧庄庄主刘恕（字蓉峰）所收藏，法帖大都集自南派著名帖学诸家。至今，留园尚存有近400方原真书条石，大部分都得到了陈列展示，且俱为佳景。[③]

① 陈以沛，陈秀瑛. 潘仕成与海山仙馆石刻[M]// 罗雨林. 荔湾风采. 广州：广东人民出版社，1996.
② 俞洵庆. 荷廊笔记·卷2，羊城内西湖街富文斋承刊印版，清光绪十一年。
③ 留园：书条石往事——记园林中一类被你忽视的文化瑰宝[EB/OL]. [2018-01-22]. http://www.sohu.com/a/218130468_680285.

留园书条石，自园主人安置至今，绝大部分的位置都没有移动过。但时局变迁，园林难免发生变故，有的书条石埋没于废砖瓦砾之中，有的混迹于土山台基之下，还有一小部分遗落他方。留园自整修开放以来，断续出土、拆墙拆出22石，均得到妥善处理。众多经验证明：书条石长期搁置库房，并不利于保护与利用。应根据书条石内容、尺寸及完整性、观赏性等特点，重新安置展示，罩上红木镜框保护为妙（图17-7）。

图17-7 苏州园林中书条石游廊景观

拓制拓片是我国一门古老的传统技艺，已有千年历史。将半干半湿的宣纸紧贴书条石上，加以墨拓，使原来刻在书条石上的书家作品"复制"成黑纸白字的宣纸上，称为"拓片"。拓片能和原石保持固有比例形式，能长期确保书法、图片的原真性，流传千年。它集历代书法及绘画名家的艺术神韵、刻石大师的高超技法、拓碑工匠的精细手法为一体，完美结合、相得益彰。图17-8是苏州园林书条石的展览大厅及样品照。展览的社会文化效应是广泛而深刻的。

图17-8 苏州园林"书条石艺术展"

广州海山仙馆书条石遗产的价值和规模同样令人振奋。在恢复古典园林海山仙馆的同时一定要同步恢复其书条石的艺术景观和游览功能，在此之前开展其内涵研究与艺术普及展览也很有必要。广州理当开展这项工作。

越秀山上广州仲元图书馆（图17-9）是为纪念辛亥革命将领邓仲元而建。邓弱冠从戎，和陈炯明淡水起义，打败晚清提督秦炳直，光复惠州；领衔粤军第一师威震全国，叶挺、蔡廷锴、蒋光鼐等著名将领均出自其门。遇刺后被孙中山以大总统的名义追赠为陆军上将。1927年由国民党元老李济深提议创建，由建筑师杨锡宗设计，式样仿北京的文华殿，民国十八年（1929年）奠基，次年建成。大楼坐北朝南，大楼占地面积253平方米，总建筑面积7600平方米，钢筋混凝土结构，富丽典雅，具有民族特色。现海山仙馆的石碑书条石大多藏在这里。

诚然，这里的环境氛围并不适宜海山仙馆书条石的历史景观状况。从还原历史原景角度考虑，海山仙馆的书条石应该尽量以原貌景观保存。这有待海山仙馆古园的复修，将书条石镶嵌在各种各样的载体上，以历史原貌向世人展示，宣传综合效果将会更好，影响力将会更大。

复建海山仙馆并非单纯发思古之幽情的行为，而是一种修复被破坏的历史文化成就而创造人类文明的"文艺复兴"运动，是砌筑好文化基础为提升全民族感性素质的抢救性补救措施。通过原址复建、或移址再现，充实现实功能（如构建岭南园林博物馆）、展示经典艺术的方式复建海山仙馆，宜将其中各种各样的"书条石"景观：如影壁式、廊墙式、碑亭式、摩崖石壁式、附属建筑式、铺垫式、雕塑式、家具式等，通过考证加以复原展示出来。通过研究或许还有新的发现，使之更趋完美。

总之，潘仕成所营海山仙馆的"书条石"文化景观是令人尊敬的。长年累月搜罗镌凿的珍贵石刻，只因近150多年来的有关史料和文物尚在零散中，需要深入发掘和整理。为继承岭南优秀古典园林，做好以复修潘仕成海山仙馆为目标的历史文物整理与宣扬，当为羊城文化增添非凡光彩。

18

海山仙馆文物遗存的梳理释读

潘仕成是清代嘉、道、咸、同年间广州的一位文化豪富。他既经商又从政，既好古也学洋，既是慷慨的慈善家，又是博古通今的古玩、字画收藏家。因所藏金石、古帖、古籍、古画盛极一时，海山仙馆似乎成了岭南的文化艺术品中心。潘仕成与伍崇曜、康有为、孔广陶合称藏书"粤省四家"，文化成就卓然而扬名中外，享有盛誉。

潘仕成所收藏的古帖及时人手迹，分类为摩古、藏真、遗芬，镌刻上石包括王羲之、欧阳询、蔡襄、黄庭坚、苏东坡、米芾等历代书法大师的手迹。潘园"文海馆"藏书达数万卷。同时选择了藏书中一些坊肆无传本的古今善本，编为《海山仙馆丛书》461卷。因为当时广东市面石刻作坊、印刷水平和效率都不高，潘仕成索性自办工场，自刻自印。

现存关于海山仙馆的联楹、诗文、游记、笔记，有书可查、有石可鉴，乃独无仅有的文物群珍。他的书斋名"周敦商彝秦镜汉剑唐琴宋元明书画墨迹长物之楼"，意味所藏各朝文物颇丰，乃"南粤之冠""粤东第一"。

因收藏，园林格调布置高雅，当年不但国内南北名家巨子称赞不绝，一批驻华的外国学者、使节、商贾也以在此曾荣受款待而视为一种宠遇，广东清朝高级官员有时接见欧美外交使者和商人常借此场所彰显派头、风光一时。

园林同文物收藏存在密切关系：文物因园林可得到相当有利的保护和展示，园林因存放展览文物即可提升自身的品位和文化涵养。两者相得益彰，从内核到外延都存在有机联系，不仅仅是一种物品包装、陈列收藏的简单关系。园林与文物的有机结合，特有利于营造富有文化价值的景点景观，特有利于人们诗意的栖居和有身份的生活。

随着时代的推移，属于海山仙馆文物的概念将提升到一个新的、诱人的高度，一股"海山仙馆收藏热"正在形成。许多物质文化遗产与非物质文化遗产，成为必须认真保护和研究的对象。研究海山仙馆文物遗产的专家学者不少，黄汉纲、卢文骢、陈以沛、罗雨林、叶曙明、陈泽泓、倪俊明、王元林、潘刚儿、潘广庆、吴桂昌、胡文中、吴庆洲、陆琦、冯江、郭谦、高伟等先生均为资深人员。

文物遗产对古典园林的复兴再建可提供切实的依据和真切的灵感，古典园林对历史文物来说是更贴切的文学性展示叙事环境。于此，本章拟对海山仙馆的部分文物遗存做些梳理和释读。

18.1　园林画卷

道光初年荔枝湾有虬珠园，阮福（阮元之子，后任甘肃平凉府知府）因唐代广州已有名园"荔园"，"福惜唐迹之不彰也，因更名之曰'唐荔园'（图18-1）"（见阮福：《唐荔园记》）。

清代书画家陈务滋于道光四年（1824年）绘有《唐荔园图》两幅，加上题跋，成两长卷。其一图为绢本设色，绘唐荔园全景，并附陈务滋楷书《唐荔园记》；另一图为纸本设色，绘唐荔园门一角，同卷有黄鹄举《唐荔园图》名。后一卷有两广总督阮元题跋："红尘笔罢宴红云，二百余载荔子繁。十国只想汉花坞，晚唐谁忆咸通园。"这两幅图画描绘了该园曲桥

图18-1　1824年唐荔园（原虬珠园）局部图

荷荔、亭阁华整的幽美景色，成为极具历史和艺术价值的图画。

　　陈务滋，字树人，号植夫，湖北安陆人，所绘山水，气韵弥厚，竹石花卉亦超脱，又工楷、篆、隶书，为清代有名书画家。绘唐荔园图时，任广东佛岗司狱。图成后，随唐荔园易主，归潘仕成所有，存海山仙馆。海山仙馆投变拍卖后，图为香山（今中山市）孙仲瑛所得。后归荔湾区小画舫斋主人黄子静、黄九叔、黄明伯。现由广州博物馆价购收藏。

　　清嘉道年间，广州西郊园林多隙地①，潘仕成的父（潘正威）辈或有宅园别业，道光十年（1830年）后购入唐荔园。潘仕成宦成而归，锐意扩充，"治广圃、营别墅"，组建海山仙馆，勃兴珊馆楼阁、高塔回廊、宏规巨构，独擅台榭水石之胜，始成为广州名园。

　　受园主之邀，清代名画家夏銮作海山仙馆图一幅，以纪此盛事。该图为后人提供了海山仙馆当年的基本面貌，是广州园林史上的一幅极有历史、艺术价值的画作（卷长13.36米，卷宽0.36米，画心3.58米×0.26米）。海山仙馆归官拍卖后，该画辗传流传，后为香港沙宣道石屋黄子静宅所得，现收藏于广州艺博馆（图18-2）。

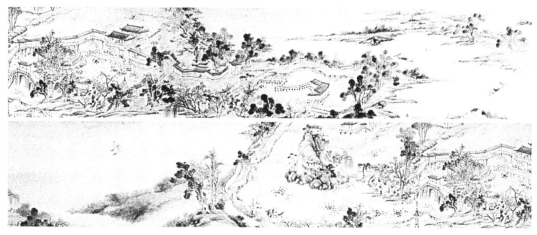

图18-2　1848年《海山仙馆长卷》

① 许恩正. 荔湾大事记[M]. 广州：广东人民出版社，1994.

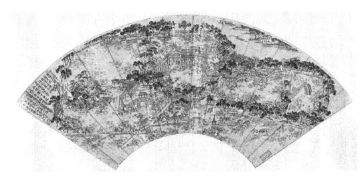

另有清代画家田豫，字石友，四川人，工界画，咸丰同治年间流寓广州甚久，曾在潘仕成家作客多年，并为其绘海山仙馆图（扇面）一幅，极工致（图18-3），今不知原作所在。海山仙馆归官拍卖后，分割有彭园（园址在今广州市第二人民医院及院后地方）和荔香园（园址大部分在今昌华涌之西）。彭园在民国初年已散为民居，无遗迹可寻。荔香园于清末开始接待游客入园参观游览和啖荔枝，直到抗日战争爆发广州沦陷后尚存。

摄于民初，摄影家邓吉龙收藏的荔香园外景图片一幅（曾刊于1925年出版的《文华》画集），反映了清末荔香园的外貌。海山仙馆外销画也是具有文物价值的画类，且伴随着海上贸易散发到全球，被各国重要博物馆、艺术馆收藏。外销画从多侧面取景表现园林景观，也从多侧面反映了园中的生活场景（图18-4）。

图18-4 外销画中多侧面取景的海山仙馆

如果说法国摄影师于勒·埃及尔拍摄了1844年海山仙馆早期的景色，是中国最早的照片；其后，清代中国开设了华芳照相馆，拍摄了1868年至1870年海山仙馆的某些图片。英国摄影师约翰·汤姆森，则摄制了海山仙馆衰落期的境况。中国最早的第一张照片是海山仙馆照，它们是很有价值的文物。

18.2 书条石刻

在潘园碑石中，有南汉马氏二十四娘墓山券一方，初为小北下塘宝汉茶寮主人所得，因名宝汉，后入潘氏手。此亦为难得的南汉历史文物。

海山仙馆为收藏这些石刻，筑了回廊三百间以嵌之。为便于学者临摹、观赏、研究，潘仕成又将所有刻石拓印汇编为《海山仙馆丛帖》初刻16卷、续刻16卷、三刻12卷、《尺素遗芬》4卷、四刻6卷、楔叙2卷。[1] 潘仕成从道光九年（1829年）开始，历时27年，共藏刻石

---

① 黄汉纲. 海山仙馆文物查访记[M]// 罗雨林. 荔湾风采. 广州：广东人民出版社，1996.

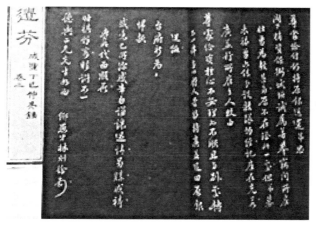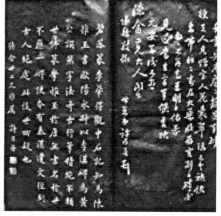

图18-5　海山仙馆石刻拓本

1000多方（每方宽34厘米、横23～90厘米不等），均刻工精细准确，体现出原作的笔墨润燥和意态神韵，实乃珍贵的文化遗产。

《海山仙馆丛帖》中的《尺素遗芬》①四卷共刻石五十八版，所镌刻的书迹是潘仕成集历年故交知友的亲笔信札，由他的儿子潘桂、潘国荣校勘，选择其中已辞世的摹勒上石，从咸丰丁巳（1857年）至同治甲子（1864年），历时八年完成。在这部分的石刻中，能够欣赏到众多晚清名人朴素无华、笔法各异、自然纵逸的尺牍真迹，更可以通过书札的内容求证当时的史实。这部分石刻是《海山仙馆丛帖》中最有历史价值和艺术价值的珍品，它们是潘园原地原创的艺术品、纪念品。

据潘氏在序言中所说："当年海内麟鸿，投赠宝翰如林，为用式遗芬，珍藏秘笈，永寿贞珉。"所以长期专雇工匠（如梅州邓焕平等人）精工细刻而成，铁画银钩的神工妙笔，亦能基本再现。

"尺素遗芬"刻石现存59石，每石宽32厘米、长88厘米（未计入墙石边）。将刻石与海山仙馆汇编的"尺素遗芬"刻石拓本集对照，除总督王懿德、侍郎吴杰等，"尺素遗芬"拓本集有载，此间未见原石，当系刻石失佚；总督吴文镕，此间有刻石而"尺素遗芬"拓本集未见，当系拓本残损缺页或漏拓，其余基本齐全（图18-5）。②

18.3　经典丛书

清嘉庆至同治年间，各地编印丛书丛帖进入鼎盛时期。私家出版的粤版丛书，首推南海伍崇曜《粤雅堂丛书》和潘仕成刊刻的《海山仙馆丛书》。这两套丛书均请名家谭莹（字玉生，广东南海人，清史文苑有传）校订，雕版极精，校核严谨而以善本著称，把广东的学术

① 陈玉兰. 尺素遗芬史考：清代潘仕成海山仙馆[M]. 广州：花城出版社，2003.

② 陈以沛，陈秀瑛. 海山仙馆尺素遗芬石刻考实[Z]. 广州史志，1987年第一期.

和出版事业推向了新的阶段，为日后富商名宦私刻丛书开了个好头。

潘氏选优编纂《海山仙馆丛书》内容甚富，其中不少是宋、元、明人未刻过的手写稿及粤中名人遗著。他为了发挥这些藏书在推进文化教育上的作用，特选择其中坊肆无传本的古今善本，编为《海山仙馆丛书》，由精于较勘的学者谭莹任审校，精工雕版印行。^① 计收书56种，共487卷，分经、史、子、集四部。所收除经史外，兼及书数、地理、医药、调燮、种植、方外等书，还收入西洋人汤若望的《火攻挈要》、利玛窦的《几何原本》《同文算指》《圜容较义》《勾股义》等。这套丛书讲究实学，博采中外，体现了岭南开风气之先的文化潮流，反映了当时中国人学习西方科学技术的迫切要求。是书刻成于道光年间，其校雠之精确，雕版的古雅，被誉为岭南善本，与常熟毛子晋的汲古阁、安徽鲍廷博的知不足斋等丛书齐名。至今仍为学术界所重视和珍爱（图18-6、图18-7）。

由此可见，海山仙馆是清代岭南有名的藏书中心和图书出版中心。潘仕成复刻印行《佩文韵府》146卷、选刻《医药经验良方》10卷、《大清律例》104卷，都是有价值的学术著作。至今，《海山仙馆丛书》等刻印书版，一直在广东中山图书馆保存，直至解放初期（"文化大革命"前）才被用作柴薪烧掉。^②

故宫博物院藏《海山仙馆丛帖》，十六卷，续刻十六卷，三刻十六卷。历代丛帖乃潘仕成撰集，初刻刻于道光九年至二十七年（1829—1847年），续刻刻于道光二十九年（1849年），三刻刻于咸丰七年（1857年）。初刻所收书迹自晋至元，续刻所收书迹自唐至元（此二帖编次凌乱）。三刻所收为明、清之书，其中末二卷乃众多名家与潘仕成之书札。全帙刻书540种，以个人之力刻成此帖，允为巨制。

《历代名人法帖》《海山仙馆丛帖》，共刻石1000版左右，从1829—1866年，历时37年，所使用的石材是有"紫云"之称的广东肇庆端石，无论勾摹或刻工都极精妙，很好地保留了

图18-6 早期出版的《海山仙馆丛书》

图18-7 21世纪出版的《海山仙馆丛书》

① 倪俊明.《海山仙馆丛书》的特色和价值评析[J]. 广东社会科学，2008，（4）：121-127.
② 侯月祥. 潘仕成与广州刻板印刷[J]. 广州研究，1984（4）：39.

原帖的风貌。

"从帖"中还有《宋四大家墨宝》六卷，由潘仕成取自己收藏的历代法书和法帖，择优摹勒上石。《海山仙馆摹古》十二卷，是取古拓本重刻；《海山仙馆禊叙帖》一卷，则汇辑了潘仕成搜集到的十六种王羲之《兰亭序》版本。

多年来历经劫难，这部分《历代名人法帖》中的许多石刻都已遗散流失，残缺甚多，现保存在广州美术馆碑廊的海山仙馆原刻石共有118版，共89位名人的书迹200余帖。其中有晋代的王羲之，唐代的欧阳询、李邕、颜真卿，"宋四家"的苏轼、黄庭坚、米芾、蔡襄，元代的虞集、赵孟頫，明代的唐寅、董其昌，清代的吴荣光、阮元等名家的笔迹。书体包括真、草、篆、隶、行等。

18.4　天蠁古琴

中国园林博物馆谷媛副馆长曾精彩地归纳了园林与古琴的共同审美意趣。[1] 她说唐代的王维、白易居等既是诗人又是琴人、还是不折不扣的造园家。北朝江淹、唐代王维、宋代朱长文与欧阳修、明代文震亨、清代蒋恭棐都与琴园结下情缘。琴与山水相伴的画面，透露着怡然自得的乐趣和高雅的文化意象。古琴清微澹远的音韵与中国造园审美思想不谋而合，源于自然而又高于自然，均以其丰富的内涵和深远的影响为世人所珍视，共同推进了华夏文明的哲理情怀与审美精神。

琴、棋、书、画，为中国传统文人四大雅事，而琴居其首。古琴音乐与文人园林分属两个不同的艺术领域，但二者共有以"和"为上的哲学本质、含蓄的审美特征。琴与园林是最相切合的异质同构体，作为文人士大夫共同的精神家园及与文学艺术的情感联系，异中求同、相通共存。[2] 琴在园中解忧、助景、娱情。园林各元素和谐配置的意境就是琴境。园中一切入耳之音，琴声都能比拟。琴，情也。此琴彼情，琴境撩人。琴中有境，境中有情。琴音在耳、景观在目、情境在心，通过艺术联想共同创造了加重的美。[3]

置琴的园林建筑许多园都有。留园有琴室、怡园有坡仙琴馆、杭州刘庄有蕉石鸣禽、成都罨画池有琴鹤堂、圆明园有琴清斋、琴趣斋。与"不可居无竹"类似，"不可居无琴"几成文人共识。海山仙馆中的琴室在哪里呢？

琴，又称古琴、瑶琴或七弦琴，是我国最早的民族弹弦乐器之一。以其历史悠久、文献浩瀚、内涵丰富而最具中华人文气质，向为世人所珍，相习之下，就以名琴相标举。广东有"四大名琴"之说，指的是四张公认为知名度最高的古琴。"四大名琴"所指不一：一指"春雷、绿绮台、秋波、天蠁"四琴，一指"绿绮台、天蠁、都梁、松雪"四琴，一指"松雪、天蠁、振玉、流泉"四琴。上述说法虽各异，但"天蠁"必居其中，现藏于广州博物馆。始

---

① 谷媛. 盛世秋韵 弦上山水——京师雅集·中国园林博物馆专场致词[Z]. 北京音协，2022-09-22.

② 丁艳. "同比"古琴艺术与文人园林艺术[D]. 广州：星海音乐学院，2005，om/usercenter/paper/show?paper.

③ 李金宇. 古代园林里的琴境[EB/OL]. [2019-08-08]. https://wenhui.whb.cn/third/baidu/201908/08/281393.html.

终追踪关注海山仙馆文物下落者的陈以沛、罗雨林等人，可见证潘园曾有天蟫琴一张（图18-8）。

天蟫琴长126.7厘米、肩宽19厘米、尾宽13.4厘米、肩厚4.2厘米，有7个黄玉质弦头，13个徽位，2个玉质雁足。背面龙池上方、琴底颈部刻篆文"天蟫"二字，下有"万年永宝"印文。有铭曰"式如怎"，式如金，怡我情，声我心，是谓天蟫之琴。东樵铭（"东樵"印），又钤印"岭南潘氏海山仙馆宝藏"。据传为唐代成都著名琴匠雷氏所制，曾为唐代著名诗人韦应物收藏、使用。雷氏为制琴名家，制品在艺林中极负盛名，尤以雷文、雷迅、雷威等制琴名匠所制为著，属响泉式琴——一种稀见的古琴式样。原饰朱漆，后改黑漆，小蛇腹断纹，做工精美。因此，天蟫琴被人们尊为广东历史上的四大名琴之一。[1]

图18-8　潘氏园藏天蟫琴

天蟫琴的流传过程，现在不容易考证。清嘉庆年间，有石茂才者以千金购归岭南。清代广州四大家族之一叶氏风满楼之后人的手稿提到天蟫琴曾一度是叶家的藏品。从叶家出来以后，流到了潘仕成之手。潘将这琴珍藏于西关名园海山仙馆，故在琴的背面还刻有"岭南潘氏海山仙馆宝藏"的篆书字样。潘家所藏的印谱叫《宝琴斋印谱》，这宝琴就是指天蟫琴。[2]

同治、光绪之间，潘家败落被抄家，海山仙馆归官拍卖，名琴流出名园，辗转为广东鉴藏家黄咏雩所得。1940年春，曾在香港"广东文物展览会上"展出。"南海诗人"天蟫楼主黄咏雩，他的书斋名"天蟫（xiǎng）楼"，乃是取名于所收藏的这张名琴，名字就叫"天蟫"。新中国成立后为广州博物馆购藏。[3]

天蟫琴还配有一个精美的木盒，上面刻有"天蟫之琴"与竹子的图画，在传世名琴中非常罕见。盒子面上刻着"同治壬申，次葵氏藏"字样。黄咏雩自己并不懂弹琴，但他懂得这琴的价值，还曾为这琴专门买了一方汉代的画像砖做琴砖，琴的七颗琴轸用名贵的玛瑙做成。黄氏还专门请叶恭绰题写了"天蟫楼"的匾额，以示珍爱。

土改时期，黄咏雩家所藏最贵重的收藏品均被收购入藏广州博物馆，此琴亦在收购之列，现在藏于镇海楼中长期展出。由于长期没有人弹奏和保养，现琴已经有多处破损，亟待维修。至于叶恭绰题名的"天蟫楼"，其实只是黄家租住的房子。黄咏雩自己酷爱文物，却没有置办房产，位于西关耀华大街的房子一直伴随他到终老。1974年冬的一天，老诗人在窗外挂晒腊肉的时候，不慎跌到头部，长辞人间。[4]

---

[1]　广东四大名琴除天蟫琴（唐·在广州博物馆）外，其他三琴为绿绮台琴（唐·在香港）、春雷琴（唐·在台湾）、秋波琴（宋·在中山）。又有人认为应以松雪琴（唐·在中山）或都梁琴（明·在香港）替代秋波琴为广东四大名琴。

[2]　广州博物馆. 天音蟫响——广州博物馆藏明代"天蟫琴"[EB/OL].[2018-10-31]. https://www.163.com/dy/article/DVFB6GNI0523E4AV.html.

[3]　同上.

[4]　天蟫楼主与天蟫琴[EB/OL].[2014-04-26]. http://collection.sina.com.cn/wwzx/20120426/083865469.shtml.

武汉古琴台作为纪念知音古韵的台地式园林，是现存的体现音乐故事的唯一物质载体。同时，古琴台也是中国音乐艺术遗珍——被送往太空的《高山流水》古琴曲在地球上的纪念碑式园林。古琴台的影响已超越了造园的范畴，具有深厚的文化意义。[①] 海山仙馆的琴文化——琴境——园景美在哪里呢？值得园林音乐界人士研究。

18.5　园林清供

据《金石学录续补》《旧中国杂记》等历史文献记载，海山仙馆收藏有亚形父丁角、矩尊、原龚自珍旧藏赵飞燕玉印，及古钱币、兵器、书画、碑版、旧拓本等文物甚多，堪称"南粤之冠"。与此同时，作为潘园室内清供艺术亦具有文物收藏价值。

清供是在室内放置在案头供观赏的物品摆设，主要包括各种盆景、插花、时令水果、奇石、瓷器（图18-9）、工艺品、古玩、精美文具、家具等（图18-10），可为厅堂书斋增添高雅的生活情趣。通过园林清供，人们可触摸到造园的文心画意，享受到园林的闲情逸趣，给人清新雅致，耳目一新之感。即使吉光片羽，却似璀璨明珠熠熠生辉。[②] 2015年于昌华街出土印有海山仙馆记号的瓷砖，精美的彩釉图画受到越来越多人关注。

清供的起源得从祭祀说起，清供源于佛供。回溯魏晋时期的兰亭雅集，王羲之曾在会稽山阴之兰亭举行风雅集会，即"修禊"活动。这种古老的民俗，为的是洗去冬日尘埃，感受春意。现场树丛中有人煮茶，有人弄酒，石头上放着瓶花，成了曲水流觞之境，那些花瓶、杯盏也就成了清供摆设的雏形。清供的完整体系产生于唐宋时期，它已成了人们生活的一部分。佛教传至日本后，也把"禅房供花"的佛供礼仪带去，成为家居里祭拜神佛的摆设。

图18-9　潘氏订制墨彩山水人物图大瓶，款识"海山仙馆家藏"

图18-10　潘园室内架上清供

① 贺艳. 武汉古琴台园林历史演变与造景艺术探微[D]. 武汉：华中农业大学，2010.

② 霍晓. 园林清供[M]. 成都：四川美术出版社，2013：39.

清供有两层意思，一指清雅的供品，如松、竹、梅、鲜花、香火和食物；二是指古器物、盆景等供玩赏的东西，如文房清供、书斋清供和案头清供。

清供分"有名之供"和"无名之供"。有名之供，可按节日分，如岁朝清供、瑞阳清供、中秋清供等；亦可按礼俗分，如寿诞清供、婚喜清供、成人清供等。无名之供，是在非节日之时随心无来由地摆上几样物什，比如有朋自远方来，送了水果、盆栽，主人便找相配的果盘花案来"供奉"。

海山仙馆园主直接参与世界贸易，西方先进精工器品于第一时间可得到运用，除了上贡朝廷，就是自己收藏或转卖。那些西式器物如自鸣钟、大吊灯（图18-11）、大反光玻璃、大理石雕等也是有历史文物价值的。中式传统园林中吸纳西方器物，西式"清供"的布置使室内景观出现新的气象。潘园的毁灭使人不得而知其实例，目前尚无文字研究成果，只能期待相类似的园林项目作旁证探讨。

潘仕成藏有很多文物古玩，其中有一颗钩弋夫人的玉印（原清代名人龚定庵珍藏），汉武帝时之

图18-11　西洋大吊灯

物。据邵阳魏季子《羽熸山民逸事》说："钩弋玉印，山民极宝贵之，后归岭南海山仙馆潘仕成氏。山民次子宝祺为予言：同治初，潘氏籍没，此印不知流落何所。"按钩弋为汉代河间人，姓赵，武帝夫人，生而两手皆拳，武帝过河间，自披之，手即时伸，号曰拳夫人，居钩弋宫，称钩弋夫人。此汉代玉印，如非赝品，价格当不菲。

18.6　潘壶嫁妆

作为海山仙馆收藏品的"潘壶"，还隐藏着一个典故。潘仕成原籍福建，但生长在番禺，和这片土地上的大多数人一样，嗜茶。丰足的财富和高超的鉴赏能力，也让他有能力按照自己的想法，把喝茶这件平凡事玩得风生水起。[①]

仕成嗜茶，也喜欢玩壶。据《阳羡砂壶图考》，潘仕成所用的茶壶都是在宜兴订做的紫砂精品，一则自用，一则往还馈赠。这些壶形制相对固定，且惯于将印款落于盖沿之上，壶底及其他处反而不落款，壶身也从不用陶刻装饰。潘氏所用印款均为阳文篆书"潘"字印，世人遂将这种形制的紫砂壶称为"潘壶"（图18-12）。一来质量上乘，二来壶因人贵。潘氏祖籍福建莆田等地纷纷以潘氏为荣、以潘壶为贵，女儿出嫁时必以一"潘壶"为嫁妆，希望在夫家相夫教子，能像潘仕成般荣华富贵。你看，因为一个人，而成就了一把壶。

通常这种随嫁的潘壶并不一定用作泡茶，可置于梳妆台盛装发油之用，且女主人百年之

---

① 潘仕成. 海山仙馆足风流. "善本古籍"微信公众号，2017-03-26.

后，多作陪葬物。多年来，宜兴以潘壶之名热销。但能得到潘氏家族订制的"正版"潘壶的毕竟是少数。当潘壶跳出了家用的范畴，就成为宜兴紫砂壶的品牌。

图18-12　清道光朱泥潘壶

潘壶的形制发展至今，大体可分为三种，壶腹作扁柿形者，称为"矮潘"；器身稍高，近扁球形称"中潘"；器身高，近梨形者，称为"高潘"。"高潘"容量通常在200［厘米］^{3}以内，适合南方功夫茶，以冲泡待客。专家分析，烧制潘壶所用紫砂泥料，产于江苏宜兴丁山黄龙山一带，以朱泥为主，也有紫泥与段泥。潘壶由当时宜兴的名匠制作，胎壁较薄，在约1180摄氏度的窑炉中烧制而成；成陶后茶壶透气性好，热淋变色率高，易掌握冲泡时间；养壶后更显高贵迷人，成茶具中的上品。

潘仕成带动了广东仕商阶层的生活时尚，可以说他是紫砂文化在广东的有力推动者。潘仕成身为行商，有众多海外客户和朋友，于是又推动了紫砂文化在海外的传播。潘氏"海山仙馆"，地广园宽，景色宜人，被誉为"岭南园林之冠"。主人好客，不免潘壶待茶，一时游客称盛。入粤官员名流聚会、饮茶粤海，亦首选这里。[①]

潘壶在清中期是很具有代表性的一类紫砂壶。虽然器形变化并不复杂，也少装饰，但呈现出大气、简练、明快的艺术风格，常为藏家所赞赏。著名紫砂收藏家李明也表示自己所藏虽多，但潘壶却只有两三把。将近两个世纪以前烧制的"潘壶"，大多数随着19世纪六七十年代潘氏家族的迅速衰败而流散。目前除国内一些博物馆外，存世数量不多，但品质却非常稳定，保持了相当高的水准。

宜兴陶瓷行业协会会长史俊棠提到，综观紫砂壶从明代以来500余年的发展历史，能够像潘仕成这样，让自己成为一种紫砂壶"符号"的并不多见。潘壶这般简单又不失大气的紫砂作品，可称得上是艺术瑰宝。在他之前，较为有名的，恐怕只有清嘉庆年间"西泠八家"之一的名士陈曼生所制的那批"曼生壶"。[②]

18.7　彩瓷花钵

潘仕成为宴游会友，还以其雄厚的财力，着力搜求古帖、书画、善本、金石等文物，藏于海山仙馆，并把所藏文物，通过摹刻勒石，编印成书，"公天下而传后世"。至今，时过境迁，潘园的日常遗物也构成了值得收藏的稀世之宝，潘壶、彩瓷尚需世人加以关注。

有一对粉彩花钵，应为海山仙馆建馆之时定烧之遗物。双花钵，通高28.5厘米，口径

---

① 韩其楼. 中国紫砂茗壶珍赏[M]. 上海：上海科学技术出版社，2001.

② 陈曼生，也就是清代篆刻家陈鸿寿（1768—1822），他出生于乾隆三十三年，卒于道光二年，浙江钱塘人，字子恭，号曼生。陈鸿寿是浙派篆刻"西泠八家"之一。曼生在嘉庆十六年任溧阳知县，嘉庆二十一年任扬州、淮安等地河务海防。"曼生壶"是指陈鸿寿制作或监造的紫砂茗壶，溧阳知县任内是曼生壶制作的主要时期。

22.7厘米，足径17.8厘米。通体呈八方型、口斜敞、口下渐敛、平底。底部有两排水口，带瓷质底座，兼具装饰与实用价值。胎白赛雪，具备景德镇瓷土特征。外壁以粉彩为饰，以勾线、填彩、渲染、接色等技法敷彩绘有山水图，线条精细，色调明快，莹润柔和。整体观之，端庄秀美，韵致天成（图18-13）。①

图18-13　潘园用瓷（款瓷花钵）

粉彩瓷工艺烦琐，先于烧制的白瓷上勾勒轮廓，施一层"玻璃白"，以颜料深浅洗开，使之浓淡得宜，后进行二次烧造成型。而这一对粉彩花钵具有典型晚清粉彩特征，吸收了文人画的风格，诗情画意与瓷器风韵相得益彰。细查这对瓷花钵上所绘制的山水图时，顿觉似曾相识。这对瓷花钵上绘制的山水图不正是海山仙馆的风貌么？瓷上所绘园林之景，建筑沿湖而建，以游廊相连（右侧画图），船舫幽幽映对湖中轻帆几点（左侧图画）。这与《荷廊笔记》中"微波渺弥，足以泛舟"的描述相契合。所绘沿湖而建的路径，几处屹立于水上的湖亭，茂林间隐现的几抹玫红枝杈，无不与古人对海山仙馆的描述相应证。故可大胆推测，这对瓷器可能是园主人请名士所绘海山仙馆实景图，送与景德镇画师，据此抽象写意而制成。作为"岭南第一名园"的见证文物，更富史料价值。

18.8　印章珍品

孟兆祯院士曾作报告称：南越王宫御花园的水系具有中国印章艺术"大拙"之美。这一美的发现，对研究岭南园林、研究海山仙馆不无教益。印章艺术起源战国，勃兴秦汉，隋唐、明清皆是高潮。南越国建在汉初、海山仙馆建于晚清，这两个时期均为印章使用高潮期，但前后的艺术特色各有千秋。

篆刻艺术融绘画和书法为一体，在一个局限的空间内进行设计布局，两者在空间意识和设计方法上有着深刻的联系。挖掘两者之间的关联性，可更具体更深入地理解中国传统文字艺术与传统园林设计方法上的相通处。采用对比法研究，可证在文化意识与空间布局两方面，皆因袭传统、表现主题、运用元素、经营空间等环节，两者"异质同构"大可相互借鉴。②

一方印章虽然微小，但可以与摩崖刻石、千金钟鼎一样，显示它的精彩与奇妙。真正的艺术之美不在大小，而在于它内在的艺术气韵。画家丰子恺说道：印章"经营于方寸之内，

① 韩惠娇、符菁蔚. "海山仙馆"藏瓷，早已耳闻[EB/OL]. [2015-05-25]. http://hnrb.hinews.cn/html/2015-05-25/content_19_1.htm.
② 王月洋. 篆刻艺术与中国传统园林空间布局之关联探析[D]. 北京：北京林业大学，2010.

而鉴赏于毫发之细，审其疏密、辩其妍媸。"与园林一样，印章具有动态美感与情趣、观赏性与把玩性，即物质文化形态与精神文化内涵两全其美。一幅无有印章的书画作品，不能算是完美的作品；一幅好的作品没有一方好的印章作点睛之笔，也是一种遗憾。文人士大夫常有好多心爱的印章，偶一用之，大显生活品位。日常印章集聚了和谐、吉祥、完满、如意、生生不息的永恒意象，传达了天人合一、隽永厚重的哲学思想，更不失为一件馈赠、收藏的佳品。作为海山仙馆的印章，不但可提升园林的文化涵养，更具有了文物价值和历史纪念意义。历史告诉我们，印章还是一种人格个性、独立审美、自我价值的体现（图18-14）。凡具备如此特征的一切作品，包括书画、包括园林，包括印章本身，才是真正的艺术品。

潘氏《海山仙馆丛书》《海山仙馆丛帖》《海山仙馆藏真》《佩文韵府》等书籍中留下了许多名姓字号、出书作画、金石碑刻、铭记杯壶、抒怀壮志等跟潘园有关的印章（图18-15）。这些印章直接丰富了字画作品的文化内涵、美化了书石的艺术形象，且间接地更进一步地充实了园林艺术的美学精神和时空境界。我国有许多大小不同的园林，都是以藏书藏画的意义而闻名于世的，无疑岭南四大藏书楼之一的潘园更亦如此。

潘氏印章的种类不少，除了风格文雅，还有一种"拙"劲是值得肯定的。在严谨的规范下，如印章中的折线犹如海山仙馆长廊的折曲，有一种精细的拙莽神情；印章中个体字的"抢步让档"颇具神仙浪漫之气。可以说："拙"是中国艺术中"活"的灵魂、"力"的趣味。在中国不懂得"拙"，就不会善造园林、善刻印章、写字书法、画图画、品戏曲。拙跟巧是相对的。老子讲"大巧若拙""大匠不斫"，最有本事的能工巧匠，不留雕琢的痕迹。假山的美就是"拙"。明代计成强调：一切艺术都是人作的；作的就像没有作过一样；作得就像天工开物，遵循自然的原则规避人工秩序。优秀的印章与园林创作都有一种追求"拙"——天趣的精神。

图18-14 潘氏印章实物

图18-15 海山仙馆印章艺术集锦

18.9 潘氏端砚

潘仕成雅好收藏也善于收藏。很早他就让扬州八怪之罗聘《鬼趣图卷》流入广东。潘仕成也是具独立人格的批判者，与之相映成趣的是，因目睹世道不平，有抨击违规国际贸易的《骂鬼诗》流传至今。

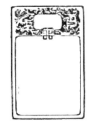

图18-16　拍卖会上的潘砚与吴桂昌先生收藏的潘砚（右）

潘氏其他收藏名目一定还有很多，端砚就是一种肯定少不了的收藏品类。吴桂昌先生现藏有一块潘仕成端砚（图18-16），砚上刻有文字和纹印，造型雄浑富态。随着人们对海山仙馆研究的深入关注，潘氏流传民间的遗产会逐渐被发现，将来一定有更多的收藏品问世。清代早期积累下来的广东古书画收藏后来大多流向了上海、香港及海外而散佚。潘仕成的古物收藏因园林破灭也较早地流散各地。①

附：

海山仙馆丛书（部分）

潘仕成字德畲，番禺（今广东番禺）人。官至兵部郎中。海山仙馆为潘氏之别墅。《海山仙馆丛书》是清代潘仕成所撰的一部古籍，是书刊于清道光二十九年（1849年）。

卷首例言，略谓必择前贤遗编，足资身心学问，而坊肆无传本者，方付枣梨；且务存原文，不加删节，即立说未尽曲当，悉仍其旧，未便参改。所选除经史诗文集外，多选数学、地理、医学等方面书籍，而数学书尤多，收有明代西洋利玛窦口译，徐光启、李之藻笔述的数学书多种，以及徐光启、江永等人的数学著作。整部丛书虽仅收书56种，以比《粤雅堂丛书》，虽规模稍逊，而声价相等，都是当时较有影响的丛书，共487卷。有清道光、咸丰间番禺潘氏刊、光绪中补刊，部分书目如下（https://baike.baidu.com/item/）：

1. 遂初堂书目一卷（宋）尤袤撰　道光二十六年（1846年）刊
2. 读书敏求记四卷（清）钱曾撰　道光二十七年（1847年）刊
3. 易大义一卷（清）惠栋撰　道光二十七年（1847年）刊
4. 尚书注考一卷（明）陈泰交撰　道光二十七年（1847年）刊
5. 读诗拙言一卷（明）陈第撰　道光二十七年（1847年）刊

---

① 卜松竹.清代"岭南第一名园"见证盐商巨子起落，海山仙馆兴衰[EB/OL].[2022-12-07]. https://www.sohu.com/a/614754905_121124757.

6. 四书逸笺六卷（清）程大中撰 道光二十六（1846年）刊

7. 一切经音义二十五卷（唐）释玄应撰（清）庄炘（清）钱坫（清）孙星衍校 道光二十五年（1845年）刊

8. 古史辑要六卷首一卷（清）口口撰 道光二十五年（1845年）刊

9. 史记短长说二卷（明）凌稚隆撰 道光二十七年（1847年）刊

10. 顺宗实录五卷（唐）韩愈撰 道光二十六年（1846年）刊

11. 九国志十二卷（宋）路振撰（宋）张唐英补 道光二十七年（1847年）刊

12. 洛阳名园记一卷（宋）李格非撰 道光二十六年（1846年）刊

13. 靖康传信录三卷（宋）李纲撰 道光二十六年（1846年）刊

14. 庚申外史二卷（明）权衡撰 道光二十七年（1847年）刊

15. 二十二史感应录二卷（清）彭希涑撰 道光二十九年（1849年）刊

16. 广名将传二十卷（明）黄道周注断 道光二十九年（1849年）刊

17. 高僧传十三卷（梁）释慧皎撰 道光二十七年（1847年）刊

18. 酌中志二十四卷（明）刘若愚撰 道光二十五年（1845年）刊

19. 火攻挈要三卷图一卷（清西洋）汤若望授（清）焦勖述 道光二十七年（1847年）刊

20. 慎守要录九卷（明）韩霖撰 道光二十九年（1849年）刊

21. 明夷待访录一卷（清）黄宗义撰 道光二十七年（1847年）刊

22. 考古质疑六卷（宋）叶大庆撰 光绪十一年（1885年）刊

23. 隐居通议三十一卷（元）刘埙撰 道光二十九年（1849年）刊

24. 洞天清禄集一卷（宋）赵希鹄撰 道光二十九年（1849年）刊

25. 调燮类编四卷 道光二十七年（1847年）刊

26. 菰中随笔一卷（清）顾炎武撰 道光二十五年（1845年）刊

27. 云谷杂纪四卷首一卷末一卷（宋）张淏撰 道光二十九年（1849年）刊

28. 龙筋凤体判四卷（唐）张鷟撰（明）刘允鹏注（清）陈春补正 道光二十六年（1846年）刊

29. 桂苑笔耕集二十卷（唐）崔致远撰 道光二十七年（1847年）刊

30. 敬斋古今黈八卷（元）李冶撰 道光二十九年（1849年）刊

31. 晁具茨先生诗集十五卷（宋）晁冲之撰（清）口口注 道光二十七年（1847年）刊

32. 揭曼硕诗三卷（元）揭傒斯撰 道光二十七年（1847年）刊

33. 青藤书屋文集三十卷补遗一卷（明）徐渭撰 道光二十六年（1846年）刊

34. 妇人集一卷附补一卷（清）陈维崧撰（清）冒褒注 补（清）冒丹书撰 道光二十六年（1846年）刊

35. 渔隐丛话六十卷后集四十卷（宋）胡仔撰 道光二十六年（1846年）刊

36. 四溟诗话四卷（明）谢榛撰 道光二十五年（1845年）刊

37. 宋四六话十二卷（清）彭元瑞撰 道光二十六年（1846年）刊

38. 词苑丛谈十二卷（清）徐釚撰 道光二十七年（1847年）刊

39. 竹云题跋四卷（清）王澍撰 道光二十七年（1847年）刊

40. 读画录四卷（清）周亮工撰 道光二十七年（1847年）刊

41. 续三十五举一卷（清）桂馥撰 道光二十七年（1847年）刊

42. 茶董补二卷（明）陈继儒辑 道光二十七年（1847年）刊

43. 酒颠补三卷（明）陈继儒辑 道光二十七年（1847年）刊

44. 尺牍新钞十二卷（清）周亮工辑 道光二十七年（1847年）刊

45. 颜氏家藏尺牍四卷姓氏考一卷（清）颜光敏辑 道光二十七年（1847年）刊

46. 几何原本六卷（明西洋）利玛窦口译（明）徐光启笔受 道光二十七年（1847年）刊

47. 同文算指前编二卷通编八卷（明西洋）利玛窦授（明）李之藻演 道光二十九年
（1849年）刊

48. 圆容较义一卷（明西洋）利玛窦授（明）李之藻演 道光二十七年（1847年）刊

49. 测量法义一卷（明西洋）利玛窦口译（明）徐光启笔受 道光二十七年（1847年）刊

50. 测量异同一卷（明）徐光启撰 道光二十七年（1847年）刊

51. 句股义一卷（明）徐光启撰 道光二十七年（1847年）刊

52. 翼梅八卷（清）江永撰 道光二十七年（1847年）刊

53. 历学补论一卷

54. 岁实消长辩一卷

55. 恒气注历辩一卷

56. 冬至权度一卷

57. 七政衍一卷

58. 金水发微一卷

59. 中西合法拟草一卷

60. 算剩一卷

61. 女科二卷产后编二卷（清）傅山撰 道光二十七年（1847年）刊

62. 海录一卷（清）杨炳南撰 咸丰元年（1851年）刊

63. 新释地理备考全书十卷（西洋）玛吉士撰 道光二十七年（1847年）刊

64. 全体新论十卷（西洋）合信氏撰 咸丰元年（1851年）刊

19

海山仙馆植物景观美的赏析

植物是地理环境中的重要特征元素，也是造园的原真活性材料。多样化的植物品种、丰富的水文资源、亚热带的气候是地处北回归线上的广州造园的优越自然环境条件。岭南地区温湿多雨，植被多为季风常绿阔叶林，层次结构丰富，群落一般分为5~6层，可为岭南园林锦上添花。

花木与山、水、建筑在园林中相得益彰，是园林艺术达到"道法自然"的结果。正如《园冶》所说："梧阴匝地，槐荫当庭；插柳沿堤，载梅绕屋；结茅竹里，浚一派之长源；障景山屏，列千寻之笋翠，虽由人作，宛自天开。"①

海山仙馆植物景观很有个性：总体印象是"荷花世界、荔子光阴""十里红云、十里荷香"；最大面积与最长线型景观给人节点景观最突出印象是：果木秀逸、柳拥楼台、"五秀"亲水、榕阴匝地；人为布置的景观动态印象是：佳果满园、盆花摆供，充分依靠地域性植物营造园林特色。

行商大宅园"海山仙馆"为清代南国名园，因精心营造、文化浸淫，成了一座古色古香、植物景观多姿多彩的艺术家园。清道光、咸丰、同治年间，曾赢得"蓬岛仙山、花林秘宝、珠江之胜、岭南之冠"等诸多美誉。因国门半通，商品交流，又率先吸收了一些西方要素，备尽华夷所有，一时声驰朝野、名动中外。

荔枝湾湿地河涌纵横、一些露头的台地堤埂，正是植物造景的敏感地段。16世纪前的广东降雪南线还位于广州以南，以后海岸线南移、降雪线北移、咸水浸湿线的进退、台风频率及地质地貌的变化，对园林植物景观必有影响。十九世纪的海山仙馆园林植物造景颇有特色，通过洋人著作的记述、近代中国诗人的咏唱、历史画卷的描述，我们多少可以了解到当时植物景观的大致情况。《荷廊笔记》中记载："高楼层阁，曲房密室，复有十余处，亦皆花承树荫高卑合宜。"②海山仙馆中的花木与周围的环境达到了和谐的统一，才有"如画林亭花四壁，真仙楼阁海三山"③的景观效果。

据载，海山仙馆中不仅有茶花、菊花、吊钟、紫菀和夹竹桃等各种花卉，也有柑橘、荔枝、金橘、黄皮、龙眼、蟠桃等岭南佳果。岭南多样性的植物，为海山仙馆植物造景的选择，提供了充分的条件。

19.1　台池嘉木锦簇　园亭奇葩香艳

海山仙馆占地约10公顷，因联系着广阔的海面和江面而显得宽阔壮观，故以"海""山"联名仙气十足。建筑物组合方式灵活，轩、阁、室、楼、廊的布局相对开放通透。住宅多与植物结合为一体，不仅住宿可以偏安一隅，还可以供客人自在游赏。从总体上看，此园不同于江南园林的小巧玲珑、精雕细琢的个人文雅气质，而追求一种自然大气、且能把控时空的

---

① 计成. 园冶·卷1·园说，载：赵农. 园冶图说[M]. 济南：山东画报出版社，2010：48.

② 俞洵庆. 荷廊笔记·卷2，羊城内西湖街富文斋承印刊，清光绪十一年，第5页。

③ 高人鉴诗。见：广州市荔湾区文化局，广州美术馆. 海山仙馆名园拾萃[M]. 广州：花城出版社，1999：39.

图19-1　夏銮绘"海山仙馆全景图"核心部分植物分布

高贵气概（图19-1）。

　　道光二十二年（1842年）7月29日，海山仙馆贮韵楼宴集。广州知府黄恩彤在他的《荔枝园赋并序》中讲道："荔枝园者，番禺潘大夫之别业也，亦曰海山仙馆。跨波构基，周广数十万步。一切花卉竹木之饶，羽毛鳞介之珍，台池楼观之丽，览眺宴集之胜，诡形殊状，骇目悦心。"[1]对博大精深之园林的感悟，官场达人的文字也够惊悚动情的。

　　从众多文献可以查阅到大量描绘、赞颂海山仙馆植物景观之美的诗词句段，大都可作如是观。庭院嘉木林立，园亭奇葩香艳，形态及风韵迥异其趣，且不独资观赏，而务实深沉。岗峦苍松蟠郁，古趣益然；池塘白荷玉立，雨翻碧叶；岸畔春柳，"柔条千缕，依依拂水"。曲坞，"翠筠入疏柳，清影拂圆荷"。堂前，古榕浓荫覆地，香樟枝叶幢幢；木棉排空攫拏，刺桐殷红如火；吊钟妖艳夺目，含笑香幽若兰；紫薇舞燕惊鸿，焦影秀逸摇曳。广庭，梧桐翠叶疏风，玉兰莹洁清丽；丹桂四时香馥，梅花暗香浮动。

　　海山仙馆种植的山茶、大理（芍药）、芝兰、紫苑、菊花等珍卉，均以盆栽摆设于花基；花台或露地堆成金字形花塔。年复一年，此起彼落。海山仙馆南国佳果颇丰。荔枝果熟如丹，龙眼肉白甜润，黄皮酸甜可口，柑橘朱实悬金。夏日，素馨花香酷烈，洁白光艳，女人们盛行用之装饰发髻，谓之"花疏""珠掠"。[2]秋日从"修梧密竹带残荷，燕子帘栊翡翠巢"[3]中，可知园内还有高大的梧桐、葱郁的密竹。"桂子香余菊正开，朋簪回首廿年怀。木奴坐看千头熟，楂客谁期万里来"（何绍基诗）。

图19-2　潘氏子孙海山仙馆生活照

　　园主家族似乎对园林植物情有独钟。潘家年轻人喜欢园中普遍种植的芭蕉、黄皮、龙血、芒果等果木。图19-2为潘氏子孙自摄于海山仙馆的照片，从中我们可见园林植被的茂密和物种的丰富。

①　陆琦. 岭南造园与审美[M]. 北京：中国建筑工业出版社，2005：43.

②　周琳洁. 广东近代园林史[M]. 北京：中国建筑工业出版社，2011：51-53.

③　何绍基诗。见：广州荔湾区文化局，广州美术馆. 海山仙馆名园拾萃[M]. 广州：花城出版社，1999：39.

岭南因地理气候的优势，植物种类繁多，生长茂盛，富有浓厚的南国特色。美国人亨特，是这座馆园的亲见亲历亲知者。其所著《旧中国杂记》载："这里到处分布着美丽的古树，有各种各样的花卉果木，像柑桔、荔枝以及欧洲见不到的果树如金桔、黄皮、龙眼，还有一株蟠桃。花卉当中有白的、红的和杂色的茶花、菊花、吊钟、紫莞和夹桃。"[①] 无论传统种植模式，还是随机模式，都适宜岭南地方特点。

19.2 "一湾清水绿　两岸荔枝红"

纵观千年园林史，横看南北经典园。行商名园海山仙馆在植物景观上最富典型的整体性特色的还属"荷花世界、荔子光阴"，至今尚没他例超越。除了具有观赏价值，规模大，还兼食用价值。正如俞洵庆《荷廊笔记》的记载：潘"园多果木，而荔枝树尤繁。"

荔枝原产岭南地区，是南方珍贵的果树，果味鲜美，曾使远在长安的杨贵妃闻之窃喜。"一骑红尘妃子笑，无人知是荔枝来。"宋代苏东坡曾一饱口福而感叹"日啖荔枝三百颗，不辞长作岭南人。"荔枝又是岭南园林的主要造景植物，其树型"团团如帷盖"，绛果翠叶，甚为佳丽。东汉王逸有辞赞曰："睹荔枝之树，其形也，暧若朝云之兴，森如横天之慧。触兴而灵华敷，大火中而朱实繁，灼灼若朝霞之吐日，离离若繁星之著天。"[②]

广州荔枝湾以荔枝出名，唐代建有荔园，荔枝冬夏不凋。南汉有皇家"昌华苑"，荔熟之时，后主摆设"红云宴"，与众嫔妃寻乐或招待贵胄名流，美誉"十里红云、八桥画舫"。元代设"御果园"，明代为"羊城八景"之一的"荔湾渔唱"，清代为大型行商园林集结之地。"千树荔枝四围水，江南无此好江乡"（清·张维屏《邱浩川辟园于荔湾》诗）。

潘仕成在购得邱熙"唐荔园"后实行了一定规模的扩建，使之成为海山仙馆的重要组成部分。邱园原名"虬珠园"，后改其名乃源于园内遍植荔枝之故。当时的荔枝湾多呈河涌池塘的水系结构。"一湾清水绿，两岸荔枝红"，就是这里总体的景观模式（图19-3）。许多景观建筑也多立于基围长堤之上。画舫、舢板、小卖艇游弋相错，两岸名园荟萃、荔枝"红雾弥盖"，景观清爽独特。

客居海山仙馆的何绍基，深得此园韵味，其词道出此园意境："寻荔枝香处，醉倒金波"，"一片荷花如海，有无限绮丽风光。重携酒，慢摇苏舸，贪为荔支境。"他的"妙有江烟水意，却添湾上荔支多"，一语界定了此园与江南园林不同的景

图19-3　"树上丹砂胜锦州"的唐荔园

---

① 威廉·亨特. 旧中国杂记[M]. 沈正邦，译. 广州：广东人民出版社，1992：88.

② 谢丽. 岭南古典园林植物诗话[J]. 风景园林，2004（53）：67-69.

观气色。潘园北高南低，果木茂盛，"平岗曲坞，叠陇乔木"之地形地貌。因北阜而垒山、因南洼而疏池，保留丹荔、莳培"五秀"。纯任天然风物，构成园林之盛。拥有"千株荔子、十里荷香"的规模，给人以震撼的感染力。正如（清）《羊城竹枝词》云："半塘夏日荔初红，万树虬珠映水浓；消受绿天亭一角，乱蝉声扬藕花风。"①

清代文人樊封有言："是溪也，近带两村，远襟南岸，水皆漂碧，滑若琉璃，即古所称荔枝湾也。背山临流，时有聚落，环植美木，多生香草。榕楠接叶、荔枝成荫，风起长寒、日中犹暝……"熊景星也说："居人以树荔为业者数千家……红云十里，八桥画舫，游人萃焉"。②可见这一时期荔枝湾涌有了热闹的旅游业。

相对海山仙馆的沿涌植物栽培特色，《广州河南名园记》中多行商园林喜好沿涌列植水松则别有意味。水松形态叶墨清疏、干骨挺劲，河南行商士人多有以此立意之举。清中叶以后，伍家宅园总括命名"万松园"、潘有度有南墅"义松堂"、潘有为有"南雪巢""六松园"、潘正兴有"万松山房"等，均对"松树的风格"欣赏厚爱。文人李调元记："广中凡平堤、曲岸，皆列植以为美观。"③松枝傲霜凌雪与荔枝体态成堆成团成云朵，各有列植线性美的特色。

19.3 四面荷花开世界 几湾杨柳拥楼台

英国摄影师约翰·汤姆森直面海山仙馆："我们看到的是典型的中国园林，低垂着枝条的柳树，树影荫蔽的人行道，反射着阳光的荷花湖，洒金边的游船在湖面上漂流。"④第一时间、第一印象就是荔子荫中的荷花世界、杨柳楼台。

海山仙馆中最著名花木是荷花与荔枝。赵畇说："到门四顾色先喜，万柄荷花千荔子。"⑤千茎菡萏、百亩菱芡，可谓"遥遥十里荷花，递香幽室。"潘园"林泉一曲夜忘午，风月半楼人欲仙"。《荷廊笔记》谈到园中凉榭"三伏时，藕花香发，清风徐来，顿忘燠暑"的空调效应。园内有联"荷花世界，荔子光阴，盖纪实也"⑥。红荔白荷确实是一对上下呼应、色泽对应，线面舒展具景观搭配美的构图因子，是营造"三伏闻藕花之香，六月品荔枝之味"舒适惬意美景的景观资源。建筑映在绿树丛中，仿如世外桃源、人间仙境，处处有景可借、有绿可衬、有荫可依、灵心秀韵、浑然天成。

文人冼玉清曾描绘该园，"缭绕四周，广近百亩。芰荷纷敷，林木交错。亭台楼阁无多，而游廊曲榭，环绕数百步，沿壁遍嵌石刻，皆晋、唐以来名迹"。道出了园之广，林木

① 周琳洁. 广东近代园林史[M]. 北京：中国建筑工业出版社，2011：52.

② 王月华. 千年荔枝湾 荔枝何处寻[N]. 广州日报，2019-07-04.

③ 李调元. 粤东笔记[M]. 台北：新文丰出版公司，1979.

④ 辉林. 约翰·汤姆森与广州海山仙馆[EB/OL]. 辉林博客，http://blog.sina.com.cn/gzdhl.

⑤ 方濬颐诗. 见：广州荔湾区文化局，广州美术馆. 海山仙馆名园拾萃[M]. 广州：花城出版社，1999：40.

⑥ 黄佛颐. 广州城坊志[M]. 广州：广东人民出版社，1994：82.

芰荷之繁密，湖广水阔层层分布的特点。于是具有"荷花深处，扁舟抵绿水楼台；荔子荫中，曲径走红尘车马"①的大尺度动观景象。据（法）伊凡：《广州城内》记载："庭院中央有个池塘，碧绿的水中长满了荷叶。池塘周边垂柳成荫，不同形状的花圃里簇拥着杜鹃花、菊花和牡丹。"②

据《番禺县续志》载："海山仙馆，池广园宽，红蕖万柄，风廊烟淑，迤逦十余里，为岭南园林之冠。"《荷廊笔记》谓"一大池，广约百亩许，……距堂十数步外，池植荷花，一台峙立其中。此为歌舞奏乐之处"，"夏荷香发，碧叶翻浪"③。荷花的环境美化作用发挥得太妙了（图19-4）。

荷花别名莲、芙蕖、芙蓉，睡莲科莲属多年生水生植物。（荔枝湾芳华苑）"土沃宜蔬，金塘宜荷。"荷花在中国栽培历史悠久，花叶美丽、清香致远，隐喻清白纯洁、出淤泥而不染的高尚精神，在岭南水

图19-4 荷花世界中的"云岛瑶台"一角
（历史图片19世纪60—70年代赖阿芳摄）

景园中应用很多。据《汾江草庐记》描述同时代的佛山梁园"一水画堤，涧流潺潺，沿涯遍植菡萏，参差错叠，每堂炎云纷炽，香风微来，碧盖千茎，丹萼几色，月夜泛舟上下，足避暑焉。"丁琏有诗云："桥从菡萏花间过，人在玻璃镜里行。"④

"四面荷花开世界，几湾杨柳拥楼台。"潘园水生植物景观资源的确异常丰富。以"荷"为首的泮塘五秀（莲藕、荸荠、菱角、茨菇、茭白）等水生植物以及各类奇花异卉，四季生长，"花落花开无间断，春去春来不相关"。荔枝湾"荷花世界柳丝多"，几乎到处都能找到与世无争的"五秀"，既可登园林大雅之堂，又可同普通人家相依秀美。"五秀"作为植物景观要素，从农作宏观层次到盆景艺术的微观层次都可用来造景组景，这充分展现了岭南水生植物景观的特色和岭南人的审美情绪。

19.4 国色天绿是芭蕉 月影团圆暮复朝

从十三行时期作为中外文化交流贡献突出的外销画中，我们可以观察到芭蕉、香蕉也是行商园林之中最为动人的植物景观之一。

① 陈以沛. 海山仙馆的文化成就与影响[M]//广州市荔湾区地方志编纂委员会. 别有深情寄荔湾. 广州：广东省地图出版社，1998：123.

② 伊凡. 广州城内[M]. 张小贵，杨向艳，译. 广州：广东人民出版社，2008：133.

③ 计成著，陈植校注. 园冶注释[M]. 北京：中国建筑工业出版社，1998.

④ 谢丽. 岭南古典园林植物诗话[J]. 风景园林，2004（53）：67-69.

"甘蔗森林芭蕉海"，南国田野风光依然陶醉现代人。更有"芭蕉夜雨"深切细腻的思想感情早已移植到岭南园林之中。芭蕉从广袤的原野进入袖珍的庭院，完成了一个美的升华过程；在岭南园林设计中一直占有举足轻重的地位，并成为岭南园林的形象代表。"愁日幽暮还家错，记得芭蕉出槿篱。"芭蕉是岭南百姓人家小院习见之物，也是最大的草本植物。修茎大叶、姿态娟秀，高舒垂荫、苍翠如洗。"深院下帘人昼寝，红蔷薇架碧芭蕉。"钱羽专门写了一首深藏情思的《未展芭蕉》："冷烛无烟绿蜡干，芳心犹卷怯春寒。一缄书礼藏何事，会被东风暗拆看。"《汾江草庐记》载佛山梁园中"韵桥以北芭蕉数丛，几案皆石，陂塘自风"。园主梁九图自描自述汾江草庐"竹屋蕉窗围水石"。可见当时以窗为框景，常布置入画的芭蕉，喜得一帘幽梦。诗人陈璞的观感亦是"绿荫深处映清流，蕉曲松根坐更幽"[1]。

为避风寒，芭蕉常常藏身于庭院墙角一隅，然后开窗观赏。而海山仙馆中的芭蕉景观从外销画"越华池馆"中可以看到它多植于开敞空间，作为高乔木下的灌木配置（图19-5），同游人有一个的亲近距离，并非给人一个"愁"字了得。有关行商伍家花园及其他富商别墅园林的外销画中也有芭蕉的靓影，同样植于开敞地段（图19-6）。在晴朗的夏日，它宛如天然的伞盖，能遮阳降暑，给游人一片阴凉的绿意；在潺潺的雨天，雨点淅淅沥沥，滴在叶上，声声圆润、清脆动听，好一曲《雨打芭蕉》的轻音乐。[2] 同治年间的科举探花李文田有花埭杏林庄八景诗一首："色国天绿是芭蕉，月影团圆暮复朝。记得怀人风雨夜，笑他迷鹿有山樵。"[3] 他们同宋代南下的李清照一样，很看好芭蕉快人心扉的大块"绿"色。芭蕉带给我们的是优雅的"绿色生活"。

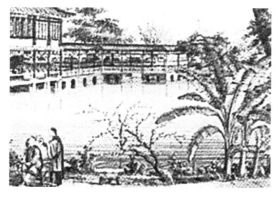

图19-5　海山仙馆"越华池馆"中的芭蕉种植（外销画）

图19-6　某富商别墅庭院丛植芭蕉背景

19.5　密叶隐歌鸟　香风留美人

观赏历史图片、阅读文献可以发现，海山仙馆植物造景的听觉、嗅觉审美特征，也给古人留下了深刻印象。比如盆栽摆布就有一种特别的审美艺术效果（图19-7）。

① 谢丽. 岭南古典园林植物诗话[J]. 风景园林, 2004 (53): 67-69.

② 金学智. 中国园林美学[M]. 苏州：江苏文艺出版社, 1990: 311.

③ 周琳洁. 广东近代园林史[M]. 北京：中国建筑工业出版社, 2011: 55.

图19-7　海山仙馆中的摆花活动（外销画）

　　盆栽定义是指栽在盆里的，有生命的植物总称。盆栽必须是活体植物，不同于盆花（可以是"仿真花"）。盆栽系由中国传统的园林艺术变化而来，以摹仿自然山水植物景色营造不同层次尺度的园林景观。

　　中国盆景，古朴清秀，典雅多姿，高雅优美。它与中国画、山水园有着密切的联系，融山石、盆栽、园林和书画等多项艺术于一体。北魏中期，北魏杨衒之《洛阳伽蓝记》载：宣武皇帝元恪建景明寺和瑶光寺。当时寺观盆景兴盛，"青林垂影，绿叶为文，青苔紫阁，浮道相通，虽外有四时，内无寒暑。房檐之外，皆是山池，遍布崔、蒲、菱、藕；紫甲黄鳞，出没于繁藻；青凫白雁，浮沉于绿水。"司农张伦，宅内营造景阳山和昭仪尼寺，"重岩复岭，欹崿相连，深溪洞壑，逦迤连接；高林巨树，足使明月蔽亏，悬葛垂萝，能令风烟出入。"①

　　传统的中国盆栽可分成两大类。上述第一种为树木盆景——以树木为主体，石、草、苔及饰物为辅，模仿自然树相，加以剪定整姿，表达各树种的本质与特性。上述第二种为山水盆景——即以石为主体，树作点缀，配合人物、亭台、桥、船、动物等小玩物，以写实的手法创作布局，表达山水景色的盆栽。

　　美国人亨特是个"广州通"。他多次到过潘园，对其引人入胜的植物盆景景观印象颇深："花卉当中有白的、红的和杂色的茶花、菊花、吊钟、紫菀和夹竹桃。跟西方世界不同，这里的花种在花盆里，花盆被很有情调地放在一圈一圈的架子上，形成一个上小下大的金字塔。"②

　　以上是亨特所见集中摆布的盆栽塑造大景观的作品。其他分散摆布的情况将分室内、室外、半室内、半室外，摆布景观造型更是多种多样。图19-8所示室外围栏矮墙（花基）上、房屋檐廊栏杆平板上的盆栽，加上所有园门园路和开敞空间都由大大小小的盆花联系在一起③，可以想象张灯结彩的时节，里三层、外三层的盆花怒放、处处都有精妙的微观、中观、宏观式的盆景，真足够风光的。

①　邵忠. 揽景会心领其趣[J]. 花木盆景（花卉园艺），1994（3）：42.

②　威廉·亨特. 旧中国杂记[M]. 沈正邦，译. 广州：广东人民出版社，1992：88.

③　这种摆法英国人费弗尔在伍家馥荫园里看见过，里面种着花木和果树盆景。见：彭长歆. 清末广州十三行伍氏浩官造园史录[J]. 中国园林，2010（5）：97.

图19-8　破败中的海山仙馆檐廊矮墙还普遍摆放着盆栽

　　潘仕成是个有艺术追求的人，这馆园里"谈笑有鸿儒，往来无白丁"。广泛布置在各种厅堂馆所里里外外的盆栽作品一定有很高的艺术要求，并经常性地受到国内外人士认真的欣赏和评论。艺术创造成就的高低，则取决于作品意境的深浅。是"诗"，就必须有"诗情"，是"画"，就必须有"画意"。所谓"诗中有画，画中有诗"，定会令人达到"天人合一""物我两忘"的最高境界。盆景就是这样一种造型艺术，以"小中见大"的独特艺术手法，把色彩缤纷的大千世界，浓缩于咫尺的盆钵之中，必须成为一幅幅立体的"画"，一首首无声的"诗"。

　　"紫藤挂云木，花蔓宜阳春。密叶隐歌鸟，香风留美人。"李白诗生动地刻画出了紫藤优美的姿态和迷人的风采。这样的景致在海山仙馆里不在少数。那些"阳春日照"的季节，海山仙馆美人如云，年轻的老婆就有50多个、侍女80个左右。似乎到处可见"密叶隐歌鸟，香风留美人"的景象（图19-9）。其

艳丽程度在李仕良的《过海山仙馆遗址》中可以看到："主人方雄豪，百万讵回顾？买得天一隅，结构亭台护。流露降雪堂，金碧纷无数，佳气郁葱哉，森然簇嘉树，插架汉唐书，嵌壁宋元字。沉沉油幕垂，曲曲朱栏瓦，时有坠钗横，罗绮姬姜炉。此乐信神仙，高拥烟云住。"天上人间的美景生活，就在这里！

图19-9　"密叶隐歌鸟　香风留美人"

　　难怪在广州河南行商住宅区，海幢寺保留有百年古藤。紫藤一串串硕大的花穗垂挂枝头，紫中带蓝，灿若云霞。灰褐色的枝蔓如龙蛇般蜿蜒。难怪古往今来的画家都爱将紫藤作为花鸟画的好题材。"紫房日照胭脂拆，素艳风吹腻粉开。怪得独饶脂粉态，木兰曾作女郎来"（白居易诗）。一盆木兰既有英姿豪迈的一面，又有娇柔妩媚的一面。穿行在盆栽盆景之间，怎不令人想入非非、心花怒放。

　　盆栽景观，还具有不限时令季节、不限地址场所限制的审美体验功能。从古到今，世人毫不吝惜表达对松柏的青睐。南北朝的鲍熙在《松柏篇并序》中说："松柏受命独，历代长

不衰。"宋代三苏中的苏辙也在其《服茯苓赋叙》写道："寒暑不能移，岁月不能败者，惟松柏为然。"盆栽培育与摆放的灵活性，可使人获得虽"外有四时，内无寒暑"之感。

大规模地摆放盆栽，肯定需有大规模的后备制作和作品储备。如古人钱众仰称之为"盆池"的花钵、花盆、花盘、花坛就需要成千上百的。为此，海山仙馆内或在附近一定设有大规模的花卉花木培植苗圃、盆栽作品创作室、陈列场（图19-10），同时必须雇请众多花工、工匠、园艺师及其养护人员在此工作、外出采购搬运。

有些文化艺术（如黄梅剧）正因为有商界商人集团的支持而才形成、生存下来，流传至今的。岭南盆景是否有这种机遇和经历，值得探讨（图19-11）。以"花城"广州为中心的广东盆景，因地处五岭之南而称为岭南派。岭南派盆景形成过程中，受岭南画派的影响，旁及王山谷、王时敏的树法及宋元花鸟画的技法，创造了以"截干蓄枝"为主的独特的折枝法构图，形成"挺茂自然，飘逸豪放"的特色。[①] 创作题材或师法自然，或取于画本，分别创作了秀茂雄奇大树型、扶疏挺拔高耸型、野趣横生天然型和矮干密叶叠翠型等具有明显地方特色的树木盆景；又利用华南地区所产的天然观赏石材，依据"咫尺千里""小中见大"的画理，创作出再现岭南自然风貌为特色的山水盆景。

因培养环境不同，盆栽有特大型、大型、小型之分。如榕树盆景师法自然、技法精湛，继承传统、兼收并蓄，使自然美和艺术美得到和谐统一，形成了种类齐全、形式多样，根盘

图19-10　十八世纪上半叶盆栽苗圃创作展陈工作室（外销画）

图19-11　私家园林中的盆景院

---

① 陈纪周. 盆景艺术[M]. 济南：山东科学技术出版社，1998：11.

显露、排列有序、树冠秀茂、枝干流畅，疏密有致、刚柔相济的独特风格。[1]

我国明清时期民间陈设的陶瓷，图案优美，内容丰富，造型多样，寓意深刻，有着极高的文化艺术价值。从符号学的角度，通过对该时期民居陈设陶瓷进行分析研究，对陶瓷花卉纹饰文化内涵解读，分析陶瓷花卉纹饰符号的作用和现实意义，很有必要。

现发现钵底刻有"海山仙馆家藏"的白瓷花钵，八方体外壁绘制有色彩艳丽的、仿潘园的园林美景（图19-12）。这多少可说明花钵的收藏也是海山仙馆的一种文物活动，或者说潘园的花钵、花盆、花瓶都具有收藏价值。

图19-12　海山仙馆瓷花钵

海山仙馆盆栽花盆多来自石湾、小榄，常作为艺术品置于博古架或几架上清供让人赏心悦目。它们代表了不同时期的历史，作为一种文化的符号可以世代传承。石湾盆制作自由，或圆或方或异形不受限制，聪明的制盆艺人还发挥创意，在盆身上贴塑或雕镂出各种象征吉祥的公仔图案和不同文体的诗句。融入岭南画风的山水画和花鸟图案，形态传神，栩栩如生，往往给一个普通的花盆陡添了几分文化气息，更充分表现了制盆艺术和岭南书画园林的完美结合。

石湾盆属釉陶盆，透气性比石盆和瓷盆好，款式和色彩较紫砂盆样式多。石湾花盆胎釉深厚朴实，釉色或沉静素雅或生动秀丽。特别是花盆在柴窑烧制过程中发生了化学反应窑变的更是色彩斑斓，如"雨过天青""雨淋墙""石榴红"等绚丽的釉变，让许多收藏爱好者趋之若鹜。石湾盆我国两广、港澳地区使用普遍，日本、东南亚也有发现。

19.6　西人喜游潘园　引来物种交流

对中国园林植物栽培有预备知识和体验的外国人——摄影家约翰·汤姆森，曾记载了对潘园植物的一次考查：

"前面的这座三级塔告诉我们潘家花园到了，我们走进花园外墙的一道门一进入花园，我们似乎第一次认识了儿时在图画上看到的中国。在这里，我欣赏了典型的中国园林；垂柳轻拂，林荫小道，镏金装饰的游船在夏日的荷花池中荡漾。在一个亭子边，颇为有名的柳桥跨立在湖上。"[2]

约翰因摄影事故丢失了不少镜头。他本来用相机摄下了柳桥，但看到泡在药液中的照片时才发现：那装饰一新的楼台亭阁和枝头盛开着羽毛般的榕花的树木不见了，蜿蜒于照片

① 赵祥云，等. 花坛、插花及盆景艺术[M]. 北京：气象出版社，2004.

② 辉林. 约翰·汤姆森与广州海山仙馆[EB/OL]. 辉林博客，http://blog.sina.com.cn/gzdhl.

前景平台的篱笆架也不见了。"这些花园有着离奇古怪的一切：弯弯曲曲的小径使你不敢前行，只得原路返回；沿着在长满青苔的假山石内穿过的石洞，能引导你登上人工湖边的亭台或戏楼。"①

在其他一些地方，约翰见过"几个规模较大的露天沙龙，是当地绅士们聚会的地方。他们有的坐在凉爽的方石墩上，有的坐在檀木椅子上，享用着茶点，或听着鸟啭似的琵琶声，席间还有尖声尖气的女声歌唱。"②这是当地绅士阶层的一种游园娱乐活动，同时还在"泡功夫茶"呢。

外国艺术家喜欢用"拟人法"来观赏园林中的景观，尤其是动物景观："我们发现有两只没有尽责双亲带着的小鸳鸯鸟，正用着蹼脚跟在我们的后面很悠然自得"。③

这些表明海山仙馆能容纳不同宗教文化背景里的人；外国人也能接受和喜爱行商园林。在外国游园人员的笔下，潘园中楼阁掩映，种满了各种花草木——荷、桃、桂、茶、柑、菊、松、桧、竹、柳、梧桐、荔枝、龙眼、黄皮、佛手、芭蕉、金橘、蟠桃、凤凰木、夹竹桃、吊钟花……许多诗词记载，行商园林中还有外来引种和杂交的芒果、洋蒲桃、批把、苹婆等。有的树上挂着橄榄球般的果实（译者注：应为"大树菠萝"，又名"菠萝蜜"，也是外来树种），其他树木还有羽状叶树的花在盛开（译者注：可能是"红花楹"，又名"金凤"），一些篱墙在坛台的外围通过。④

海山仙馆利用盆栽技术培育或引进了大量的奇花异草（图19-13）。

图19-13 潘氏子孙摄于海山仙馆盆栽造型园

卢文骢先生说："堤上江荔，水里白荷，庭中丹桂，卷松翠桧，竹影桐阴，奇花异草相互衬托，并形成绿化体系。"这的确因了广东自然条件的恩惠，小气候的效应：夏无酷暑、冬无严寒，非常有利于植物生长，一年四季，"不知今夕是何时的云月，也不知今宵是何时的雨烟"，想象中的海山仙馆竟恍似海市蜃楼，迷朦清丽，如梦似幻，引得无数墨客泼墨、骚人兴骚、令人吟咏无尽的世外桃源。⑤

①　辉林. 约翰·汤姆森与广州海山仙馆[EB/OL]. 辉林博客, http://blog.sina.com.cn/gzdhl.

②　同①。

③　卢文骢. 海山仙馆初探[J]. 南方建筑, 1997（4）：36-44.

④　同③。

⑤　黎启. 广州行商园林, 18世纪曾漂洋过海声名远播[N]. 广州日报, 2018-03-06.

19.7 "蓬底哦诗相棹讴""松边幽韵人哦诗"

此节小标题第一句为宋人李洪《纪方杂诗》句,第二句乃陆游《山居》诗句。看来都与幽居园林、泛舟江湖有关,身边的蓬松都能引来人们的审美观照、随时随地吟诗讴歌。有关海山仙馆的诗词,并非仅"为尔哦诗歌帝力"(宋·姜特立《喜雨》),亦非"城头哦诗江动摇"(宋·陈与义《欲离均阳而雨不止书八句寄何子应》);而是描述园中植物的形态美、色彩美、季相美、意趣美,过多的还是当时高官、鸿儒们对园中植物规划布置、种植设计的感受。文酒诗会本身就是一次次特殊的植物景观审美盛会。

有学者对《海山仙馆图卷》中心景区的花木种类进行了辨别分析,他们对照当时美术画界常用植物的通俗描摹样式,发现图卷中可以直接辨认的花木品种,主要有荔枝、槐树、松树、桧柏、竹子、芭蕉、柳树、荷花、梧桐、菊花等30多种(表19-1)。这些花木围绕主要的楼堂馆所,配置艺术性极高,俯仰之间、环顾所及,均有构图优美的花、叶、枝、蔓、根、藤印入眼球,时时勾引人们的诗情画意,而成为诗家画客乐于吟咏模写的对象。

《海山仙馆图卷》部分花木种类表
表19-1

《海山仙馆图卷》中的花木图录				
花木图片					
名称	荔枝	槐树	松树	桧柏	梧桐
花木图片					
名称	竹子	芭蕉	柳树	荷花	菊花

图片来源:《广东园林》。

如史佩瑭的"花落逢君,珊馆湖觞葡酒热;竹深留客,划船箫鼓荔枝香",将"湖上三山"脚下、画舫碧波泊处,荔枝翠竹的芳香韧劲进行了渲染。钦差大臣耆英有诗:"雨翻荷叶绿成海,日映荔枝红到楼。"从中可知这潘园的雨荷绿海、丹荔红霞,是怎样"翻飞""抹色",逗人诗兴的。著名诗人何绍基词曰:"桂子香余菊正开,朋簪回首廿年杯。""修梧密竹带残荷,燕子帘栊翡翠窠。"可见潘园近身有"十月桂子、九月菊花",高处有楼阁梧桐、燕子穿杨,盛夏俯瞰竹枝点荷花、入秋留得残荷听雨声。这些搭配得多好。

道光三年进士、授翰林院庶吉士鲍俊诗咏海山仙馆:"碧荷丹荔曾消夏,翠竹苍松总耐秋""芙蓉馆檀板金樽"。荷池旁的水榭、大湖中间的越华池馆,以及游艇苏舸都是观赏和体验此种植物美景的好地方。松竹荔荷几乎大半年都是观赏期。状元林召棠对潘园印象很深，曾记载："十年别记槐黄候，五月来当荔紫初。"潘园黄槐与荔枝交相辉映，产生了一种暖色调的融合之美。

地方要员广东按察使、布政使和广东巡抚黄恩彤曾有文写道："区方塘而作田分，藩百亩之菱茨。"此言说明潘园还种植有大面积的水生经济作物"泮塘五秀"之一的菱茨。潘园地处南国湿地，水网密布，正处淡水入海之处，形成了许多植物与水紧密结合的自然景致。亲水植物、挺水植物、潜水植物花样繁多。水体边际的植物生态景观很有特殊性，这一点使海山仙馆同其他行商园林水池多用人工硬化驳岸相比，突出了生态环境的个性保护。

19.8 "观今宜鉴古，无古不成今"

作为四大造园要素之一的植物，是构成园林景观的重要素材，是造园中不可或缺的组成部分。在生产力水平低下的年代，植物种类并不十分丰富，但审美重点已由动物转寄心志于植物景观，由此造就了我国古典园林植物造景辉煌的成就和耐人寻味的特点。[1]

园林的基本色调常由建筑决定，尤其是建筑用地比例过大时，节令对园林建筑的影响不明显，故色调变化不大。但在理论上园林的总体色调和氛围应该主要由植物决定，给人以时令上的变化感为妙。岭南园林花木品类繁多，乡土树丰富，可营造多种层次的地方基本色调，让植物景观作品与周围环境相适应、散发艺术文化底蕴，表达一定意境美，且兼具生态、经济等多方面的功能。由此可判断，海山仙馆的整体主调就是因荔枝林幽幽静默、森森渺渺、闲静浓郁的地域特色——素雅与精致——构成了高超的境界与神髓。井然不紊、参差无乱，优游天成、温婉风致。的确因了自然的恩惠，使得园林建筑的设计和安排能有更大的自由度。它到处都有景可借，有绿可衬，有荫可依，故而不需靠雕梁画栋"华妙胜"取胜，而借浑然天成的灵心秀韵，摒褪雕琢堆砌的匠颜。[2]

什么是景观文化形态的发展战略？园林植物景观的营造可做出正面的回答。[3]

岭南雨足水多，历代造园者都会利用江湖池涧营造"水木常青""回浦烟媚"的水乡特色景象。因亚热带的日照强烈，闷湿炎热天气多，"茂树浓阴""湘帘尽绿"自然是合乎人们生理、心理需求的景观。岸边多种水松、水翁、杨柳等亲水树木，石旁多植鸡蛋花、七里香、棕竹等，墙边多有观音竹、榕树、葵藤薜荔。其他乡土树如红棉、乌檀、仁面、黄兰等可随地栽植，岭南佳果如荔枝、龙眼、杨桃、黄皮等可围屋补空，并可供食用。"竹屋蕉窗""古木蕴秀""小栏花韵""浪接花津"等则是本地普适性的景观。我们完全可以依据地方植物的生长特性、种植特性、民俗审美特性，创造出不寻常的植物景观特色来。

巧妙运用热带植物的尺度特性，也是创造南国奇葩植物景观的迅速而简约、经济而实惠

---

① 黄德昕. 植物造景语言体系理论研究[D]. 北京：北京林业大学，2012.

② 广州市荔湾区文化局，广州美术馆. 海山仙馆名园拾萃[M]. 广州：花城出版社，1999.

③ 黎启. 广州行商园林，18世纪曾漂洋过海声名远播[N]. 广州日报，2018-03-06.

的有效手法。

普罗塔哥拉有句名言："人是万物的尺度，是存在的事物存在的尺度，也是不存在的事物不存在的尺度。"[1]合理舒适的空间尺度决定了园林设计的成败。尺度所研究的是建筑物整体或局部构件与人或人熟悉的物体之间的比例关系，及其这种关系给人的感受。在建筑设计中，常以人或与人体活动有关的一些不变元素如门、台阶、栏杆等作为比较标准，通过与它们的对比而获得一定的尺度感。同理，在园林设计中，人们常以某些熟悉的植物元素所具有的体量尺寸为比较标准，通过与它们的比较而获得一定的尺度感和身心体会。

亚热带有些奇特植物，如形态上是一苑草，高度却超出人体身高，体量堪比一间屋子。有的一片叶大过一扇门、可掩藏几个人。有的树像藤，有的藤像树。有的草本像灌木，有的灌木像草本。另有根就是杆，杆就是根。一棵树就是一座山、一座桥、一座古庙或是一座岛。这些植物尺度无论是实的、虚的、还是视觉的，心理的，抑或是物理材料与想象的，都有其特殊造景意义。这些植物景观现象在原始森林和古老园林中都有，空间尺度颇有神秘感。对这些植物尺度数据的收集，尺度关系的量化，分析其配景的美学原则，探讨植物空间尺度的合理性，为亚热带园林设计提供理论依据，不仅仅是一个工程的问题，也是"人与天调"的复杂系统，很值得关注。[2]

同境外园林交流引进是必要的，但切不可一味盲目进口有侵略性的外来花种、草种，搞一些不适应本地气候、土质水味及民族传统风情、过度修剪的"洋景致"！十九世纪的行商园林"海山仙馆"已成为植物景观的特色范例——保持中国式的审美栽培，"从来多古意，可以赋新诗"。

---

① 蜜桃乌龙唉 干货！设计中的人体尺度，你以为真不重要？[EB/OL]. https://www.bilibili.com/read/cv7155879/.

② 周鲁潍，王文秀，张文超. 城市广场植物配置中的尺度初探[J]. 中国科技纵横，2016（23）：239.

20

海山仙馆动物景观的园林特色

动物也是中国园林的重要景观要素。动物景观艺术是伴随着中国悠久的园林艺术一起发展和演变的。动物景观在物质和精神领域均具有独特的审美价值，深受广大民众喜闻乐见。了解行商园林中的动物景观艺术，可探知十三行时期的国际商品贸易给予了近代中国园林的建设发展以机会性的刺激作用。海山仙馆无疑是成功的作品，可惜园主没能把握好这份珍贵的历史文化遗产命运，连同丰富的动物景观，亦惨遭毁灭，实乃国人的遗憾。

20.1　古典园林动物景观历史发展论

中国古典园林中的动物既是自然的动物又是文化的动物。园林中的动物景观伴随着古典园林的发展，深受传统文化的影响。中国古典园林中动物元素文化内涵的蕴集，同时也促进了园林艺术的整体发展。[①]

中国园林动物景观历史悠久，与园林建筑、山水花木水乳交融，兴衰与共，构成了独具民族特色的中国山水园林动物景观。探索古代园林动物景观及其与中国园林相互依存，共同繁荣的发展变迁过程和规律，对于丰富园林动物文化，加强园林景观的观赏性、趣味性，促进中国园林环境建设，改善园林动物生存条件，抢救与保护珍稀濒危动物，扩大动物种质基因资源等均具有重要的理论和实践价值。[②]

我国园林动物景观的发展演替过程，从宏观上可分商周、秦汉、魏晋南北朝、隋唐两宋、元明清五个发展阶段。商周时期园林动物景观的产生源于先民图腾与田猎；秦汉时代园林动物供田猎、观赏与实用等综合运用；魏晋南北朝时期园林动物与人类亲和的景观构成了和谐的氛围；隋唐两宋时期园林动物从海内外大量传入，构成初步写意的景观特色；元明清时期园林动物的组景与写意成熟，也受经济活动影响日深。深究园林动物景观变迁的实质原因主要在于园林内外植被生态环境的异化，其次为园林自身发展模式对动物景观变迁的影响。广州海山仙馆的拆毁，使园林动物景观衰落，其教训也是深刻的。

传统的造园理论将"山、水、建筑、植物、动物"视为造园的五大要素，而近代以来"动物"这一元素却很少被列入在景观要素中，园林动物在有关中国园林史著中也很少被提及。但事实上，园林中的动物景观历史悠久，动物元素还一直存在于我国园林之中。动物不仅是园林景观的物质组成部分，而且在园林意境的创造中，发挥着不可忽视的主题作用。独具民族特色的中国古典园林景观是离不开动物元素与其他园林要素有机性共存的。

在园林中能观赏到赏心悦目的动物景观，并能陶冶伦理情操，是古今人们一致的追求。当前在追求多元景观和特色景观的大背景下，研究广州行商园林中的动物元素的造景手法，增加园林景观的生机活力，深化园林意境，促进中国现代园林的建设，具有重要的现实意义和理论意义。

---

① 沈宁. 关于动物元素的造景研究[D]. 泰安：山东农业大学，2015.
② 张艳. 中国古代园林动物研究[D]. 咸阳：西北农林科技大学，2009.

以园林中的动物元素为研究对象，探讨园林中动物元素的造景手法，可归纳如下几点：

（1）园林中的动物元素是随着园林的发展而变化的。动物元素在园林景观中所发挥的作用也是不断变化的，从最初的狩猎、观赏到寄托园主人的情感与追求，符合人类需求理论的规则。

（2）因中国古代颇富特色的隐逸文化、农耕文化，儒、道、禅宗思想的长期影响，赋予了中国古典园林动物元素的文化内涵。龙、凤、鹿、鱼、仙鹤、蝙蝠等是中国古典园林中最为常见的有吉祥寓意的动物元素。

（3）人类对园林中动物元素的利用意识有个高—低—高发展过程。形象可爱、有吉祥寓意和有地方特色的动物是大众喜爱的动物景观元素。人们最为喜爱的动物及动物元素种类有：鸽子、仙鹤、猴、熊猫、蝴蝶、蜻蜓、金鱼、海豚、龟等。动物元素须与山、水、植物结合造景、与建筑及其小品结合造景。

（4）园林中动物景观元素的造景机制包括：动物元素景观的设计原则、动物元素的应用形式、动物元素的造景手法、动物景观的审美精神及其保护管理。

（5）广州行商园林因面对18—19世纪世界商品贸易的发展趋势，其中动物景观的塑造具有海洋特色的新形式、新内涵。分析研究行商园林中外来动物景观的文化影响，维护常见的动物元素构成的园林景观很有必要。

20.2　热爱动物景观是人类的普世情怀

水鸟鱼类作为园林中少数延续至今的动物要素，自早期以物质生产功能为主的囿开始，直到后期以艺术观赏审美为主的园林成熟期，一直与人类的生物伦理精神保持着千丝万缕的联系。水族鱼类、飞禽走兽不仅是园林实际造景中的动物要素，其所衍生出的鱼文化、鸟文化、兽文化更是岭南园林景观意境和内涵不可或缺的重要人文精神内容组成部分。[1] 这一点外国人似乎同广州人颇有共同性。

英国摄影师约翰·汤姆森于1870—1872年间游历广州时曾拍有几幅海山仙馆的照片，并在其1898年出版的游记中有一段关于海山仙馆的记载。卢文骢在1997年发表于《南方建筑》的《海山仙馆初探》一文中，根据1993年中国香港出版的约翰·汤姆森《中国游记》英文版，翻译了如下一段话，足以看出老外对园中的动物景观极感兴趣：他们爱着湖边桥旁"没有尽责双亲带着的小鸳鸯鸟"，正用着蹼脚跟在他们后面。"好像跟着手拿着灯的母亲后面的小女儿，也像跟在握着曲把手杖的老牧师后面的小女孩"[2]。身怀恻隐之心的约翰·汤姆森对这些小鸟景观人格化的描写，深刻反映出一个基督徒的仁爱精神。

约翰还看到："这个花园正因为有他们自己的特色而显得离奇有趣。……一个镜子般的

---

① 明玥. 中国古典园林鱼文化景观研究[D]. 哈尔滨：东北林业大学，2015.

② 辉林. 约翰·汤姆森与广州海山仙馆[EB/OL]. 辉林博客，http://blog.sina.com.cn/gzdhl.

水池边，金鱼在阳光下游动，带有光泽的青蛙匍伏在承托着露珠的荷叶上。"①

美国威廉·亨特的《旧中国游记》中，转引了《法兰西公报》1860年4月11日登载的一封驻穗西方人来自广州的信，信中谈到海山仙馆"水潭里有天鹅、朱鹭以及各种各样的鸟类。……花园里有宽大的鸟舍，鸟舍里有最美丽的鸟……"②

动物是人类的好朋友，与人类休戚相关。爱护动物就是爱护人类自己。中国历代的教科书都教人爱护动物、保护人类与动物共享共存的生态环境。无论东西方园林，热爱动物景观是人类的普世情怀。

20.3　海山仙馆动物景观的营造艺术

动物是中国古典园林中重要的景观要素，动物造景艺术也是造园艺术的重要手法。《园冶》中说："一湾仅于消夏，百亩岂为藏春，养鹿堪游，种鱼可捕。"可见，动物为园林带来景观的季相特色和捕获的动态之乐。海山仙馆内有"羽毛麟介之珍"③，即蓄养了一些观赏娱乐性的珍贵动物，可探其内在的造景艺术。

20.3.1　水生鱼类景观丰富

海山仙馆选址正是计成所言的"江干湖畔，泛泛渔舟、闲闲鸥鸟"，以水景动物为多。动物在水景中有广泛的生存空间。有水必有鱼，所谓"浮金鲫于兰渚"④。约翰·汤姆森看到"一个镜子般的水池边，金鱼在阳光下游动。带着光泽的青蛙匍伏在承托着露珠的荷叶上。"⑤亦有诗文曰："花鸟萦红萍鱼漾碧"⑥，花间的红鸟、绿萍中的金鱼，色彩对比鲜明。"神鳗大挐于瓮盎分，穹龟大于车轮"⑦，海山仙馆在瓮中养了鳗鱼、乌龟。

因潘园所处咸（海）潮淡水交合处，适宜这样环境的水生鱼类自有种种特殊类型。两千多年前的南越国宫苑就有流水渠海生物养殖景观工程（图20-1），这说明岭南皇家园林中也颇为欣赏咸淡交汇的海岸带水生动物景观。这种地域性的动物景观深刻表明海山仙馆以水景丰富见长，与历史记载的南海海鲜产品丰富恰为一致性，颇能吸引踏浪而来的各海洋国家的商人、水手、领事代办人员。目前养龟（分旱养与湿养）在岭南私家园林中亦十分普遍。

---

①　辉林. 约翰·汤姆森与广州海山仙馆[EB/OL]. 辉林博客，http://blog.sina.com.cn/gzdhl.

②　威廉·亨特. 旧中国游记[M]. 沈正邦，译. 广州：广东人民出版社，1998：35.

③　计成. 园冶·卷3·屋宇，载：赵农. 园冶图说[M]. 济南：山东画报出版社，2010：48.

④　黄恩彤赋。见：广州市荔湾区文化局，广州美术馆. 海山仙馆名园拾萃[M]. 广州：花城出版社，1999：40.

⑤　John Thomson, F.R.G.S: Through China with a camera. P 74-75. Westminster A. Constable & Co. 1898. 本章采用的译文来自卢文骢：《海山仙馆初探》，载《南方建筑》，1997（4）：44. 原文如下："...on the edge of a glassy pool, where gold-fish sport in the sunshine, and glistening frogs sit gravely on broad dew-spangled lotus-leaves."

⑥　徐广缙联。见：广州市荔湾区文化局，广州美术馆. 海山仙馆名园拾萃[M]. 广州：花城出版社，1999：37.

⑦　黄恩彤赋。见：广州市荔湾区文化局，广州美术馆. 海山仙馆名园拾萃[M]. 广州：花城出版社，1999：41.

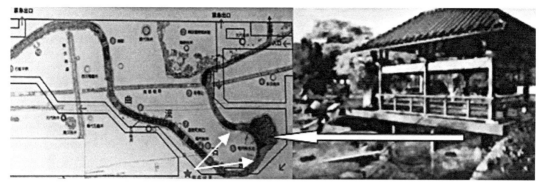

图20-1　南越国御花园水渠养殖许多龟鳖

20.3.2　亲水鸟类景观生动

海山仙馆中还有很多的鸟类，其中亲水的鸟类占一定比例。"练鹤舞而仙仙兮，琼鹦咿嘎而学语。笼鸳鸯于素懒兮，孔翠掉尾而屏张。槛白鹇以铁网兮，锦鹜娇翼以将翔。何妖鸡之三足兮，空赘腹以攫拿。骇文鸐之吐绶兮，忽鼓嗉而纷葩。"[①]仙鹤、鹦鹉、鸳鸯、孔雀、白鹇、鸐，都是古典园林中常见的观赏鸟类。为此，有些鸟笼设计独特，位置多靠近水面，于是也产生了许多贴近水体的鸟类建筑景观。"养鹿可堪、种鱼可捕"，"好鸟要朋、群麋偕侣"。《园冶》的美学观对含有吉祥含义的鱼鸟不乏溢美之词。这些鸟类有色彩美、姿态美、音乐美，为园林创造出烂漫的动态景观，使得海山仙馆生机盎然（图20-2）。

图20-2　人与水鸟的嬉戏互动（托马逊·阿罗姆 绘）

鹤，最受国人喜爱，视为吉祥物，"足高三尺，轩于前，故后趾短。喙长四寸，尖如钳，故能水食。""调练久之，则一闻拊掌，必然起舞。"[②]其鸣叫声，也是"晓鹤弹古舌，婆罗门叫音；应吹天上律，不使尘中寻！"[③]

鹦鹉，它们以羽色鲜艳、善学人语的技能特点，与人互动，常被作为宠物饲养。

鸳鸯，雌雄偶居不离，古称"匹鸟"。杜牧用"鸳鸯相对浴红衣"[④]，来形容它的羽毛五彩多色。水栖时成双成对，夜晚雌雄羽翼掩合，交颈而眠。如其一丧偶，则另一鸟不再婚配。这种动物生活行为如同社会生活中夫妻恩爱情景，常为造园家吸收利用。一方湖池配置鸳鸯戏水景观，但见彩霞般的鸳鸯，或交颈嬉戏，或窃窃欲语，雄游雌随，形影不离，形性鲜明地表达了两性恩爱，白头偕老的传统美德。

① 黄恩彤赋。见：广州市荔湾区文化局，广州美术馆. 海山仙馆名园拾萃[M]. 广州：花城出版社，1999：41.

② 《花镜·鹤》，转引自：章采烈. 论中国园林的动物造景艺术（上）[J]. 古建园林艺术，1999（1）：45-50.

③ 孟郊《晓鹤》，转引自：章采烈. 论中国园林的动物造景艺术（上）[J]. 古建园林艺术，1999（1）：45-50.

④ 杜牧诗，引自：唐诗鉴赏辞典[M]. 上海：上海辞书出版社，1983：1078-1079.

图20-3　远景为潘园孔雀房（汤姆森 摄）

　　孔雀，雄性孔雀的尾"可长三尺，自背至尾末，有圆纹五色金翠，相绕如钱……富贵家多畜之。"[①]孔雀善舞，"闻人拍手歌舞，及丝竹管弦声，是鸟亦鸣舞。畜之者，每俟其开屏取乐。"[②]白鹇，尾长，雄背为白色，有黑纹，腹部黑蓝色，雌的全身棕绿色。鸐，古书上指"吐绶鸡"，"咽下有囊如小绶，五色彪炳。"[③]

　　图20-3中远处露出屋瓦的建筑被指认为潘园孔雀房，近景是第三湖区，被种上了水稻。当时一派破败的样子正袭来。

20.3.3　鸟宅建筑景观特殊

　　从海山仙馆全景图上，我们可以看到不少造型奇特的养鸟建筑物，那可能就是一些人格化了的、园林景观化了的鸟巢、鸟宅、鸟笼、鸟窝、鸟棚、鸟洞。这些鸟巢鸟棚因空间体量尺度大，可肯定养鸟的数量不在少数，或者鸟儿个头发育的很大。因新型建材可塑性强，故能获得样式新颖的鸟巢鸟棚，于是给潘园带来了一些奇特的景观（图20-4、图20-5）。目前岭南地区尚存类似鸟巢鸟棚建筑的优秀实例，即开平立园中空构巴洛克式钢筋混凝土鸟巢、禽池[④]（图20-6、图20-7）。威廉·亨特曾告诉我们说：海山仙馆"花园里有宽大的鸟舍，鸟舍里有最美丽的鸟类"。大概类似如此（图20-8、图20-9）。

　　类似鸟巢鸟宅景观的例子，还有一个受十三行影响的湖南湘潭行商家族园林："池畔有假山、游廊、亭台，远处还有一座大鸟房。这种屋式大鸟笼当年很少见。笼高丈余，横、阔各约两丈，中栽一丛竹，大鸟笼中有各色观赏鸟，以小鸟为多。所养鹦鹉、八哥用小笼子悬挂在廊檐下或置于葡萄架、藤萝架下，鸟语花香。园中乔木，多香樟、侧柏、龙柏、白杨、广玉兰、桂花、悬铃木（法国梧桐）等。小乔木及灌木则有栀子花、石榴、桃花、月季、夹竹桃、木芙蓉、大叶黄杨等。园中道路以石板铺成，小女贞树作绿篱，树下有许多石凳。花

---

①　《花镜·孔雀》，转引自章采烈. 论中国园林的动物造景艺术（上）[J]. 古建园林艺术，1999（1）：45-50.

②　同①。

③　陆佃. 埤雅·释鸟[EB/OL]. 百度百科，http://baike.baidu.com/view/383725.htm.

④　杨宏烈. 华侨园林的奇葩[J]. 中国园林，1996（9）：23.

图20-4　潘园鸟巢建筑棚

图20-5　潘园大堂前鸟笼

图20-6　立园鸟巢

图20-7　立园鸟池

图20-8　鸟宅观赏亭（中）

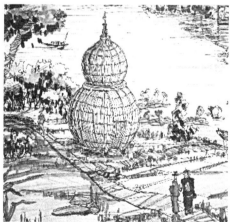

图20-9　鸟宅观赏笼

园内四季都有花开，除地上栽花外，还有许多盆景。" ①

20.3.4　引种豢养偏置一隅

有文献记载：潘园西北一带，曲廊洞房，复十余处。有白"鹿洞"，豢鹿数头。"鹿洞"景区偏置一隅，分布合理。复仿都中辂车，制为数辆，供来往园中参观瑞兽。

现代学者经过研究还发现，早在远古时代，鹿就成为人们崇拜的对象。《山海经·南山经》中载有名叫"鹿蜀"的马形虎纹、白头赤尾，鸣声如歌谣的怪兽。传人佩戴牠的皮毛，可繁衍子孙、延年益寿。

1845年，陈兆兰《香生吟草》诗写道："名园古木千株秀，外国珍禽万样良。池馆羊城推第一，游踪得到岂寻常。"证明潘园乐于引进异域"珍禽"动物，饲养效果良好，景观新鲜诱人。

20.3.5　利用植被护养动物

人们都说海山仙馆不着人工、美景天成。动物景观丰富正是因为植物景观丰富；植物景观丰富正是因为山水景观丰富。山水景观丰富就是因为人工绝少干涉破坏。清初园林大师陈溴子论道："枝头好鸟，林下文禽，皆足以鼓吹名园、针砭俗耳。"反之，园林之中正是有鱼鸟虫兽的生活徜徉，才能让植物景观变得更加美好。正如"花开叶底，若非蝶舞蜂忙，终鲜生趣"。此乃生物链和生态循环反馈的原理使然。

海山仙馆恰恰园中花木品类繁多，上一章讲道从文字、诗词、图画的记载中可见23种花木十分茂盛，岭南乡土树如细叶榕、红棉、槟榔等蔚然成林，民间喜欢的石榴、腊梅、米兰、含笑、鹰爪兰、白玉兰、鸡蛋花、频婆、佛手、紫薇、紫藤等满垅生辉。② 在日夜辛劳的30多位园工的种植管理下，构成这样的一个植物大世界，何愁鸟兽鱼虫不兴旺发达、自来亲人。③

20.3.6　借动物纪念物造景

南海人李仁良有《狷夏堂诗集·过海山仙馆遗址》一诗写道："孰是孔翠串，孰是瘗鹤墓。"表明潘园里有飞禽动物墓葬建筑小品构成的景观。借动物纪念性小品建筑造景，是园主人生物伦理精神的表现。

20.4　海山仙馆动物景观的艺术传承

荔枝湾"明月别枝惊鹊，清风半夜鸣蝉。稻花香里说丰年，听取蛙声一片"（辛弃疾

① 陈定乾. 咸丰城砖说开去之六十四（说伍家花园）[EB/OL].[2015-08-02]. http://blog.sina.com.cn/chendingq.

② 威廉·亨特. 旧中国杂记[M]. 沈正邦，译. 广州：广东人民出版社，1992：88.

③ 伊凡. 广州城内[M]. 张小贵，杨向艳，译. 广州：广东人民出版社，2008：133.

词）。在这种农耕文明的胎盘里，嫁接上了中国近代史上商品经济的前期预备队——行商文化集团，衍生出了一部岭南古典园林的高峰之作——海山仙馆。虽说昙花一现，但其动物景观的创作成就与历史地位依然是不可被替代的。应该坚持的基本观念有以下几点：

（1）古典园林动物历史悠久，与园林建筑水乳交融、兴衰与共，构成了独具民族特色的中国私家园林动物景观。[1]

海山仙馆园林动物景观的创作与欣赏，需要探索与研究，传承与发展。可惜她无多历史文化遗产，为人们提供研究对象和理论线索。如果我们承认她是集岭南古典园林之大成者，承认她吸收了我国江南园林的许多优点长处，吸收了国外西方不少新鲜园林要素，在此基础上进行认真总结、消化、理解、加以心领神会，可使海山仙馆的动物景观还原设计标准达到一个较高级的程度。

至今，旁证观赏水生鱼类景观的古典园林佳构有：姑苏沧浪亭的观鱼处、艺圃乳鱼亭、留园濠濮亭、天平山庄鱼乐园、无锡寄畅园的知鱼矶、圆明园中坦坦荡荡鱼乐园。傍证观赏鸟类景观的景点有：苏州留园鹤所、艺圃鹤砒、拙政园卅十六鸳鸯馆，退思园闹红一舸"望之灿若披霞"的浴鸥池，以及网师园射鸭廊、颐和园听鹂馆等，均为趣味多样的景观。杭城西湖"柳浪闻莺"，以垂柳引来呖呖莺啼，体现"流莺有情亦念我，柳边尽日啼春风"（陆游《对酒》）之意境。傍证寄予美丽神话传说的动物景点有避暑山庄"望鹿亭"，灵隐寺的"呼猿洞"，[2] 它们都是海山仙馆要学习看齐的标准，有大小不同之尺度，有幽僻开朗不同的空间；有动物的各种活动场地设施，也有供观赏者停留的建筑小品，一并实现园林化景观。

（2）为营造优秀的园林动物景观，应考虑动物的实际生活环境，以及食物链供需等生态系统的恢复问题。

从生态系统的角度，须为动物人工辅助各类生境、提供必要的栖息地，尤其在人工化程度较高的园林中。中小型哺乳动物的活动范围要保留或提供，且预留觅食廊道。让鸟类季节性的迁徙途中有必要的停息之地；让昆虫、蝶类动物有相当面积的缀花草地，营建蜂飞蝶舞的芳香环境；让鱼类具有不同水体的觅食和栖息环境。垂直方向上植物群落的营建对动物特别有好处。让具有完备小环境的众多生境栖息地，组合成丰富的栖息地大型环境。这对于园林的总体规划是须考虑的充分必要条件。潘园于此富有天然的环境优势。

（3）认真考虑动、植物间相互依赖的共生关系，以及与整个园林区域范围内生态群落的相生互动关系。

海山仙馆是水景园林，河湖涌塘自然型水边的蟾蜍类、蛇类等两栖类小动物，能栖居在草丛、石下或土洞中，夜间可以外出扑食昆虫、蠕虫及软体动物。河、湖、沟渠的水岸边应具有芦苇、鸢尾等植物岸丛景观，同时"泮塘五秀"植菱植荷等沉水植物，宜较好地用以控制水体的肥度和调节水体酸碱度，增加水体溶氧量效果。植物为动物提供食物和构建适宜的

---

① 伊凡. 广州城内[M]. 张小贵，杨向艳，译. 广州：广东人民出版社 2008：133.

② 张艳. 中国古代园林动物研究[D]. 咸阳：西北农林科技大学，2008.

生活环境。人工使家畜野生化、野生动物家畜化，如此动物景观方才是可持续的。

（4）不断提升园主和游客对园林动物景观的审美能力，就是不断提升园林动物景观的保护营造技术水平。

"鼎沸笙歌，不若枝头娇鸟"（清·陈滆子语）。中国古典园林艺术有着很高的审美价值，园林动物景观亦深浸着中国文化的内蕴，同样可成为园林景观的艺术珍品。中国传统园林总是存心要表达出情景交融的氛围，此乃世界园林中独辟蹊径的特色。吸取中国古典园林动物造景艺术之精华，就能为我国当代园林动物景观设计发展提速。目前，可以说只要看懂读懂、深刻体验到我国古典园林的美学真谛，我们全民的审美水平就是相当高的了，[①] 否则就属于退步。

海山仙馆有鹿、孔雀、白鹤、鹳鸟、鸳鸯、天鹅和米鹭等，鱼类有金鱼，不妨人们对其动物景观加以一番畅想。广州知府黄恩彤在《荔枝园赋并序》中讲道：园内"跨波构基，周广数十万步。一切花卉竹木之饶，羽毛鳞介之珍，台池楼观之丽，览眺宴集之胜，诡形殊状，骇目悦心。"[②] 这难道不就是我们今天需要继承与发展的瑰丽事业吗？

---

① 杨宏烈. 岭南动物景观艺术的审美特征[J]. 风景园林，2016（3）：117-123.

② 陆琦. 岭南造园与审美[M]. 北京：中国建筑工业出版社，2005：43.

第21章

诗词匾联与园林景观美的交融

容易误会：诗词匾联似乎与"商"关系不大。其实，诗人型的行商商人、人文化的行商园林是很多的。"海山仙馆"是广州十三行末期，由行商兼盐商的潘仕成兴建的一座文化涵养丰富的古典园林。是先有海山仙馆之园林艺术再引发出丰富的匾题诗联碑刻之作，还是先有诗词匾联的文化修养，再构思出行商园林的艺术境象？估计两种情况都有。温故诗联匾题之作可体察到：这些诗词匾联修辞了海山仙馆的自然山水之美，园林空间之美、人文精神之美；海山仙馆的实物客体景观之美孕育引发了诗词匾联的文学意境。如果说文字言语是虚的东西的话，然"虚构则结构无穷"[①]。认识并把握二者间的互动原理与表现手法，有利于加深对行商园林的评赏和传承。

21.1 园林匾联诗词言语素材美学基本要则浅识

中国的造园艺术与中国的文学艺术是异质同构、相依相通的。一方面文学艺术点缀美化了园林，园中保存或以文字语言记载的楹联匾额书法碑帖等则储藏了许多历史文化信息，具有一定的文物价值，实现了某种文化艺术的承载和传播作用。另一方面，园林犹如成了一首诗、一篇优美的韵文或小令的化身，同匾题楹联诗词韵文一样，除了形象美、韵律美、意境美，还有语言美。

匾题诗联属于一种"言语素材"。"言语素材"的概念来源于电影美学，指电影中被记录的言语音声（影片中的言语），电影言语素材赋予影视剧的视听联觉造型以内在生命力，即诗语意境的表现力。园林匾题诗联的言语素材是指环境中具有审美意象和审美价值的文学样式。言语素材能通过"对话"机制，传递思想感情，建立起作品、作者和读者之间的联系。同样语言艺术在园林环境中的借用也能达到"对内足以抒己，对外足以感人"的效果，因而也就具备了帮助人们把对园林的审美感受进行表达的功能。

岭南古典园林中的言语素材十分丰富，但前人对岭南私家园林言语素材的研究大多局限于匾题诗联自身的研究上，缺乏从物质层面、从景观规划方面系统地研究和探讨，并归纳理论价值与造园意义。海山仙馆虽已被毁，但留下丰富的非物质性的言语素材遗产，对其园林主题及内涵的表达、装饰元素的信息汇集传播、外在表现形式的规律探讨、明确对园林空间效果的影响、寻求造园场所精神的关联性，作用甚大。总结言语素材构成要素的时代特色，对历史古园的典型景观可进行跨世纪的体验。[②]

21.1.1 岭南传统名园言语素材的外在表现形式

有7种：木板雕刻、室内书法画作、灰塑、石雕、套色玻璃、竹板雕刻、砖刻。其言语素材以木色和黑色为主，构成了园林的素雅基调，并以色彩活跃的灰塑进行点缀，以书法艺

---

① 刘士龙. 乌有园记. 引自：陈从周, 蒋启霆. 园综[M]. 上海：同济大学出版社，2004：488-489.
② 谭斯慧. 岭南传统名园造园中言语素材的应用研究[D]. 广州：华南农业大学，2016.

术及美术画作强化室内外空间的意境。岭南传统名园匾题诗联追求自然质朴、注重隐逸精神、生活世俗化和地域色彩形式美。如蕉叶形对联，曲边线块匾额，竖形竹片载体为民众喜闻乐见。

21.1.2　岭南传统名园中匾题诗联等言语题材

包括5类：状景类、抒情类、咏志类、训诫哲理类、宗教仙境类。其中以状景类言语素材最多，对于绿树葱茏、繁花似锦的植物景象描述使用频率最高，充分说明亚热带的植物景观给人的信息量及身心愉悦感最为丰富、视觉冲击力最为强烈。有感而发是人生的一大乐趣。在抒情类言语素材中，对自然之趣与园林游乐生活抒发的欢愉之情所占比例最大。

21.1.3　运用于园林匾题诗联等言语素材所蕴含的美学精神

其蕴含的美学精神常有与物质空间场所环环相扣的效果：

（1）集结流动空间：如园门入口、大厅入口常以状景类及抒情类言语素材为主，在题材的选用上多为总体概括园内自然景色或表明园主造园的主旨思想。

（2）庭院休憩空间：以状景类素材较多，并表现为因时、因地而作或描述与眼前氛围相同、意象相似的园外之景，借以扩大联想空间，热情表达自在生活的雅趣。

（3）建筑型空间：以描写配置植物象征特性及状景类素材为主，且联系建筑特色的咏志类素材借景发挥。如书房内外：文字言语素材的运用偏重表达好学志趣和隐喻人格追求的咏志类题材。

（4）纪念性空间：包括信仰、崇拜、纪念、标表性空间往往有一个令人视线集聚的中心，这些特殊的地方往往有文字言语素材装饰美化的要求，以引人注目、传递信息与感染力。

21.1.4　言语素材可谓构园无格，却生景无数

如楹联可布置在入园墙门两侧，或两扇大门之上。厅堂的檐柱、门柱、金柱、厅堂后金柱、后檐柱等一切合适的地方都可布置，以至层层相套。月洞门或只有匾额，或兼有两侧楹联。任何一种亭榭、长廊的纵横入口，任何一种再简单不过的双阙和茅檐篱笆，甚或岩洞、桥孔、榕洞，高大如丰塔巨柱神坛、矮小如桌柜挂壁神龛，都能融洽运用各种言语要素装饰。无论室内室外，都有言语要素表现的空间载体。

21.1.5　言语素材在岭南现代园林中的继承发展

其继承发展可溯源追寻到艺术原型和理念动因：园林中言语素材的物质载体自身具有艺术美，自身可构成一景；通过文学修辞手段，可强化景物的感染力、启发观赏者的想象力，塑造心理联想空间意境。如引导观赏者、集中其视线与思维，先入为主开展审美观照，传达园林立意信息，揭示景观主题与韵味。

楹联匾额只是园林中最为普遍的一类。另有壁画、三雕、书条石、立碑、摩崖石刻等都

能得到恰如其分的表现。因此，当广州行商园林"海山仙馆"的物质实体不存在了的情况下，今人还可从众多楹联、匾额、诗词、书文、游记、留题和绘画等文学艺术成果——非物质文化遗产之中加以体验、考证和复原回归。

21.2 潘园匾额功能指向与园林景观艺术美的互动

中华匾额作为传统民俗文化雅品，有着2000多年的历史，秦代就出现了题写匾额而被称作"署书"的专用文字。匾额在园林的运用历久弥新，并不断扩大运用范畴，成了一个广义的概念：现将常悬挂于门头、房檐、牌坊等处，可为装饰重点，定义建筑名称和性质，表达人们义理和情感之类的名片式的文学艺术物质载体即为匾额。

21.2.1 作为文化珍品的匾额

匾额，简称"匾"。匾额是古建筑的组成部分，相当于古建筑的"眼睛"或"商标"。它是中国民众喜闻乐见的艺术奇葩。"匾"字古也作"扁"字。《说文解字》："扁，署也，从户册。户册者，署门户之文也。""额"，又称扁额、扁牍、牌额，简称为匾或额。悬于门檐上的牌匾，常用会意、假借、转注等手法以表达经义、感情之类的属于匾，而用象形、形声、指事等手法表达建筑物名称和性质之类的则属于额。还有一种说法认为，横着的叫匾，竖着的叫额。就算一家之言吧。

匾联集辞赋诗文、书法篆刻、建筑装饰艺术于一体，以其凝练的字词、精湛的书法、深远的寓意，被应用于社会生活中的方方面面：交际酬谢、赞颂祝福、堂室命名、指点江山、评述人物等等，充分显示其高雅度的艺术风采。作为书法艺术、雕刻艺术和装饰美学相融合的产物，深受各界民众的喜爱。作为文学艺术，其写景状物、言表抒情、寓意传神、点景导游，具有极好的效益功能。

匾额就其建筑材料来说，大致可分为石刻匾额、木刻匾额及灰制匾额等，还有镶金镀银的。矩形最常见，非矩形的匾额也是百花齐放、色彩斑斓。悬于厅堂则端庄文雅，挂在宅门则蓬荜生辉，装点名园则古色古香，描绘山水则山水增色。虽片辞数语着墨不多，望之却蔚然大观，令人肃然起敬（图21-1）。

匾额按其题字题材来分，比较常见的有五类：①标志建筑的名称，如潘园中"燕红小榭""文海楼""贮韵楼""雪阁"挂匾均属此类。②绘景抒情的题词，如潘园"云岛瑶台"（图21-2）反映主楼风貌，颇具道骨仙气。潘园大门匾额更表达了世人对"海山仙馆"仙境的认可。潘园这类匾联很多，说明了园林成功的建筑设计或独特的景观效果。③歌功颂德、祝寿喜庆题匾。这类匾额数量之大，乃中国特色。④商家行号名称的字号匾，如"同文行""怡和行"，后期潘仕成用的"潘继兴"等。字号匾与印章大小有别，却颇具异曲同工之妙。⑤述志兴怀类的匾额一般多是文人墨客所为，带有文学色彩或座右铭式的功用。

图21-1　岭南风格的匾额楹联

图21-2　行商园林的匾联举例

图21-3 每一块匾额的背后都是一栋被毁灭的历史建筑（福建）

在传统建筑严重被毁的形势下，建议"抢救第一、重点收藏"，保护世代匾额遗存（图21-3），兴办"广府匾额历史文化博物馆"。

21.2.2 匾额在园林中的运用

风景园林是承载诗画艺术的荟萃之地，得自然之道，兼人文之神。园林中的匾额，就在于能将此真谛大意传达给游人。除了为自然景观"藻绘点染、随形赋彩"，还要让人们能"寄情于景、直抒胸臆"，从而获得"象外之境、境外之景"的生灵之气。

艺术形态学认为，艺术作品（艺术美）是精神内容（内容美）和物质形式（形式美）的完美结合的产物。在整个文化体系中，各种艺术种类其精神内容因素（内容美）和物质形式因素（形式美）所占比重的不同以及结合方式的差异，会形成不同层次的艺术种类（艺术美）序列。艺术形态序列总谱系图表告诉我们：园林艺术与语言艺术分别处在这个序列的两端。这就是说，园林艺术靠近物质文化这一边，物质形式的审美特征更为突出，所以园林美以自然美、形式美取胜。语言艺术靠近精神文化那一边，精神内容的审美特征更为显著，所以文学美以社会美、内容美为主。楹联与匾额属于园林中的文学样式，楹联匾额在风景园林中的审美价值集中体现在点景美上。即楹联匾额借语言艺术的精神内容因素（内容美）比重大这一优势，在风景园林的自然美、形式美（景、境）中注入更多的历史文化（社会美、内容美——情、意），画龙点睛地点化出景中之情、境中之意，把风景园林的自然美、形式美提炼到诗情画意的高度，创造出更高层次的艺术美——园林意境。[①]

1）匾额可作为园林规划构思之魂

园林既然是凝固的诗、立体的画，理所当然地就应该存在"诗情"，可以找到"画意"。意在笔先，字居心后。待到园名题咏成功，则构园思想、确定主题、追求某种意境成型，于是就确定了整体规划结构。所以，园名题咏能落实成匾，则勾到了"构园之魂"。这一过

---

① 陈秀中. 境是天然赢绘画 趣含理要收精微——试析楹联匾额在风景园林中的审美价值[J]. 中国园林，1992（1）：16.

程，前虚后实，虚实相生，产生了生命的律动。虚乃心造之景是为情，实乃物化之情是为景。情景之结晶，是为意境。反之，"无情无景—没景生情—无情没景"，则会恶性循环。

2）匾额可作为园林设计立意之题①

犹如一首好诗必有"诗眼"，即全篇主旨凝聚之点，最能表达人的情感、哲理和精神，最方便品读和鉴赏，把握诗的主题。作为一处优秀的园林，必定拥有一个贴切的"主题"，立意构成生动的"景点"，通过文字的点明、补充、强化，升华为"意境"，供人体验玩味。这个能反映意境的匾额则成了立意之题，可产生名实相互印证的作用。

3）匾额可作为园林景观神韵之"心"

园林艺术是靠近物质文化、物质形式的审美对象，园林美以自然美、形式美取胜。匾额艺术靠近精神文化，精神内容的审美特征更为显著，所以精神文化以文学美、以社会美、内容美占优。

楹联与匾额都属于园林中的文学样式，其审美价值集中体现在"点景"功能上，将园林中各种要素（自然与人工）、各种特色（形、色、声、影、姿、香气）的景观，点清指明告知观赏者，并以"诗的意境"来加以欣赏。匾联要起到赏景者的"眼、耳、鼻、肌肤"的作用，更是赏景者的一颗"心"。

4）匾额可作为园林文化的艺术精品

匾额楹联，本身作为园林文化之中的一件综合艺术品，呈现出高雅的景观态势。会欣赏匾额银联的人一定能以更高尚的情操，欣赏相应园林的空间构成、背景典故、来龙去脉、引申意义，以及质量之精湛、故事之生动。如匾额之书画墨迹可作为一个造园要素"亮点"，游园时值得用心品味宣传。匾额题写的"点睛"之笔有"书景""书情""书趣""书志""书境""书德"②之美，有书法之美、篆刻之美、材质之美、造型之美、装饰之美、色彩之美，是一道道靓丽的风景。

21.2.3 潘园匾额的艺术特色

海山仙馆因破坏彻底，留下的遗产几乎为零。潘园的匾额艺术只能从有限的资料中加以耙梳。近期有原始森的博客介绍，从图21-4所示厅堂之上牌匾能辨出"清晖池馆"题字，经查此室为河南伍家花园——"南墅"住宅前厅，作接待宾客之用。

图21-5所摄位于泮塘的海山仙馆潘家大宅厅堂。该图笔记记载：堂内"春园草长"题字牌匾，落款题字时间在"同治十年嘉平月候旦"，即1871年12月最末一天，题款人是"按察使衔两广盐运使司盐运使钟谦钧"。该官员在1868—1872年前在粤任官，当年捐资筹款经手了很多民生事宜，誉为有名儒臣。有清一代能入清史循吏传者24人，钟即其一。

---

① 潘紫娟. 论江南古典园林匾额楹联的审美文化内涵[J]. 大众文艺，2011：68-70.

② 邹志高. 中国古典园林中的匾额楹联艺术[J]. 湖北函授大学学报，2012（25-1）：78.

图21-4 1870年代—1890年代清晖池馆客厅①

图21-5 海山仙馆潘家大宅厅堂②

海山仙馆主人潘仕成同治年间盐业亏空破产，1874年去世，去世前五年一直在海山仙馆缠绵病榻风烛残年。家道中落，离离青草，似乎代表了繁华归于平淡的生命力。图中堂柱上的对联——"名当听其自至何必弥缝，事可如斯而行不须委曲"与悬梁上的横匾——"春园草长"恰是富有人情味的钟谦钧对不久于人世的潘仕成之离别宽慰的警示。

图21-6为某行商住宅"观自得亭"，实为一个平台望楼。屋檐下的匾额字体十分醒目。楼主在此独占高枝可享受清新的空气和广阔的视野，可俯瞰街坊邻居近里发生的趣事而自鸣得意。人生都如戏，这高高"戏台"上的楼主们同样也在扮演一曲人间的悲喜剧，楼下的人也正在看哩。

图21-6 1858—1859年Felice Beato拍摄的行商房屋③

21.3 匾联诗词界定园林空间建筑文化主题之美

如果说土木之工乃匠人劳工所为，吟诗作对浏览美景乃文人们的雅好了。海山仙馆赢得"南粤之冠"的美誉，早有众多诗句、书文、游记、留题和图画作品为证。这些作品大多出于高官要员、才子名流之手，见仁见智，各显文才，反映了馆园的历史风貌特色。④ 楹联匾额的艺术成就反过来给园林艺术以景观意境的升华、给人以内在精神美感的享受。

园林厅堂亭榭轩馆常架设额匾，形成一种高雅的"点缀、装饰"。园林以立体的画、流

---

① 转摘自原始森微博. 西方人眼中的老广州系列4——建筑与花园[EB/OL]. [2017-11-17]. http://blog.sina.com.cn/s/blog_d649b80f0102wyht.html.

② 同①。

③ 同①。

④ 陈以沛、陈秀瑛. 潘仕成与海山仙馆石刻[M]//罗雨林. 荔湾风采. 广州：广东人民出版社，1996.

图21-7　皇室耆英大人的题匾

动的诗，包罗自然的艺术空间、隐藏宇宙的内心世界，为诗人墨客提供了无限的创作契机。广州名园"海山仙馆"，是耆英（当年身为清廷钦差大臣兼两广总督）亲书的（图21-7）。潘仕成与耆英交往神秘。有这样一位皇族宗室"钦差大臣"两广总督的墨宝，该园自然增添了显赫的历史背景与人文关系。

潘园"西北^{注1}一带高楼层阁，曲房密室复有十余处"，精构歇山顶西关大屋三十余组。轩馆错落、楼阁重叠、殿堂斋室皆以游廊相连①。楼高多1~2层，面阔三五开间，"雕镂藻饰、无不工徵"。这些建筑的名称颇有文化意味：如"凌霄珊馆""越华池馆""文海楼""贮韵楼""雪阁""眉轩""小玲珑室""庚松楼""白云楼"等。其中有举办文酒商晤的宴厅，有风流雅士以文会友的书斋、有宾至如归的待客之所，有政要大员与西洋红毛谈判之室……这些名称或许就是该建筑物的题匾内容。"匾"—"名"—景观三者高度一致的现象在中国园林中是常见之事。中国古代各类建筑的基本形制可能差异并不太大，但只需将其名称或匾额更换一下，既有建筑即可实现不同的使用功能。匾额的命名确定了建筑的规划特质和标准，甚至成为庭院园林"境界意聚律"的元主题——统率或孕育其他主题群②，自然特别受到重视。

摄于1844年的一张水上厅馆图片，二楼檐下匾书"云岛琼台"，形象地将湖上景观与此主题建筑之功能特色全面表达了出来（图21-8）。所配楹联："叠山列画屏；临泉写幽梦"。从画境到梦境，皆令人陶醉。该建筑名"贮韵楼"，正立面的檐柱几乎全挂上了楹联。另一张1868年拍摄的"湖心亭"图，亭额木匾题有"燕红小榭"四字，书法艺术同建筑风格十分融洽得体，凉亭（婷婷）玉立，题字清秀，二者有机融合给游人、也给摄影师留下了鲜明的

图21-8　海山仙馆贮韵楼挂了许多楹联

---

① 周琳洁. 广东近代园林史[M]. 北京：中国建筑工业出版社，2011：50.

② 金学智. 中国园林美学[M]. 南京：江苏文艺出版社，1990：472.

图21-9　燕红小榭（亭额）

景观印象（图21-9）。类似室内木雕装饰豪华大厅的"春园草长"堂匾点明了从建筑庭院，扩至周边大环境，是为内外交融的天然园林画图。

十三行时期，耆英对潘仕成的"图书馆"大楼曾有联咏叹：

水木别成林，有四壁图书、一庭风月；
楼台浑是画，是洞天海岳、福地琅嬛。①

"琅嬛"即天帝藏书处，意味气概不凡。在阐述造园理论或品赏园林艺术时，匾额刻石题名同园林艺术具有多元化的互动之美。按"格式塔"心理美学，当园林景观对象力的结构与人的知觉情感力的结构一致时，产生审美感觉，即"异质同构"效果。海山仙馆匾题诗联除本身文字音韵装饰的欣赏价值、本身的印章雕刻书法价值②，另对其园林景观的标题描写及作者体验的表达，将共同反映了园林匾额题对的审美心理学价值，对园林规划设计意图的指导性价值、传播文化典故之美的宣传价值。

"海山仙馆"乃岭南古典园林艺术集大成者，是当时思想文化素质较高的十三行商人，在充足的物质条件下，传承古典园林艺术，大胆吸纳西方新型材料技术，精心设计营造起来的园林杰作。诞生在通商口岸——对外开放的国门城市广州，被上层社会的达官贵人、文化泰斗，甚至西方官员、传教士、航海家所欣赏，讴歌之、题咏之，则是很自然的事情。文学艺术与园林艺术发生互动、互补的关系，当然也是顺理成章的事。从宏观世界的"海""山"到微观袖珍景点的一块坐石或沏茶用石（图21-10），都成为了题咏点刻、升华意境的素材。

---

① 陈以沛，陈秀瑛. 潘仕成海山仙馆石刻[M]// 罗雨林. 荔湾风采. 广州：广东人民出版社，1996：115.
② 杨宏烈. 名城美的创造[M]. 武汉：武汉工业大学出版社，1992：388-392.

图21-10 海山仙馆遗石上的题刻

21.4 诗词匾联刻画园林文化景观生态意境之美

文人雅士除了对园中一花一草、一事一物的吟咏，还以绝对、律诗、长短句倾情抒写了海山仙馆多姿多彩的宏观图景。如针对荷花、荔枝等大尺度景观特色，以潘氏"荷花世界；荔子光阴"一联，恰是大手笔的高度时空概括。海山仙馆规模庞大，融山水园林与住宅、戏楼、书房、谈判室等轩亭馆所于一体。《广州城坊志》卷五记："宏观巨构，独擅台榭水石之胜者……。堂极宽敞，左右廊庑回缭，栏盾周匝，……皆花承树荫，高卑合宜。"然正如大观园中"偌大景致、若干亭榭，无字标题，也觉寥落无趣，任是花柳山水也断不能生色。"所以"大观园试才题对额"一回写得极有情趣而显得十分重要。

陈以沛、陈秀瑛等人研究了潘园内的楹联艺术与其文化景观和生态环境的关系，[1]读者循此可感悟海山仙馆的景观序列之美。《园冶·相地》曰："涉门成趣，得景随形，或傍山林，欲通河沼。"潘园大门横匾"海山仙馆"，大门两旁有以此四字嵌成的门联，曰：

<blockquote>
海上神山；

仙人旧馆。
</blockquote>

此联堂堂皇皇点明斯园主旨为有一池三山的神仙境界，畅叙山水楼台自比仙人更加潇洒。寥寥八字语意浑成，寓意此园"只应天上有，人间哪能几回游"？从而夸赞了园景的美妙雅致、主人的意趣非凡。据刘愚生先生（1876—1953）说：此联为金石书画鉴赏家何绍基（1799—1873）所写，潘仕成之子潘桂所撰，同样名声不小。

园主人潘仕成，曾在中外商贸、军事、文化关系史上，发挥过重要的作用。[2]若要凸显馆园人物不凡的社会地位以及士大夫贵族精神，巧用"仙山琼阁；世外桃源"一联，不是超凡虚夸之作。每当盛夏季节，荔枝如红云、清风送荷香，最能惹人陶醉。文人雅士豪情勃

---

① 陈以沛. 海山仙馆的文化成就与影响[M]//广州市荔湾区地方志编纂委员会. 别有深情寄荔湾. 广州：广东省地图出版社，1998：123.

② 杨幸何. 天朝师夷录[M]. 北京：解放军出版社，2014：177-180.

兴、亲临现场，那能不见景生情、挥毫洒墨，道出馆园的宏大叙事：

> 海色拥旌幢，但招南极仙来，箫管催传江上月；
> 山光回锦绣，恰对越华馆在，莺花并作汉家春。

（黄爵滋撰）

此联依然用"海山仙馆"四字取义入联，似乎还在追忆对比南汉皇家昌华苑"十里红云、八里画桥"的盛景。将景物与人物相谐互动，可谓情景一体交融。潘园即使舟船、车马等也都能入景传意，有佳联曰：

> 荷花深处，扁舟抵绿水楼台；
> 荔子荫中，曲径走红尘车马。

专用仿苏州吴门造的豪华船艇（苏舫）和仿京都造的马车，作水陆迎送贵友嘉宾的情景，亦将主人豪爽和好客的气派充分表现了出来。

黄爵滋以力倡禁烟闻名，授翰林院编修。他亦用"海山仙馆"四字取意入联，抓住了馆园的特色，深层写景、知会叙事、浓情壮物。

> 珊馆回凌霄，问主人近况如何，刚逢官韵写成，丛书刊定；
> 珠江重泛月，偕词客清游莅止，最好荷花香处，荔子红时。

（翁祖庚撰）

以上楹联作者也是清代才子。主客畅饮、至醉至醺。园林建筑如凌霄殿、越华宫豪华高贵、箫管奏歌、乐声动月。此联表彰园主致力刻经典、编丛书，都不是普通官宦人家所能媲美的。潘仕成虽财富而求文贤，好古有力著绩颇丰。商道发家，官场、文场亦有追求，成就十分显赫。道光二十九年（1849年），他辑刊《海山仙馆丛书》五十六本，刻《海山仙馆藏真》十六卷、续刻十六卷、三刻十六卷、仙馆摹古十二卷、宋四大家墨宝六卷、仙馆契叙帖四卷。他还收藏了很多宋元版本的古书、汉晋碑帖及其他不少法帖。正如园中楹联所云：

> 水木别成材，有四壁图书，一庭风月；
> 楼台浑似画，是洞天海岳，福地琅怀。

图21-11为1870年所摄某庭院厅室的历史图片，正开间竟布置有四副楹联。其一"波黎四面有人来看荷花；碧玉一泓是处可消长夏"，联挂金柱。其二"绿杉野屋妙机其微；海风碧云所思不远"，联挂正堂。其三"红杏园前人道是醉尝比邻不负洒痕襟上；白鹅潭畔我正

图21-11　白鹅潭景区某大厅室内楹联何其多

想花招解语再歌骤雨新荷"，联挂檐柱。这些楹联都是江畔湖塘典型的园林休闲生活及其空间景观的写照。此照是否为潘园待考，但可旁证同一时期的海山仙馆类此好景好联一定很多。

21.5　诗词匾联咏叹凄凉晚景家破园衰悲剧之美

明代造园学家计成《园冶》一书在阐述造园理论与园林审美艺术特征时，充分考虑了中国古典诗词歌赋、匾额楹联的表现形式与人文思想的深邃内涵，致使园林意境更加广袤致远、语言更加生动形象、韵味更加浓烈悠长，大大增加了造园艺术的感染力和文化价值。[①]

诗人对门的景观吟叹十分在意，造园家对门的设计要求颇高。海山仙馆大门入口的艺术处理正是典型案例。又如《园冶·借景》："南轩寄傲，北牖虚阴。"陶潜《归去来兮辞》云："倚南窗以寄傲，审容膝之易安。"倚南窗寄傲世情怀，虽居小屋也安逸。诗人与造园家"心心相印"，写诗与造园是"灵犀相通"的。"诗""园"一也，具有艺术同构之美。

著名诗人何绍基贵为太史，留下多首绝句、律诗及步苏东坡诗韵极赞潘园中的胜景，但似乎有种不安的预兆暗暗袭来。为什么文人士大夫与园主大商人同样没有安全感？中国几乎所有私家园林，特别是私家名园及其主人，最终的下场大多是很悲惨的。同治二年（1863年）何绍基再次入粤，住在海山仙馆，留下《小玲珑室偶题》："玲珑书室是吾家，夕照园林尽彩霞。夜半酒醒风露重，奇芬开遍荔枝花。"[②]似有感而叹：

> 无赖荔枝何，前度来迟近来早；
>
> 又乘莲舸去，主人常醉客常醒。

---

① 张薇.《园冶》文化论[M]. 北京：人民出版社，2007：327-332.

② 关启明. 广州荔枝湾大钞[Z]. 广州：荔湾博物馆编，2002：25.

十三行后期，何绍基为太史，留诗甚多。但给他内心笼罩的并非真正"烂漫"的秋天，映在西洋镜中的乃是一种危机感。从海山仙馆的旷世美景中，"引人幽思"的"萧斋旧制"正是藏在园林主客内心深处的东西。现有何诗如下：

其一

看山欲遍岭南头，送尽人间烂漫秋。

花气化云成宝界，海光如镜照飞楼。

其二

云水空明入图画，海天清宴好楼台。

面纹未觉观河皱，一笑何曾岁月催！

其三

修梧密竹带残荷，燕子帘栊翡翠窝。

妙有江南烟水意，却添湾上荔支多。

萧斋旧制多藏画；吴舫新裁称踏莎。

万绿茫茫最深处，引人幽思到岩阿①。

何绍基诗，细致描写了海山仙馆风光水色之美、文酒宴集之盛，嘉宾贵友往还之众、园景布局之华妙而清雅等。另加附记三条，特别称颂了园主独资赞助增修贡院、学使署和出版丛书，及协助清廷外交事务的功绩。这对人们了解潘仕成的为人和园林特色很有帮助。类似"文如其人"的说法，应有"园如其人"的哲理。园林之美，三分工匠、七分在乎主人之修养。

潘氏园林的兴衰常引文人墨客无限之感慨。如南海李仁良（辅廷）《狷夏堂诗集》有一首《过海山仙馆遗址》，盛赞潘仕成不惜重金打造海山仙馆，"主人方豪雄，百万讵回顾。买得天一隅，结构亭台护。"园林室外景致是"流霞降雪堂，金碧纷无数。佳气郁葱哉，森然簇嘉树。"室内景观"插架汉唐书，嵌壁宋元字。沉沉油幕垂，曲曲朱栏互。"诗作者感慨：盛时园林"树影尚离披，泉声仍潺诉"。惋惜一代名园"祸福忽相乘，转瞬不如故。高明鬼瞰来，翻复人情负。"深怨眼前时过境迁："席草吊荒凉，徘徊秋水渡"；"孤影陡惊人，稻田起飞鹭"（图21-12）。

一座廊壁嵌满上千块诗书字画艺术石刻的大型行商园林，一座集岭南文化艺术精华的大观园，值得研究的东西实在太多。此诗咏潘园由盛到衰的情景，写得哀婉动人，教人深省。故园被分割，水面淤塞，已被农人种上庄稼，用地性质都变了。还有著名诗人黄遵宪游览潘园确实遗憾来晚了，原先的容颜没见到，当今已非昔比。他的一首《游潘园感歌》，一半是悲伤、一半是控诉：

---

① 一种度客用的小船艇。

图21-12　衰败中的海山仙馆：湖面变稻田

神山左股割蓬莱，惘惘游仙梦一回。

海水已干田亦卖，主人久易我才来。

楼梁燕子巢林去，对镜荷花向壁开。

弹指须臾千载后，几人起灭好楼台。

　　如此一座号称"岭南第一景"的园林仅仅存活了40多年。宣统年《南海县志》"杂录"所载："同治年以后，艖务敚，主人籍没，园馆入官，议价六千余金，…… 归官抵饷"，1873年被迫拆卖、瓜分肢解、荒没殆尽。时有好事者将海山仙馆四字拆分为六字曰："每人出，三官食"，隐寓不祥之兆。据说潘仕成生前，曾为家园自撰一副对联，被人们视为悼亡联，曰：

池馆偶陶情，看此时碧水栏边，那个可人，胜似莲花颜色；

乡园重涉趣，惜昔日红尘骑外，几番过客，虚抛荔子光阴。

　　那个可人，几番过客；园殁人亡，谁与评说？园主人潘仕成的故事与海山仙馆是紧密相连的，在历代的诗联匾额、景点刻铭等文史资料中，似乎这里有一部"悲金悼玉的红楼梦"。这个"红楼梦"的物质载体就是众多诗词楹联所吟咏描述的广州"大观园"——"海山仙馆"。

21.6　诗词匾联作为非物质文化遗产具永恒之美

　　咸丰十年（1860年），荔枝湾依然是广州的公共游览胜地，作为众多私园的公共大背景，依然令游人诗兴大发。曾为林则徐勷办军务御守猎德炮台、官至翰林院庶常馆教习的孔继勋有一首《日游荔枝湾》诗，从侧面记载了海山仙馆的早期的艺术成就存在明显的比较优势之美，园中生活情景亦多有暗示：

"卓午红云齐绚色，荔湾艒拽如梭织，逐水舟回旖旎香。披襟客苦炎歊逼，故人约我宵携壶。月凉江靓韡纹铺，岸转烟波几纤曲；光涵亭榭犹模糊，林塘寂愿竟到此。良禽磔格纷惊起，轩窗夕敞净琉璃，海山仙降纷罗绮；虹珠照夜堆芳园 _{灼于景苏园}，对此景物宜倾樽。只闻雅管吹裂石，那见雜宾来叩门；霸图消歇浮云逝。骋怀何暇论唐荔 _{园名阮诗所定}。未须秉烛寄豪情，一颗冰轮皎霄际。"[①]

曾经的海山仙馆，风景秀丽，地位显赫，来此做客的人包括两广总督、钦差大臣等达官贵人、名士文人、著名的收藏家、书画家，他们到此赏荷尝荔，文会雅集，游玩消遣，留下了许多赞誉海山仙馆的诗词匾联文赋。（清）何绍基当时为潘园的客人，深感"园是主人身是客；花为四壁船为家。"[②] 他有充满"仙气"、极富"禅味"的《满庭芳》词一阕：

岭外名园，海山仙馆，好景无数包藏。主人沈古，蠹间发奇光。往岁飞楼宝界，宴天上，持节星郎。今重到，蓑衣散笠，渔父入鸥乡。

商量先占得，黎明盥漱，消受晨凉。看眉宇写黛，雪阁凝霜。一片荷花涨晚，有无限，绮丽悠扬。重携酒，慢摇苏舸，休为荔枝忙。

潘仕成的"海山仙馆"、伍崇曜的"粤雅堂"、孔继勋、孔广陶父子的"岳雪楼"、康有为的"万木草堂"，历史上并称"粤省四大家"藏书楼。潘恕的《海山仙馆诗》对此写得既有老庄墨家的神韵，又有贵族奢华的风流，个中书家园林的滋味耐人慢慢体会：

> 万卷书藏最上头，墨庄文囿足风流。
> 有时抛卷看山色，诗思远随云水浮。
> 石家金谷习家池，镜里楼台画里诗；
> 最好平章管风月，碧纱笼处句争奇。
> 一重花木一楼台，窗牖玲珑透座开；
> 影浸绿波流不去，太湖移得绉云来。
> 半爱豪华半野闲，又添余地买青山；
> 菜畦稻陇斜阳外，少个牧童驱犊还。
>
> ——潘恕《海山仙馆诗》

官高禄厚的红顶商人有福也有痛，一切都随着尘封的历史一起老去。今天，是否有可

---

① 孔继勋：《岳雪亭诗存》，咸丰庚申十年。见：高刘涛：海山仙馆园林研究[D]. 广州：广州大学，2013.

② 陈其锟. 海山仙馆联[EB/OL]. http://www.haoshici.com/593k8gw.html.

能克服这种"富不过三""五世而斩"的历史循环？安生久驻的日子，有利于文化的繁衍传承。

注释：

注1：站在整个西关看，潘家居住区可谓"西北"一带；站在整个潘园的立场看，海山仙馆居住区应该位于东南部，荔湾涌以东为地势高峻地带。

图片来源：

图21-1、图21-3、图21-4、图21-5均由深圳刘志刚先生提供。

附：潘刚儿注释

海山仙馆诗钞

过唐荔园
潘仕光

纳凉应不为离枝，

莫怪鸣蝉笑我痴。

一面青山三面水，

有荷花处便题诗。

录自潘仪增《番禺潘氏诗略·六松园诗草》。

海山仙馆园主人戏题数则
潘仕成

半郭半村，宜寸草心，长荜毂归来，远绍闲居有赋。

一花一竹，更荔枝香。近水风凉处，谁能烦热无诗。

读古人书，当审所学。侈博雅，肆饥弹，固宜深戒。若仅曰富贵功名，尤其后矣。

友天下士，要识可宗。滥交游，矜势利，谅不屑为。倘专论文章意气，恐或失之。

高士门庭云亦懒

荷花世界梦俱香

此地不妨题白云

其人真合铸黄金

图书趣味

邱壑经纶

花府艳神仙，邱壑经纶，应借荔湾留韵事；

梨园新乐谱，池台风月，合从鞠部补传奇。

录自广州市荔湾区文学艺术联合会、政协之友联谊会、荔苑诗社合编《历代名人咏荔湾》。

上巳修禊清晖池馆

伍元葵

楼台水绘各惊奇，修禊图成顾恺之。

歌记旗亭谁画壁，杯浮曲岸自临池。

春风翠袖佳人赋，明月红栏芍药诗。

坐满骚人非主雅，咏觞豪极寄琴丝。

五月十七日潘德畲
方伯仕成寿宴集海山仙馆

张维屏

海山雪阁望嵯峨，[1] 消夏朋樽逸兴多。

一水光中排墨宝，[2] 万荷香里听笙歌。

世间出处云无定，席上生凉雪乍过。[3]

雅集西园传故事，[4] 至今图画说东坡。

1 雪阁：海山仙馆主建筑 嵯峨，高峻貌。

2 此句说，在一片水光树色之中。绘画、书法、写诗等雅事正在进行。

3 原注：雨得凉。过，读作戈，来声。

4 原注：《西园雅集图》坡公居首。《辞源》：宋苏轼、黄庭坚、晁无咎诸人，尝作集会，时人绘为
《西园雅集图》，米芾、杨士奇有记此为海山仙馆雅集也。

送潘德畬方伯仕成之浙江运使任[1]

张维屏

九天纶綍下岩阿，[2] 未许闲居恋薜萝。[3]

十载承欢家食久，[4] 三司赐命国恩多。[5]

定知军饷需筹策，[6] 最好湖山助啸歌。[7]

临别感君贻韵府，[8] 报琼无物有诗哦。[9]

---

1 方伯：清制运司（盐运使司）、臬司（按察使司）、藩司（布政使司）称三司，官阶相约（三品或从三品），均称方伯。当时，潘仕成为两广盐运使，但未赴浙江任职。

2 九天：喻君主也。纶綍：帝王的命令也。《礼记》："王令如纶，其出如綍。"岩阿：《晋书·隐逸传赞》："养梓岩阿，销声林曲。"隐逸之处也。此处以喻潘园。这句说，皇帝的命令下达到潘园。

3 薜萝：野生的蔓草也。此处喻隐士的行止。

4 承欢：犹言承欢膝下。原注大公人在堂。

5 潘任三司之一，故曰国恩多也。

6 《唐书·食货志》："军饷仰给盐利。"盐运使的职责也。

7 浙江乃有名山水之境。此去公余之暇，湖山啸咏，亦一快事也。

8 原注：以所刻《佩文韵府》见赠。

9 报琼：《诗》："投我以木瓜，报之以琼琚。"这句说，我没有什么好的东西回赠给你，只有写首诗吧。

答海山仙馆主人

王煜

胜情驰骤比春申，[1] 杰构经营压季伦。[2]

烟绿四围春雨过，晚红一抹荔云新。

舤排卓郑无风雅，俯仰佗嘉剩劫尘。

愧少铁崖佳翰墨，玉山聊此记萍因。

---

1 春申：春申君，战国楚相黄歇的封号。相楚二十年，食客三千余人，其上客皆蹑珠履，与当时齐之孟尝、赵之平原、魏之信陵共称四君子。此处以比潘仕成。

2 季伦：石崇，字季伦。累官荆州刺史，使客航海致富，置金谷别业于河阳，极尽豪奢，借喻潘仕成，尤过之也。

夜饮海山仙馆

王拯

花气浓薰酒笺浑，阑干香沁露荷翻。

楼台玉笛风生座，灯火寒潮月到门。

漫拟槽邱营太白，[1] 只宜金谷照刘琨。[2]

觥船夜散燕支水，[3] 歌舞冈前漏点繁。[4]

1　槽邱：积糟成邱。犹言酿酒之多也。这句说，这里饮酒有太白遗风。

2　刘琨：晋魏昌人，字越石。以功封广武侯，拜都督并、冀、幽三州诸军事，与石崇交厚。这两句
　　说，这里所交往的都是达官贵人、名流雅士。

3　觥船：酒器之大者。王安石诗："觥船淋浪始快然。"燕支：犹胭脂也。这句说，酒阑人散，女士
　　卸装，胭脂把流水都染红。

4　漏点：铜壶滴漏，古之计时器也。繁，多也。犹言夜深也。这句犹言酒乐歌舞之盛也。

德畲世仁大人招饮海山仙馆得诗四首

何绍基

一

桂子香余菊正开，[1] 朋簪回首廿年杯。[2]

木奴坐看千头热，[3] 查客谁期万里来。[4]

云水空明入图画，海天清晏好楼台。[5]

面痕未觉观河皱，[6] 一笑何曾岁月催。

二

修梧密竹带残荷，莺燕帘栊翡翠窠。

妙有江南烟水意，却添湾上荔枝多。

萧斋旧辟惟藏砚，[7] 吴舫新哉称踏莎。

万绿茫茫最深处，引人幽思到岩阿。

三

主客携樽共一痴，明窗读画且谈碑。

楼成书苑千年玉，笼得会才几辈诗。

欲使古贤依我活，[8] 况论时事更推谁。

闲教白日堂堂过，跌宕还思动好奇。

四

看山欲遍岭南头，送尽人间烂漫秋。

花气化云成宝界，海光如镜照飞楼。

千林暮色生凉思，一发中原感客游。

风浪无声天浩荡，可能无声看闲鸥。

1　此句说，桂花开过又到菊花，谓又到深秋时候。

2　朋簪：犹言朋辈。此句说，与这里的朋友已交往二十多年了。

3　木奴：《襄阳耆旧传》："李衡种橘千株曰：'吾有千头木奴'后引伸为果树的统称。"《齐民要求种杏注》："木奴千，无伪年。"此为引喻荔枝也。

4　查：与槎通。　槎，水中浮木，泛指舟船。　槎客，泛舟来之客。后凡远道而来之客，可称槎客。这里作者自喻也。

5　清晏：河清海晏，言清平无事也。见《辞源》。

6　观河：《楞严经》："佛告波斯匿王，我今示汝不灭性，汝三岁见恒河时，至年三十，其水云河？王言至于今六十三年亦无有异。佛言当今发白而皱，必今皱于童年，观河之见有童耄否？王言否也。"此句说，二十年了，这里景色没有变，而我也不觉得自己已经老大了。引发下一句，不论得失荣辱，都一笑置之，保持年轻的心态，就不会有岁月催人之感了。

7　萧斋：《国史补》："梁武帝造寺，命萧子云飞白大书萧字，后寺毁，惟此一字独存。李约见之买归东路，建一室以玩之，号曰萧斋。"词章所用萧斋，当本此。此处以喻海山仙馆收藏有很多有价值的墨宝。

8　活，此处作生动解。这句说，古贤留下的作品，在这里得到了生动的体现。

《海山仙馆图》题二首

叶应扬

韵题道光壬寅七月廿九，宴集海山仙馆之贮韵楼，熊笛江孝廉绘画，叶庶田龙部作诗先成，诸友次韵题附上，[1]

阅七年，复属夏鸣之茂才绘此卷，黄石琴中丞作赋以纪事，兹录各诗之，殊玉之光后先辉映矣。潘仕成识。

名园主客惯同游，良夜筵开贮韵楼。[2]

清酒百花齐献寿，绿云千树不知秋。

灯辉浩月如相避，檐敞明河欲傍流。[3]

画里登临香里饮，[4]外人争羡几生修。

云司久住暂归来，[5]三品衣荣戏老莱。[6]

蔾仗光阴新卷帙，[7]荔枝时节好亭台。

高歌共庆鸿仪吉，小醉偏留倚马才。[8]
更祝香山他日会，[9] 可能末座许叨陪。[10]

---

1 此次雅集，相和者十人，各有七律二首，计二十首为一时之盛矣。

2 贮韵楼：海山仙馆主楼。

3 明河：天河也。欧阳修赋："星月皎洁，明河在天。"此句形容楼宇高敞。形容天上的银河好像就在檐边流动。

4 此句说，置身于图画之中，饮宴于众香之内。

5 云司：疑为运司之误。查潘仕成只当过两广盐运使。盐运使简称运司。后调任浙江盐运使，但未上任，以后未出任过任何官职。又从久住二字来看，也只有是盐运司了。

6 三品：盐运使的官阶为三品或从三品。戏老莱指老莱子彩服娱亲之典。

7 此句意为，晚年还有很多新著作。

8 鸿仪：《易》："鸿渐于陆，其羽可用为仪。"今称人之风采曰鸿仪。 倚马才：谓文思敏捷也。吴融诗："落笔原非倚马才。"

9 "香山"句：白居易于东都所居疏沼种树，构石倚山，自号香山居士。此处喻潘园也。这句应说，但愿他日能重开这样的文酒之会。

10 承上句意为，可能我又要叨陪末座了。末座，自谦之辞。

步和前韵二首

金青茅

香中觞咏镜中游，柳畔亭台水畔楼。
似海繁华娱永夜，极天风月宴新秋。
仙曹昔擅无双誉，清福今推第一流。
万轴琳琅齐插架，[1] 校编全韵恰重修。[2]

同宴红云载酒来，南山寿介北山来。
名园绮丽开金谷，[3] 雅事风流寄玉台。[4]
潘岳板舆征孝养，[5] 谢安丝竹本清才。
延年更结餐英会，[6] 排日笙歌喜屡陪。

---

1 这句说潘园书籍很多，琳琅满目，插满书架。

2 原注：君校刊韵府。

3 金谷：晋石崇有金谷园，极一时之奢华，以比潘园。

4 玉台：《楚辞》："登太乙兮玉台，使素女兮鼓簧。"太乙，天帝所在，以玉为台。以喻潘园。

5 原注：君常侍太夫人来游。

6 餐英会：《屈原·离骚》："朝饮木兰之坠露兮，夕餐秋菊之乐。"犹言风雅之集会也。

《步和前韵》二首

董作模

海上三山汗漫游，荔枝洲畔跨飞楼。

四围花放逢初度，[1] 一片荷香正早秋。

妙绝参军传韵事，[2] 果然曹长尽名流。[3]

园亭主客知谁是，觞咏强于修禊事。[4]

红藕花深画舫来，恍疑仙馆即蓬莱。

云廊水榭摇银烛，鬓影钗光上镜台。

灯下人歌将进酒，[5] 座中谁擅不羁才。[6]

遥知风月平章惯，[7] 裙屐开筵几度陪。

---

1 初度，生日。

2 参军，鲍照，南朝东海人。工诗。仕为临海王参军，世称鲍参军。

3 曹长：官署曰曹，曹长即官长也。

4 这句说，这里饮酒赋诗比修禊时还热闹呢！修禊，三月上巳，以祓除不祥，谓之修禊。

5 进酒，李白《乐府》。

6 羁才《汉书》："少负不羁之才。"言其俊逸也。

7 平章：品评之意。陆游诗："平章春韭秋菘。"

《步和前韵》二首

鲍俊

摘艳蕉香纪胜游，南星高护白云楼。[1]

碧花丹荔曾消夏，翠竹苍松总耐秋。

差拟兰亭娱日永，[2] 思从洛社继风流。[3]

论交廿载犹如昨，汲古谁人得绠修。[4]

荡漾轻桡画鹢来，[5] 此身疑是到蓬莱。

镂金绚彩花围幄，翠羽明珰镜晕台。

莫笑青莲徒傲世，[6] 须知红拂尚怜才。[7]

初秋合献黄花酒，高咏霓裳喜共陪。[8]

---

1 南星：南极星。《汉书》："老人星名南极。"

2 这句说，也像王羲之兰亭修禊一样，作竟日之游。

3 洛社：曹魏建都洛阳，曹氏父子及建安七子（孔融、陈琳、王粲、徐干、阮瑀、应玚、刘桢）与其他作家一道开创了"建安文学"。后至晋，也建都洛阳，亦有"竹林七贤"（嵇康、阮籍、山涛、向秀、阮咸、王戎、刘伶），他们都有深厚的友谊，都是互相唱酬，留下了一批划时代的作品，后世称为"魏晋风流"。这句是说，也想继承"魏晋风流"。

4 绠：吸井用之绳也。修：长也。《淮南子》："短绠不可以吸深，器小不可以盛大。"绠修，谓绳长可以吸深也。

5 画鹢：古时船头多画鹢鸟以镇风。此犹言船也。

6 青莲：李白号青莲居士。

7 红拂：用红拂女李靖私奔事。杨基诗："座中红拂解怜才"。

8 霓裳：霓裳羽衣曲。高雅之歌舞也。白居易《长恨歌》："惊破霓裳羽衣曲。"

《步和前韵集前人句》二首

许祥光

蓬瀛俱称列仙游，[1] _{（孔仲武）}花拥弦歌咽画楼。_{（李山甫）}

红里青娥留永夕，[2] _{（李翱）}银樽玉柱对清秋。_{（令狐楚）}

金丹拟驻千年貌，_{（韦应物）}桂棹同乘万里流。_{（倪缵）}

全觉此身离俗境，_{（皎然）}好将方寸自焚修。[3] _{（司空图）}

且喜年华去复来，_{（张说）}不妨高卧守蒿莱。_{（吴师道）}

看君宜著王乔履，[4] _{（杜甫）}乘兴还登郭隗台。[5] _{（贯休）}

四海共谁言近事，_{（罗隐）}一官常惧处非才。_{（薛逢）}

只须数数谋欢会，_{（白居易）}谈笑应容逸少陪。[6] _{（王贞白）}

---

1 这句说，这里好像是蓬莱仙境。一班仙人在此游玩是合适不过的。称，去声，读如秤。

2 青娥，尤言少女。韦应物诗："娟娟双青娥，微微启玉齿。"韩愈诗："青娥羞长袖。"

3 方寸，谓心也。《列子》："吾见子之心矣，方寸之地虚矣。"《三国志》："徐庶曰，今失老母，方寸乱矣。"焚修：焚香修行。泛指净修。 唐司空图《携仙箓》诗之五："若道阴功能济活，且将方寸自焚修。"张蠙诗："坛场在三殿，应召入焚修。"

4 王乔履：王乔，东汉河东（在今山西）人。明帝时为尚书郎，出为叶县令。每月朔望常自县诣来朝，帝怪不见其车骑，令太史伺望之，言其临至，辄有双凫飞来，于是凫至，举网罗之，得一舄（音昔，履也）焉，乃所赐尚书履也，乃即古仙人王子乔也。

5 郭隗台：郭隗（隗读如蚁），战国燕人，燕昭王欲得贤士，以报齐仇。隗曰："欲得贤士，请自隗始。"昭王乃筑台师事之，乐毅、邹衍、剧辛等贤能之士闻风而至。

6 王羲之字逸少。此诗句原作者姓王，因以自喻也。

《步和前韵》二首

谢友仁

西园飞盖记同游，[1] 高会群仙又此楼。

万点琉璃光彻夜，千章云树碧于秋。

尊开北海豪怀健，[2] 颂拟南山韵事流。

能作闲居能作仕，河阳艳福几生修。[3]

板舆奉侍昔曾来，绕道笙歌溢草莱。

四面荷花开世界，几湾杨柳拥楼台。

沉酣金粉消良夜，管领烟霞仗逸才。

随意登楼忘主客，东山游屐乐追陪。

---

1 飞盖：冠盖云集也。

2 北海：北海太守孔融。《后汉书·孔融传》："举北海，拜大中大夫，性宽容少忌，好士，宾客日盈其门。常叹曰：'座上客常满，樽中酒不空，吾无忧矣。'"萧颖士诗："未奏东山伎，先倾北海樽。"此处以喻这里的主人。

3 河阳艳福：《晋书·石崇传》："崇有别业在河南之金谷。"极尽奢华，故曰河阳艳福。此处以喻潘园也。

《步和前韵》二首

黄鹤龄

风月笙歌几度游，海天凭眺惯登楼。

更当白社联吟日，恰值香山上寿秋。

银烛金樽娱永夕，华簪珠履集名流。

闲将韵事从头较，几辈如君福慧修。

一曲霓裳天上来，余音缭绕彻蓬莱。

佛成西竺称无量，人对南山赋有台。

座里绮园皆为相，[1] 尊前苏薛亦诗才。[2]

楼居何异仙居乐，喜醉流霞数数陪。

---

1 绮园：是指秦朝的四位博士：东园公唐秉、夏黄公崔广、绮里季吴实、甪里先生周术。合称"商山四公"。他们是秦始皇时七十名博士官中的四位，年望俱高，分别职掌：一曰通古今；二曰辨然否；三曰典教职。见《史记·留侯世家》。这里喻座上的男士。

2 苏薛：指苏蕙、薛涛。苏蕙，前秦窦滔妻，曾织锦为《回民璇玑图》。其文宛转循环。薛涛，唐之名妓，精诗文，时称女校书。出入幕府，历事十一镇，皆以诗受之，暮年居成都浣花溪，好制松花小笺，号薛涛笺。

《步和前韵》二首
卢福普

披览新图忆胜游，雅宜觞咏庾公楼。[1]

人能行乐常多寿，客尽工诗不感秋。

树杪帆飞随鸟度，栏边水曲绕花流。

此间自是婵嬛地，那怪仙灵数最修。

京华作宦偶归来，新辟名园拓草莱。

芳树近连南汉苑，秋岚遥接越王台。

怡情邱壑浑闲事，用世经纶待此才。

我为苍生添颂祷，如君今有几人陪。

1 庾公楼。相传晋庾亮镇江州时所建，在江西省。

《步和前韵》二首
黄玉阶

词场几度扫花游，载酒同登贮韵楼。

且喜园丁富菱芡，[1] 更从庄子话春秋，[2]

池台艳说无双品，事业端居第一流。

我欲为君纪银管，[3] 汗清留待异时修。[4]

屯田经画辟汗莱，胜似填河与筑台。

蚝镜屡参戎幕议，[5] 鹤书应为北方来。[6]

论交慷慨推任侠，寿世分明倚大才。[7]

四十年华君莫负，无闻如我愧追陪。

---

1 菱芡：两角曰菱，四角曰芡（读作忌）。这里泛指水生食用植物。

2 庄子：即战国时哲学家庄周，与老子并列道家之首，有著作《庄子》传世。这句说，来到这里就好像到了道家学说中的清虚世界。

3 银管：即银笔也。《全唐诗话》："昔梁元帝为湘东王时，好学著书，常记忠臣义士及文章之美者。笔有三品，或以金银雕饰，可以斑竹为管。忠孝全者用金管书之；德行精粹者用银管书之；文章赡丽者用斑竹书之。"

4 汗清：言书中于史册也。古时以书炙简、令汗，取其青易书，复不蠹，谓之汗青。文天祥诗："人生自古谁无死，留得丹心照汗青。"

5　蚝镜：澳门之别称。这句说，经常参与对澳门有关的政事，这里泛指外事。

6　鹤书：辟召（皇帝起用某人的诏书）之书也。古诏板书体用鹤头书，故曰鹤书。　北山，周颙隐于北山，后应诏出为海盐令。孔稚圭有《北山移民》。这句意为你（潘仕成）才四十多岁，应该复出为朝廷效力，不要过早归隐。

7　寿世：有助于当世。

《步和前韵》二首
梁同珍
柳波移棹忆同游，荔熟荷香月满楼。

消受名园图主客，那知尘世几春秋。

一时文宴皆豪士，不夜欢场集胜流。

搜辑芸编并金石，河阳声望绍前修。

湛露恩荣锡命来，鹤书天语出蓬莱。

宰臣正拟筹边略，海内谁能列将台。

战舰抛车真敌忾，大裘广厦诅凡才。

平章风月庸非福，难得消时许共陪。

《步和前韵》二首
陈其锟
小舫冲波记昔游，藕花时节一登楼。

池塘绿净偏宜夏，水阁凉多不待秋。

荔苑几更唐岁月，觞兰还续晋风流。

镜中最惜红妆面，添护朱栏百尺修。

买得陂塘劚草莱，[1] 真疑平地起楼台。

闲邀胜客寻诗去，好趁良宵带月来。

跌宕琴尊原是福，平章花木也须才。

名园惯被君家占，迟我从容笠屐陪。

1　劚：读如竹，锄也，斫也。

夜饮海山仙馆

王臻

花气浓薰洒蠹浑，阑干香沁露荷翻。

楼台玉箫风生座，灯火寒潮月到门。

漫拟槽邱营大白，只宜金谷醉刘琨。

载船夜散燕支水，歌舞冈前漏点繁。

过潘园有感

陈良玉

一径荒凉掩绿苔，旧时风月好池台。

楼空树渐穿窗过，槛倒花多照水开。

行乐易教珠翠老，伤心不待管弦催。

廿年俯仰成陈迹，也共群贤禊饮来。

游潘园感赋[1]

黄遵宪

神山左股割蓬莱，惆惆游仙梦一回。

海水已干田亦卖，主人久易我才来。

栖梁燕子巢林去，对镜荷花向壁开。

弹指须臾千载后，几人起灭好楼台。

---

1 录自黄遵宪《人境庐诗草》卷一。写海山仙馆，作于同治庚午，即1870年。

《前题〈鬼趣图〉七律十首，尚有余言未尽，
拟作骂鬼论继之，迩日目击鬼物横行》

潘仕成

《骂鬼论》的小序云："前题《鬼趣图》七律十首，尚有余言未尽，拟作骂鬼论继之，迩日目击鬼物横行，虽耻与争光，而苦无善术，因为长篇以志慨焉。"

（该诗较长，在此略去。）

22

第22章

历史画卷图片与园林美的释读

彼得·伯克在《图像证史》一书中，十分重视图像的研究价值。[①]因局限于"官方组织制作的档案"难以在比较新的领域从事研究，得到新的并异于往常研究的成果，而多方关注书面文本、口述证词、历史图像，也是更广泛、很重要的证据。[②]

有人说：中国画是纸上平面的园林，园林是由山石、水体、建筑、动植物构成的立体画。当世上实体的园林毁灭之后，画纸上的园林可以提供神游、研究、修复的参考功能。从学术成果方面看，"图论"与"园论"具有许多相似之处。当手卷、古画、历史图片极其珍贵且来之不易时，更宜引起研究人员的重视。[③]

是先有诗画后有风景园林，还是先有风景园林后有画图？仿佛是先有鸡后生蛋，还是先有蛋后孵鸡的问题。两相互动，两种情况都有。对照研究应该是一个科学命题和有效法则！我国古典园林富含诗情画意；营造园林又常从诗词与山水画中寻找构思和灵感。故历史上许多著名诗人画家，往往又是造园家，对园林艺术的发展推动极大。

南北朝《古画品录》有"谢赫六法"："一气韵生动是也，二骨法用笔是也，三应物象形是也，四随类赋彩是也，五经营位置是也，六传移模写是也。"[④]这些绘画法则明显地也是造园法则。其五"经营位置"直接就来自于造园。文人喜爱造园、赏园、咏园、绘园，由此涌现了大量以园林实景为题材的绘画作品，获得了相互传扬借鉴的效果。元代画家倪瓒曾设计苏州狮子林。明代文征明参与设计拙政园、紫芝园，所绘《金阊名园图》，将园中的奇花异果、怪石芳池、画堂曲榭尽收笔底。文征明曾孙文震亨主导香草垞、碧浪园的设计，其《长物志》详细阐述了园林的设计原则、陈设规范。宋代书画家米芾后裔米万钟，亦为明代著名画家，因造北京名园"勺园"与董其昌齐名。他的画以独特的视角，高超的技巧，将勺园百亩水景生动形象地展现了出来。明代唐寅《竹亭高士图》、清代苏六朋《园中雅集图》、居廉等人的《邱园雅集图》等都在一定程度上展现了各地的历史园林风貌。著名画家黄宾虹、潘天寿曾出任为西湖理景"专家"，喜得西湖处处有景，景景如画。

22.1　历代画卷——记载园林发展脉络

海山仙馆自1873年被拆毁之后，遗址地带也遭受彻底破坏，只能依赖古代的画卷（及配诗）和历史图片的释读来加以了解。古人云："诗画不分家"，由此引申诗画与园林同构。园林"画"犹如园林的设计构思图、施工造景的蓝本或效果图案，"配诗"近似造景的理论线索、设计说明或景观题咏。研究行商园林"海山仙馆"及其遗址地带历代相关画卷和图片，有利于体验该园的发展脉络、追寻其自然与人文的艺术互动、探讨开放口岸城市的造园

① 高伟. 还君明珠——探索历史图像中的行商园林[J]. 中国园林，2015（5）：110.

② 彼得·伯克. 图像证史[M]. 杨豫，译. 北京：北京大学出版社，2008：3.

③ 杨宏烈. "海山仙馆"相关历史画卷的识读[J]. 广东园林，2004（3）：34.

④ 张彦远. 历代名画记[M]. 杭州：浙江人民美术出版社，2011.

特色及其演进规律。

黄汉纲先生于1949年前，曾查访过十三行行商潘仕成"海山仙馆"遗址及其文物，对与潘园有关的园林书画艺术研究造诣颇深。只因一园承上启下，而牵涉到整个西关荔枝湾的园林发展史。实事告诉我们应将唐朝的"千树离支四围水"的公共园林荔香园，南汉"十里红云、八里画桥"的皇家昌华苑，明代兵部右侍郎黄衷晚景园，清代广州绅士丘熙的虬珠园、蔡廷蕙的环翠园，清末民初唐荔园等联系起来研究。

明清是我国私家园林最为发达的时期，文人官宦都喜爱经营园林，陶冶性情。晚景园就是明代退休老人黄衷，晚年在荔枝湾泮塘南岸河涌边兴建的一处名园，其园址也在后来的海山仙馆景域范围内。清代诗人谭莹有诗描写晚景园的景色：

> 出郭先经晚景园，泮塘南岸果皆繁。
> 三水大石红相望，熟到陈村又李村。[①]

从后代画家谭大鹏教授据有关文献资料绘画的国画《晚景园》图中，可以看到园林的大致景象。园内有白石为堤，跨以拱桥的石虹湖的水面阔仄有致。湖边建竹柏环植的浩然堂，还有天全所、青泛轩、素华轩、鸥席草堂、后乐榭诸胜[②]。柳绿荔红，一派南国水乡风光。显然，晚景园多少会影响到"海山仙馆"的营造艺术。比如后者"迂回曲折、栏楯周匝"，"轩窗四开、目极水天"的景观特色与前者类似。连廊的建构，实现了多水塘、大水面的分割与联系。大尺度的水上高架廊道景观，这是为克服潮汛水位涨落、进一步追求游园景观大视野、大手笔、大境界的表现。

近期有一篇文章，分析了夏銮《海山仙馆图卷》核心部分所刻画的植物类型、位置关系、配置效应。此文拿传统中国画谱的植物写法、对照历史画卷，有说服力地证明了海山仙馆主景区数十种植物造景布置、艺术构图的真实可靠性。

22.2　唐荔园图——大唐气概审美情结

清代嘉庆早年间，有一位名叫丘熙（即邱熙氏，莫伯治文 2003 年）的广州绅士，在荔枝湾后来海山仙馆的部分馆址上，建筑了一座园林，外护短墙，题曰"虬珠圃"。[③] 道光四年（1824年）又加以修葺，增置景点。园内遍植荔枝，山水花卉，亭堂轩所俱备，布置极具匠心。丘熙常和当时的地方官员、文友、诗人在此擘荔吟宴。所构竹亭瓦屋，为游人擘荔之所。

道光初年，阮福（阮元之子，后任甘肃平凉府知府）因唐代广州已有名园"荔园"，"福

---

① 谭莹. 乐志堂诗集. 史隐园, 咸丰九年刻本。

② 罗雨林. 荔湾明珠[M]. 北京：中国文联出版社, 1998.

③ 同②。

惜唐迹之不彰也，便更名之曰'唐荔园'"。更名之后，对原有虹珠圃又有一番修葺，故阮福款识中有"甲申（1824年）夏唐荔园落成，偕同人来游"句。时任广东佛冈司狱的清代著名书画家陈务滋于道光四年（1824年）绘有《唐荔园图》两幅，加上题跋，成两卷。其一为绢本设色，绘唐荔园全景，陈氏并附楷书阮元《唐荔园记》（图22-1）。另一图为纸本设色，绘唐荔园一角，同卷有黄鹄举"唐荔园图"名。把该园曲桥荷荔、亭阁相映的幽美景色，描入图中，成为一幅极具艺术价值的作品（图22-2）。后卷有两广总督阮元题跋："红尘笔罢宴红云，二百余载荔子繁。十国只想汉花坞，晚唐谁忆成通园。"[①]

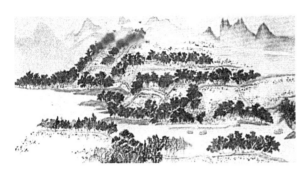

图22-1　1824年陈务滋唐荔园长卷（右段）　　　　图22-2　1824年唐荔园局部图（原名 虹珠圃）

　　阮氏父子对虹珠园美妙和谐的亭台布局，赏心悦目的植物造景极为赞赏，谓足与唐代荔枝湾的荔园比美。从园名的"听""说"形式的传播过程中，颇能加强人们对园林景观特色的审美把握，产生对唐代园林艺术成就的憧憬，以及对该园现状优美景观的回忆。唐荔园归潘仕成后扩建海山仙馆。另外一部分乃西关三叉涌畔地（今荔湾区三连直街），于道光中期由十三行行商叶上林后人营建"小田园"。二者可谓同期的岭南园林之佳作。

　　考陈务滋：字植夫，湖北人。所绘山水，气韵弥厚；竹石花卉亦超脱，又工楷、篆、隶书，为清代有名书画家。应主人之邀，陈绘"荔香园"图时，任广东佛岗司狱。图成后，随唐荔园易主，归潘仕成所有，存海山仙馆。海山仙馆肢解拍卖后，图为香山（今中山市）孙仲瑛所得。后归荔湾区小画舫斋主人黄子静、黄九叔、黄明伯。现由广州博物馆价购收藏。图纸的故事就是园林的故事。

22.3　长卷全图——展拓潘家至大观园

　　在唐荔园基础上扩建而成的海山仙馆，除尽量保留唐荔园的幽美景色外（图22-3），又增建了戏台、水榭、亭、桥、塔、轩、楼、阁等较大型的景观建筑，开凿了一个面积逾百亩的大湖，用沙土石块堆砌了水上"仙山"，随之成为当时广州的首号名园。

　　时有清代江苏著名画家夏銮应潘仕成之邀作海山仙馆图一幅，刻画了海山仙馆的总体面

①　阮福. 唐荔园记[M]// 阮元. 擎经室集. 上海：商务印书馆。

图22-3　约1847年的海山仙馆一角

貌，是广州园林史上一幅极有历史价值的图画。《海山仙馆图卷》绘成之后，就藏在海山仙馆园中。海山仙馆归官拍卖后，辗转流传，后为香港沙宣道石屋黄宅所得，后为民国时期著名收藏家小画舫斋主人黄子静所得，继而又为广州美术馆所藏。广州美术馆即现广州艺术博物院前身。潘园长卷图的辗转流传同样是一个曲折惊险的故事，同样反映了行商园林命运的悲壮史。

　　园林史画《海山仙馆图卷》卷长宽13.36米×0.36米，画心3.58米×0.26米。内有不少高官政要和文坛才子的墨宝。潘仕成于道光二十八年（1848年）题识曰："珠玉之光，先后辉映"[1]（图22-4）。历史记载这幅全景图乃画家于道光年间创作。就图中透视关系，可见夏銮是从该园东南方俯临馆园所绘，潘园的直接入口大门估计也在这里，从主入口方向、采用顺光观察透视全园往往是很自然、习惯、方便的事，不像是从该园的东北方向。

　　馆园位置就在当年荔枝湾西南近珠江一带。它与清同治年间邹伯奇所绘潘园的地图位置相同。馆园西南一侧，有茫茫江水环绕流过。远处是沉沉青山与片片风帆，点点渔舟在波涛中若隐若现。珠江岸边的海山仙馆在长驻十三行的美国人威廉·亨特眼中是这样一幅景象："整个园子由一道高八九英尺的砖墙围着。"[2]泓大湖面就广逾百亩，折合公制，约为七万多平方米。若连同湖边堤岸陆地，合计应有八九万平方米。当时一篇登在法国《法兰

图22-4　1848年夏銮：海山仙馆长卷中部

---

① 广州市荔湾区文化局，广州美术馆. 海山仙馆名园拾萃[M]. 广州：花城出版社，1999.
② 威廉·亨特. 旧中国杂记[M]. 沈正邦，译. 广州：广东人民出版社，1992：92.

西公报》上的广州通讯说："这一处房产比国王的领地还要大，可以容得下整整一个军的人马驻扎"。①

按常人所言"海山仙馆"只是潘家阖府的后花园，花园之前应该还有一个规模庞大、实行礼仪出入、接待宾客、家族聚会、休闲居住、敬祖供老、深藏女眷、储备金银、作坊印书、闭门成市等各种功能的海山仙馆居住区建筑群。"垣绕四周"的当为园林区域，居住区以高门大户为主，有些房屋外墙本身即具防护性。

湖上三山，显然仿"蓬莱、方丈、瀛洲"之典，一高两低，那是人工挖湖堆沙，担土垒石而成。高者，筑有石道，环回曲折，可以拾级而登，寻幽探胜；低者，亦奇石峥嵘，青翠多姿，花丛叠秀。联曰："如画林亭花四壁，真仙楼阁海三山"，即为此而作。另有两塔，一在湖东，六角五级，以大理石雕砌，处水上平台直指蓝天；一在湖西，成圆柱形，于小山边拔地而起。建筑组群之间，都有跨水而筑的大小湖堤，回廊台榭及十余座拱桥或曲桥相连。百态千姿，都以大尺度的水上建筑显现。亨特写道："房子的四周有流水，水上有描金的中国帆船。"② 这些描述同夏銮长卷图的描画十分相像。

夏銮画中人物，计有十多个，颇具"以少代多"的效果。有士人拱手相迎、窗前读书、廊台漫游、骑马来访等不同神态；状似书童、马夫、车夫、船工和排水工的，也活灵活现在画图之中。潘家人财两旺，盛极一时。"据说他拥有的财产超过1亿法郎。他有五十个妻子和八十个僮仆，还不算三十多名花匠和杂役等等"（亨特语）。送往迎来的贵友嘉宾、亲朋知己尚不在内，……招待宾客的开支不逮日费千金。一位法国人估计他每年为家园的花费，就值当年300万法郎③。凡此种种，都反映了这座家园无愧"冠盖岭南"的称誉。

夏銮（1802—1854），字鸣之，江苏上元人，工诗善画，以附生从九品发广西（图22-5）。受曾国藩之令去湘潭督造战船，建立水师。在镇压太平军的岳阳"城陵矶战役"中入水而死，曾"伤心陨洋"，后报咸丰帝被追封为江苏军门提督。④《海山仙馆画卷》起首处上方，有夏銮写的一篇古风题识。夏銮自言，"余家禹玉公，善写山水，与马远齐名，数十传来竟坠家学。戊申初冬，德畬（潘仕成的字）先生命写海山仙馆图，爰以夏氏浑笔参文待诏细笔写之"。可知这幅画作于戊申1848年初冬。夏銮自认是南宋大画家夏圭（字禹玉）之后，所以说自己采取"夏氏浑笔"，参以明

图22-5 夏銮画像

① 陈以沛、陈秀瑛. 潘仕成与海山仙馆石刻[M]// 罗雨林. 荔湾风采. 广州：广东人民出版社，1996.

② 威廉·亨特. 旧中国杂记[M]. 沈正邦，译. 广州：广东人民出版社，1992：95.

③ 陈以沛. 海山仙馆的文化成就与影响[M]//广州市荔湾区地方志编纂委员会. 别有深情寄荔湾. 广州：广东省地图出版社，1998：127.

④《清史稿·夏銮传》：夏銮，字鸣之，江苏上元人。以附生从九品发广西。盗匪陈亚贵滋事，銮捐资募勇在荔浦、修仁防剿，保府经历。与褚汝航治水军，凡器械之属及营制，多銮手定。同复岳州，同复湘潭，历保府同知。城陵矶之役，汝航统师船进击，銮于陆路设伏互应。进剿至白螺矶芦苇中，贼众复集，銮手刃数贼，跃入水中，死之。诸生何南青同战殁，事闻，均赐恤如例。

代大画家文征明（因官至翰林待诏，又称"文待诏"）之细腻笔法，完成了这件作品。作者以上几句自评颇为自信。

广州艺博院黎丽明研究员指出，以艺博院所藏夏銮画作可见，其他画作多为花鸟题材。这件篇幅不小的山水比较少见，当是画家应园主潘仕成之请的精心之作。最后完工的海山仙馆，由夏銮所绘《海山仙馆图卷》一幅，当时藏于潘园，以纪此盛事。图卷绘有荔枝湾畔的荔枝林，枝藤缠蔓、幽幽静默、森森渺渺，具有温静纤细的文化传承、地域特色、田园景观三者交合、情景互衬、天人合一的境界与神髓。《海山仙馆图卷》是目前反映其真迹史况的珍贵资料之一，是广州园林史上的一幅极有历史、艺术价值的藏画。海山仙馆归官拍卖后，该画辗转流传，后为香港沙宣道石屋黄子静宅所得，现由广州艺术馆收藏。

画中文：引首"海山仙馆"四字，为清末重臣耆英所题。此外卷后的题跋还有不少高官政要和才子的墨宝，如徐广缙、何绍基、梁国瑚等。这些题跋为研究海山仙馆园林艺术和潘氏大家生活方式的某一些侧面提供了依据。

另有清代画家田豫，字石友，四川人，工界画，咸丰同治年间流寓广州甚久，曾在伍氏馥荫园居住，绘有《馥荫园图》。潘仕成曾到伍氏馥荫园出席文宴。1846年邀田豫客居海山仙馆多年，1848年为潘仕成绘海山仙馆图（扇面）一幅，手绘本20.5cm×57.7cm，极工致（图22-6）。图上有沈泽棠、潘飞声[①]题识，容庚应陈澄中之属篆"海山仙馆图"；钤印：容庚、潘飞声。中国嘉德国际拍卖有限公司于2006年进行过拍卖。此画也是一幅全景鸟瞰图，较真实地刻画了潘园所有重要景物的经营位置关系。田石友在画面左上方记"荷花深处，扁舟抵绿水楼台；荔子阴中，曲径走红尘车骑。"[②]

吕兆球先生指出：相对于《馥荫园图》从外向内的单一视角，田豫《海山仙馆图》似乎具有从内向外的多视角张力，故园内景观空间给人特别广阔开敞之感。以上两幅作品都刻画出了"依河而筑、因水成趣、临河筑园垣"围合不曾跨越河涌的现象。本书作者从田氏图与夏銮图中，另发现两者均有迹象的证明：海山仙馆的规划设计是在原"方网田畴"水资源基

图22-6　田石友海山仙馆扇面画

① 潘飞声（1858—1934），字剑士，号兰史，别号老兰，广东番禺人。早年游历欧洲，掌教德国柏林大学，专讲汉文学。著有《西海纪行卷》。返国后在香港、上海等地担任报馆编撰，晚年定居上海。工诗词，尤擅行书，画果花小品亦饶有逸致。著有《说剑堂词》《在山泉诗话》《饮琼浆馆骈文词钞》等。

② 许礼平. 海山仙馆及海山仙馆图[M]// 徐俊. 掌故（第5集）. 北京：中华书局，2019：200.

地上因势利导改造而成的。不同的人有不同的风格。画画如此，造园也如此。广州艺术博物院陈伟安院长介绍，展览古画是希望观众通过画家之笔，领略到我国古代园林艺术的风格与独特魅力，以及古代文人充满闲情逸趣的园林生活。

22.4 外销画品——行商园林誉满全球

外销画在18世纪中叶兴起于广州，全盛时期（19世纪初叶），十三行一带有近30家画店。香港艺术馆1981年出版的《珠江十九世纪风貌》历史画册上，有一幅19世纪中叶传为庭呱（关联昌）所绘的纸本水彩画（图22-7），题为《广州洋塘之清华池馆》，画幅19.5cm×28cm。该画册的卷末说明：考清华池馆馆址在河南，为潘正炜花园之一。陈泽泓先生认为此图很可能是海山仙馆写生画，清华池馆实越华池馆之误。因它与夏銮的海山仙馆图中的一部分图景极为相似，与法国于勒·埃及尔在1844年所拍的海山仙馆主楼建筑也十分相像；且该画题目所指地点在广州洋塘，图中侍女旁还有一块十分酷似海山仙馆原藏的"软云"石，都能推定它为海山仙馆的一部分。从画中还可以看到广阔的水面上有双层长廊，和长廊相连颇有特色的双层五开间卷棚单檐歇山顶楼阁，与多幅外销画所绘均为同一对象。此画风明显华丽，实乃庭呱所习西洋画特色。

与夏銮"海山仙馆图"相较，其水上构廊，廊中有亭阁，迂回曲折之布局、林木配置苍郁长势均十分相同。夏銮长卷图属中国画类，自以墨线简约表现见长，不可苛求一定要画出雕梁画栋之感。另庭呱画中仕女旁的"软云"供石（现在莫名其妙地跑到"烈士陵园"里去了）已成珍贵"文物"，理应回归原址，筑亭供展，以作海山仙馆之地标（图22-8）。

请注意另外一种现象：外国画家关于海山仙馆的美术作品。西洋画的写实精神和手法，可能较中国画更逼真地复写出名园的景观透视关系。图22-9是作者根据其他画家在中国的多张素描，综合分析有关建筑之间的位置关系，重新创作的油画型作品。画面主景建筑是体形颇有特色的船舫，由伸入水中的船头、比例较短的中部船舱及船尾高挑的阁楼组成。因视线较低，背景出现的贮韵楼屋顶也显得低矮，但暗藏着不小的体量。攒尖顶式的凉亭可能为某海上神山上的配置小品。也很有魅力的单孔石拱亭桥显然为夏銮图中五孔石亭桥之误。透

图22-7　19世纪中叶庭呱外销画《清华池馆》

图22-8　海山仙馆景石——珍贵文物

图22-9 [英]托马斯·阿罗姆（T. Allom）据素描作核心水庭船舫

过桥亭空间可以窥视到远处的宝塔，此宝塔显然是园中四层（或曰五层）宝塔拉长拉高的异化。池面上的一群水鸟欢飞跳跃，因为驾驶小艇来的园丁正要给它们喂养食物。图中一系列似曾相识中国古典园林中的经典景石，与生动的植物配置得奇巧活泼。由此可以肯定，此景区周边一定有许多类似优秀的玲珑景石与植物景观，给画家以深刻的印象。刚刚撂下画笔正坐舫头的二位大墨客，或正对"轩窗四开，一望空碧"，酝酿一首新的诗篇呢。

22.5　荔园环翠——龙船楼靓影成遗照

同治十二年（1873年）后，海山仙馆被分割为彭园（园址在今广州市第二人民医院及院后地方）小画舫斋和荔香园（园址大部分在今天昌华涌之西）等[①]。值得思考的是这些园林是在潘园原址再造，还是利用潘园遗产遗存重建，甚或就是划割潘园一隅或居住区一块而成型，尚不得而知。然无论如何，研究这些后续的园林多少跟潘园还是有关的。清末，振天声革命剧团曾设于彭园，民国初年已散为居民，无遗迹可寻。荔香园于清末开始接待游客入园参观浏览和啖荔枝，孙中山、陈独秀曾前往游览。陈独秀即兴作一对联："文物创兴新世界；好景开遍荔枝湾。"类似这样的文物珍品，直到抗日战争爆发广州沦陷后仍存。1952年荔香园拆毁前，莫伯治先生拍摄过荔香园"龙船楼"的照片（图22-10）。因反复刊印，此照片现已变得像一幅版画画种。

荔香园的外貌，有摄于民初，由邓吉龙收藏的荔香园外景照片一幅（曾刊于1953年出版的《文华》画集），从那里可看到当年海山仙馆遗留下来的部分景观。

图22-10　1952年莫伯治摄荔香园龙船楼（后呈版画）

---

① 潘广庆. 荔枝湾回顾[Z]. 荔湾春华报，2001年第3期.

建于清末光绪年间、坐落在荔枝湾南岸澳口涌边的蔡廷蕙私家花园——环翠园，组成要素颇多、居住成分丰富。既有北方"船厅"，又有西川"草堂"，建筑规模壮观、西式装帧雅致。植物景观多种多样、观赏动物种群繁多；荷池鱼塘配置运用，更使水景接近日常生活。明显预示城区市井密集化的影响。1995年之前留下一张颇具油画味的水上景观照（图22-11），气势轩昂壮丽，令人联想到海山仙馆的居住区连房广厦、气势恢宏的景象。可惜该园于2000年被拆掉了[①]。

图22-11　近现代环翠园的湖上风光

读画欣赏园林、研究园林很有意思。有些旷世绝作被反复临摹，起到了某种宣传广告作用（图22-12），反映了国人对历史名园的怀念情结。同样，希望更多画家结合清代李宝嘉的《南亭四话》、俞洵庆《荷廊笔记》、李仕良的《过海山仙馆遗址》诗、何绍基的诗联等文献进行意向景观研

图22-12　陈大鹏作 "晚景园意象图"

究，创作出具有海山仙馆的意境美的美术作品，日益逼近原真的情景。

研究文人山水画与海山仙馆园林的关系，可以证明中国文人园林与山水画具有不可分割的关系，园林史上不同时代的园林艺术家与园林绘画家的实迹是相辅相成的。以园品画——以画品园，足以确立山水画画论之于文人园林的意义：山水画创作与园林营造有同质化的追求。希望当代园林艺术创作之中保留这种互动关系。[②]

22.6　摄影图片——外国人的珍贵作品

现在很多人都很喜欢黑胶片时代的历史老照片。中国的第一批老照片，拍摄于19世纪40年代。拍摄的对象中，有广州行商第一名园——海山仙馆。它们是今天难得的历史文化遗产，亦即摄影机刚刚问世，为人类记载的首批园林艺术作品。

于勒·埃及尔（1802—1877），法国海关官员，中国最早照片摄影师。1843年，于勒·埃及尔带着达盖尔法摄影器材来到中国，并在工作之余开始了他拍摄中国的影像之旅。

① 罗雨林. 荔湾明珠[M]. 北京：中国文联出版社，1998.
② 李超，栾恒. 以园品画、以画味园——中国文人园林与山水画具有不可分切割的关系[J]. 青岛理工大学学报，2017（2）：42-45.

他是目前学术界公认的第一位到中国从事摄影活动的外
国摄影师（图22-13）。1843年至1846年间，于勒·埃及
尔任中国、印度、大洋洲贸易委员会会长。在任期间，
他拍摄了大量反映各国风土人情与自然景观的照片。从
中国回到法国后，于勒·埃及尔居住在法国南部小城维
拉斯，1877年10月13日去世，享年75岁。

图22-13　穿满清官服的于勒·埃及尔

　　于勒·埃及尔是个贸易代表，也是个摄影师。随身
行李中，有一只大木箱，装着一架笨重的银版照相机。
埃及尔先到了澳门，在那里，他遇见了一个器宇不凡、
风度翩翩的人——潘仕成。他们在澳门以公务相识，并
结下了私谊。

　　埃及尔到了广州，住在西关外的广州商馆中。期间，潘仕成两次登门拜访，并对他带来
的照相机产生了浓厚的兴趣。1844年11月21日，埃及尔应新结识的十三行行商潘仕成之邀，
来到了他位于广州西郊，占地数百亩的私家园林海山仙馆。他以主楼和附属建筑、水榭为对
象，拍下了三张照片（图22-14），还为潘家老小拍摄了人像。

　　从于勒·埃及尔所著日记《中国之旅》中，我们可以摘抄到下面一段文字用来说明他在
海山仙馆摄影的情况："刚与潘西成（Paw-Sse-Tchen）一家度过一天。我随身携带的银版相
机使他全家兴奋惊叹不已，东瞧瞧西看看谁先拍，潘西成的母亲抢先拍了第一张；他的姓李
的夫人婉言谢绝了，我就给主人的妹妹拍照。她尽管年轻，涂脂抹粉，但还是很难看。接着
主人最大的两个儿子、乳娘，甚至穿着裤衩的小孩都在我的面前摆'甫士'。我的银版相机
不好也不坏，为他们个个留下了照片。这次拍照持续三个小时，真是辛苦。这时，街上锣鼓
喧天。这声音告诉我们广州府的五大官员驾到。他们身后跟随着一大帮仆人和护卫，由我的
朋友赵春林领路来观看这全城都为之津津乐道的奇妙的发明。"

　　于勒·埃及尔摄于1844年的这几张海山仙馆照片，可谓目前所见中国最早的一批摄影作
品，为寿命短暂的"岭南第一名园"，留有贮韵楼，乃狭义的海山仙馆——代表性主体建筑

图22-14　于勒·埃及尔所摄1844年的潘园别墅主楼

的宝贵影像。镜头拉的很近，建筑较为突出的一张就是海山仙馆主楼体绕以外廊，左右携带着长长的水上连廊，水中的演戏平台敞向大楼的门窗挑栏。这是从主楼西北方向拍摄的，可见主楼及其东西边的双层廊桥。廊桥二层直通主楼二层，右侧可见连接园内其他建筑的廊桥。因当时条件所限，对于西边是滚滚的珠江水，东为西关民居，北是起伏山岗和碧绿田野，南面是水面浩瀚的白鹅潭的所谓远焦距的风水大环境没能摄下。馆内有堆土而成的小山，有人工开凿的百亩大湖，沿湖有宽敞的环湖游览道路。这种位于广州郊区的潘仕成别墅全貌于勒并没着意反映。因于勒并非专业的园林工作者，这是应该原谅的。

　　1860年，又有一位法国人到海山仙馆做客，后将其观感发表在《法兰西公报》上：园主"他每年花在这处房产上的花费达300万法郎……这一处房产比一个国王的领地还大，花园和房子容得下整整一个军的人"。1860年4月11日，《法兰西公报》刊载了"一封寄自广州的信"，同时还刊载了一幅名为"潘庭官的花园"的画作，实为海山仙馆的景观效果。这就是大建筑家、著名法国画家托马斯·阿罗姆（Thumas Allom，1804—1872）所绘"广州某商的住宅花园"（图22-9，已载梁家彬《广东十三考》）。还有一幅丽泉行的花园用了1793年马嘎尔尼随团画家威廉．亚力山大的素描稿（多取材广州、香港、澳门的各种景观），创作出的水粉画（图22-15），可作研究潘园的旁证。

图22-15　丽泉行花园景观一瞥

　　2003年，香港知名人士郑介初先生向广东省博物馆捐赠了280件有关清末广州的文物，其中一幅就是英国著名画家托马斯·阿罗姆绘的《广州某商的住宅花园》。这幅画现被载入郑介初等编著的，由花城出版社2003年12月出版的《广州百年沧桑》一书里。据广东学者考证，这幅画的景色与当时名人对潘仕成的海山仙馆的描写极为相似。

　　摄影技术发明之后不久，清末广州也跟着开办了一个"华芳照相馆"，除了拍摄人像进行市场经营，同时也拍照了不少行商园林风光。从照片构图效果来看，华芳摄影的技术和艺术水平还是相当不错的（图22-16）。

　　华辰影像2017年春所拍约翰·汤姆森《镜头下的中国与中国人》相册，其中有张"广州客厅内景"的照片，实为"海山仙馆厅堂内景"摄影作品，只可惜厅中悬挂的牌匾只拍到一角，无法得知该厅的名字。通过辨认该厅的窗棂、灯笼等特征，可知其为海山仙馆客厅内景。因其游廊檐下有方胜纹装饰，具有华丽的中西结合风格，这是海山仙馆的一个特征①。

---

① 详见《海山仙馆影像再探》。这是首次曝光的海山仙馆室内相片，具有一定的研究价值。华芳影相馆系列图片系由黎芳拍摄。
百度：https://tieba.baidu.com/p/5173019109?red_tag=3101457893.

图22-16 海山仙馆后期的摄影作品

如果说法国摄影师于勒·埃及尔拍摄了1844年海山仙馆早期的景色，是中国最早的照片；其后，清代中国开设了华芳照相馆，拍摄了1868年至1870年的海山仙馆的某些图片。苏格兰摄影家约翰·汤姆森，则摄制了海山仙馆衰落期的境况。

约翰·汤姆森，苏格兰摄影家、地理学家、旅行家，是最早来远东旅行，并用照片记录各地人文风俗和自然景观的摄影师之一（图22-17）。他对中国社会的解析涉及方方面面，无论镜头或是文字，视角都颇为科学、严谨，至今仍觉新鲜、生动。

图22-17 苏格兰摄影家约翰·汤姆森

有关汤姆森拍照海山仙馆图片的故事还可参考中国摄影出版社2001年5月出版的《镜头前的旧中国——约翰·汤姆森游记》（杨博仁、陈宪平译）一书。其中一幅题为《广州潘家花园》，还有一幅题为《中国花园的入口》，网上作《花园里，广州》，可能摄于海山仙馆。在香港出版的汤姆逊《中国游记》英文版中有的照片在法国出版时经过了版画化处理（图22-18）。

1869年底，纪实摄影的先驱约翰·汤姆森（John Thomson，1837—1921）恰逢其时来到中国。汤姆森与助手携带照相器材前往广州，沿珠江而上，经佛山至三水，从三水进入北江，过清远最后到达英德。采用其自身拍摄语言对人文景观和自然景观的描述，同样很具科学性，比如拍摄建筑，他会选择兼顾正立面和侧立面的斜侧方拍摄，尽量在一张照片里提

图22-18 "版画"穿堤跨湖的柳波桥（汤姆森 摄）

供拍摄对象更多的信息，他镜头下的人物和景物因而显得真实而自然。①

在他的游记中另有一段关于海山仙馆的记载："在中国太富有是非常危险的。潘的园林，一个美丽超凡的地方，就这样被广州这个排外和排异教的地方出卖了。那些令人难得一见的建筑物都已被带有印鉴的封条封住，看到一派衰败的景象。这里所有的便桥或码头都是破旧不堪的，整个支撑结构已到了最后的关头。当那些发了绿霉的木材倒下时，就会被淹没在充满泥泞的河床里。那些有小棂子的窗松脱在长满苔藓的砖房的残墙上。许多狗站在门口咆哮狂吠……当我们经过外部围墙的门道进入，一座三层的宝塔出现在眼前，那是潘庭官花园的一个标志。"

"这个花园正因为有他们自己的特色而显得离奇有趣。园内弯弯曲曲的步行小道处理得很隐蔽，穿过假山洞，那些长满苔藓和蕨类植物的砌石路面把我们引导到一些小亭和长方亭里去。一个镜子般的水池边，金鱼在阳光下游动，带有光泽的青蛙匍伏在承托着露珠的荷叶上。此外，我们发现在某些宽敞的大厅里面，当地的男士们正围成方形在聚会（野炊。笔者注），冰凉的大理石做的地面，紫檀木做的椅子，他们正在享用着茶和糕点，或是在听着一些在场的女士们弹奏琵琶和她们唱的那些声音高尖的歌曲。"②正是：

"商女不知亡国恨，隔岸犹唱后庭花。"

---

① 辉林. 约翰·汤姆森广州海山仙馆照片[EB/OL]. http://blog.sina.com.cn/s/blog_4be4a7f10100ms6v.html.

② 同①。

23

第
23
章

行商园林海山仙馆的复兴构想

十三行时期的海山仙馆是一处冶岭南文化、江南园艺、西方技术于一炉，融豪华富丽、水光山色、红荔白荷于一体的人间仙境。一百多年来，海山仙馆在岭南人，尤其是广州人、西关人、荔枝湾人心目中的记忆丝毫不减，人们期盼这座文化圣殿有朝一日光复再现。

岭南园林发展的最高峰是广州行商园林。行商园林之佼佼者是潘仕成的"海山仙馆"。它是所有行商园林之中规模最大、格调最高，自然环境最阔、文化内涵最深、园林构筑类型最多、引进西方要素最丰，人文事件最有影响力、园主身世最为传奇的中国古典园林集大成者。只因存活时间短暂，无不令人惋惜。多少年来，不论是国内学人和民众，还是国外商人及其后裔，都企盼能在海山仙馆的三维空间体验人间仙境的艺术成就。

23.1 复兴历史名园的文物价值及其实例

大凡人类历史上的优秀文化遗产，当代或后来的人都希望能亲临现场，通过眼、耳、鼻、舌、身，实行视觉、听觉、嗅觉、味觉、触觉等感知方式，体验其深层次的时空意境及人文故事。以古鉴今，古为今用，这是人类最基本的认识世界、把握未来、创造新生活的法式法规，亦即人类最高层次的一种价值追求。这些高尚的思想行为与那种污蔑中国园林为"落后保守"的言辞是风马牛不相及的，与那种对待历史文化"大拆大建"、唯利是图，所谓"时髦才先进"的滥调更是格格不入的。不善于从历史文化出发的所谓"创新"，从来就不是成功的作品。海山仙馆确是岭南园林艺术发展进步的一个闪光点和最高峰，对许多人来说，都有不见"黄河"心不甘之憾。

据传海山仙馆被毁后的部分遗址（或附近）兴建了一家花园别墅，名曰"小画舫斋"。主人黄景棠，字诏平，台山人，光绪拔贡。其父名福，星洲侨商，种植橡胶树致富。诏平一身没仕，在潘园馆地建筑小画舫斋，常开文酒之会，结交名士。小画舫斋主体建筑实乃一船厅，似画船仿紫洞艇模式，刻"卍"字栏杆、花木配置，益增诗意。舫内陈设，古玩字画俱全，如坐书斋。诏平好客，另有客厅供住宿，匾题"静者居"。擅画者，则招待于"读画楼"；好诗者，则款待于"诗境亭"，各适其适。仰额联皆出自名人手笔，令人肃然起敬。

诏平工诗，多有唱和。许多诗句怀沧桑之感，或许是对海山仙馆而发。著名诗人黄节《为黄诏平题绣角笺》云："本是临安劫后灰，断笺何意更新裁。百年人物全非旧，一纸沧桑已再来。往事丛残争入眼，水窗明瑟共衔杯。为君题句非缘物，恻理乌阑且是才。"诏平《读陈与义简斋集》云："中原一发暮山苍，载酒江湖泪两行。故国风骚零落尽，伤心独对鲁灵光"。[①]

黄氏生于斯、长于斯、歌哭于斯，久居书斋不仕，实乃念之祭之海山仙馆之亡灵也。

23.1.1 复兴历史故园已有许多成功的佳例

绍兴的沈园是历史上第一"爱情之园"，据宋代典故于原址复建，供今人悼念历史名

---

① 本小节着重引用了广州市地方志办公室副研究员陈泽泓、陈以沛先生、陈秀瑛女士、胡文中先生等人的研究成果。

人，成了特别受人钟爱的文化名园。[①] 南京的瞻园在原址基础上进行了复建、扩建，形成一定规模，与纪念性厅馆相配，亦产生了极好的历史名园效应。山西隋代名园"绛守居"，原本为一艺术水平很高的宅园，于发掘原址基础上进行复原设计，富集了丰富的历史文化信息，给今天的游览者无限的遐思。江南"红顶商人"胡雪岩杭州宅园20世纪后期业已修复，并遵循国际文物保护法则、灵活运用了某些国际宪章手法，使园林成功获得新生。

"营造学社"成员、国家文物专家泰斗罗哲文先生曾指出：胡雪岩故居是中国民族资产阶级发展过程中的实物例证，具有很高的历史文化价值，被称为近代豪宅与园林结合的艺术珍品。修复前的胡雪岩故居已是断壁残垣，行将消失，被少数人认为"破破烂烂"，没有保护之必要。但是，只要有充足的文史资料，充分的科学复原依据，经过认真评审和依法批准，复原重修的重要古建筑，不仅可以再现昔日的辉煌，而且可以使这些历史上的建筑杰作长留人间，展现中华民族悠久灿烂的文明，仍然具有文物价值。[②]

西安的兴庆宫公园，沈阳的北陵公园，均是在一个古迹景点的基础上扩拓成公共园林的先例。这种情况在我国是很普遍的。整个园林并非历史遗物，只是个别古迹遗物的大环境而已。作为游赏对象，仅仅一处古迹遗物可能略显单薄，但用园林景观来保护扩展、艺术刻化，挖掘遗址遗存、补充相关内容，历史文化内涵就能得到弘扬传播，由此就能构建成一个很有规模、很有吸引力的旅游风景区。[③]

北京皇家园林圆明园，现在仍为遗址公园。因为原址的保护与周边环境的控制，使之为十分珍贵的国宝文物。原来固有的园林艺术与"火烧"的历史事件，同时给予今天的人们以深刻的思考。关于圆明园遗址的保护修复早已获得共识，正为北京"三山五园"的保护复兴打下了理论基础、思想基础和社会基础。

位于韩国全罗南道潭阳郡南面支谷里支石村的潇洒园，是朝鲜时代（1392—1910年）韩国最具代表性的古典私家园林，其质朴的人文建筑与自然山水融为一体，被誉为人工与自然结合的最佳典范。1755年4月下旬由崇祯纪元后三乙亥年清和下浣刊版了《潇洒园图》，图长36cm，宽25.5cm（图23-1）。该图清晰描绘了四十八景，可知潇洒园的建筑有霁月堂、光风阁、小亭、鼓

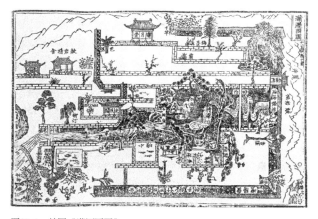

图23-1　韩国《潇洒园图》
（来源：韩国传统造景，郑载勋，2005）

① 朱光亚，王涛. 传统园林的生命力及其衍射——兼谈绍兴沈园的文化环境工程[Z]. 中国文物学会传统建筑园林委员会第十四届学术研讨会会议文件，2001.
② 罗哲文. 城市发展与文物保护并不矛盾[J]. 民间文化，2008（2）：36-39.
③ 李百进，徐振江. 庆宫文化遗址公园"初阳门"的设计[J]. 古建园林技术，1988（2）：35.

岩精舍及负宣堂等建筑群。现在潇洒园除了筑台和围墙，其余皆为复原重建。1983年该园被韩国文化财厅指定为地方文化财产第304号史迹，2008年又被指定为私家名园，古代士人道学精进的场所。潇洒园以其卓越的文化景观成为韩国园林之瑰宝。

没有实物遗址的名园特例，当是《红楼梦》中的大观园。凭着曹雪芹的妙笔生花，他所刻画的园林杰作，被北京、上海等多个城市艺术地回归再现。因其主人翁的文化思想早已深入人心、中国古典园林艺术基因渗入故事背景，复现的园林意境依然感人心扉，"无中生有"的大观园照样深受人们喜爱。[①]

由"无"或"少"而生出的纪念性园林——"杜甫草堂"现象，更值得我们研究再研究。公元759年，老年的杜甫于成都锦官城外浣花溪畔结一茅屋，屋角垦块药圃。照说这草堂药圃根本算不上什么园林（或宝贵遗产），千百年来却衍化出一个240余亩硕大无比的城市森林公园，一座杰出的纪念性园林，一组荟萃杜诗意境的不朽的诗歌艺术大观园。其根本原因在于杜甫诗歌的历史文化价值的伟大。并无实物，仅出现在诗中的"柴门""水槛""草棚""茅屋"……却都成了极其感人的园林景观。楠木参天、梅竹成林、溪水婉转，桥亭相间、花径通幽，园林格局典雅静美。一代代的政府、名人、商家围绕一间草堂发挥演绎出了偌大一个园林的好榜样，同样值得青史留名。如果光为了经济赚钱，能有这一"世界文化遗产"级的园林杰作吗？[②]

由彼及此，海山仙馆在世人心目中同样具备足够的认知度和时空艺术的积淀，如果再现这一岭南古典园林史上最后、最集中的园林艺术成就，肯定会得到人们的拥护和热爱的。

23.1.2　复兴历史文化名园也有文物价值

可以开千人大会、万人大会的公园自然有其时代特征和相应的游赏方式。我们不能要求古典园林完全适应今天汽车时代的、汽车尺度的游览活动，不能希望古典园林承担今天过多的社会政治任务与商业赢利功能。相反，今天的人们倒是需求当年海山仙馆式的时空环境、游赏方式与游赏心态，用以净化灵魂、平静心躁、思考人生真谛。那种久违了的、宜人的园林艺术时空游赏活动，在我国不是太多，而是太少了；人性化、生态化、温馨化的园林空间实在太少了。这与现代精神意识片面化是相仿佛的。

利用富含历史文化信息的旧景点，挖掘、利用城市固有的历史文化资源，开辟文化旅游休闲项目胜过标新立异造新园。[③]胡雪岩故居的修复就是最好的说明（图23-2）。

有个不好听的名词——"假古董"，系指它的制造者力求可以乱真的赝品。一般多指书画、碑帖、工艺品之类，也可推广到建筑。其实，真假之间要解决的是"原创"问题，"价值"是否一定是真的高，也未必。许多收藏家都这么认为。历史上很多书画名家就是从临摹别人的作品开始的，这些临摹作品往往还价值连城。仿制的本身就是一个抢救历史的过程，

① 罗佳晨，洪波．基于空间句法的北京大观园造园特色分析[J]．南方建筑，2019（2）：45．
② 刘怡，雷耀丽．文物保护中环境价值的传承与诠释——成都杜甫草堂保护规划的思考[J]．华中建筑，2006（1）：131-134．
③ 罗哲文．城市发展与文物保护并不矛盾[J]．民间文化，2008（2）：36-39．

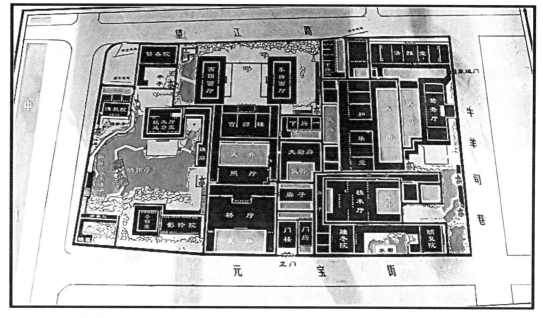

图23-2 胡雪岩故居修复总平面图

缓解真品稀缺的遗憾。比如《清明上河图》目前知名的版本就有好几个，都极具价值。这些仿制品起码保护了一些失传或者即将失传的真品。不同年代的仿制品各有自身的研究价值，如通过研究清代仿明代的作品，就可以了解当时的仿制技术。书法中的特例是东晋王羲之的《兰亭序》，被誉为"天下第一行书"，但至今无人敢说看过其真迹。然而后代著名书法家褚遂良、米芾、董其昌、郑板桥等均临摹过，这些摹本如今都已成为研究我国书法和王羲之书法的重要文物和参考文献。

　　建筑"假古董"并不是要淹真古董，它有明确的时代感，与古建并不雷同，可起衬托、展示古建优秀品质的作用，何罪之有？何况，文物复制仿制技术是我国一项传统工艺，常见于博物馆业。从事这行的画工或匠人都是具有很高艺术修养的技术人才。只要不是粗制滥造，还是有价值的。日本把奈良的药师寺和唐招提寺之间广大地区定为"传统风景区"，修复、重建、新建的古典风格建筑对弘扬历史文化，保护环境发挥了积极的作用。它们在不久的将来也是文物。

　　罗哲文先生还指出：科学修复的古建筑是文物，不能叫假古董。"文物的历史、艺术、科学三大价值，都是经过人工的创造加工才具有的。因此，经过科学修复或复原重建的古建筑，是文物的建筑或建筑的文物。只要符合'四项基本原则'，一、保存原来的形制，包括原来的布局、原来的空间环境等等。二、保存原来的特色。三、保存原来的材料，砖、瓦、木、石等等。四、保存原来的工艺技术、表现方法等等。"[①] 如果做到了这四项，就具有了文物的三大价值。"几十年来经过部分修复、大部分修复、落架重修或是全部搬迁的古建筑，

---

① 马炳坚. 罗哲文的文物古建筑保护思想与实践[J]. 古建园林技术，2012（6）：23-24，22.

如山西南禅寺、晋祠圣母殿、朔州崇福寺、广州光孝寺，北京慕田峪、河北山海关、金山岭和甘肃嘉峪关长城等，还有天安门、故宫、颐和园、北海和天坛等，都仍然是重点文物或世界文化遗产。"[①]欧洲各国也有如此情况。

回头看历史的东西不一定是向后走。文艺复兴是看1200年前的罗马万神庙始，又结合了中世纪的技术，达到了由封建主义向资本主义初期转化，即向人本主义转化的目的。工业化社会向信息化社会过渡，也需要有人情主义的转化，这是时代进步的表现。

23.2　海山仙馆原生遗址的历史文化定位

在纵向时间轴上，1830—1873年，位于广州西关的大型自然山水式古典私家园林"海山仙馆"，虽然只存活了40来年，但在中国园林史上的地位却十分显赫。从社会形态发展阶段的背景条件来看，"海山仙馆"是中国地主农耕经济时代向近代社会海上贸易经济时代转型期的最有代表性的作品。从使用管理模式上看，它有别于之前山西晋商庄园式园林和安徽盐商发迹后所经营的徽派式园林，以及此后江浙买办商人的近代园林，公共开放性较强烈。海山仙馆是伴随着十三行"一口通商"而兴，且与外商交往所营造的商埠口岸园林，具有半官半民、半公半私、对内（国人）对外（他国人）、半开半闭的使用特质。一个记载了时代变迁、社会转型、经济更新的历史名园，需要给予特别的关注。

在横向空间体系方面，海山仙馆及其所在的通商口岸和相关的十三行，名冠朝野、举国上下独领风骚；多国之间声誉远播。从文化形态上看，它处在大陆文化圈与海洋文化圈相切之点，是中西文化相碰撞的产物。从文化层次上看，它是处在贴近海洋文化第一层台阶上的"弄潮儿"。它在岭南园林中的地位更是卓尔不凡。存活至今的岭南四大古典园林是以耕读文化、隐逸生活为主要包藏内涵的园林，无论经济实力、规模范围，无论在南北园林、中外园林交流方面均不及海山仙馆能使"一草一木，备尽华夷所有"。海山仙馆为其真山真水，占地200多亩，开放洒脱之态，"宏规巨构，独擅台榭水石之胜"[②]，是岭南古典园林中的"大哥大"，也是现代画家心中永远的梦（图23-3）。

海山仙馆在造园艺术成就方面具有承上启下的作用。深谙行商园林艺术之造诣的莫伯治院士，在他许多著名建筑作品中都或多或少灵活运用了精湛的"海山仙馆"园林艺术。如泮溪酒家中的廊桥遗构、北园酒家的水榭画意、南园酒家的望楼云墙，都含有"海山仙馆"的风光韵致，给当代人留下深刻印象。然正如"十三行"这段历史，"古代史不管，近代史也不管"的状况应该得到纠正一样，广东园林史也不应该是断代史，不应该跳过或忽视海山仙馆"谁也不管"这一时期。

海山仙馆还活在人们生活之间。对照古代画家笔下的《海山仙馆图卷》与今天设计师

---

① 杨宏烈，杨幸何. 广州十三行文化遗址研究[M]. 北京：中国社会科学出版社，2020：6.
② 俞洵庆. 荷廊笔记[M]. 广州：广东人民出版社，1998.

的泮溪酒家表现图，宏观上我们可以发现两者之间具有某种风味上的相似之处。两者皆为俯瞰图，厅堂、水榭、长廊相连；孤立地看，每图自身比例恰当，庭园绿化贯穿其中；岭南地方风格的建筑构造特征，技艺水平都高，都具有一种质朴自然之美。若百年之后泮溪酒家也会是一种文物遗存。

图23-3　海山仙馆是现代画家心中永远的梦

但是，同样的园林艺术空间，因使用方法不同、使用人员人数不同，人为追求的现实功能不同、管理模式不同，衬托借对的大环境氛围不同，空间场所精神不同，最后给人的文化艺术心理感受也将是不同的。中观、微观上看，泮溪酒家绝对大体量的房屋、大规模的商业经营活动，杂物堆积，潲水餐橱，大肆污染湖水的现象，以及早已丧失了的"一湾清水绿，两岸荔枝红"的大生态景观环境，开敞性的园林游赏效益，尚不能与当年的海山仙馆相提并论。这就是一代名园难得，一代超越数代的"千古流芳"，后者代替不了前者。

清代道光后期和咸丰、同治年间是私家古典园林发展的高峰时期。"宏规巨构"的海山仙馆及其主人的显赫地位和高尚的园林文化修养，已在历史上获得准确的定位。海山仙馆乃用于游玩、休憩、宴聚、接诗和收藏的大家族居住的"别馆"、外商"招待所"，"池广园宽，红蕖万柄，风廊烟淑，迤俪十余里"（《番禺县续志》卷四十《古迹园林》）。主人遵照康熙诣旨"自然天成就地势，不待人力假虚设"，形成了"冈坡峻坦、松榆荟蔚"，石径登山，"朝烟暮雨"，荔子光阴"藕花香发、清风徐来，顿忘燠暑"（《番禺县续志》卷四十《古迹园林》）浑然天成的世界。

海山仙馆的楼台建筑受苏州园林风格的影响，建筑细部"雕镂藻饰，无不工徵"花树掩映之下错落的眉轩、小玲珑室、文海楼等，"曲房密室"变化有趣。园中带凉亭的五孔石桥，轩窗四开的凉榭（"石舫"），游船"苏舸"皆为美景。大理石砌成的五级白塔与长廊水堤相互纵横映衬。估计到过海山仙馆的历代名人主要不是因为吃了喝了什么"美酒美食"而夸奖它，实乃有美景游赏使之"斗酒诗百篇"。

23.3　海山仙馆遗址旅游价值的定格标志

恢复名胜古迹是社会稳定、文化昌盛、经济繁荣的表现，历朝历代概莫能外。2007年年初的《名城报》报道：南京采用传统城市肌理再造的方法，保护明清街坊景观；苏州启动孙子遗址修复工程，将《孙子兵法》诞生地打造为"城市名片"；上海朱家角治水解难题，重现百年古镇"小西湖"胜景；开封整治河道拟再现北宋汴京四通八达的水系风貌，并刻下《重修金明池记》的新碑；海口琼山区修复具有500多年历史的马鞍街，重塑历史文化名城形象；广东潮州已恢复牌坊骑楼街、明代湘子桥及其桥上的亭台楼阁等壮阔之景；云南建水弘扬民族文化艺术，把建水推向世界；天津恢复核心历史遗迹，让大直沽重现"洋务运动"。……上述事例均涉及到古迹遗址历史文化的原真性保护复兴问题。

复兴"海山仙馆"不仅是广州人，也是包括世界各地知晓"十三行"那段历史的人们共同的愿望。莫伯治院士指证"海山仙馆"乃行商园林中的佼佼者。若恢复再现其传统风貌比其他几个行商园林的基础条件都要好——因为其遗构遗址的可考证性具有文物价值、美学价值、名园社会环境价值（图23-4）。

真实的遗址被破坏或失踪了，不得已另择他地按"文"按"图"索骥重建，已不足为奇。历史名楼黄鹤楼、滕王阁、鹳雀楼，著名道观永乐宫等，历代多次新建亦无不

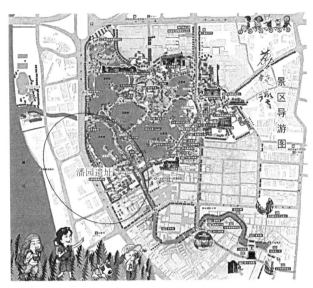

图23-4 海山仙馆历史名园的旅游价值

如此。事实证明，择址另建，只要有社会需要的基础、只要做得好，谁也无可非议。"海山仙馆"是广州的名园，还有一张价值极高的全景图传世可资参考。但可能还有许多人一下子难以接受，移址新建方案虽能获得一个完整的"古园"，却担心古园移植水土不服，周边环境方位关系同历史迥异，其效果确实没有足够的把握，我们不妨暂且不表。

但如果像成都"杜甫草堂"，由区区一个普通草堂遗址，逐渐演变为一个城市森林公园，一个闻名遐迩的风景旅游区，原真性、纪念性、艺术性、可持续发展性均得到科学统一，不可谓不成功。这是千百年来地方官民们的贡献。广州或可借鉴？如果说杜甫草堂是"由小做大"的话，因条件不同，海山仙馆则"由大做小"宜无不可。两者都为名副其实的历史文化遗址公园。

当年"海山仙馆"就坐落在现荔湾湖公园西南一侧。[①] 馆址上"唐荔园"的龙船楼（有莫伯治院士拍摄的遗照为证）遗址还在。20世纪90年代埋没的荔枝涌遗址及荔枝湾连通珠江的"出海口"都是最有说服力的、不移动的"线式""点式"历史地理参考地标元素。另外众多历史画卷、法国人于勒·埃及尔1844年的摄影图片、大量外销油画等文献也可与此相互印证。现荔湾湖公园南门一带土地及湖面、荔枝涌以南的多宝路昌华横街范围内，是为"海

① 陈泽泓. 南国名园 海山仙馆[M]//广州市荔湾区地方志编纂委员会. 别有深情寄荔湾. 广州：广东省地图出版社，1998：56.

山仙馆"遗址无疑。既然是历史遗址（哪怕是很小部分）也就可以按"历史遗址"的身份打造它的文化景观形象，建立起特有的文化地标符号，哪怕恢复一小部分原构，亦可向世人传达有根有据、涵养丰富的历史文化信息，帮助人们"回过头去寻找未来"（look past for future）。恢复的必要条件是存在的。

许多学者提出将荔湾湖公园改建成"海山仙馆"，这一想法是令人不难理解的。虽说，拆旧（现有的公用设施）建新，浪费社会资源财富，将错就错不妥，但浪费的相对而论只是一点小意思，比炸毁一套高层楼盘可以微分归零。再说，当年海山仙馆属于广州古城西郊，郊野风光是为大环境，是大型的园林图底和基本的背景色调，这可是很重要充分条件。现在这个情况变了，对恢复旧址是个影响。但真实的历史遗址，文化基因总会在物理、地理与心理、情理上造成一定的思维连续定性。而仅仅一个地名名称就有一定的思维定式作用。海山仙馆的真正遗址就在荔枝湖的西南一带，修复环境、利用原址、原真性能得到一定的满足，且与相关的历史街区继续保持历史上的相对位置关系不变，可互促互动地发展。

随着研究的深入、历史发展本质内涵的评价会日趋客观公平。海山仙馆这张历史文化品牌，我们企望有朝一日修衍成一处像样的历史文化旅游景点。让这儿不仅有"十三行商馆"区，有郊游码头，有"同文街""靖远街"的纪念牌坊，还有行商私家园林，特别是有完整的一代名园——海山仙馆。园馆中有碑刻，有珊馆，有荔林，有供人联想吟诗作画的贮韵楼，有历史感的亭桥、雪阁、石舫、白塔，有动感的长廊，等等。

总之，让当年的十三行遗址及其名园海山仙馆构成有魅力的旅游景区，一定会有生命活力，得到人们的喜欢。此名园虽非当年彼名园是假，但深层的审美精神却可发扬光大是真。这样的"历史大观"可能胜过飞机搬来的"世界大观"；这样的"文化之窗"可能真正成为"世界之窗"。您要举例子吗？宁波的老城外贸商业街区现在还健在，与十三行同属性，至今尚未倒闭，特别民族化，又特别现代化，今天成了昨天的继续和进步。

23.4　海山仙馆文化复兴的逻辑思维定律

传统以何种转换机制孕育当代？学者李敏泉在《当代建筑文化与美学》中说："传统基因与现代元素重组——重构，它既不是回到过去，也不是要步入异域，而是要明确与强化当代在世界现实层面上的历史投影，创造传统与时代共生的'同心圆'，同心圆越多，干涉图像的'涟漪'越丰富、美妙……"[①] 海山仙馆的文化复兴就是对这种"同心圆"美学的追求。

能按原址复原完整名园当然是较理想的复兴模式，如"爱情之园"——绍兴沈园、近代"红顶商人"——胡雪岩私家园林（图23-5）等，都产生了较好的传承历史文化的作用。古建专家罗哲文先生还专门撰文肯定了后者的文物价值。然而不幸的是海山仙馆缺乏上述两园

---

① 任军. 文化视野下的中国传统庭院[M]. 天津：天津大学出版社，2005：1.

图23-5　重建后的胡雪岩私家园林一景

精确的遗址平面图，且整个荔湾湖周边已被高楼围合，按1∶1的比例修复，肯定是不可能的了。为了让"海山仙馆"在其遗址地段留下一片投影，采用"务实"手法修复部分园林建筑，采用"务虚"手法弘扬潘园整体文化，则还是可行的。修复著名古建，即使没有历史上的原真价值，也会具有当代的纪念价值和未来的文物价值。

为保护城市历史文化，经过遗址考证，尽量按历史建筑的规格、材料、营造法式及其景观环境等要求修复古迹的手法，是为"务实"手法。通过命名标牌、放录像、播放背景音乐、挂原始图画（照片或地图）、立雕塑小品等，唤醒人们对历史的回顾或记忆的环境艺术手法，是为"务虚"手法。采用务虚手法彰显传承历史文化的佳例就有《唐荔园》。① 海山仙馆前身含"虬珠圃"，其原址唐代就是游览胜地。当年两广总督阮元之子阮福与友人来游，十分赞赏这里"荔林夹岸，白莲满塘"风光，十分念及这里的历史名胜。可"惜唐迹之不彰也"，特将"虬珠圃"更名"唐荔园"加以纪念，并写下《唐荔园记》。阮元则留下《唐荔园》长诗，画家陈务滋留下"唐荔园"画卷。阮元父子为保护传承一方胜迹采取了如此一系列"务虚"的举措②，也是一种伟大的贡献。当今"海山仙馆"的复兴不妨亦可运用"更名"的务虚方法——此乃积极可行、以为善为真的手法彰显行商园林胜迹之美。

属于海山仙馆一部分的唐荔园遭受重创后的40年，进入了20世纪50年代。因有心人（莫灼明等人）为保留这一名胜的历史文化根脉，继续坚持沿用"唐荔园"之名，经营这块园中之园，有幸保留了相当部分的生态环境和历史人文信息，避免了名园遗址惨遭彻底破坏和覆灭的命运（图23-6、图23-7）。

莫灼明先生建议维护整个荔湾湖公园的物质架构作为文化的躯体，对其输入"海山仙馆"的历史文化内涵，使公园抽象空洞的物质躯壳蕴含鲜活的精神灵魂。其中绝大部分只须用"务虚"的手法就能使海山仙馆"借尸还魂"，让这块拥有一千多年园林史的历史地段文

① 唐荔园图为摹清代画家陈务滋；海山仙馆图、荔香园等插图为临摹荔湾区志等资料。
② 广州荔湾区文化局、广州美术馆. 海山仙馆名园拾萃[M]. 广州：花城出版社，1997：12-15.

图23-6 "唐荔园"牌坊

图23-7 当代唐荔园的"海山仙馆"遗风

脉相承相续。这样的文化定位方案与现代公园功能不存在任何冲突之处，反而提高了公园的文化档次，使一个底蕴浅薄、内涵空泛的抽象的公园变成了有文有史、有思想境界的风景名胜。

其实，此处"务实"复兴的手法也是十分经济可行的。公园内现有景观特色因历史、地理等缘故，仍多多少少保留有当年海山仙馆"妙有江烟水意，好景天然包藏"的环境遗韵。在此基础上"略成小筑"加以标点，就能"足征大观"也。另稍加建筑细部装饰，重新演绎园林空间，极易获得"喜从新构得陈迹"（清·阮元"唐荔园"诗）的效果。

当年海山仙馆的正大门（或住宅大院大门）位于现公园南大门以南。南大门前荔枝涌以南的土地现已被大量西关古民居占满。它们是与行商园林时间差值最小的"历史建筑"，而且其中还有与海山仙馆存在近亲血缘传承关系的名园"小画舫斋"。将计就计给予传统民居成片保护，将是十分正确的决策。如是，在现公园南大门一带树立海山仙馆标志性景观构件或小品。如果在此能恰到好处地复建一个原海山仙馆的历史景物作为入口象征标志，则是很理想的事。

根据拓扑几何学中二维、三维空间拓扑不变量定理（不必强调闭合线路形状、大小逼真的要求）来理解、只要湖（面）、廊堤路（线）、建筑物（点）等元素位置的逻辑关系不变，就可认为传承了"海山仙馆"的结构体系，重组植物景观，只要能明确体现"池广园宽、红蕖万柄、风廊烟淑、逦俪十余里"为岭南园林之冠的特色，就是很合适的了。景区景点之间、堤岛之间多用游廊、小桥加以联络，既回归了名园长廊，又延长了游览路线、丰富了景观层次。真可谓古今咸宜、进退俱佳。

在景点立意命名上，应多撷取原海山仙馆亭、台、楼、轩等富含诗、文、画、题咏等点景手法来构思意境。如"眉轩""雪阁""小玲珑室"、水榭、文海楼等大量上品题名，匹配"轩窗四开，山水廊庑回缭"的景观设计，结合展览活动，大可营造出"藏古辑今，崇文好艺乐技"的氛围。公园现有建筑细部构造上的缺失或肤浅，正好可用当年海山仙馆中的文字图案、材料工艺及室内外家具设施来加以充实和填补。适当地点添（改）置一座小巧玲珑的五层石塔或袖珍戏楼等原物复制品，使现有贫乏无味的土坡石坎顿生风光，"苍岩翠岫"、"松榆翁蔚"。原属于海山仙馆内的古石"软云"应"物归原主"。建一"软云亭"，将古石置于亭中，是为最恰当的"海山仙馆"纪念亭一景。为获得最真实的历史景观背景，最为经济、生态化的"绿色"手法是大量种植有地方特色的乔灌藤草等亲水性植物。在现有硬化地面和硬质景物所占比例很大的情况下，应积极维护扩展岭南植物特色景象。

23.5 渴望走进海山仙馆的园林艺术境界

广州有近百年"一口通商"的历史，因出现了一个特殊的社会阶层——"十三行"商人集团，他们是国际商品经济因素的代表或先身，在其167年的经济社会舞台上，给上下几千年的专制帝国，带来相当有意义的影响。即或在园林营造艺术方面，也萌生出一种特殊类型的中国古典园林——行商园林[1]。众多行商园林现已灰飞湮灭，只有其中佼佼者——规模最大的海山仙馆，在今荔湾湖公园西南一隅留下了部分园林遗址和自然背景。海山仙馆可以代替荔枝湾公园，但公园不能代替海山仙馆。恢复部分传统景观、传承岭南古典园林精华，倍受世人关注。甚或另外选址再建，让"海山仙馆"魂兮归来，可了一个广大民众的文化梦？

如果有那一天我们能走进"海山仙馆"，能够从现实的园林空间体味到我们想象中的历史艺术境界，将是一种美的享受。正如在北京或上海游大观园，体味《红楼梦》一样。很多学者勾画过自己心目中的"海山仙馆"。有关海山仙馆园林艺术景观可归纳如下作复建参照标本。

23.5.1 精在体宜，巧于因借

孟兆祯院士特别注重这一造园定理。体态适宜，就能布局巧妙；布局巧妙，就是因借的巧妙。反之则相反。体量的处理可从收购唐荔园后改变规划尺度的手法发觉：园林大小是相对的。精在体宜、巧于布局，唐荔园小，但也令人感觉做得很大。如潘氏依然按原邱熙的尺度处理，潘园则会显得大而无当，单调乏味。风格姿态多看建筑设计，总体气势多看山水规划。[2] 遵照海山仙馆的亭、台、楼、阁、塔、桥、廊、馆、室的全面规划布局，高楼杰阁配高廊、连房广厦配曲桥、大水面配蓬莱仙山、大湖泊配长廊游船，可形成疏密有致、山水宜人，可居、可游、可望、可赏的大型园林。

23.5.2 功能之美，引真臻善

"功用"的内容、形式本身就是一种文化。不宜过多地利用园林中的建筑物设置餐饮等

---

[1] 莫伯治. 广州行商庭园[Z]. 艺术史研究（第三辑），2003：457.

[2] 陈从周. 说园（一）[M]. 上海：同济大学出版社，1980：23.

商业内容，要以展览回归历史文化、游览体味为主要目的。比如，收集西关古建筑的木雕、石刻、砖雕、灰塑等装饰构件以及西洋设备展出，将海山仙馆数百块石刻迁回园内，辟建长廊展出，建立小型说书茶馆、粤曲院、岭南画廊等等，是可行的。潘仕成及其家属、亲属、其他成员都"作了古"，不能再现当初私人家庭的园林生活，但以此开展对过去岁月人居空间环境的体验活动，则是可行的。昆明园博会是一个特殊园林，但几乎每个园林建筑物内都开设起商店，并占据了绝大部分使用面积。这种跑了"题"的景点难以引起游客的好感。又如某市将大量寺观变成不相关的时事宣传馆，原有寺观文化荡然一空，了无宗教氛围。

读陈务滋《唐荔园图》与夏銮《海山仙馆图卷》可知：两园之外还有大量水面、水洲、水岛，作为两代名园的广阔背景或开敞空间，方使名园独具艺术魅力，如是才使划艇游河（湖）、品尝艇仔粥等活动有了丰富的水空间。仿古园林利用水滨开辟简易茶座，形成一处处离散又相联系、各有特色的旅游景点，是可行的。但现代大型餐饮游乐设施不宜放到"海山仙馆"中去，这会让当代浮躁的东西，破坏了古典园林历史性的静美。否则，同现在的"泮溪酒家"就差不了多少。该酒家的规划效果图同当年海山仙馆的景观效果图十分相像，但因使用功能之别，两者的文化氛围则相去甚远。

23.5.3 街园结合，融入历史

海山仙馆只是潘仕成整个住宅区的园林部分。住宅前面还有大门、轿厅、客厅、业务谈判大厅、卧室、佣人房、石刻印书作坊等院落层次。"庭院深深深几许？"尚须研究。亨特看到"房子的前边是一个广阔的花园，种着极稀有的花卉，一条宽宽的路通向大门。住房的套间很大，地板是大理石的。房子里也装饰着大理石的圆柱，或是镶嵌着珍珠母、金、银和宝石的檀木圆柱"。然而，潘仕成们到底住的哪里，亨特没讲清楚。

提起老房子，广州人由衷地怀念和提及西关大屋历史街区，这是几百年来深入民心的住宅模式。西关大屋是明清两代始兴于西关、流行于广府地区的居住建筑群，是富商巨贾和洋行买办阶层等新兴富豪的住宅。特征是以石脚水磨青砖砌墙，正面有短脚吊扇门、趟栊门、硬木大门一套三扇的设施；入内三间两廊，中间主厅堂、两侧居室、后边设花园。广州民谚"西关小姐，东山少爷"里的西关小姐，指的就是住在这种豪宅里的"千金小姐"。估计海山仙馆里的住居建筑还是以西关大屋或改良了的西关大屋为主，只有少部分建筑吸收了西洋楼的特点。如是，试可利用这些靠近十三行时代的"历史街区"的西关大屋，当作今潘园景区（海山仙馆园林区）相配套的居住、管理、营商、谈判等建筑用？实现"园—宅"两极的圆满结合。将计就计给予传统民居成片保护与海山仙馆构成形式上的"宅—园"关系，这将是十分恰当的规划匠意"大手笔"，正好可对潘氏大家族的居住问题作交代。

23.5.4 地方风格，妙造生机

岭南建筑、岭南园林至清代具有了自己突出的特色，而西关文化也是近代才有较成熟的风格。所以不宜将园林风格搞得太过多样，终于不成一格。木雕、石雕、砖雕更应发挥岭南

特长。灰塑、彩陶、彩画、楹联等装饰艺术应更有地方风趣、历史特色。西方的影响主要表现在室内装潢上，如灯具、隔断、大理石柱、铺装、窗帘、时钟摆设等方面。从外销画中可知，海山仙馆的建筑造型风格吸收了北方园林、江南园林的优点。如坡屋顶的流畅曲线、传统屋顶（如卷棚、歇山、攒尖等）的借鉴，具有北方、江南的成熟作风，又有岭南工匠的技艺。海山仙馆具有"古而西""新而古"的作风，希望大家注意。

能起到大面积晕染、协调、过渡作用，具有地域特色的园林素材是植物。尤其是陆上广种荔枝、水面引种菱、荷、荸荠、茨菇、茭白"泮塘五秀"，颇有岭南风趣。本土植物具有天生性的特色美，生命力强，种植成本低、生长快、生态功效好。海山仙馆的众多文献对此描写十分丰富，可供植物栽培设计尊崇之用。同时可考虑辟设盆景园、奇花异卉馆，以不大的占地面积涉猎更多的内容。园内养殖观赏娱乐性的飞禽走兽，动物保护协会可借此园林一隅或水面一湾开展某些公益宣传教育活动。

23.5.5 湖中建院，以水造园

要注重"园中园"景观层次的设计，"园必隔、水必曲"是一个美学定律。"海山仙馆"以湖划院、以水造园，营建了许多水性时空元素：水庭、水廊、水埠、水院、水灯笼、水影壁、水洲、水道、水岛石矶等。其中还可设置"刻"石、"印"书的陈列馆，开设艺术系列的活动室，形成湖中有院、"湖必隔、水必曲"的效果。现场雕刻制作展演也是精彩一景，我们要善于发现这种"现实情况"中的"动态之美"。这是有理论依据和历史渊源的"现实"和"现实美"，也是我们复原设计的指导原则。坚决反对诸如将时髦的音乐喷泉圆广场硬搬到古典园林之中。类似的园中之园还有：仆人们的杂务院、女眷们的千秋院、饲养鸡鸭的篱笆院、汲水洗衣的井台后院、系船下桨的修船坞等等都是。建构"水上院落"，设门立基、先乎取景。如果说原形的"院"是只具有劳作功能的地方，那么"海山仙馆"水上庭院将变成具有历史感的园中之"园"。

23.5.6 仙馆清幽，门庭若市

海山仙馆除了夏銮所绘的园林部分外，还应该包括潘氏一家百十人口的住宅部分。"馆"，从食、从官，原为官人的游宴处或客舍。《说文》："馆，客舍也。"《园冶》："散寄之居，曰'馆'，可以通别居者。"这部分建筑大部分可设计成度假居家室，用于体验审美。人们可到"潘家"大厨用餐，也可请"丫头""仆人""家丁"伺候到位。

第一道大门之外的土地可开辟为大型园林服务性的买卖街、水上食街。可惜，"潘仕成"阖府大门以外的部分，目前尚无较详细的研究成果。如果将来的"海山仙馆"要办什么商展、搞什么服务，可适当考虑利用这部分房屋建筑。这部分街区我想同西关的民居街坊差不多。可能还是地道的岭南西关大屋，也可以是带有西欧挂式、山花女儿墙、巴洛克旋涡卷、彩色满州窗的西关大屋。荔湾区不是还有许多西关大屋没地方摆放吗？可把这些"历史包袱"都移植"过继"到这里来，组成一个拼贴式的岭南洋人街——"得西风之先"的西关

大屋街。这可谓历史文化保护学中的"拼贴式保护法"。历史文化名城景德镇在一个瓷窑文物遗址陪衬地带，用此法组建了一个十分完美的徽派古村落旅游景点。只要用心思，处处都是景。景中有历史、有故事，就能感动人。

23.5.7　行商名园，重大叙事

君到西安游，可收获许多旅游景点"名片"，大多具有收藏价值。只注意宣传品的广告效应，不注意艺术叙事性、历史文化收藏性，最后只能是垃圾一堆。广州太重商，应提高宣传品的纪念价值、艺术价值、收藏价值。编印介绍"海山仙馆"历史文化内容的精美小册子，不但可提高旅游景点的知名度，逐步形成一整套以介绍十三行商埠文化景观名胜、历史名人、历史事件等相关内容的系列丛书，还可系统推介审美内涵丰富的行商园林艺术，将中国历史的重大叙事事件表达出来。什么中国"三千年来未有之大变局"，均与这里的"人、物、事"有关呢？

基于景观叙事学的理论，典故之叙事性表达特色和园林化的表达特色具有逻辑一致性，两者对典故意境的追求也具有相同的文化传统[1]。我们可从空间布局、建筑造型、园林理水、叠山置石、植物配置、言语要素等方面开展海山仙馆的叙事性写真，使空间序列、相关背景与文物遗存作为有故事情节的戏剧舞台构成。[2]

23.5.8　私园尺度，隐逸氛围

"人"，一定是以有隐私的"个体人"存在的。园林应满足"个体人"之天性人性的需求。"隐"是中国"人性"的一种独特文化现象，是中国士人文化体系的重要特点。"隐"文化的勃兴及传承，促使了中国士人古典园林的兴盛，园林成为将隐逸本质贯彻得最彻底的艺术空间[3]，也成为人之为（有隐性的）人的精神家园。进退微谷的行商+文人士大夫所造的行商园林，也应有隐逸色彩，隐逸文化也会深深地渗入到行商园林的艺术实体之中。

当隐逸文化成为我国古典园林的一大审美特色时，必然影响到园林物质空间的构成形态模式[4]。《园冶》将园林描写成隐逸之境，"足征市隐，犹胜巢居""避外隐内"是规划之表达。"围墙隐约于萝间""花隐重门若掩""花间隐榭""半窗碧隐蕉桐"，展现出造园不同要素之间朦胧隐约之画面美。"隐出别壶之天地""隐现无穷之态，招摇不尽之春"是"隐"的造园意境追求。《园冶》"隐"文化既表现人的归隐之志，又表现园居生活闲逸之情。

海山仙馆原本就是这样的建构。本书之研讨并没有超脱《园冶》的范畴，只是在此基础上迎来了"改革开放"时代的需要，行商园主的心胸放大了，私园的某些尺度放大了。从"有私而园""私园有私"到"私园无私""无私私园"方为人间正道。在今后的复建活动中，

① 彭佳俊. 叙事观下的传统爱情名园园林艺术初探[D]. 雅安：四川农业大学，2016.

② 徐芳菲. 古典爱情名园园林意境的叙事学解析初探[D]. 雅安：四川农业大学，2015.

③ 徐清泉. 隐逸人格精神与中国古代艺术美追求[J]. 学术月刊，1996（6）：91-97.

④ 李正，李雄. 隐：中国古典园林中的景观视觉偏好[J]. 农业科技与信息（现代园林），2009（3）：37-42.

依然有必要考虑"人的隐逸文化"需求的园林空间尺度之美，以此衬托园林公共场所的宏阔之美。

23.6　海山仙馆魂兮归来并非虚幻的梦想

同治十二年（1873年），海山仙馆终结。如同一曲悲金悼玉的"红楼梦"时时萦绕在广州人的心头。100多年的历史郁积，"海山仙馆"早已成为岭南园林艺术审美对象中的经典。

"喜从新构得陈迹"。在一个公园绿地投资比例并不大，人均拥有公园用地很少的经济社会环境中，更有必要复兴像"海山仙馆"这样的古典行商园林，不仅因此弥补市井绿地之不足，更重要的是"圆"广大市民、国内外学者、十三洋行的传人一场"甜蜜的梦"。

"海山仙馆"呼唤当今的潘仕成、阮元父子。如此，"魂兮"或能归来！当年园主潘仕成捐出很多钱财兴办了不少公益事业，得到了皇帝和百姓的好评。现今为保护城市历史文化，有益于全社会的事业，谁愿为之？当年阮元父子为彰显荔枝湾历史文化"唐迹"，将南海人邱熙所建的"虬珠圃"更名为"唐荔园"，实现了"喜从新构得陈迹"的效果。当今，可否有某大官（富）或官（富）二代，再来彰显"海山仙馆"的"陈迹"呢？

"投资"文化千秋功。据报道：南京有当代房地产富商投资博物馆事业，一者实现了个人的艺术嗜好，二者也有利于社会公益事业。笔者接触过江苏同里镇企业家陈金艮先生。陈先生自幼热爱中国园林，发达之后修建了中国最大的苏式园林——静思园（图23-8）。用他的话说，我造园是为了回报社会、回报国家、回报父母的养育之恩。

十三行时期，广州是"中国第一商埠""天子南库"，行商最有钱，作过很多捐赠。今

图23-8　静思园之廊亭桥

天，广州发达了的房地产商多得很，可有谁愿意掏钱来修园，让广大民众共享改革开放的好处？又有何制度能创造一定的环境条件，让这些当今的潘仕成们能回报社会，多多造园积德？"首长工程""政绩工程"往往容易"炒作、操作、照作、抄作、糙作、躁作"，容易"成功"，但也容易留下遗憾。民心工程得民心，应多多兴造园林为万民开太平。

发挥一代名园效应。海山仙馆她不仅是发展旅游事业的重要资源，而且在研究岭南文化、商埠文化、外贸文化、开放文化等多方面具有不可估量的历史价值，应发挥岭南第一名园效应。海山仙馆是原地重修，还是移地重建？都构不成什么问题。究其实，复兴历史名园，已成为一门专业学问，涉及五千年故国文化遗产保护，涉及考古、建筑、环境艺术等多种学科的合作，本案还涉及到中外关系史，其理念和方法研究都已取得丰硕成果。

中国最高领导人曾对海山仙馆所在历史街区的永庆坊指示："要传承和弘扬中华优秀传统文化，……让城市留下记忆、让人们记住乡愁，维护中华民族的'根'和'魂'。""我们要薪火相传、代代守护，推动中华优秀传统文化创造性转化、创新性发展。"利用海山仙馆创建岭南园林艺术博物馆，就是具体的响应行动。行商园林历史价值因其隐秘性而不被人们理解。今天，博物馆在传播知识和艺术启蒙上的社会功能越发突出，尤其遗址类专题博物馆更是以展示历史文化见长。应把深层次的、隐性的岭南园林地域文化彰显出来，传播开去。

关于遗址重叠问题。近期有学者提出，南越国宫殿遗址与南汉国宫殿遗址重叠。南越国文化比南汉国文化历史更长、年代更早，影响更大，故遗址地带以筹办南越国博物馆为主。类似，荔湾湖公园地带同为海山仙馆遗址，两者相较，海山仙馆文化深厚且历史悠久，荔湾湖公园资历短浅、内涵较为单一，应以开发行商园林历史文化为主。其结果将两全齐美，二者都能作为公共绿地，为市民提供游园等生态环境功能，并且增加了十三行国际商埠文化旅游的宏大项目叙事。如维持公园现状，蕴含不了丰富的"海山仙馆"历史文化内核；如复建"海山仙馆"，则可以改善荔湾湖公园的单一休闲使命。在丝毫不改变公园用地性质的前提下，复兴海山仙馆则将是使荔湾湖锦上添花、一荣俱荣的可行性决策。实现这一"决策"的只有政府，或政府部门中如阮元等开明绅士。

"解铃还需系铃人"。复兴海山仙馆，还需现代的潘仕成。据中国文物报社冯雁军先生报道，南京不少房地产开发商纷纷移情书画业。南京天地集团董事局主席杨体投资兴建了全省最大的私人博物馆——长风堂，收藏有数亿元价值的名家字画。南京广厦墨业集团投资兴建了国内第一家社区美术馆——南京广厦美术馆。南京立信投资公司将投巨费在玄武湖畔重建著名的"芥子园"等。

富商们移情书画行业是件值得称道的好事情。这些富商将钱投向利润空间有限但社会作用巨大的文化产业，其结果必将促进民族文化事业的发展与社会的文明进步。从历史上看，"扬州八怪"能够生存并兴起，亦得力于扬州盐商的大力赞助。海上画派的兴盛，则受益于当时刚刚萌生的民族"资本家"的慷慨解囊。[①] 黄梅戏的发达得亏徽商的大力支持。

---

① "扬州八怪"是中国清代中期活动于扬州地区一批风格相近的书画家总称，或称扬州画派，得到盐商界的扶助而发展壮大。

在国外，这方面的例子更是不胜枚举。在西欧，有名目繁多的博物馆，而法国私人博物馆占全国博物馆总数的百分之三十以上。中世纪时，意大利的美第奇家族靠经营羊毛业获取了巨额利润。他们用羊毛利润创建了欧洲最早的银行，赞助文化艺术活动、兴办慈善事业、改善城市设施。一时间，欧洲的能人志士会聚到美第奇家族的门下，包括达·芬奇、米开朗琪罗等艺坛巨匠。正是在美第奇的赞助下，才有了达·芬奇的《蒙娜丽莎》等惊世骇俗的名作，才有了米开朗琪罗的"大卫"等不朽的雕塑精品。这些事迹也促进了佛罗伦萨城市建设的迅猛发展和绘画、雕塑、建筑、文学艺术的空前繁荣，最终形成了文艺复兴运动，并由佛罗伦萨发展到意大利全国、西欧和整个欧洲以至全世界，产生了深远的影响。

诚然，富人的心态也各有千秋。法国路易十四时期，财政大臣尼古拉·富凯，自恃有钱，跟皇帝比阔，建了比皇宫还要豪华气派的沃·勒维孔特城堡，结果成了皇帝的刀下鬼，路易十四却用他的原班人马建了更宏伟辉煌的凡尔赛宫。[①] 一个人再有钱，只是一个富人，百年之后谁也不会记得他。但如果他将财富用于利国利民的社会公益事业或是民族文化传承上，那他就是一个大贤人，令人牢记在心，甚至得到四方民众"立庙春秋祭祀"。

过去有"海山仙馆"是因为出了个热爱文化事业、热衷于捐助的潘仕成。要想建今天的"海山仙馆"还得出来个21世纪的"潘仕成"。出得来吗？谁是新世纪的"潘仕成"？

---

① 路易十四，全名路易·迪厄多内·波旁（Louis-Dieudonne），亲政时期对文化事业有过贡献。

24

第
24
章

潘氏府邸"宅—园"区位关系的处理

潘仕成是中国时代转折点上颇有个性特色的人物，他既有皇上官爵封赏，又有世袭行商背景、乐于文化事业开拓。无论在国际商贸活动、国家高层社会活动、军事外交活动、城市基础建设活动、中外文化交流活动（包括营造地域性、代表性的园林艺术作品和出版中外科技文史著作）中，他都有可圈可点可永载史册的功绩和成就。他的住宅虽不是挂牌的"国家机关大院"，但也称得上高级"府邸"。潘氏府邸"宅—园"辩方正位的研究探讨，常为世人所关注。另有相关复原设计问题，拟作几点补充说明。

24.1 一般古典园林的"宅—园"区位关系

私家园林多为贵族、官僚、文人、地主或富商依附住宅区域兴造，以供日常游憩、宴乐、会友、读书之享用，同时也作为夸耀身份和财富的艺术性物质场所和精神家园。私家园林在古籍里常有园、园亭、园墅、池馆、山池、山庄、别业、草堂等多种称呼。魏嘉瓒《苏州古典园林史》一书，将苏州私家园林分为庭园、宅园及郊野别墅园。为叙述方便，可将建置在城中或近郊的居家府邸住宅区，简称为"宅"，将与此配套的私家园林可统称为"园"。要说"宅—园"，实乃住宅建筑与有关园林和合关系之统称。其中所谓"庭园"，则是在住宅庭院空间布置的园景，"宅—园"浑然一体。所谓"宅—园"，乃是与住宅紧密相连的园林。所谓"别墅园"，或建在郊外、山林风景地带，仅供园主人避暑、休养或短期居住的园林；主要以游憩活动为主、不依赖住宅的为"游憩园"。一般庭园面积较小、宅园面积较大、别墅园面积可能更大。[①]就整体空间而言，"宅—园"关系具有三个层次。[②]

一是居住邸宅与园林布置的平面关系。涉及"宅—园"相融、"宅—园"分离、"宅—园"相靠，即园在宅之后、宅之前、宅之左、宅之右等平面几何布局问题，古典园林多有优秀案例（表24-1），至今仍然可资参考。

二是住宅建筑与园林组织的空间关系。此属于立面的视线组织、剖面的空间转化、穿越、对比等立体景观具象关系问题。

三是园林与建筑时空语汇体验关系。譬如游廊、轩、亭、山水植物等复合住宅的室内外空间，构成中介、模糊、虚化、过渡、迷印、轻重缓急等关系问题，涉及了更多感官体验、心理空间型塑、游览时间次序等抽象问题。

古典私家园林的宅—园关系 表24-1

园名	建造年代	占地面积（m²）	住宅位置	宅—园关系
个园	清嘉庆二十三年（1818年）	6000（不含住区）	正南原有5路天井院落，现有中东西三路	北宅南园、相分相连后花园式
留园	明万历二年（1593年）	23300	住区居南	分区互融

---

① 张建宇. 枕带林泉——苏州园林之宅园关系研究[M]. 西安：陕西师范大学出版社，2015：237.

② 静云. 古典园林中的宅第园林[N]. 中国建设报，2006-09-06-25.

园名	建造年代	占地面积（m²）	住宅位置	宅—园关系
拙政园	明正德初年	52000	住宅正南	住宅在前，南向后部为花园
网师园	清乾隆三十五年（1770年）	5300	南向正中住宅四进	宅园一体后花园
艺圃	明嘉靖二十年（1541年）	3300	住宅偏东北，有弄道连南端入口大门	住宅区为园林一角
恭王府花园	清乾隆四十二年（1777年）	60000	正中轴线前宅后园	严格相分但相靠近的后花园
退思园	清光绪十一年（1885年）	5674	东部住宅，西部园	住宅中庭过度
十笏园	始建于明嘉靖年间，清光绪年间重建	2000	南部为三路院落建筑群（丁氏民居、丁家祠）	后部花园横向连通
随园	清乾隆十三年（1748年）	260000	起居生活区布置北部高地，南部平岗小坂水面	北宅—南园，两全齐美
余荫山房	清同治六年（1867年）	1598	住区、主入口均位南向	紧密相靠
海山仙馆	清道光十年（1830年）	100000	园林东、西、北为河涌，南为滩涂地，自成一体	宅园相分，但有水路陆路相连
寄畅园	明正德十五年（1520年）	14850	以山—池—林自成一体	独立性强

　　唐以前的宅第多为廊庑环绕的廊院式，唐以后为多进合院式，同时出现了山庄式的独立私家园林，如王维的"辋川别业"。周维权在《中国古典园林史》中提到："唐代的私家宅园常为前宅后园的布局，履道坊宅园即属此类；也有园、宅合一的，即住宅的庭院内穿插着园林，或者在园林中布置住宅建筑。"陈从周先生以静观和动观为园林分类，难免对"宅—园"关系会有更复杂的理解。刘敦桢先生分析苏州古典园林，一是"由房屋走廊围绕着山池树木"，二是"山池树木围绕着房屋"。[①] 其中微观微妙关系在此暂不细究，仅以古典名园为例，比对潘园的宅邸—园林关系。因特定的地理地形环境，潘氏"宅—园"关系虽不完全合乎表24-1其他古典园林的基本格局，但其相合相离的逻辑关系是一致的。以此逻辑辨别区位，对有关历史文献所指的"方向"、对有关历史画卷的透视角度，对大门开设、道路引向都会有合理的参照性。

24.2　海山仙馆凸显城市园林集群性质

　　清代俞洵庆《荷廊笔记》记载："广州城外，滨临珠江多隙地，富商大族及士大夫宦成而归者，皆于是处治广囿、营别墅，以为休息游宴之所。"海山仙馆所在的河涌流域历代园林荟萃。清道咸年间（1821—1861年），沿柳波涌—昌华涌—上西关涌之脉络，可称之为缩小版瘦西湖园林带（图24-1）。[②]

　　表24-2在一定程度上反映了海山仙馆时空演变的情况。从表中可知有些园林后被纳入

---

①　转引自：张建宇. 枕带林泉——苏州园林之宅园关系研究[M]. 西安：陕西师范大学出版社，2015：34.

②　白兆球. 广州海山仙馆故址考[M]// 王美怡. 广州历史研究（第一辑）. 广州：广东人民出版社，2021：327.

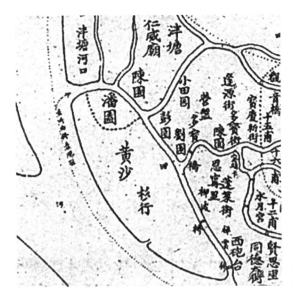

海山仙馆，构成了与潘氏大家族居住区相对独立的"水乡式"半开放的大型游憩园，从历代广州地图发展史的情景来看，海山仙馆是具有百年影响力的地标胜景。

海山仙馆与相邻园林的时空变化关系　　　　　　　　　　表24-2

序号	园林名称	园主	起止年代	园林所在地
01	小田园	叶上林（一代） 叶梦麟（二代） 叶应阳（三代） 叶兆尊（四代）	约1800—约1900	上西关涌东侧
02	唐荔园	邱熙	约1820—约1840	约柳波涌、昌华涌一带
03	景苏园	李秉文	约1820—约1886	约上西关涌
04	海山仙馆	潘仕成	约1841—1873	荔湾涌西侧
05	彭园	彭光湛（一代） 彭秀文（1924年）	约1880—约1949	小田园故址南部
06	陈园	不详	约1880—约1949	上西关涌西侧
07	小画舫斋	黄景棠	1902迄今	小田园故址北部
08	荔香园	陈花村	约1919—1958	海山仙馆故址内东南

资料来源：白兆球制。

据诗文记载，园内有贮韵楼、凌霄珊馆、文海楼、小玲珑室、天籁琴斋、眉轩、雪阁、白塔、燕红小榭、啖荔亭、宝燕楼、碧蕖亭、畅咏亭、问鱼轩、仙碧轩、长廊、亭桥、船舫等游赏性建筑，以及某些鸟笼、兽宅和禽家。然其中适宜居住的院落建筑不多，且缺乏一个适应办公营业、聚族管理及其入口前导景区。后期潘园实行公园化、游览交通工具化，更不适宜阖家居住。于是可知海山仙馆乃是相对独立的别墅式"游憩园"，作为一个园林文化艺术品她有自己的主题景观和主题精神，且在使用过程中积淀了丰富的历史文化，只是此近郊别墅非一般远郊别墅也。

具体讲道"宅—园"关系，"海山仙馆"应该属于相对独立、文化深厚、整体特色鲜明的一处"人文园"。可览、可游、可观、可聚会、可娱乐、可祝寿等功能完备，唯居住功能不是很突出。该园北东、偏东南三面是水，西面是珠江的主流——北江紧贴园林边界流过，园林之北部乃荔枝涌由东至西的"出海口"河涌段，园林东北部被荔枝涌围绕。荔枝涌中游段以东南侧、昌华涌以东北侧，尚有许多建设用地，潘家居住组团（包括后来分划出去的刘园、凌园、陈园、彭园等）就在这里。而潘园园外西南角一方还留有广阔的湿地、滩涂或圩田。由是园林正南向处颇为空荡，适宜设置园林主入口屋式大门和入口广场。钦差大臣、两广总督耆英的题字可能就镶嵌在这里。海山仙馆的第二道门是开为圆洞的墙门，从夏銮的长卷图中可见，主要起景观过度作用。如果将以上范围定为"潘园"，则可谓广义上的"海山仙馆"，园中"三山中心景区"则可谓实质上的"海山仙馆"景区，景区挂有"云岛琼台"匾额的贮韵楼是一座双连体建筑，则可谓狭义上的"海山仙馆"。

24.3   潘氏"宅—园"基业的区位网络结构

潘氏固定资产基业应包括众多住宅府邸和海山仙馆园林。综合当前诸家意见，大多学者认为其"宅—园"基业的区位范围包括今荔湾湖之西南部，荔湾涌水道以南、以西，南界至蓬莱路、逢庆大街以北，当时黄沙大道珠江边以东，北至龙津西路以西，称得上辟地数百亩。广州西关因外贸发达而发展成为新城区，正好从东南向之陆路、东北向之水陆两路接近潘家宅园（图24-2）。

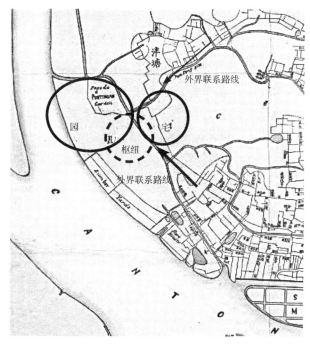

图24-2 潘氏"宅—园"基业的区位网络结构

海山仙馆四下茫茫的水景风光，内、外多靠船只来往。主要出入口集中体现在荔枝涌与昌华涌交接地带。这里水面阔卓，设有东、北进园的辅助入口（东侧门、北后门）和两个码头，沿涌堤面具有步行道或车行道，入口附近路段似有刻石长廊。西部珠江边或许还有上下出入的西园便门。昌华涌是荔枝涌的分流，主要起到分洪泄流的作用，荔枝湾上支涌虽是一个重要的三叉水口，但重大的船只只能出入西炮台口一带，许多避风港就在这里。结构图中的"枢纽"地带有威廉·亨特所言设在大门附近的石刻作坊，有诗人墨客招待所，有早期的唐荔园遗址遗存。这里常常是人们指点江山、评论仙馆、俯瞰全景、人来人往的地方，海山仙馆的长卷图和扇面图的透视点也可能就在这里。

　　古籍文字遗产中，有些论述涉及作者所在的立足点位置及特定指向。如黄佛颐所撰《广州城坊志》中转载俞洵庆的记述，"西北一带高楼层阁，曲房密室，复有十余处，亦皆花承树荫，高卑合宜。"[①] 此处"西北一带"所指潘园内之诸多景观园林建筑。此乃作者站在正对全园重心的主入口处、面向园林南立面所言。

　　如果说立足海山仙馆正向南门之处，说东北"一带高楼层阁，曲房密室，复有十余处"，则大有文章可做了。《广州城坊志》似乎较多地描写了这"东北一带"的景象。海山仙馆跨过昌华涌则为潘氏家族的主要居住区，北抵小田园一带，共有多处"西关大屋"式的宅邸建筑群。潘仕成参与《黄埔条约》签订后，带法国人拉萼尼等参观过的瓷器、青铜器、古董供石等陈列展室，冷兵器收藏陈列屋，遵旨试制水雷弹药的"化学实验室"，刻印丛书法帖的印刷场，男人办公的"大堂"或修书上谕哦诗的书斋等房间及其庭院……估计也都在这里。正因如是，当潘园被收官拍卖时，这些相对独立又自成庭院的"住宅组团"，正好出卖给新主人，逐渐构成一个个小型化的"宅园"。

　　潘氏家族聚居的西关大屋集群，含有孝敬高堂的正楼院落，各个儿孙独立家室的天井庭院，也有蓄藏数十名姬妾嵌装大片玻璃的集体房宅，有为自家族人看戏的戏楼等，往往可构成一个个小型化的独立"宅—园"居住模式。主体建筑群常有接待嘉宾的门厅、轿厅、客厅，有洽谈生意、经营进出口商品的账房，有储金藏银的钱库，还有根据实际情况布置的专用水上交通河道出入口，构成一个个完整的多路、多进的"三间两廊"镬耳山墙的西关大屋群。

　　潘氏家产被籍没入官后，很快被分拆为刘园（现第二人民医院及院后地方）、彭园、凌园以及后陈花埤的荔香园等。这些"宅园"原皆为潘氏大家族府邸的组成部分，因以居住单元为主，辅以园林，方便独立管理，且靠近市区，拍卖时就很容易出手。而"孤悬大池一隅"的大型水景园林，不便居住配套使用，易被遗弃荒废。以分裂出的残园定界，也正好处在莫伯治、陈泽泓等大家所分析的潘家产业范围内。在此后半个世纪中，这些西关大屋群开始密集城市化，正立面西化，形成眼镜屋、明字屋、竹筒屋或中西合璧式的别墅洋楼或骑楼。

---

① 黄佛颐. 广州城坊志[M]. 广州：暨南大学出版社，1994：320.

24.4 海山仙馆用地特色的景观效应

有关跨河涌的问题：仿如行商潘振承与行商伍秉鉴在广州河南隔漱珠涌而筑居室、园林，荔枝湾潘氏、叶氏隔水为邻的情形也相似。漱珠涌乃河南穿越前后航道重要的农产品水上交通线。涌上可架设高拱桥让水下船只通过。驾艇由河北商馆区进入伍家居住区，由漱珠涌口码头登岸入伍家祠堂门进园。只要两岸水线管理得好，园林是否"跨涌发展"并非十分为难的问题。然而历史上海山仙馆可能确实没有"跨涌发展"。原因之一是，潘园用地辽阔，没有必要跨涌另辟园围。原因之二是，跨涌建园不方便统一构景经营。原因之三是，统一的园林空间及气氛被水上公共交通一分为二多为别扭尴尬。原因之四是，河涌外部为大湖空间宜用来借景，俗则屏之、佳则收之即可。如有必要可在河涌外围对岸略成小筑、增添对景，获效足征大观。夏銮长卷中右上方似乎隐约有此手法一例。

许多古籍描述刻画了潘园水域广袤的特色。从景观学的角度可以作如下透视理解："水令人远"。海山仙馆借景江湖水体，有纳整个荔枝湾于园内以扩大其视域的观感。作为潘园的背景空间，当时的实际效果就是如此。潘园毗邻叶兆萼的"小田园"[①]，可互相寻找方位。据白兆球《海山仙馆故址考》，今"小画舫斋"即"小田园"故址之一部也[②]，故潘园在小田园之南。卢文骢先生说海山仙馆"南面是叶氏小田园和停着外国商船的白鹅潭"似误[③]。从城市建成区的时间次序考当时的"黄沙"可能留存一片低洼带，正是沼泽化时期。2003年，莫伯治以1908年广州地图为底图，标示了海山仙馆在荔湾涌一带大致范围（图24-3），较令人可信。

有人研究发现，海山仙馆东北西三面皆是水，园区陆上入口大门按常规应开设在向阳的南部。此处有唐荔园故址，然靠西侧则为滩涂软地，很长时间是开敞空地。另潘园于此进园应有而实却没有一个启景暗示序列："曲径通幽""欲扬先抑""豁然开朗"的对比过渡性入口前导景区。画家只画出了第二道墙式月洞门。如以此门为全园主入口大门，不免使人一进园门就拉开了"海上神山，仙人旧馆"的大池与主题景区，迫不及待地就要求观众很快进入意境高潮，似乎有点不合人之常情。[④]

如何看待这一问题？拙文认为园主人和设计者对此原是考虑到了的，不然怎么会在这一部位留下大面积的空地？且此区域还是将来城市建成区主要人口来往的方向，园主也不会没有看到仙馆日益"公园化"的趋势，大门入口处还需开拓一个不大不小的疏散外广场。只因特定的"形势原因、经济原因、身体原因"将此事给拖延耽误了。好在当时达官贵人们的主要出行方式是"水上巴士"，以此出入其他侧门也较便利。国外一个皇家家族教堂动辄要修建上百年，中国的一个成熟的古典园林也是要靠祖祖辈辈几代人的努力才能完成。如果再给

---

① 叶兆萼. 小田园古今体诗。自注："予小田园与潘园比邻"。

② 转引自：香港《广东文征》编印委员会，《广东文征续编》第三册，1987：91.

③ 卢文骢. 海山仙馆初探[J]. 南方建筑，1997（4）：34.

④ 李睿，冯江. 广州海山仙馆的遗痕与遗产[J]. 建筑遗产，2021（4）：9-19.

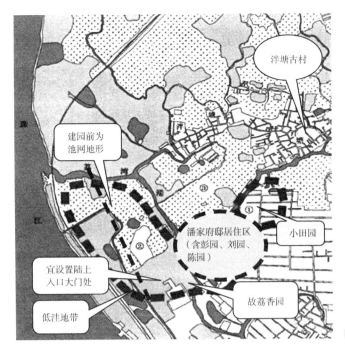

图24-3　借莫老用图分析宅园关系

潘仕成20年时间，如果给潘仕成一个十分热爱园林事业和园林艺术的接班人再坚持50年，海山仙馆的陆上主入口景区迟早会精益求精地完成的，且进一步促进此地段的城市化建设。如果21世纪的园林工作者要复修海山仙馆，不妨好好地论证一番仙馆主入口内、外景观工程的规划问题。

25

第25章

海山仙馆历史地位的现实意义

行商园林乃清代特许半官半民的十三行商人为满足其日常生活、书香活动，为开展外贸、外交应酬活动而在广州及周边地区兴建的私家园林。它们是在世界商品经济贸易日益发达、中国商品经济刚刚萌生的背景下出现的园林艺术作品，继承了中国传统士大夫文化思想，吸收了西方的一些造园理念和物质器材，可谓中国古典园林向近现代园林的转型之作。它们无论在数量，还是在艺术水平上都达到了岭南传统园林发展的高峰，是岭南古典园林体系中具有里程碑意义的奇葩。

因某种原因，国人言"商"常有几分惭色而不自信。故而长期以来行商园林总给人几分神秘感，其谦卑性、沉默性而使历史价值不被人理解和重视。其实，行商园林在中国岭南园林发展史、东西方园林文化交流史、海上丝绸之路国际外贸史，社会经济体制转型变革史以及岭南历史文化遗产保护传播史上，均具有一定的地位和影响，甚至与100多年后在广东诞生并在全国兴起的"居住区商业园林"，都有着情感色彩上的传承关系。

行商园林其中佼佼者——"海山仙馆"可谓基于岭南地区特有水乡自然地理环境和呼吸海洋文明气息而生长起来的世界性文化遗产。彰显其精神灵魂、复兴其文化景观、创办岭南园林博物馆，对建设广州世界名城、配合实施"粤港澳大湾区"发展，是当代学人责无旁贷的一项神圣使命。故此，海山仙馆历史地位的现实意义更应该首先加以关注。

25.1　海山仙馆在中国园林史上特色地位的现实意义

中国古典园林可分四个纵向发展阶段①，每个阶段的发展是不平衡的。从横向上扫描，每个地区都有园林发展最辉煌的时期，创造了宝贵的园林艺术财富。通过时间的洗礼、空间的动荡、政治经济重心的转移，中国古典园林文化遗产遗存的分布，按数量密度较高、形象较为鲜明、具有一定规模标准的地区，恐怕只有三个：以北京为中心的皇家园林、王府园林，以苏杭为中心的江南士大夫人文园林，以广东为中心、带有西洋痕迹的岭南（行商）园林，形成三大板块。不用赘述，前二者博大精深、影响久远、研究充分，后者虽有不足，但也存在较为突出的特色地位及其可比性（图25-1）。

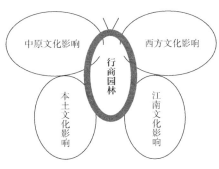

图25-1　行商园林文化构成蝴蝶图
（参考拙著《西关大屋与骑楼》，暨南大学出版社，2012年）

广州以"南国名园"海山仙馆为首的行商园林的确可与集北方园林艺术之大成的皇家园林、王府花园，集江南园林艺术之大成的人文园林，形成三足鼎立之势的印象。②作为岭南园林的代表，在园林艺术、规模形态、人文背景、国际影响诸方面确有特色，恰好构成自身

---

① 周维权. 中国古典园林史[M]. 北京：清华大学出版社，2005：1.

② 赖寄丹. 海山仙馆文化遗产价值惜低估[EB/OL]. http://www.crntt.com/crn-webapp/cbspub/secDetail.jsp?bookid=35281&secid=35384.

可有一比的长处。"海山仙馆"又称"潘园",由十三行行商潘仕成购置兴创并精心经营近半个世纪,而成为一座多姿、多彩、多功能、多文化内涵的艺术家园。清道光、咸丰、同治年间,曾赢得"蓬岛仙山,花林秘宝,珠江之胜、岭南之冠"等诸多美誉,堪称粤省罕有的文化瑰宝。又因该园与十三行外贸、外交活动有关,率先融汇中西文化、备尽华夷所有,见证鸦片战争、一时声驰朝野,频添故事、名动中外。

海山仙馆可谓岭南古典园林的高峰之作。其遗址之芳踪倩影裹挟着幽远悠长的古韵古风,构筑于荔枝湾这块热土上的历代园林文脉不断,几可溯源到南越国的皇室园林风范。如南汉王朝的昌华苑、元代的御果园、明代兵部右侍郎黄衷的晚景园、清代绅士丘熙的唐荔园(虬珠园)、蔡廷蕙的环翠园,以及清末民初的荔香园等。最能压轴的重头戏,则为著名行商潘仕成一脉相承建于道光年间的"海山仙馆"。①

海山仙馆既具私家园林的属性,又有城市风景区的架势。卢文骢先生曾述当时周边景致,南至蓬莱路,北至泮塘,东至龙津西路三叉涌,西至有船只来往不绝的滚滚珠江,"向东望是西关民居和古老的广州城墙,北面有绿色的田野和起伏的山峦,南面是叶氏小田园和停着外国商船的白鹅潭"②。不难想见,海山仙馆无论是其所处的风水宝境,抑或辽阔轩昂的占地面积,都堪称广东岭南园林中的"巨无霸",与山、江、海、湖、城融为一体,被号为得天独厚的"岭南第一名园"③。

作为中国古典园林之首、皇家园林独大的颐和园,作为江南园林之首、私家园林佼佼者的拙政园留园,早已被录入《世界文化遗产名录》,其物质文化遗产得到了很好的保护,其非物质文化遗产之精髓也得到了很好的传承,这些都是可喜的现象。时至今日,作为岭南园林艺术之集大成者、具有近现代园林要素萌芽之秀的行商园林"海山仙馆",不仅建筑文化遗产灰飞烟灭,而且内涵丰富的人文精神即非物质文化遗产价值也未能得到应有的重视和估价,不能不说是一大缺憾。

因遗产的欠缺性,海山仙馆当下的知名度不仅不能跟颐和园、恭王府、拙政园、留园等同日而语,且相比本地区的四大私家名园也相形见绌。广东四大实在名园:梁园巧于整合、可园幸得重组、余荫山房精巧完美、清晖园丰富多彩,虽各有千秋(表25-1),但从园林规模、人文底蕴、工艺特色方面而论,都难以具备与北方王府园林、江南人文园林等相提并论的分量。能够与其他地区园林对应者,唯"海山仙馆"也。④

① 荔湾区志办. 荔湾大事记[M]. 广东人民出版社, 1994: 4.

② 卢文骢. 海山仙馆初探[J]. 南方建筑, 1997(4): 36-44.

③ 广州市荔湾区文化局, 广州美术馆. 海山仙馆名园拾萃[M]. 广州: 花城出版社, 1999: 13.

④ 赖寄丹. 海山仙馆文化遗产价值惜低估[EB/OL]. http://www.crntt.com/crn-webapp/cbspub/secDetail.jsp?bookid=35281&secid=35384.

园名	建设年代	规模	园主	功能属性	特色
余荫山房	1867年（同治六年）始，历经5年	含宗祠1598m²	番禺人邬燕天，刑部主事	祠堂归隐宅园	廊桥分隔、舫榭玲珑、轴线曲径、深柳绿荫
可园	1850—1860年，清咸丰年间	2204m²	东莞人张敬修，武将	归隐宅园	厅宅围合（幽），楼湖远借（览）。"亭馆绿天深，楼起绿天外"
梁园	清嘉庆道光年间	多家整合13500m²	顺德梁蔼如、梁九章、梁九华、梁九图等书香之家	佛堂住宅园林	置石造型妥帖、祠宇楼亭精致
清晖园	1800年（嘉庆五年）—1806年（嘉庆十一年）	6000m²	顺德人龙适槐，御史翰林院修编	府第住宅园林	亭台楼阁、高低错落；水动舟游、清凉雅静
海山仙馆	1829（道光九年）—1872（同治十一年）	水陆用地200亩，约133000m²	潘仕成：行商、盐运使、文化人、官宦。平生交游天下，轻财好义、乐善好施、赈济捐资。督办沿海七省战船、聘请美国人壬雷斯来华研制水雷、参与外交谈判	行商私家住区园林、涉外俱乐部、外交谈判基地，海外贸易恰谈处，中西文化交流平台，名人贤达聚会所。"文献出版中心""古籍珍藏中心""碑林荟萃"	水厂为足—好景天然包藏，轩窗大气四开—山水廊庑回缭。佳果良禽入园—动植物审美绝伦。园宅藏古辑今—崇文好艺乐技。船厅室内细部装饰西化，中式古建技艺较其他名园发展成熟、精密。驾车遨游

海山仙馆留存世间的可动文物尚有不少，可收集整理。广州收藏有许多潘园遗留的古钱、书画、乐器。乐器中的一架"天蠁琴"则是唐代四川雷氏名师所造，乃当年著名诗人韦应物使用的遗物，现被尊为"广东四大历史名琴"之一。博物馆藏有"粤东第一"之称的长卷古画《海山仙馆》《唐荔园》可提供大量园史信息；由凤凰出版社出版的120册《海山仙馆丛书》古籍原真版本，可供史学家全方位的研究；清代名流显达林则徐、吴荣光、邓廷桢、骆秉章等96人与潘仕成来往手书《尺素遗芬》的400多块石碑已建廊展出。值得欣慰的是，尚有大量流传国外的外销画摹写下潘园绚丽风光；常常出现在地方志中的著名文物"软云"等景石、"德畬（潘仕成字德畬）七十小像"石刻都得到了艺术珍藏；另有该园一些青铜器香炉、昂贵稀有的瓷花瓶，众多潘氏陶壶器物还在世间流传；"公天下而传后世"的古今中外科技书籍数量可观；大陆中国第一批外国人摄影作品好多都是海山仙馆的遗照。

25.2 海山仙馆在商帮园林中特色地位的现实意义

清代有著名的三大商帮及其园林建设活动。历史学中严谨的商帮概念，并不是一种有严密组织和向心力的公司集团，只是一种基于地缘与血缘关系的松散结合的商人群体。由于世界商品经济的渗透，清代商品行业和数量的增多，传统观念的逐渐改变，各地商人队伍不断壮大，出现了具有帮派性质的商群。商帮的发展受到地域经济、社会、文化、地理特点等方面影响，导致每个商帮的经营风格、经营理念、行为规范也有差异，具有一定范围或层次上的垄断性。清代中期商帮以晋商（票号）、扬州徽商（盐商）、粤商（行商）最为著名，三者在交易对象、经营活动范围、经营的商品种类上有所不同（表25-2）。明清前期的晋商，主要经营边贸的盐、茶，后期经营票号形式的金融业。盐商则垄断了两淮盐业。经朝廷特许的十三行行商则主要经营国际间的茶叶、丝绸、瓷器等出口贸易和西方工业品的入口贸易等。三大商帮尽管各有经营特点，但在中国传统文化观念、政治体制、"重农抑商"等大环境之背景下，发财之后无法投资新型工业产业，它们都只能买田置地建园。例如盐商，叶显恩先生认为："由于官府的庇护和享有豁免税收等特权而取得优惠利润的盐商，是一般商人所不能与之竞争的。他们并没有感到有为经营商品生产的必要……所以，当商业资本超过经营商业所需要的数量之后，超过部分……则挥金如土地耗费在'肥家润身上'……"[①]此段话也适用于清代十三行的商人群体，把积累起来的、相当多的一部分作商业资本也只能用于购买土地兴建住宅域区的私家园林上（行商资金只有一笔投资到了海外铁路建设）。兴建海山仙馆，既有优越的自然条件，符合园林生活的普遍习俗，又合乎当时经济规律性原则。

清代三大商帮经营状况比较　　　　　　　　　　　　　　　　　　　表25-2

商帮	交易对象	经营活动范围	经营商品类型	园林特征
晋商（票号）	边防驻军、蒙古、俄罗斯等地商人	以黄河流域为主，以陆上丝路联系西北商人	盐、茶、马、金融业等初级商品	大院家族园林崇尚传统宗法固守农耕文明
徽商（盐商）	长江流域的盐商垄断商人	以长江流域为主	以盐为主、国家垄断日常生活资料	扬州盐商园林愉悦皇权巡游
粤商（行商）	以英国东印度公司为代表的外国商人及行外内地商人	以珠江为纽带、经国际大港、海上丝路联系世界各国	出口茶、丝、瓷……农副手工艺品，进口西洋棉、皮及工艺、工业品	中、西元素混合风格，用于中外人士开展国际贸易

来源：据杨宏烈、高刘涛.《中国名城》2013.（8）

岭南文化的"非正统性"和"远儒性"[②]，使得岭南园林不太重视儒家文化中的礼制，而追求园林的实用性。从园林意境上看，北方园林，尤其是皇家园林强调的是宏大、壮阔、威严；盐商园林受江南文人园林的影响，"隐"的思想占主导地位，意在构筑自己理想的天地。岭南园林则不同，它采用内敛型和扩散型相结合的空间结构，务实成为构园的主导思想，可以说岭南园林更富民间生活、市井商务气息。

行商园林的特殊性还表现在功能特色上。海山仙馆参与世界商品经济交流活动，其他园林并没有这种功能背景。无论是北方皇家园林抑或江南园林，园主们主要追求回归自然，修身养性，同商务是隔离的。皇家园林中的"办公朝廷"是专门配置的功能分区。广州十三行行商群体因负有管理对外事务的职责，但他们却没有类似衙、署的办公场所和政府机构，很多事务的处理都只能在他们的住宅区内进行。行商园林既是日常生活地、家族礼拜地、经营

---

① 叶显恩. 明清徽州农村社会与佃仆制度。转引自：张海鹏，王廷元. 徽商研究[M]. 北京：人民出版社，2010：509.

② 孔智恒. 岭南文化远儒性新探[J]. 南方论刊，2016（5）：87-95.

决策地，同时也经常进行一些涉外活动，承担政府办公、新闻出版、国宾招待等功能，具有徽商园林、晋商园林不曾有过的功能特质，因而有着不同的历史价值。

25.3 海山仙馆在中西贸易中特色地位的现实意义

早期中国政治文化的重心，周秦汉唐在关中、河洛，次而两宋在东京（开封）、临安，随后元明清初在大都北京，同时经济重心在江南。继而清中期以来南粤海外贸易经济崛起，广州有了"金山珠海、天子南库"之誉。于此，中国的园林发展遗迹出现了从西而东，从内陆到沿海的演进过程。当中西文化最早在广州相互碰撞交融之时，岭南粤省土生土长的园林建筑"飞檐翘角""反宇卷杀"等尚未普遍成熟。但在清代中期"一口通商"体制下，因受十三行的影响，行商园林开始大量使用西方园林要素，表现出众多西方建筑语符的特点，为岭南园林建筑语系补充了新的养分，弥补了传统发展上的不足，构成了岭南中西合璧式的地域特色。所谓"岭南风格"成型的时空界限似乎恰可定义于此。

潘仕成长时间、多方面、深层次地参与了中外国际贸易活动、鸦片战争军务与善后事务，故使海山仙馆不仅是一座名园，而且也成为清代有名的外交场所。当时的官员们也觉得在这里接待外国使节能够增加民族自豪感。时任广东巡抚黄恩彤赋曰："大帅亦每假以宴，飨欧逻巴诸酋长。"[1]

潘仕成凭借长期与外国人交往的经验，成为清政府处理对外事务的顾问，使得一些外交活动，就发生在海山仙馆。1844年6月，顾盛以美国驻大清国专员身份在海山仙馆向耆英递交国书。[2] 接见美国旗昌洋行驻广州主任福布斯及1846年美国首任驻华公使义华业向耆英递交美国总统致清廷国书的仪式都在海山仙馆举行。这儿成了国宾馆、涉外招待所、俱乐部。

潘仕成跟随钦差大臣耆英曾参与签订中美《望厦条约》、中法《黄埔条约》。《中国丛报》（*The Chinese repository*）记载：1844年10月法国拉地蒙东在阿尔美尼号上尉Fornier Dupla的陪同下，曾抵达"海山仙馆"向中国官员递交一封法国政府的紧急文书[3]。法国人加略利（Joseph Marie Callery）与医生伊凡（Dr. Yvan）游览海山仙馆。参观了海山仙馆里的化学实验室、印刷作坊，并让印刷工人展示了印刷书籍的流程。[4] 参观海山仙馆的活动是来华活动的重要环节。"这是一个引人入胜的地方。外国使节与政府高级官员、甚至与钦差大人之间的会晤，也常常假座这里进行。"[5]

1860年（咸丰十年），一名法国人到海山仙馆作客，并将其观感发表在《法兰西公报》

① 夏銮文。见：广州市荔湾区文化局，广州美术馆. 海山仙馆名园拾萃[M]. 广州：花城出版社，1999：41.

② Elder William, Biography of Elisha Kent Kane (Philadelphia, 1858): 65-73. 纽约公共图书馆版本。

③ 《中国丛报：1832.5—1851.12》（Chinese repository: 1832.5—1851.12），第13卷，1851：270.

④ 伊凡. 广州城内——法国公使随员1840年代广州见闻录[M]. 张小贵，杨向艳，译. 广州：广东人民出版社 2008：135.

⑤ 威廉·亨特. 旧中国杂记[M]. 冯树铁，沈正邦，译. 广州：广东人民出版社，1992：88、282.

（Gazette de France）上。文中写道：潘仕成每年花费达300万法郎来料理海山仙馆"这一处房产比一个国王的领地还大……这花园和房子容得下整整一个军的人。"①

从今人的眼光看来，在私家园林中从事正式的官方活动，似乎是难以想象的事情。但考虑到当时所谓"广州制度"即清政府"以官制商、以商制夷"的消极政策，就可理解了。从这个意义上来说，行商具有管理对外事务的政府职能，但没有正式编制和机构配备。

长期闭关锁国、缺乏国际知识的清政府在鸦片战争前后处理对外事务时不得不倚重于当时广东地方各类熟悉"夷务"，精通"洋话"的官绅。海山仙馆的富丽和华贵显然让很多外国人着迷，这或许为中方另有目的：通过广州地区最豪华场所——海山仙馆的展示，达到增加外交谈判的底气和筹码。

西方各国踏浪来华的商人、船长、大班二班、领事、水手、传教士往往动辄四五十人的游客群涌入，难免会促使行商园林从量到质发生变化。西式的游园方式改变了庭院的设计和陈设：引进西方建材、革新游览方式、采用快速交通工具，扩大园林公共空间、装置西方工业设备。

广州门户开放较早，十三行行商园林数代相传，常引洋人参观游览习以约定俗成，以不自觉的方式实现了中西方的审美交流和文化艺术互动。可以说在封建专制社会末期，在西方文化没有大量涌入中国之前，东西方的园林艺术实现了一定程度的融合，在此开启了"西学东渐""东风西传"的初步尝试。② 园主大量翻译并出版工业化国家的科学、技术、文化等书籍，③ 以民间之力率先促进了晚清对西学东渐的力度，对帝制禁锢下的国人开化启蒙发挥了重要作用。

25.4 海山仙馆在园林景观史上特色地位的现实意义

海山仙馆直接跟海滩、海潮、海运有关，继承了荔枝湾历代名园的地方传统特色，是在包含历史名园唐荔园遗存的基础上加以整合创新而成的。估计陆地占三分之一的地盘，是为大规模"西关大屋"庭院式的住宅区。规划结合了水乡特色，以"一大池，广约百亩许"④为重点理水造景对象，采取顺其自然、巧于因借的手法，经之营之构成园林胜景。海山仙馆借用水闸、高架廊、高曲拱桥来控制、调适河涌水系、湖面水位及江海咸潮，形成自然可控的景观。以超越了一般私家园林的情怀，营造富有城市风景区的气势，既有古意、又有新创（图25-2）。与十三行命运紧密相连的外销画，曾将海山仙馆的这一特色景观传播到全世界。

---

① 伊凡. 广州城内——法国公使随员1840年代广州见闻录[M]. 张小贵，杨向艳，译. 广州：广东人民出版社，2008：136.
② 马楠. 清代十三行与西学东渐[EB/OL]. 个人图书馆. http://www.360doc.com/content/13/0110/08/11108239_259282414.shtml.
③ 陈建华，曹淳亮. 广州大典（海山仙馆丛书）·第二辑[M]. 广州：广州出版社，2008.
④ 俞洵庆. 荷廊笔记. 见：黄佛颐. 广州城坊志[M]. 广州：广东人民出版社，1994：609.

图25-2　海山仙馆部分特色景观要素：石塔、长廊、碑刻、水院

25.4.1　宝塔独尊

　　一般园林不会单独磊造宝塔造景，除非原本藏有寺庙。颐和园就因废塔改阁而成就了主景辉煌。潘园（海山仙馆）不止"一阁尊：即馆内白石砌筑成的、高凡五级的白塔，又名'雪阁'"。从夏銮全景图可知有两处塔景。本文推测：潘园很可能受外商一干人影响，18—19世纪来中国作画总多有点缀宝塔之嗜好，故多用宝塔来造景。

25.4.2　碑刻集锦

　　海山仙馆收藏"粤东第一"，他将收藏集"行、揩、篆、隶"之大成的古帖及时人手迹，分类为摹古、藏真、遗芬镌刻上石，大多嵌于海山仙馆游廊沿壁，又将藏书及石刻珍品予以刊印，"公天下而传后世"，使之得到播扬。全部石刻达1000余块，工程浩大艰巨。潘仕成父子为了使这批翰墨珍宝"永寿贞珉"，特刻于贞纯美石之上，以求不朽。潘氏不惜代价采用著名端砚石，一律以33cm×88cm的长方形规格，雇请名工巧匠依次刻成，大都镶嵌在馆内蜿蜒曲折的回廊之上。

25.4.3　水廊高架

　　波光荡漾，设高架长廊，一来便行游船，二来应对海潮涨落，三为提升平远气势。潘氏始营园林建筑，以壮其雄，以增其妙，使之达到我国古典园林造园家所提出的"可行、可望、可游、可居"的艺术空间效果。园内建眉轩、雪阁、小玲珑室、文海楼等，以桥廊、高架廊贯串，则连缀有致。"其水直通珠江，隆冬不涸，微波渺弥，足以泛舟。面池一堂，极宽敞，左右廊庑回缭，栏干周匝，雕镂藻饰，无不工徵"。[1]"直通珠江"的闸口今犹在。

25.4.4　舟车览胜

古典私家园林多以静观为主，宜以步行为主。虽有贯通全园的水系，只能造石舫，聊过水上浮游之瘾。真正泊舟多为离家出行回归之便。而潘园不仅兴盛船游，坐水上巴士（游艇）上下班，还兴驾马车游览（见夏銮《海山仙馆图》）。致使遍游天下胜景的何绍基也大加赞赏："第一名园"，好景包藏。且屡将潘园与苏州园林相媲美："园景淡雅，略似随园、邢园，不徒以华妙胜，小艇（曰'苏舸'）也仿吴门蒲鞋头样"[2]。

25.4.5　鸦片战争背景

古典园林除了咸丰的圆明园、慈禧的颐和园与战争有关，再典型的例子恐怕就是行商园林"海山仙馆"了。与鸦片战争有关的火炮研制作为园林深层次的人文景观不是虚拟性的，是完全可伸手触摸、亲身体验的。让人们在此思考"三千年未有之大变局"[3]不无教育意义。

25.5　海山仙馆历史文化复兴传承具有划时代意义

修复古迹园林有"务实"的手法和"务虚"的手法。然而，务虚毕竟不如"石头的历史"。因为石头的"建筑同时还是世界的年鉴，当歌曲和传说都已经缄灭的时候，只有它还在说话哩"（俄罗斯作家果戈里语）。

具有历史价值的风景建筑，多有复建重修的必要性和可能性。关于唐长安曲江池美景的诗句，早已唤起人们对修复曲江池的情愫而加以实施。《清明上河图》的美景吸引了当今众多投资商保护复修开封历史地段，产生了很好的建设效果。大同古城的保护复修，感动了古城成千上万的居民。杜甫草堂的修复，形成了一个大型风景区。几十年的圆明园重建大争辩（其实1860年就开始了），主要结论是：只有修复才能保护、传承它的艺术价值；只有修复才能利用、为当今发展服务；只有修复才能更加充分地体现劳动人民的智慧。[4]韩国首尔古国御苑的修复，同样得到全民的认定和支持。

海山仙馆地面上的建筑荡然无存，但园林遗址尚在。它是所有行商园林中遗址最为明确、尚能复兴的唯一案例。[5]海山仙馆历史画卷很多，亦可从图像中探索到它的整体性。[6]

---

① 陈以沛，陈秀瑛. 潘仕成与海山仙馆石刻[M]// 罗雨林. 荔湾风采. 广州：广东人民出版社，1996：109.

② 陈以沛，陈秀瑛. 潘仕成与海山仙馆石刻[M]// 罗雨林. 荔湾风采. 广州：广东人民出版社，1996：109.

③ 梁启超. 李鸿章传[M]. 南京：江苏人民出版社，2015.

④ 王道成. 圆明园重建大争辩[M]. 杭州：浙江古籍出版社，2007：129-134.

⑤ 杨宏烈，陈伟昌. 海山仙馆魂兮归来[C]//2007扩大中国民族和地域特色建筑及规划成果博览会、2007年民族和地域建筑文化可持续发展论坛论文集，2007.

⑥ 高伟. 还君明珠——探索历史图像中的广州行商园林[J]. 中国园林，2015：111-114.

同样只有修复，才能更好地纪念。

古建专家罗哲文先生论述过：考证古建筑的原址、按照原物结构形制、利用原性材料、实施原有工法，修复而成的传统建筑一样具有文物价值和纪念意义。黄鹤楼屡毁屡修，唐代、宋代、清代的黄鹤楼均意蕴深远、倍受人们喜爱。因为遗址原本就有一定的文物价值，海山仙馆的历史地位是不宜忽视的。正如圆明园的价值不仅体现在它的废墟上，还显示在它丰富的遗留之物，及可动的文字书籍艺术品等非物质文化遗产上，总有一天会复原重建。

思想成熟的人共识：看电视不如看小说，看小说不如看历史，看历史不如看现实。天下多有"大观园"，这些"大观园"的实体空间各有特色，并都广受人民喜爱。它们是建立在同一部小说《红楼梦》基础上的不同艺术品"集丛"。十三行的生动历史并不亚于《红楼梦》之虚构故事。海山仙馆可是一座名副其实的"大观园"，其中就有一部"悲金悼玉"感人至深的"行商梦"。处于稍晚时代的红顶商人胡雪岩的故居，早于1999年初，由杭州市政府投资6亿元而重修，在2001年1月20日向公众开放。广州能以"进一步深化改革"，建设文化强省的宏伟气魄，重修"海山仙馆"于故址——亦即盛产"粤商"的"大湾区"，一定能让十三行这段"天朝外贸史"鼓动人们为社会进步不断思考。为大粤商立言立传立碑，既为当代、也为后代，不负全体国人。

跋

　　潘仕成曾为《海山仙馆丛书》写过"序"，他说所收录进丛书的作品，"一种是向以书法传者，今又以文字著矣，集内计二百余人……或经纬文明、或商榷古今，或情致委婉、寄托遥深，或旋斡而为功、或剖析以见义，或谈张乎风月、或舒啸乎烟霞，窥一时交际之隆、赞四海人文之盛，於以旷晤前贤、旁参故实，疏瀹①灵性、鼛②轩逸情，亦开卷之一助也"（潘仕成《海山仙馆丛书》序，凤凰出版社，2010年）。

　　正因为开卷有益，笔者欲学潘氏之精神，收录学习了有关海山仙馆的一些文史资料，虽谈不上研习透彻、涉猎全面，仅就潘氏园林的艺术特色、规模地位、人物故事、存亡兴衰、文化价值、复兴再造等问题，留下若干不呈体面的文字，有幸汇聚成册，以资求教问学于各方大家，亦为人生之一乐也。

　　园林本是自然和人文有机结合的产物，往往又是历史文化运动的载体。哪怕"其兴也勃焉，其亡也忽焉"（《左传·庄公十一年》）的一方个案，也有可能演绎出某一地区某一时期颇有纪念意义、涉及国际社会、诚为精彩有趣而悲哀的故事，值得后人缅怀思考。潘氏"不暇自哀，而后人哀之；后人哀之而不鉴之，亦使后人而复哀后人也"（唐·杜牧《阿房宫赋》，见《樊川文集》）。当今也许就是后人之后人的时代，集历代之成果，依然还可从中继续开展相关性的多学科研究。

---

① 瀹yuè，作动词有浸渍〖soak〗的意思（参见《说文》汝齐戒疏瀹而心）。
② 《康熙字典》《亥集下》《鼓字部》·鼛 [chāng]，《玉篇》鼓声。帝乃载歌，鼛乎鼓之，轩乎舞之。

地处中国南大门的广州，造园活动自秦汉始，延续至今不曾间断。在其古典园林发展的最后阶段，也是园林艺术发展最为成热的时期，世界商品经济时代叩开了古老中国的国门，带来了刺激古典园林变革发展的物质要素和精神要素。在此背景之下，出现了一座被誉为"南粤之冠"、集岭南名园之大成者的十三行[①]行商园林——"海山仙馆"。该园虽于影响中国两千年文化大变局的鸦片战争前后，速生速成、来也匆匆、去也匆匆，扮演了一场悲金悼玉的行商梦，但来龙去脉清晰、根基特色显著、世界影响犹存，在园林史上应有必要的地位。

该园是全国拥有海洋自然要素最多、相关造景最直接的古典园林。该园巧于规划，布局特别，寓意"海上神山、仙人会馆"，是"神仙意识"最为强烈的园林。孟兆祯院士曾说：国人视宇宙为二元即自然与人。天为君，人为臣，一人为大，一大为天。管子"人与天调而后天下之美生"。海山仙馆正致力于"人与天调，天（仙）人共荣"。

该园一湾清水绿、满目荔枝红，继承了自汉初、盛唐、南汉几千年以来，上与帝王神仙、下与平民百姓密切相关的"荔枝文化景观"，产生了园林史上植物造景最有地理纬度特色、最有天候气象特色的景观形象。管子说人之所为，"与天顺者天助之，与天逆者天达之。天之所助，虽小尤大；天之所达，虽成必败。"荔枝文化景观的成功就在于借鉴了"天助"。

该园与水结有不解之缘。建筑群落放在湖水中央，然后再用长廊加以串联，并组织水上序列空间。园林开发者具备成功的治水实践经验，究其水文，达到了"敬天为根，以人为本"的效果。"君子比德于山水、孔子乐于观大水"，皆因山水以形媚道，山水有清音，景面载文心也。

该园也是历代粤省四大藏书馆之一，文化成就卓然而扬名中外、享有盛誉。当年不但国内南北名家巨子称赞不绝；一批驻华的外国学者、使节、商贾也以在此一游而视为一种荣耀。中国园林艺术与"诗、书、画、印"艺术异质同构，具有明显的审美联觉效应。中国有许多大大小小的古典园林之所以特别出名，就在

---

① 广州十三行是从（清）康熙二十五年（1686年）至（清）道光二十二年（1842年），中国古代农耕社会中，存活了156年的，半官半民、家族式的对外贸易商人集团。大清帝国"一口通商"时期，十三行垄断中国对外贸易85年，上承唐宋市舶、下启五口开放，在中国社会进化的历史舞台上扮演了某种特别的角色。

于园林之中还蕴含着丰富的"诗、书、画、印"等艺术，与园林的空间景观艺术发生谐调互补、协奏共振，产生了"视、听、嗅、触"等综合审美艺术效应。

该园在传统园林艺术积淀的基础上，添加了不少西洋文化要素。在建造、观赏过程中，自然就存在一个"国际交流学习外来文化，本土风水人情化外为中，以中为体，以外为用的问题"。让外来文化中国化的课题，依然还是今天的课题。海山仙馆的主人们因思想的开放，交出了一份恰当的答卷。

多年来，海山仙馆虽为一大型古典私家园林，但首先深受文、史学界关注，研究旷日持久、成果恢宏，可惜较为分散。近期广东园林系统亦组织人员加强了对该园的研究探讨，重点首究"园史"、考证"园界"、推敲"园构"、梳理"园景"、探索"园艺"，并打算广泛收集文物，从园居生活的模式、人性内涵入手，弄清该园的空间特色和人文意境。希望有机会进行实地勘探，使岭南古典园林艺术得以发扬光大、光照后人。

在我国，复兴古典名园，具有"文艺复兴"的历史作用。这是呼唤美学的回归、加强艺术教育，提升国民感性素质、丰富全民族感性智慧、善于体验美好生活，创建感性文明的大好事。为此，值得敬仰的莫伯治院士早年率先进行了尝试。

"从来多古意，可以赋新诗。"园林学家孟兆祯院士多次讲道：古意新景、茹古涵今。古典名园可"以文载道"，其山、水、建筑、动植物皆"有大德而不言"，共构"天人合一"的宇宙观和文化思想。南北朝刘宋时宗炳撰写了《山水画序》，志在山水、道法自然。今天的我们本就应该从各地的山水文化中吸取丰富人生幸福的感性智慧，让"片山有致，寸石生情"，充满浓郁的爱的"诗意"。园林化的世界名城或可以做到这点。

孟老常说《园冶》"巧于因借，精在体宜"是至要的理法。人们热爱古典名园，其实等于"爱"了园里园外的整个大千世界。"海山仙馆"就有类似的边际效应。当年的"因借—体宜"关系是十分贴切融合的；"序列—层次"感也是符合格式塔心理美学的。"借景随机、借景无由，触景具是、意绝云奇"（孟兆祯《中国设计序列模式图》）。

古代广州乃世界东方大港，曾为近百年"一口通商"的国门。当年海山仙馆在国际关系事务中发挥了一定的乐观友善作用。凭借"海上丝绸之路"全球化的影响，在国外不免会留下有纪念性的文物。国内随着园林主人的肉体消失，物质上的潘园很快就灰飞烟灭，给今天的人们留下不少有关"人、事、园"历史的盲区疑点。或可海外有所新发现，让海山仙馆的研究更加厚实完善、纠错证误。

本书的写作得到了广东园林学界、建筑学界、历史学界诸位大师、诸位先贤的支持帮助。岭南建筑大师莫伯治院士早年对行商庭园的研究可谓开山鼻祖。随后还幸运地得到了中国工程院院士孟兆祯先生的启发指导，并敕大序墨宝。多年来，带有几分神秘色彩的深圳刘志刚先生为本书提供了许多宝贵的建议和大量历史图片。华农大"基于园居生活的海山仙馆复原研究"课题组、省园林学会的"跨学科讨论海山仙馆"研究组、"广州十三行研究中心"等给予作者大量支持。广州大学、华南农业大学、华南理工大学的师友和研究生曾参与了写作和书稿校核。值得尊敬牢记的人员很多：如石安海、韦国荣、吴劲章、吴桂昌、王绍增、郭谦、陆琦、邓其生、李敏、高伟、唐秋子、苏苡、黄晓虹、彭承宣、周珊珊、朱然、陈泽泓、李瀚、罗雨林、潘广庆、胡文中、莫旭、莫京、王元林、王瑞、高刘涛、郭展鹏、邱艳、陈艳莉，等等。当然其中还包含那些成果被引用的国内外的学者，如果笔者引用有遗漏或不当之处，敬请来函批评，以便及时改正并给以适当的损失补偿。

在此，还要感谢我的老伴何萍，是她的关照使我在疾病的威胁下完成了本书的写作。

本书的出版，得亏中国建筑工业出版社编审吴宇江等好友的辛勤劳动、巧妙策划，并与贵社严格把关的高尚学术传统分不开，特此一并深表谢意。

杨宏烈

2020年9月谨识于北京北望山